Erläuterungen zu den Vorschriften für die Errichtung und den Betrieb elektrischer Starkstromanlagen

einschließlich Bergwerksvorschriften
und zu den Merkblättern für Starkstromanlagen
in der Landwirtschaft

Im Auftrage des
Verbandes Deutscher Elektrotechniker
herausgegeben von

Dr. C. L. Weber

Geh. Regierungsrat

Vierzehnte
vermehrte und verbesserte Auflage

Springer-Verlag Berlin Heidelberg GmbH
1924

ISBN 978-3-662-27275-6   ISBN 978-3-662-28762-0 (eBook)
DOI 10.1007/978-3-662-28762-0

Aus dem Vorwort zur ersten Ausgabe.

Vom Vorstande des Verbandes Deutscher Elektrotechniker mit der Abfassung von Erläuterungen zu den Sicherheitsvorschriften beauftragt, habe ich denselben zunächst den Inhalt der Beratungen zugrunde gelegt, aus welchen die Vorschriften selbst hervorgegangen sind. Sie sind in den Jahren 1894 und 1895 teils vom technischen Ausschusse des elektrotechnischen Vereins, teils von einer durch den Verband Deutscher Elektrotechniker eingesetzten Kommission gepflogen worden, die aus Vertretern der Post- und Telegraphenverwaltung, der physikalisch-technischen Reichsanstalt, der elektrotechnischen Vereine und städtischer Elektrizitätswerke sowie der hervorragendsten Firmen gebildet war.

In bezug auf technische Einzelheiten habe ich mich auf die praktischen Erfahrungen und Beobachtungen gestützt, zu denen mir eine mehrjährige Tätigkeit als Direktor der elektrotechnischen Versuchsstation München reichliche Gelegenheit geboten hat. Befreundete Fachgenossen, insbesondere die Herren Kapp, Passavant, Seubel, haben mich vielfach unterstützt.

Berlin, April 1896.

Der Verfasser.

Vorwort zur dreizehnten Auflage.

Die dreizehnte Auflage ist notwendig geworden durch die im Jahre 1922 eingetretenen Änderungen der Bergwerksvorschriften und die neu aufgestellten „Merkblätter für Starkstromanlagen in der Landwirtschaft". Obwohl der übrige Teil der Errichtungs- und Betriebsvorschriften selbst noch in der Fassung von 1914 Geltung hat, mußte doch in den Erläuterungen den inzwischen gemachten Erfahrungen und den Fortschritten der Technik Rechnung getragen werden.

Die „Sicherheitsvorschriften für elektrische Straßenbahnen und straßenbahnähnliche Kleinbahnen" sind nicht mehr aufgenommen worden, da sie zur Zeit einer Umarbeitung unterliegen.

Im übrigen wurde möglichste Beschränkung des Textes angestrebt, um den Umfang und Preis des Buches in erträglichen Grenzen zu halten.

Berlin-Dahlem, im Januar 1923.
Fontanestr. 17.

Dr. C. L. Weber.

Vorwort zur vierzehnten Auflage.

Die zuständige Kommission des V.D.E. hat die aus dem Jahre 1914 stammende Fassung der Errichtungs- und Betriebsvorschriften im Laufe des Jahres 1923 einer Durchsicht unterzogen, die unter Wahrung des allgemeinen Aufbaues zu zahlreichen Änderungen einzelner Bestimmungen geführt hat.

Was bei den umfangreichen Beratungen an wichtigen Gesichtspunkten zutage getreten ist, wurde in der 14. Auflage der Erläuterungen nach bestem Ermessen verwertet.

Berlin-Dahlem im Juni 1924.
Fontanestr. 17.

Dr. C. L. Weber.

Inhaltsverzeichnis.

Einleitung.

Vorgeschichte der Vorschriften. Während es in einzelnen Staaten, so in Frankreich und England, schon bald nach Errichtung der ersten Elektrizitätswerke für nötig erachtet wurde, die Ausführung derartiger Anlagen auf dem Wege der Gesetzgebung zu regeln, hat sich die Starkstromtechnik in Deutschland unbeeinflußt von jeder Einwirkung oder Aufsicht des Staates frei entwickeln können. Hierin ist auch durch das „Gesetz über das Telegraphenwesen des Deutschen Reichs" vom 6. April 1892 und durch „das Telegraphen Wege-Gesetz" vom 18. Dez. 1899 keine wesentliche Änderung eingetreten.

Wenn die Vertreter der deutschen Elektrotechnik sich wiederholt bemüht haben, ein tieferes Eingreifen der Gesetzgebung auf dem in Rede stehenden Gebiete zu verhindern oder hinauszuschieben, um nicht im ersten Ausbau der jungen Technik durch starre Formen beengt zu sein, so haben sie gleichwohl niemals schrankenlose Willkür und unbegrenzte Regellosigkeit als ein erstrebenswertes Ziel erachtet.

Es sind daher schon frühzeitig, aus den Kreisen und Bedürfnissen der Industrie selbst hervorgehend, mehr oder weniger bestimmte Regeln für die Ausführung elektrischer Einrichtungen ausgebildet worden. Zuerst waren es die Elektrizitätswerke größerer Städte, die im Interesse der Sicherheit des eigenen Betriebes und im Bewußtsein ihrer Verantwortlichkeit den Installateuren die Verwendung bestimmter Materialien und Verlegungsarten vorschrieben.

Allgemeiner gefaßte Sicherheitsvorschriften wurden im Jahre 1888 durch den elektrotechnischen Verein in Wien entworfen, und im Jahre 1892 ließ der Verband deutscher Privat-Feuer-Versicherungsgesellschaften Grundsätze zur Beurteilung der Feuersicherheit elektrischer Anlagen aufstellen, die später im Sinne der vorliegenden Vorschriften revidiert wurden und zurzeit im Geschäftsbereiche dieses Verbandes Geltung haben.

Als daher im Beginn des Jahres 1894 zu gleicher Zeit von seiten des elektrotechnischen Vereins in Berlin und des Verbandes deutscher Elektrotechniker die Aufgabe, allgemein gültige Vorschriften auszuarbeiten, in Angriff genommen wurde, handelte es sich weniger darum, neue Gesichtspunkte zu finden, als vielmehr darum, die bereits bekannten und geübten Ausführungsregeln in einheitliche Formen zu bringen und die Grenzen zu vereinbaren, bis zu denen auch die Einzelheiten der Technik festgelegt werden können und dürfen.

Zweck der bisherigen Vorschriften. Die im Jahre 1895 vom Verbande deutscher Elektrotechniker aufgestellten und in der Folge bis zur Gegenwart weiter ausgebildeten Vorschriften sollten in erster Linie die bei der Einrichtung von Neuanlagen gültigen Regeln in einheitlicher Weise zum Ausdruck bringen.

Den von den Elektrizitätswerken erlassenen, bis dahin verschiedenartigen Bestimmungen sollten sie als einheitliche, für ganz Deutschland gültige Grundlage dienen, damit, wenn nicht alle Unterschiede, so doch wenigstens Widersprüche in den Maßnahmen der verschiedenen Elektrizitätswerke vermieden würden. Dadurch wurde erreicht, daß ein Installateur in verschiedenen Städten die gleichen Verlegungsarten benutzen und daß der Fabrikant von Einrichtungsgegenständen für die gleichen Muster überall Verwendung finden konnte. Die Beurteilung von Kostenvoranschlägen für geplante Anlagen wurde wesentlich erleichtert, indem man die Güte der Materialien und die zulässigen Verlegungsarten wenigstens in den Hauptpunkten durch einheitliche Bestimmungen festlegte. Endlich wurde auch die Prüfung bestehender Einrichtungen ungemein vereinfacht und der Entstehung von Meinungsdifferenzen vorgebeugt, weil nicht nur allgemeine Grundsätze, sondern auch technische Regeln aus den Vorschriften begründet werden konnten. Es ist daher auch den Feuer-Versicherungsgesellschaften, unbeschadet des Fortbestehens ihrer allgemeiner gehaltenen Vorsichtsbedingungen, durch die eingehenderen Vorschriften des V. D. E. genützt worden.

Auch den Behörden sollten die Vorschriften eine brauchbare Grundlage und Richtschnur für ihr Vorgehen bieten, sofern sie es für notwendig erachten würden, einzelne oder bestimmte Gattungen von elektrischen Anlagen aus besonderen Gründen zu prüfen oder zu überwachen.

Dabei war niemals beabsichtigt, diese Vorschriften mit rückwirkender Kraft in allen ihren Einzelheiten auf ältere, vor Feststellung der Vorschriften vorhandene Anlagen anzuwenden. Bei der Beurteilung solcher Einrichtungen sollten sie aber als Richtschnur dienen, wobei es dem Prüfenden überlassen blieb, diejenigen Teile, welche in schroffem Widerspruche mit den Vorschriften standen und zu unmittelbarer Gefahr Anlaß gaben, sofort beseitigen zu lassen, während andere bei passender Gelegenheit mit den Vorschriften in Einklang zu bringen waren. Bei Neuanlagen dagegen sollte die Einhaltung der Vorschriften in vollem Maße gefordert werden.

Bei Aufstellung der ersten Vorschriften des V. D. E. war man ganz besonders bestrebt, eine Schädigung der Industrie durch zu eng gefaßte Forderungen zu vermeiden, indem man nur solche Maßnahmen forderte, welche sich bereits als nützlich und notwendig eingebürgert hatten, und dort, wo es sich um neu hervorgetretene Bedürfnisse oder neue Hilfsmittel handelte, einen wohlbemessenen Spielraum gewährte. Gleichwohl konnte bereits damals mancher bedenkliche Auswuchs zurückgedrängt werden. In dieser Hinsicht darf es nicht unerwähnt bleiben, daß eine Zeitlang die ernsthafte Gefahr vorlag, es möchte das Zutrauen des Publikums zur Sicherheit elektrischer Anlagen gründlich untergraben werden durch die weitgehende Verwendung schlechter oder ungeeigneter Materialien, wie sie von ununterrichteten oder gewissenlosen Unternehmern manchmal beliebt wurde. Die damit verbundene Herabsetzung der Preise war gleichzeitig geeignet, den auf ihren guten Ruf bedachten und sorgfältig arbeitenden Firmen nicht zu unterschätzende Schädigungen zu bereiten.

Entstehungsgeschichte. Zuerst wurden im November 1895 Sicherheitsvorschriften für Anlagen von niederer Spannung (bis zu 250 Volt) vereinbart. Bereits im folgenden Jahre trat man an die Aufstellung von Vorschriften für Hochspannungsanlagen (für 1000 Volt und mehr) heran, die im Jahre 1897 als vorläufige Regeln und 1898 endgültig zustande kamen, wobei auch den besonders schwierigen Verhältnissen einzelner Betriebe, die zu wiederholten Unfällen Veranlassung gegeben hatten, durch Aufstellung eines Anhanges Rechnung getragen wurde. Vorschriften für Anlagen von mittlerer Spannung (zwischen 250 und 1000 Volt) wurden 1899 als vorläufige Regeln angenommen. Ferner wurden in den Jahren 1900/1901 Vorschriften für elektrische Bahnanlagen aufgestellt.

Inzwischen hatte sich eine Umarbeitung des ganzen Stoffes als wünschenswert herausgestellt, die in den Jahren 1901 bis 1903 in der Weise zur Durchführung gelangte, daß sich ein einheitliches Werk ergab, das alle Spannungsbereiche in nur noch zwei Abteilungen umfaßte. Auch die für einzelne eigenartige Anwendungsgebiete wie Theater und Bergwerke nötigen Sonderbestimmungen wurden eingegliedert.

Neben dem Ausbau der Vorschriften ging die Aufstellung von Normalien einher, von denen zuerst im Jahre 1898 die Kupfernormalien und im Jahre 1903 die besonders wichtigen Normalien für Leitungen entstanden. Die Einführung der Vorschriften ist dadurch wesentlich unterstützt worden, daß sie von zahlreichen Behörden sowie vom Verbande Deutscher Privat-Feuer-Versicherungsgesellschaften als maßgebend anerkannt wurden. ETZ 1896, S. 456; 1897, S. 391. Bereits im Jahre 1898 hat sie das Königl. preußische Ministerium für Handel und Gewerbe den zuständigen Behörden als technische Richtschnur mitgeteilt. In gleichem Sinne sind bald darauf die übrigen deutschen Regierungen vorgegangen. ETZ 1898, S. 711; 1899, S. 561; 1902, S. 732.

Die Wirkungen der Vorschriften waren schon nach wenig Jahren daran zu erkennen, daß sie der Versuchung, unzulängliche Installationsmittel auf den Markt zu bringen, ein nützliches Gegengewicht boten. Mit der zunehmenden Anerkennung und Benützung der Vorschriften hat sich auch eine unverkennbare Verbesserung des Zustandes elektrischer Anlagen bemerkbar gemacht. Unbestreitbar tritt dies in den Aufstellungen der Feuer-Versicherungsgesellschaften und in den Unfallberichten der Gewerbeinspektionen, der Bergbehörden usw. zutage. ETZ 1905, S. 1171; 1906, S. 205; 1907, S. 553; 1909, S. 89, 90, 1107; 1910, S. 460; 1911, S. 470 und Z. d. V. D. Ing. 1906, S. 2085. Der deutschen elektrotechnischen Industrie, die anfangs zum Teil nur zögernd der Aufstellung der Vorschriften zugestimmt hatte, sind aus ihrem Bestehen die bereits erwähnten Vorteile in reichem Maße erwachsen, insbesondere wurde der gute Ruf, den die Erzeugnisse und Anlagen der deutschen Elektrotechnik im Auslande genießen, durch die Vorschriften befestigt und verbürgt. Endlich ist es nicht zum wenigsten den Vorschriften zu verdanken, daß die Entwickelung der Elektrotechnik bis in die Gegenwart hinein von unmittelbar eingreifenden behördlichen Maßnahmen verschont geblieben ist.

Neugestaltung der Vorschriften. Seit dem Jahre 1904 haben indessen die größeren deutschen Bundesstaaten eine gesetzliche Regelung der Überwachung elektrischer Anlagen in die Wege geleitet, und es ist in Preußen trotz dringlicher Gegenvorstellungen der beteiligten Kreise das Gesetz vom 8. Juni 1905 betr. die Kosten der Prüfung überwachungsbedürftiger Anlagen zustande gekommen. ETZ 1905, S. 364 u. 687. Das Gesetz selbst regelt nur die Kostenpflicht, während es die Festsetzungen über Art und Umfang der Prüfungen den Ausführungsbestimmungen überweist. Die Vertreter der elektrotechnischen sowie derjenigen anderen Industrien, die von elektrotechnischen Einrichtungen in großem Umfange Gebrauch machen, traten daher an die Regierungsorgane mit Vorstellungen heran, in dem Sinne, daß die Vorschriften des Verbandes deutscher Elektrotechniker als technische Grundlage für die Ausführung der behördlichen Überwachung gewählt werden möchten, und daß die Überwachung selbst auf solche Anlagen beschränkt werde, bei denen entweder größere Ansammlungen von Menschen in Frage kommen, wie in Warenhäusern, Theatern und ähnlichen Gebäuden. oder bei denen eine besondere Feuers- oder Lebensgefahr durch die Art des Betriebes oder die Höhe der verwendeten Spannung begründet ist. ETZ 1905, S. 687; 1906, S. 597.

Die preußische wie die bayrische Regierung hat den Wünschen der Industrie nach beiden Richtungen hin Rechnung getragen. Die erstere hat sich bereit erklärt, die Vorschriften des V.D.E. zum Bestandteil einer etwa zu erlassenden Polizeiverordnung zu machen, sofern ihnen eine hierzu geeignete Gestalt gegeben würde.

Dazu bedurfte es einer wesentlichen Abänderung der Vorschriften, ihrer Gestalt und ihrem Inhalt nach. Neben einer Vereinfachung ihres Wortlautes mußten aus ihnen alle diejenigen Forderungen entfernt werden, die zwar in Normalfällen durchführbar und empfehlenswert sind, deren Nichtbeachtung aber doch nicht in jedem Falle als strafbare Verfehlung angesehen werden konnte. Viele Bestimmungen, die genau bezeichnete Anordnungen oder zahlenmäßig festgesetzte Abmessungen verlangten, mußten eine allgemeinere Fassung erhalten, die zwar die Bedingungen, denen die Anlagen genügen müssen, deutlich kennzeichnet, ohne jedoch die Maßnahmen und Hilfsmittel, mit denen die erforderlichen Eigenschaften erzielt werden, im einzelnen festzulegen. ETZ 1907, S. 427.

Bei der Beratung dieser Abänderungen trat nun das Bedenken zutage, es könnten bei einer so allgemein gehaltenen Fassung die Vorschriften nicht mehr wie bisher als einheitliche Grundlage für die von den Elektrizitätswerken zu erlassenden Anschlußbedingungen dienen. Es erschien mißlich, eine Reihe von Zahlenbestimmungen und Einzelmaßnahmen völlig wegzuwerfen, die im Laufe langer Jahre durch mühsame Erfahrungen und Vereinbarungen gewonnen waren und sich als zweckmäßig erwiesen hatten, wenn sie auch nur für Normalfälle paßten und in einzelnen besonders gelagerten Ausnahmefällen nicht anwendbar waren.

Um dieser Schwierigkeit zu begegnen, hat man neben den Vorschriften eine Reihe von Ausführungsregeln aufgestellt, welche den Weg angeben, auf dem in allen Durchschnittsfällen die in den Vorschriften aufgestellten Forderungen erfüllt werden können und der auch betreten werden soll, wenn nicht Gründe für ein

Abweichen geltend zu machen sind. Um dies auch sprachlich zum Ausdruck zu bringen, ist in allen Vorschriften die Wendung „muß", in allen Regeln die Wendung „soll" gebraucht. Ein anderer Teil des Inhaltes der früheren Vorschriften, der sich auf die wünschenswerten Größenstufen einzelner Hilfsmittel, auf Art und Abmessungen von Leitungen und ihrer Isolierhüllen bezog und der weniger unmittelbar die Sicherheit der Anlagen als vielmehr vorzugsweise Vereinbarungen über Fabrikation bedingte, ist in die Normalien verwiesen worden. Damit wurde auch beabsichtigt, diese Vereinbarungen je nach den Erfahrungen, Fortschritten und Bedürfnissen der Praxis abändern zu können, ohne in die Vorschriften selbst einzugreifen.

Nachdem die Vorschriften in dieser Gestalt unter dankenswerter Mitwirkung des preuß. Handelsministeriums und der Reichspostverwaltung vom V. D. E. i. J. 1907 aufgestellt und nach 7 Jahren unveränderter Geltung im J. 1914 der Entwicklung des Faches angepaßt worden waren, sind im J. 1922 zunächst die auf Bergwerke bezüglichen und 1923 die übrigen Teile abermals durchgesehen und mit dem Stande der Technik in Übereinstimmung gebracht worden.

Wie früher, sind an die allgemein gültigen Vorschriften Sonderbestimmungen für gewisse eigenartige Anwendungsgebiete, wie feuchte Räume, feuergefährliche Betriebsräume, Theater, Warenhäuser angegliedert. Sonderbestimmungen für Anlagen in Bergwerken unter Tage wurden im J. 1909 den einzelnen Bestimmungen angefügt. Dagegen sind die Vorschriften für elektrische Bahnen seit 1907 ganz ausgeschieden, weil von den beteiligten Aufsichtsbehörden und Industriekreisen der Wunsch geltend gemacht wurde, für dieses Gebiet in sich abgeschlossene Vorschriften zu besitzen. Man hat daher bereits im Juli 1906 die Sicherheitsvorschriften für elektrische Straßenbahnen und straßenbahnähnliche Kleinbahnen aufgestellt und in Kraft gesetzt.

Endlich sind auch die Vorschriften für den Betrieb elektrischer Starkstromanlagen, die bereits im Jahre 1903 aufgestellt waren, 1907, dann 1909 und 1914, schließlich 1923 neu durchgesehen und als „Betriebsvorschriften" in engen Zusammenhang mit den „Errichtungsvorschriften" gebracht worden.

Die auf Grund umfangreicher Beratungen unter Mitwirkung der Behörden und der erfahrensten Fachmänner aus zahlreichen Sondergebieten*) zustande ge-

---

*) Die mit der Bearbeitung der Vorschriften betrauten Organe des V. D. E. waren im J. 1923 wie folgt zusammengesetzt:
Kommission für Errichtungs- und Betriebsvor-

brachte Gestalt der Vorschriften kann als der Ausdruck dessen gelten, was die berufenen Vertreter der deutschen Elektrotechnik an Vorschriften zur sachgemäßen und sicheren Ausführung elektrischer Starkstromanlagen für hinreichend und notwendig erachten. Die Anerkennung durch die Behörden ist auch für die neue Fassung ausdrücklich zugesichert worden. ETZ 1907. S. 745; 1910, S. 848; 1914, S. 1034.**)

Über die Handhabung der Vorschriften vgl. § 2 der BetriebsV. insbesondere Anm. 1) u. 4).

---

schriften: Weber (Vorsitzender), Alvensleben, Brauns, Bundzus, Bußmann, Dettmar, Ely, Fleischmann, Gunderloch, Heym, Hoechtl, Jordan, Kilp, Koebke, Krohne, Lux, Mathias, Moldenhauer, Passavant, Perls, Schaefer, Schirp, Schoene, Schröder, Schrottke, Stotz, Unbehauen, Ulrichs, Vogel, Vogelsang, Wentzke, Wilkens, Zaudy, Zimmermann, Zöllner.

Bergwerkskomitee: Weber, Brion, Dettmar, Enke, Feiler, Fritsche, Gieseking, Goetze, Gunderloch, Jegels, Kloetzer, Philippi, Vogel, Winckhaus. Zu den Beratungen dieses Komitees entsenden Vertreter: die Oberbergämter Bonn, Breslau, Claustal, Dortmund, Halle, München, Bergamt Freiberg; Generaldirektion der Bergwerke usw. München und das Preuß. Ministerium für Handel und Gewerbe.

Im Komitee für Betriebsvorschriften sind folgende Körperschaften vertreten: V. d. E. (Alvensleben, Weber), Vereinigung der Elektrizitätswerke (Engelmann, Moldenhauer), Deutscher Braunkohlen-Industrie-Verein (Fischer), Verein für die bergbaulichen Interessen im Oberbergamtsbezirk Dortmund (Enke), Elektrot. Verein am Niederrhein (Seyfferth), Verein zur Wahrung der Interessen der chemischen Industrie Deutschlands (Khern), Verein deutscher Eisenhüttenleute (Vahle), Nordwestliche Gruppe des Vereins deutscher Eisen- und Stahlindustrieller (Liss), Oberschlesischer Berg- und Hüttenmännischer Verein (Vogel), Verb. el. Install.-Firmen (Oertel).

**) Ein Erlaß des Preuß. Ministers für Handel und Gewerbe vom 18. 8. 1914 sagt: .... Ich habe bereits in mehreren Erlassen den Behörden empfohlen, bei Handhabung staatlicher Hoheitsrechte die Vorschriften des V. d. E. als technische Richtschnur zu benutzen. Im allgemeinen ist es nicht erwünscht, von den Verbandsvorschriften abzuweichen, es sei denn, daß gewichtige Gründe dafür sprechen. Die Industrie legt mit Recht den größten Wert auf die Einheitlichkeit der Vorschriften und ihrer Durchführung. Sollten aber die Auffassungen der Sachverständigen über erforderliche Schutzmaßnahmen von denen des Verbandes abweichen und insbesondere Verschärfungen der Verbandsvorschriften für erforderlich erachtet werden, so erscheint es zweckmäßig, vor dem Erlaß entsprechender Anordnungen der vorgesetzten Behörde Bericht zu erstatten.

In wichtigen Fällen ist meine Entscheidung herbeizuführen. Anlagen, die vor dem 1. Juli 1915, dem Zeitpunkt des Inkrafttretens der neuen Vorschriften, nach diesen hergestellt und betrieben werden, sind nicht zu beanstanden, wenn sie ihnen in allen Punkten entsprechen, nicht etwa nur die erleichternden Bestimmungen in Anspruch nehmen.

Über das Polizeirecht in Preußen vgl. auch Mitt. d. Ver. d. El.W. 1918, S. 61.

Vorschriften für die Errichtung und den Betrieb elektrischer Starkstromanlagen nebst Ausführungsregeln.

(Gültig ab 1. Juli 1924*).)

I. Errichtungsvorschriften.**)

§ 1.

Geltungsbereich.

Die hierunter stehenden Bestimmungen gelten für elektrische Starkstromanlagen[1]), oder Teile solcher[2]),

---

§ 1. 1) Auf Schwachstromanlagen, z. B. Telegraphen-, Telephon- und verwandte Signaleinrichtungen, finden die Vorschriften keine Anwendung. Der wiederholt unternommene Versuch, den Begriff „Starkstromanlage" durch eine einfache und ausreichende Umschreibung zu definieren, ist bisher nicht geglückt. Dem Sprachgebrauch der Technik liegt die Vorstellung zugrunde, daß der Regel nach eine gewisse Stromstärke, zugleich aber auch eine gewisse Energiemenge in Wirkung tritt oder treten kann, wo von einer Starkstromanlage die Rede ist. Daher gelten als Schwachstromanlagen alle diejenigen, in denen weder das eine noch das andere möglich, sowie auch die, bei denen zwar die eine aber nicht die andere Bedingung erfüllt ist. So z. B. die in Wohn- und Geschäftsräumen üblichen Läutesignalwerke, bei denen wegen des innern Widerstandes der als Stromquelle üblichen Primärelemente starke Ströme nicht auftreten können. Ebenso eine Einrichtung, die etwa ein einziges galvanisches Element mäßiger Größe als Stromquelle benützt, bei der daher wohl starke Ströme aber nur für kurze Zeit auftreten können. Dabei ist es nicht unterscheidend, ob gefährliche Wirkungen ganz ausgeschlossen sind; denn ein Element der letzteren Art wird unter Umständen eine Zündung hervorrufen können, ebenso wie auch mit einem medizinischen Induktionsapparat Gesundheitsstörungen erzeugbar sind, der aber trotzdem nur in besonderen Ausführungsformen als Starkstromapparat angesprochen wird. Die Spannung allein ist ebenfalls nicht maßgebend, wie schon das letzte Beispiel oder das einer mit etwa 100 Primärelementen betriebenen Telegraphenleitung lehrt. Es wird vielmehr auch bei niederen Spannungen, z. B. bei einer elektrochemischen Anlage von 10 Volt und 100 Ampere mit Recht von Starkstrom gesprochen. ETZ. 1911, S. 743, N. 234. Ebenso wird die Technik eine

---

*) Für die Apparate nach §§ 10, 11, 13 bis 16 u. 18 wird mit Rücksicht auf die Verarbeitung vorhandener Werkstoffvorräte und die Räumung von Lagervorräten eine Übergangsfrist bis 1. Januar 1926 eingeräumt.

**) Bei der Errichtung elektrischer Starkstromanlagen sind, soweit die Anlagen oder einzelne Teile unter Spannung stehen, auch die Betriebsvorschriften zu beachten.

mit Ausnahme von im Erdboden verlegten Leitungsnetzen[3]), elektrischen Straßenbahnen und straßenbahnähnlichen Kleinbahnen[4]), Fahrzeugen über Tage[4]) und elektrochemischen Betriebsapparaten[5])[6]).

Dynamomaschine von 100 Volt und 10 Ampere als Starkstromanlage bezeichnen, auch wenn sie als Stromquelle für ein Telegraphennetz dient. Hier würde die Stromerzeugeranlage dem Starkstromgebiet, das Leitungsnetz und die Apparatenanlage dem Schwachstrom zuzurechnen sein.

Das Geltungsbereich der Vorschriften ist durch den soeben nach dem Sprachgebrauch erläuterten Begriff des Starkstroms abgegrenzt. Damit ist jedoch nicht ausgeschlossen, daß eine Behörde zur Vermeidung von Unbestimmtheit, die diesem Sprachgebrauch anhaftet, die Anwendung der Vorschriften an bestimmtere Grenzen bindet, sei es daß eine bestimmte Stromstärke oder Spannung oder ein bestimmtes Maß an momentan oder dauernd verfügbarer Leistung dabei zugrunde gelegt wird.

Im Bereiche der Schwachstromanlagen sind vom V. D. E. Regeln für die Errichtung elektrischer Fernmeldeanlagen, gültig ab 1. Jan. 1923, ETZ 1922, S. 561 u. 744, und Normen für isolierte Leitungen in Fernmeldeanlagen, ETZ 1921, S. 527, aufgestellt worden.

2) Wenn Schwachstromanlagen, z. B. für Klingeln, Fernsprecher oder Uhren von einer Starkstromanlage gespeist werden, so können Fehlerquellen in den ersteren auf letztere zurückwirken, wie auch gefährliche Spannungen, die in den letzteren auftreten, auf erstere übertragen werden können, wenn hiergegen nicht besondere zuverlässige Vorkehrungen getroffen sind. ETZ 1902, S. 940 N. 13; 1903, S. 294 N. 30; 1904, S. 1114 N. 114.

Über die Beschaffenheit solcher Vorkehrungen (Transformatoren oder Kondensatoren) sind besondere Vorschriften und Leitsätze aufgestellt worden; siehe am Schlusse dieses Buches Anhang 7 u. 8.

3) Ausgeschlossen vom Geltungsbereich der Vorschriften sind nur im Erdboden verlegte Leitungsnetze, nicht aber einzelne Leitungsstrecken. Dergleichen Netze (Kabelnetze) können im Vergleich mit außerhalb des Erdbodens befindlichen Anlagen nur in geringem Maße zu Brand- oder Lebensgefahr Anlaß geben. Die Bauart und Einrichtung der Kabelnetze ist zudem noch vielfacher Entwickelung und Abänderung fähig, so daß es nicht wünschenswert ist, sie durch Vorschriften einzuengen. Dabei ist zu beachten, daß Kabelnetze in der Regel im eigenen Interesse der Besitzer einer sorgsamen und sachgemäßen Aufsicht unterliegen. — „Im Erdboden verlegt" ist nicht gleichbedeutend mit „unterirdisch". Was in einem begehbaren Kanal, einem Keller u. dergl. verlegt ist, fällt unter die Vorschriften.

4) Für elektrische Straßenbahnen und straßenbahnähnliche Kleinbahnen gelten die im Jahre 1906 aufgestellten Sondervorschriften; sie umfassen auch die zugehörigen Kraftwerke, Hilfswerke, Werkstätten und Fahrzeuge und werden z. Z. neu bearbeitet. Die elektrischen Grubenbahnen und ihre Fahrzeuge sind dagegen in den §§ 42 und 43 dieser Vorschriften behandelt. Für Fahrzeuge über Tage, die wie Automobile, Schiffe, Werkslokomotiven u. dergl. nicht zu den Straßenund Kleinbahnen gehören, bestehen z. Z. keine Vorschriften. Siehe auch Anmerkung 6, Abs. 2. Fahrkrane, Drehkrane und ähnliche bewegliche Hebezeuge gelten nicht als Fahrzeuge im

1. Im Gegensatz zu den mit Buchstaben bezeichneten Absätzen, die grundsätzliche **Vorschriften** darstellen, enthalten die mit Ziffern
versehenen Absätze **Ausführungsregeln.** Letztere

Sinne des § 1, hier gelten also die Errichtungsvorschriften. Für
Bagger mit zugehörigen Bahnanlagen im Bergwerksbetrieb über
Tage sind 1922 Leitsätze aufgestellt worden. Siehe § 47.

5) In einer früheren Fassung der Vorschriften waren elektrochemische Anlagen ganz ausgeschlossen. Die jetzige Fassung
beschränkt diese Ausnahme auf elektrochemische Betriebsapparate. Die Erfahrung hat nämlich gezeigt, daß es sehr
wohl möglich ist, auch in elektrochemischen Fabriken den Vorschriften zu genügen, soweit die Erzeugung des Stromes und
die zur Beleuchtung und Kraftübertragung bestimmten Einrichtungen in Frage kommen. Nur diejenigen Teile, welche unmittelbar den Zwecken der Elektrochemie dienen, unterliegen in der
Tat vielfach besonderen Bedingungen, die von der Eigenart
des jeweils verfolgten Zweckes abhängen. Sie sollen daher von
der Einhaltung dieser Vorschriften entbunden sein. Bei ihrem
Aufbau und Ausbau muß es dem Fachmanne überlassen bleiben,
die Anforderungen des Betriebes mit den Grundsätzen der Sicherheit in Einklang zu bringen. Auch hier ist die Voraussetzung
maßgebend gewesen, daß die Handhabung dieser Betriebsapparate
ausschließlich von geschultem Personal geübt wird. Beispiele
hierher gehöriger Apparate sind die Einrichtungen zur Galvano-
plastik, zur elektrochemischen Darstellung und Reinigung von
Metallen, zur Erzeugung von Chlor und Alkali, von Kalzium-
karbid, Ozon, Stickstoffverbindungen usw. Dem Umstande, daß
gewisse Teile elektrochemischer und elektrothermischer Anlagen
besonders niedrige Spannung führen, ist durch § 3 a Satz 2 Rechnung getragen.

Nicht nur in elektrochemischen Betrieben, sondern auch
in solchen chemischen Fabriken, die die Elektrizität nur als
Hilfskraft benützen, ist der zerstörende Einfluß zu beachten, den
die verarbeiteten oder erzeugten Stoffe auf die Teile der elektrischen
Anlage ausüben können. Z. B. wird Gummi von Ölen und Fetten,
Metall von Fettsäuren, Marmor von Chlor angegriffen. Die Hilfsmittel, mit denen die Errichtungsvorschriften erfüllt werden,
müssen daher der Natur dieser Stoffe und der Art ihres Auftretens angepaßt werden. Einzelheiten hierüber sind jedoch
nicht in die Vorschriften aufgenommen.

6) Medizinische Apparate unterliegen den Vorschriften
soweit sie dem Starkstrom angehören. Einzelheiten sind für sie
bis jetzt nicht festgelegt. Früher waren auch Probierräume und
Laboratorien von den Vorschriften ausgenommen; seit 1914 sind
Prüffelder und Laboratorien im § 37 behandelt.

Für die einzelnen Gattungen von elektrischen Einrichtungen,
die von den vorliegenden Vorschriften ausgenommen sind, bestehen entweder besondere Vorschriften oder es ist die Aufstellung von solchen nicht für nötig oder nicht für durchführbar erachtet worden. Dies bedeutet jedoch nicht, daß bei
solchen Einrichtungen jede beliebige Anordnung als sachgemäß
anzuerkennen ist. Soweit die Gewerbeordnung Anwendung
findet, gilt auch für diese Teile der § 120 a der G.-O.: „Die
Gewerbeunternehmer sind verpflichtet, die Arbeitsräume, Betriebsvorrichtungen, Maschinen und Gerätschaften so einzurichten und zu unterhalten und den Betrieb so zu regeln, daß die
Arbeiter gegen Gefahren für Leben und Gesundheit soweit geschützt sind, wie es die Natur des Betriebes gestattet. — Ebenso

geben an, wie die Vorschriften mit den üblichen Mitteln im allgemeinen zur Ausführung gebracht werden sollen, wenn nicht im Einzelfall besondere Gründe eine Abweichung rechtfertigen.[7) 8)]

Die zwischen ⚒ || stehenden Zusätze gelten nur für elektrische Starkstromanlagen in Bergwerken unter Tage, abgekürzt in: B. u. T.[9)]

A. Erklärungen.

§ 2.

a) Niederspannungsanlagen.[1)] Anlagen mit effektiven Gebrauchsspannungen[2)] bis 250 V. zwischen beliebigen Leitern sind ohne weiteres als Niederspannungsanlagen zu behandeln; Mehrleiteranlagen mit

sind diejenigen Vorrichtungen herzustellen, welche zum Schutze der Arbeiter gegen gefährliche Berührungen mit Maschinen oder Maschinenteilen oder gegen andere in der Natur der Betriebe liegende Gefahren, namentlich auch gegen die Gefahren, welche aus Fabrikbränden erwachsen können, erforderlich sind. — Endlich sind diejenigen Vorschriften über die Ordnung des Betriebes und das Verhalten der Arbeiter zu erlassen, welche zur Sicherung eines gefahrlosen Betriebes erforderlich sind."

7) Über das Verhältnis der Vorschriften zu den Ausführungsregeln und zu den Normalien vergl. Einleitung S. 5, 6. Einzelne Normen, z. B. die Normen für isolierte Leitungen, sind ihrer Bedeutung nach den Vorschriften, andere den Regeln gleich gesetzt. Dies ist alsdann im Wortlaut der vorliegenden Vorschriften ausdrücklich erwähnt. Siehe z. B. § 3[3], § 15c, § 19a, § 22d.

8) Die frühere Fassung der Vorschriften enthielt die ausdrückliche Bestimmung, daß sie keine rückwirkende Kraft haben sollten. Soweit die jetzige Fassung einer behördlichen Überwachung der Anlagen zur Grundlage dient, wird bei älteren Anlagen § 120d der G.-O. Abs. 3 sinngemäße Anwendung finden, welcher sagt: „Den bei Erlaß dieses Gesetzes bereits bestehenden Anlagen gegenüber können, solange nicht eine Erweiterung oder ein Umbau eintritt, nur Anforderungen gestellt werden, welche zur Beseitigung erheblicher, das Leben, die Gesundheit der Arbeiter gefährdender Mißstände erforderlich oder ohne unverhältnismäßige Aufwendungen ausführbar erscheinen." Vgl. auch Betriebs-Vorschr. § 2a.

9) Sonderbestimmungen für B. u. T. waren bereits i. J. 1902 den Vorschriften angegliedert worden. Ihre jetzige Fassung ist unter Mitwirkung der deutschen Bergbehörden 1922 zu Stande gekommen. Vgl. die Fußnote S. 7.

§ 2. 1) Seit dem Jahre 1903 sind die Vorschriften für die Errichtung elektrischer Starkstromanlagen in zwei Abteilungen: für Niederspannung und für Hochspannung gegliedert. Diese Unterscheidung ist auch in der vorliegenden Fassung beibehalten. Doch ist nicht für jedes der beiden Spannungsgebiete eine in sich vollständige Vorschrift aufgestellt, sondern diejenigen Bestimmungen, welche für beide Spannungsbereiche gemeinsam gelten, sind nur einmal (in gewöhnlichem Druck) angeführt, während durch besonderen Druck hervorgehoben nur diejenigen Forderungen angegeben sind, die bei Anlagen mit Hochspannung

Spannungen bis 250 V. zwischen Nulleiter und einem beliebigen Außenleiter nur dann, wenn der Nulleiter geerdet ist. Bei Akkumulatoren ist die Entladespannung maßgebend.

---

verschärfend zu den allgemein gültigen Bestimmungen hinzutreten.

Dabei ist das Gebiet der Niederspannung gegenüber der ursprünglichen Umgrenzung dahin erweitert, daß es auch Anlagen umfaßt, welche Spannungen bis zu 500 Volt zwischen irgend zwei Leitungen aufweisen, wenn nur dafür gesorgt ist, daß die Spannung gegen Erde an keiner Stelle 250 Volt betriebsmäßig überschreitet. Hierfür war hauptsächlich die Absicht bestimmend, daß Dreileiteranlagen mit Spannungen bis zu 2×250 Volt, wenigstens insoweit sie mit geerdetem Mittelleiter arbeiten, durch ein und dieselbe Vorschrift in allen ihren Teilen beherrscht werden sollten, und man ging von der Überlegung aus, daß für die Lebensgefahr in erster Linie die bei Erdschlüssen in Wirkung tretende Spannung maßgebend sei, da das Einschalten des menschlichen Körpers zwischen eine Leitung und Erde weit häufiger zu fürchten sei als zwischen zwei Außenleitern. Dasselbe gilt für Drehstromanlagen mit geerdetem neutralen Leiter. ETZ 1910, S. 1322, N. 231. Hat z. B. ein Drehstromnetz mit Nulleiter 380 Volt zwischen den Außenleitern und 220 Volt zwischen Phasenleiter und Nulleiter, so sind die Niederspannungsvorschriften nur anwendbar, wenn durch richtige Abmessungen des Nulleiterquerschnitts, seiner Erdungen und Anschluß der Konstruktionsteile, die Spannung annehmen können, an den Nulleiter (Nullung) dafür gesorgt wird, daß betriebsmäßig eine höhere Spannung als 250 Volt zwischen irgend einem Teil der Anlage und Erde nicht auftritt. Ob diese Bedingung erfüllt ist, bedarf im Einzelfall sorgfältiger Erwägung. ETZ 1914, S. 102, 132, 166, 400. Sollte eine Dreileiteranlage mit einem Außenleiter an Erde gelegt sein und an den beiden anderen etwa die Spannungen 200 und 400 Volt gegen Erde aufweisen, so unterliegt sie den Vorschriften für Hochspannung. ETZ 1902, S. 941, N. 22. Ebenso Drehstromanlagen mit z. B. 500 Volt Spannung zwischen zwei Zuleitungen, auch dann, wenn der neutrale Punkt an Erde liegt, weil die Spannung in jedem Leiter auf 300 Volt gegen den neutralen ansteigt. Dagegen sind vorübergehend mögliche Überspannungen — denen nach § 4 vorzubeugen ist — für die Einordnung der Anlage in Nieder- oder Hochspannung nicht maßgeblich.

Unter Umständen ist es zulässig, einen Teil einer Anlage nach den Vorschriften für Niederspannung auszuführen, obwohl in andern Teilen Hochspannung vorkommt. Bedingung dafür ist, daß dieser Teil eine gewisse Selbständigkeit aufweist, wie sie z. B. bei Wechselstromanlagen mit Transformatoren dem sekundären Netz gegenüber dem Primärteil zukommt, wenn der Übertritt von Hochspannung verhindert ist, wie dies § 4 (vgl. diesen) vorschreibt.

Besteht ein unmittelbarer leitender Zusammenhang zwischen Teilen, die verschiedenen Spannungsbereichen angehören, so dürfen die Vorschriften der Niederspannung nur insoweit Platz greifen, als die Teile mit Niederspannung von den Teilen mit Hochspannung räumlich getrennt sind. Ein Beispiel hierfür wäre etwa ein Fünfleiternetz mit 4×200 Volt und geerdetem Mittelleiter. Hier dürfen die beiden mittleren Zweige, die unmittelbar am geerdeten Nulleiter liegen, nach Nieder-

*Alle übrigen Starkstromanlagen gelten als Hoch-
spannungsanlagen.*

b) Feuersichere, wärmesichere und feuchtigkeitssichere Gegenstände.[3]

Feuersicher ist ein Gegenstand, der entweder
nicht entzündet werden kann oder nach Entzündung
nicht von selbst weiterbrennt.[3]

---

spannung behandelt werden, sofern sie allein in den betreffenden Raum, das Haus usw. eingeführt sind; diejenigen
Zweige dagegen, die an den Außenleitern liegen, sowie die Teile
der Anlage, in welchen alle fünf Leiter nebeneinander vorkommen, unterliegen den Bestimmungen für Hochspannung. Wie
weit im einzelnen Falle die zu fordernde räumliche Trennung
gewahrt ist, bleibt der fachmännischen Erwägung überlassen.
Es kann z. B. in sehr großen Fabrikhallen, Bahnhofshallen und
dergl. eine genügende Trennung als vorhanden anerkannt werden, wenn die der Niederspannung angehörigen Teile auf der
einen Längs- oder Querseite, die der Hochspannung auf der
andern Seite liegen und die Ausläufer beider Teile nicht ineinander greifen. ETZ 1902, S. 1133, N. 23.

Weitere Fälle, in denen die Unterscheidung nach der besonderen Sachlage getroffen werden muß, sind die, daß an eine
Niederspannungsanlage eine Zusatzmaschine angeschlossen und
so, etwa zum Betriebe von Motoren, ein Hochspannungskreis
geschaffen wird oder daß ein Stromkreis der Anlage nur vorübergehend Hochspannung führt; z. B. ein Motor während
des Anlassens. Vgl. ETZ 1909, S. 497, N. 207; 1910, S. 1322,
N. 228. Auch bei Verwendung von Spartransformatoren oder
Gleichstromeinankerumformern ist besonders zu erwägen, ob der
die kleinere Spannung führende Stromkreis gegen den Übertritt der höheren Spannung sicher genug geschützt ist, um als
Niederspannungskreis behandelt zu werden.

Eine untere Grenze besteht für den Bereich der Niederspannungsvorschriften nicht; auch Anlagen mit sehr kleinen
Spannungen müssen die Vorschriften erfüllen, wenn sie als
Starkstromanlagen gelten. ETZ 1911, S. 743, N. 234. Besondere Erleichterungen sind für sehr niedrige Spannungen in
den §§ 3 a und 8 d zugelassen.

2) Maßgebend ist die Gebrauchsspannung, d. h.
die an den Stromverbrauchern herrschende. Wenn also z. B.
ein Netz für 2×220 Volt eingerichtet ist, hierbei aber etwa infolge großer Entfernung der Zentrale der Spannungsabfall in
den Speiseleitungen den Betrag von 60 Volt überschreiten sollte,
so daß die Stromerzeuger etwa mit 510 Volt arbeiten müßten,
so soll diese Anlage noch nach den Vorschriften für Niederspannung behandelt werden.

Ebenso soll die für die Ladung von Akkumulatoren etwa
notwendige Überspannung nicht die Einreihung der Anlage unter
die schärferen Vorschriften für Hochspannung zur Folge haben,
wenn bei der Entladung die Gebrauchsspannung 250 Volt gegen
Erde nicht überschreitet.

3) Die Erklärungen unter b) sind ausdrücklich für die
Gegenstände und nicht für die Stoffe gegeben. Die
Prüfung durch Versuch darf also nicht etwa an einem beliebigen Splitter des Gegenstandes oder des Rohmaterials, aus
dem er hergestellt ist, vorgenommen werden. Vielmehr ist
seine Verwendungsform, also auch die Gestalt und Ober-

Wärmesicher ist ein Gegenstand, der bei der höchsten betriebsmäßig vorkommenden Temperatur keine den Gebrauch beeinträchtigende Veränderung erleidet.

Feuchtigkeitssicher ist ein Gegenstand, der sich im Gebrauch durch Feuchtigkeitsaufnahme nicht so verändert, daß er für die Benutzung ungeeignet wird.

c) Freileitungen. Als Freileitungen gelten alle oberirdischen Leitungen außerhalb von Gebäuden, die weder eine metallische Schutzhülle noch eine Schutzverkleidung haben[4]), einschließlich der zugehörigen Hausanschlußleitungen.

d) Als Leitungen oder Installation im Freien[5]) gelten Fahrleitungen[6]) und im Freien befindliche Teile von Anlagen. Übersteigt die Entfernung der Leitungstützpunkte 20 m, so sind die Vorschriften für Freileitungen (§ 22) anzuwenden.

e) Elektrische Betriebsräume. Als elektrische Betriebsräume gelten Räume, die wesentlich zum Betriebe elektrischer Maschinen oder Apparate dienen und in der Regel nur unterwiesenem Personal zugänglich sind.[7])

---

flächenbeschaffenheit, bei Gegenständen, die aus mehreren Stoffen zusammengebaut sind, die Art des Aufbaus maßgebend.

Eine weitergehende Kennzeichnung der üblichen Baustoffe nach ihrer Brauchbarkeit für die verschiedenen Zwecke findet sich in den „Prüfvorschriften für die Untersuchung elektrischer Isolierstoffe" ETZ 1922, S. 446.

4) Als Schutzverkleidung im Sinne des § 2c gelten nicht die Schutznetze, Schutzleisten, Schutzdrähte, die die Freileitungen an der Berührung mit andern Leitungen oder am Herabfallen hindern sollen.

Die in den Vorschriften erwähnten Hilfsmittel zum Schutze von Leitungen sind:

Schutzhülle: ein eng an der Leitung anliegender Überzug, der hauptsächlich die darunter liegende Isolierhülle des Leiters vor Zerstörung bewahrt. Z. B. Bleimantel, Blechmantel des Rohrdrahtes, Hülle der Panzerader.

Schutzverkleidung: eine in sich selbständige Vorkehrung, die mechanische Einwirkungen stärkeren Grades hintanhalten kann; z. B. Isolier- oder Metallrohr, Kabeleisen, Verschalung aus Holz oder Blech.

Schutzüberzug: meist nur gegen chemische Angriffe in Gestalt eines Anstriches oder dergl. verwendet.

Berührungsschutz: hauptsächlich als Schutzdraht, Schutzleiste, Schutznetz auftretend.

5) Über Installationen im Freien vgl. § 23; zu ihnen gehören u. a. auch die auf Dächern und an Wänden angebrachten Reklamebeleuchtungen.

6) Fahrleitungen, soweit sie Straßenbahnen und diesen ähnlichen Kleinbahnen zugehören, unterliegen den Bahnvorschriften. Fahrleitungen in Gebäuden sind in § 24a, solche für Grubenbahnen in § 42 behandelt; andere Fahrleitungen z. B. für fahrbare Arbeitsmaschinen, Laufkräne oder Werkslokomotiven im Freien werden im § 23 Regel 4 erwähnt. Vgl. auch Leitsätze für Bagger mit zugehörigen Bahnanlagen in Bergwerksbetrieben über Tage. § 47.

7) Die elektrischen Betriebsräume (vgl. § 28) können

f) **Abgeschlossene elektrische Betriebsräume.** Als abgeschlossene elektrische Betriebsräume werden solche Räume bezeichnet, welche nur zeitweise durch unterwiesenes Personal betreten, im übrigen aber unter Verschluß gehalten werden, der nur durch beauftragte Personen geöffnet werden darf.[8]

g) **Betriebsstätten.** Als Betriebsstätten werden diejenigen Räume bezeichnet, welche im Gegensatz zu elektrischen Betriebsräumen auch anderen als elektrischen Betriebsarbeiten dienen und nicht unterwiesenem Personal regelmäßig zugänglich sind.[9]

Teile eines andern Raumes, z. B. einer Fabrikhalle sein, wenn der Zutritt zu ihnen durch Schranken, Gitter oder dergl. der Vorschrift gemäß beschränkt ist; unter diesen Bedingungen z. B. der ganze betretbare Raum eines elektrischen Laufkranes oder sein Führerstand (§ 281). Auch Akkumulatorenräume gelten als elektrische Betriebsräume (§ 32 a). Um einen Raum als „elektrischen Betriebsraum" bezeichnen und in ihm von den hierfür zugestandenen Erleichterungen Gebrauch machen zu dürfen, ist es nicht notwendig, daß er ausschließlich elektrische Maschinen enthält. Es kann z. B. auch der von der elektrischen Maschine angetriebene Ventilator, eine Pumpe oder dergl. dort stehen. ETZ 1904, S. 362, N. 5. Auch können in dem Raum neben elektrischen Erzeugermaschinen noch deren Antriebsmaschinen sowie andere Treibmaschinen stehen; neben elektrischen Motoren kann er andere Motoren enthalten. Dagegen muß streng gefordert werden, daß ein derartiger Raum in der Regel nur instruiertem Personal zugänglich ist, und daß er den Charakter eines reinen Kraftwerkes hat, in welches nicht etwa Rohstoffe offen hineingeschafft oder Fertigprodukte offen herausgeschafft werden. Auf welche Art ein solcher Raum von seiner Umgebung getrennt sein muß, hängt von der Art der Umgebung ab. Wo betriebsmäßig Staub oder Fasern auftreten (in gewissen Teilen von Mühlen, Spinnereien, Schreinereien ohne wirksame Staubentfernung), wird man dichte Wände fordern, während unter andern Umständen fest angebrachte Schranken genügen können. ETZ 1910, S. 196, N. 220[2].

8) Beispiele: Die Transformatorenkammern von Elektrizitätswerken; der Raum hinter einer Schalttafel, wenn er unter Verschluß gehalten wird. Der Verschluß muß vorhanden sein und kann nicht etwa durch eine Kette, Schranke oder dergl. oder durch ein Eintrittsverbot ersetzt werden. ETZ 1911, S. 744, N. 240. Verschließbare Aufbauten, wie Schaltsäulen, Transformatorsäulen, die nicht zum Betreten des abgeschlossenen Raumes eingerichtet sind, gelten nicht als abgeschlossene elektrische Betriebsräume. Vgl. auch § 5e der Betriebsvorschriften.

9) Betriebsstätten sind demnach in erster Linie alle die Räume, welche gewöhnlich als Werkstätten bezeichnet werden. Ihre besondere Bedeutung für die Beschaffenheit und Behandlung der elektrischen Anlagen liegt hauptsächlich in dem Umstande, daß in ihnen vielfache Hantierungen schwerer oder sperriger Gegenstände vorkommen, so daß die Gefahr der Beschädigung für Leitungen, Apparate und Stromverbraucher größer ist als in Schreibstuben, Läden und Wohnräumen; während anderseits nicht vorausgesetzt werden kann, daß die elektrische Einrichtung mit derselben Sachkenntnis und Aufmerksamkeit behandelt werde, wie in elektrischen Betriebsräumen. In letzteren sind

h) **Feuchte, durchtränkte und ähnliche Räume.** Als solche gelten Betriebs- oder Lagerräume gewerblicher und landwirtschaftlicher Anlagen, in welchen erfahrungsgemäß durch Feuchtigkeit oder Verunreinigungen (besonders chemischer Natur) die dauernde Erhaltung normaler Isolation erschwert oder der elektrische Widerstand des Körpers der darin beschäftigten Personen erheblich vermindert wird.[10]

Heiße Räume sind als durchtränkte zu betrachten, wenn die darin beschäftigten Personen ähnlichen Einwirkungen ausgesetzt sind.[11]

i) **Feuergefährliche Betriebsstätten und Lagerräume.** Als feuergefährliche Betriebsstätten und Lagerräume gelten Räume, in denen leicht entzündliche Gegenstände hergestellt, verarbeitet oder angehäuft werden, sowie solche, in welchen sich betriebsmäßig entzündliche Gemische von Gasen, Dämpfen, Staub oder Fasern bilden können.[12]

k) **Explosionsgefährliche Betriebsstätten und Lagerräume.** Als explosionsgefährlich gelten Räume, in denen explosible Stoffe hergestellt, verarbeitet oder aufgespeichert werden oder leicht explosible

---

die elektrischen Einrichtungen Hauptsache, in Betriebsstätten sind sie nur Hilfsmittel.

10) Beispiele sind gewisse Teile von Kellereien. Gerbereien und ähnliche Betriebsstätten, meistens auch Stallungen. Vgl. § 31.

11) Die Schweißabsonderung auf der Haut wirkt gefahrerhöhend, weil sie den Übergangswiderstand auf den menschlichen Körper verkleinert. Dies ist in engen Backstuben, Heizräumen, Trockenkammern usw. zu beachten. Um so mehr, wenn sie ungenügend ventiliert sind und wenn der Fußboden gut leitet, z. B. feucht ist oder aus Metall besteht.

12) Als Räume der bezeichneten Art kommen u. a. in Betracht gewerbliche und landwirtschaftliche Betriebe, in welchen die Gefahr der Entzündung von Staub (Brikettfabriken, Korkmühlen etc.), leicht brennbaren Gasen (Gasfabriken etc.), leicht brennbaren Flüssigkeiten (Benzinwäschereien, Ätherfabriken etc.), leicht brennbaren Gegenständen (Scheunen, Heuböden, Flachsschwingereien, Wattefabriken, Spinnereien für pflanzliche Spinnstoffe, Zelluloid- und Zelluloidwarenfabriken etc.) vorliegt.

Es ist jedoch zu beachten, daß im Einzelfalle die Betriebsräume aus der Klasse der gefährdeten ausscheiden können, wenn geeignete Vorkehrungen dies rechtfertigen. So z. B. Abfüllstationen für entzündliche Flüssigkeiten, soweit die Arbeit mit flammenstickenden Gasen unter Ausschluß von Luft vorgenommen wird, Holzbearbeitungsfabriken, soweit durch mechanisches Absaugen für Beseitigung der brennbaren Abfälle und des Staubes an der Entstehungsstelle gesorgt ist. Sinngemäß werden z. B. auch in chemischen Fabriken Räume, in denen etwa Benzin, Schwefelkohlenstoff, Anilin u. dergl. benützt wird, dann nicht mehr als besonders gefährdet zu betrachten sein, wenn die benützten Behälter, Apparate, Leitungen etc. so eingerichtet sind und gebraucht werden, daß sich entzündliche Gemische nicht betriebsmäßig bilden können.

Gase, Dämpfe oder Gemische solcher mit Luft erfahrungsgemäß sich ansammeln.[13])

    l) **Schlagwettergefährliche Grubenräume.** Als schlagwettergefährliche Grubenräume gelten diejenigen, welche von der zuständigen Bergbehörde als solche bezeichnet werden; alle anderen gelten als nicht schlagwettergefährlich.[14])

m) **Betriebsarten**[15]). Bei Dauerbetrieb ist die Betriebzeit so lang, daß die dem Beharrungszustand entsprechende Endtemperatur erreicht wird. Die der Dauer-

---

13) Für Betriebe zum Herstellen und Aufspeichern von Sprengstoffen bestehen die im § 35 d erwähnten behördlichen Sondervorschriften. Andere Räume, in denen explosible Gase oder Gasgemische usw. auftreten können, gehören zu den explosionsgefährlichen, wenn sich diese Gemische usw. betriebsmäßig in dem Raume bilden, z. B. durch Ausbreiten der entzündlichen, leicht verdampfenden Flüssigkeiten auf größeren Flächen im lufterfüllten offenen Raume, wie in manchen Benzinwäschereien; ferner wenn zwar Einrichtungen, um das Entstehen gefährlicher Gasgemische zu verhindern, in Anwendung sind, trotzdem aber „erfahrungsgemäß", d h. auf Grund einer Reihe von Tatsachen, eine Explosionsgefahr als fortbestehend in technischen Kreisen anerkannt wird. Wenn dagegen durch die Apparatur usw. dafür gesorgt ist, daß nur durch grobe Unvorsichtigkeit oder unglücklichen Zufall explosible Gase sich bilden können, so gelten die Räume nicht als besonders gefährdet. Insbesondere sind Räume, in denen Benzol oder dergl. in geschlossenen Gefäßen verarbeitet wird, nicht als explosionsgefährlich zu betrachten. Wenn aus solchen Gefäßen gelegentlich, z. B. durch Undichtheit, die entzündliche Flüssigkeit oder ein Gemisch ihrer Dämpfe mit Luft austritt, so ist dies nicht als „erfahrungsgemäßes Ansammeln" im Sinne des § 2 k anzusehen. Ebensowenig gelten Räume, die mit einer Leuchtgasleitung ausgestattet sind oder in denen eine Gasuhr aufgestellt ist, als besonders gefährdet.

14) Eine allgemein gültige Kennzeichnung der schlagwettergefährlichen Grubenräume läßt sich nicht aufstellen, weil die Gefährlichkeit von mehreren verschiedenen Faktoren abhängt. Die Entscheidung kann daher nur für den Einzelfall erfolgen und steht der Bergbehörde zu. Als schlagwetternichtgefährliche Grubenräume gelten auf Bergwerken oder Teilen von Bergwerken, in denen der Gebrauch des offenen Lichts nicht allgemein gestattet ist, **der Regel nach** die im einziehenden Wetterstrom gelegenen Schächte, Füllörter, Maschinenräume, Querschläge und Grundstrecken, soweit keine abweichende Entscheidung der zuständigen Bergbehörde ergeht.

Sonstige Räume, insbesondere im ausziehenden Wetterstrom belegene, sind als schlagwetter**nicht**gefährlich nur anzusehen, wenn sie ausdrücklich von der zuständigen Bergbehörde als solche bezeichnet sind.

Im Einzelfall kann unter besonderen Verhältnissen ein Raum schlagwettergefährlich sein, trotzdem er im einziehenden, oder nicht gefährlich sein, trotzdem er im ausziehenden Wetterstrom liegt.

15) Die **Betriebsarten** sind wichtig bei der Bemessung der Leitungen für Motoren, besonders bei Kranen, Aufzügen, Walzwerken u. dgl. (§ 20).

leistung entsprechende Stromstärke wird als „Dauerstromstärke" bezeichnet.

Bei aussetzendem Betrieb wechseln Einschaltzeiten und stromlose Pausen über die gesamte Spieldauer, die höchstens 10 min beträgt, ab. Das Verhältnis von Einschaltdauer zur Spieldauer wird „relative Einschaltdauer" genannt. Die aussetzende Stromstärke, die zum Bewegen der Vollast nach Eintritt der vollen Geschwindigkeit erforderlich ist, wird als „Vollaststromstärke" bezeichnet.

Bei kurzzeitigem Betrieb ist die Betriebszeit kürzer als die zum Erreichen der Beharrungstemperatur erforderliche Zeit und die Betriebspause lang genug, um die Abkühlung auf die Temperatur des Kühlmittels zu ermöglichen.

B. Allgemeine Schutzmaßnahmen.*)[1]

§ 3.

Schutz gegen Berührung.[2]   Nullung und Erdung.

a) Die unter Spannung gegen Erde[3] stehenden nicht mit Isolierstoff bedeckten Teile[4] müssen im Handbereich[5] gegen zufällige Berührung[6] geschützt

---

B. 1) Im Abschnitt B sind unter §§ 3, 4 u. 5 einige grundsätzliche Maßnahmen an die Spitze der Vorschriften gestellt, sowohl um ihre Bedeutung zu betonen, als auch um in den späteren Abschnitten der vielfachen Wiederholung enthoben zu sein. Solchen Wiederholungen ist man jedoch an einzelnen Stellen, wo sie sich besonders aufdrängten, absichtlich nicht aus dem Wege gegangen.

§ 3. 2) Der Schutz gegen Berührung wird im § 3 nur hinsichtlich der Gefahren, die beim Übertritt der Elektrizität auf den menschlichen Körper erwachsen, d. h. es wird nur der Schutz der Personen, nicht aber der Schutz der Leitungen und Apparate gegen schädliche mechanische und chemische Einwirkungen behandelt. Über diesen siehe §§ 21, 24d, 31d.

3) Die nicht unter Spannung gegen Erde stehenden, also geerdeten Teile, z. B. geerdete Leitungen, bedürfen unter Umständen ebenfalls eines Schutzes, zwar nicht um Menschen vor der Berührung mit den Leitungen, aber um die Leitungen gegen Beschädigung zu schützen. Vgl. § 3 [5], § 21d.

4) Für blanke Teile gilt Abs. a) sowohl bei Niederspannung als bei Hochspannung. Im letzteren Bereich mit der Maßgabe, daß zu den Bestimmungen unter a) noch die weitergehenden Forderungen b) und c) hinzutreten.

5) Der Umfang des Handbereichs hängt von der Örtlichkeit ab. Sind Stufen, Auftritte, Galerien, Maschinen- oder Betriebsteile vorhanden, die betriebsmäßig betreten werden, so ist der Handbereich von diesen aus zu bemessen und zwar nicht nur nach oben sondern auch seitwärts. Auch die normalerweise gehandhabten Gegenstände, Werkzeuge u. dgl. sind sinngemäß zu berücksichtigen.

6) Eine zufällige Berührung ist diejenige, die bei der bestimmungsmäßigen Benutzung des Raumes und der in ihm vor-

---

*) Vgl. auch „Leitsätze über Schutzerdungen", im Anhang 1.

sein. Bei Spannungen bis 40 V gegen Erde ist dieser Schutz im allgemeinen entbehrlich.[7]) (Weitere Ausnahme siehe § 28a.)

✗ | Für Fahrleitungen von Bahnen in Bergwerken unter Tage gelten besondere Vorschriften (siehe § 42).

1. Abdeckungen, Schutzgitter und dergleichen sollen der zu erwartenden Beanspruchung entsprechend mechanisch widerstandsfähig sein und zuverlässig befestigt werden.

✗ | In B. u. T. sollen alle Schutzverkleidungen so angebracht sein, daß sie nur mit Hilfe von Werkzeugen entfernt werden können[7a]).

b) Bei Hochspannung müssen sowohl die blanken als auch die mit Isolierstoff bedeckten unter Spannung gegen Erde stehenden Teile durch ihre Lage, Anordnung oder besondere Schutzvorkehrungen der Berührung entzogen sein. (Ausnahmen siehe §§ 6c, 8c, 28b und 29a).[8]).

---

handenen Einrichtungen ungewollt eintreten kann. Gegen mutwillige oder sonst absichtliche Berührung ist ein Schutz oft nicht durchführbar oder bei der Vielgestaltigkeit der mit Niederspannung arbeitenden elektrischen Hilfsmittel mit deren Zweck nicht vereinbar. Die Schutzeinrichtungen gegen zufällige Berührung dürfen daher so beschaffen sein, daß sie einen beabsichtigten Eingriff nicht hindern, wie er etwa zum Einstellen von Bürsten, zum Ölen, zum Nachbearbeiten eines Kollektors während des Betriebs usw. nötig ist. Bei Widerständen und Heizapparaten sind Gitter dienlich, auch wenn sie das absichtliche Durchgreifen der Finger zulassen. Kommutatoren und Bürsten von Motoren sind entweder dem Handbereich zu entziehen, indem man den Motor selbst so aufstellt, daß er nur mittels besonders herbeigerückter Leitern oder nach Öffnen von Türen u. dgl. zugänglich wird, oder es sind diese Teile hinter vorstehenden Teilen der Maschine wie hinter den Magneten, Lagerböcken, Lagerschildern, in passend angebrachten Vertiefungen oder Nischen anzuordnen, oder es ist die ganze Maschine mit einer Schranke zu umgeben. Blanke Anschlußklemmen von Motoren usw. sind mit Kappen abzudecken. ETZ 1910, S. 1322, N. 228. Steckkontakte müssen so gebaut und angebracht sein, daß die flach aufliegende Hand nicht auf blanke Teile treffen kann. Lampenfassungen, Schalter u. dgl. sind an ihren spannungführenden blanken Teilen mit metallischen oder isolierenden Hülsen, Kappen, stulpenartig übergreifenden Ringen oder ähnlichen Vorkehrungen auszurüsten. Vgl. die Wiederholung in §§ 6c, 7c, 16a, 16c. Auch die mittelbare Berührung, z. B. durch das Öffnen eines eisernen Fensterrahmens, ist zu verhüten. Gegen zufällige Berührung schützen auch Schranken, Abweiseleisten, besonders wenn sie mit Warnungszeichen versehen sind.

7) Einige Arten von Werkzeugen und Betriebsvorrichtungen, z. B. solche zum elektrischen Schweißen und Löten, müssen zum ordnungsmäßigen Gebrauch an ihren blanken spannungführenden Teilen zugänglich sein. Meistens sind diese Vorrichtungen für die angegebene Spannung von nicht mehr als 40 V eingerichtet.

7a) Als Werkzeuge gelten auch Schlüssel, Schraubenschlüssel, abnehmbare Klinken u. dgl.

8) Bei Hochspannung treten zu der Bestimmung unter a)

*c) Bei Hochspannung müssen alle nicht spannung-
führenden Metallteile, die Spannung annehmen können,
miteinander gut leitend verbunden und geerdet werden,
wenn nicht durch andere Mittel eine gefährliche Spannung
vermieden oder unschädlich gemacht wird (siehe auch
§§ 6 b, 8 a, 8 b, 8 c).[9])*

noch die verschärften Maßnahmen b) und c) hinzu, soweit
nicht die besonders erwähnten Ausnahmen Platz greifen. Auch
mit Isolierstoff bedeckte Teile, wie isolierte Leitungen,
Wicklungen von Maschinen, z. B. die Wicklungsköpfe, sind gegen
Berührung zu schützen. Eine besondere Beachtung erfordern
die Teile der Maschinen usw., in denen die Hochspannung nur
zeitweise auftritt. ETZ 1909, S. 497, N. 207; 1910, S. 1322,
N. 228.

DerSchutz muß bei Hochspannung nicht nur zufällige Berührung hindern. Wenn die Teile der Berührung entzogen sind,
so ist es doch nicht immer möglich und notwendig, daß jede
absichtlich angestrebte Berührung unmöglich gemacht ist; denn
gegen gewaltsame oder mit besonderen Hilfsmitteln herbei-
geführte Berührungen hilft keine verfügbare Maßnahme. Die
Vorschrift verlangt vielmehr, daß die Teile nicht ohne weiteres,
nicht ohne Überwindung irgend eines Hindernisses oder nicht
ohne Anwendung besonderer Hilfsmittel erreichbar oder zugänglich sind. Werden die Teile zu diesem Behufe in besonderer
Höhe angeordnet, so ist es nötig, daß in ihrer Nähe nicht andere
im Betrieb zu bedienende Gegenstände, wie Transmissionen,
Ventilationsklappen oder dergl. vorhanden sind; auch die Anordnung hinter vorhandenen Bauteilen wie Lagerschildern
kann die Vorschrift erfüllen; doch muß hier sinngemäß ein
höherer Grad der Unzugänglichkeit verlangt werden als im
Abs. a), wo nur die zufällige Berührung ausgeschlossen sein
muß. Besondere Schutzvorkehrungen sind z. B. Abdeckung mit
isolierenden oder metallischen Bauteilen (Marmorwand der Schalttafel, Maschinengehäuse), Verkleidung z. B. durch Rohre oder
Kabelarmaturen. Kappen, Gitter. Stets muß die betriebsmäßige
Handhabung der elektrischen Einrichtungen so möglich sein,
daß bei sachgemäßem Vorgehen eine gefährliche Berührung
vermieden wird; daher ist eine Schutzeinrichtung auch dann
vorschriftsmäßig, wenn sie zum Ausführen einzelner Bedienungsgriffe und Handlungen, etwa zum Einstellen von Bürsten, zum
Ölen oder Nachsehen von Lagern, vorübergehend entfernt oder
geöffnet werden muß.

9) Nicht nur die zur Stromleitung bestimmten, sondern auch
die rein konstruktiven Metallteile können den Menschen,
der sie berührt, gefährden, wenn sie durch unbeabsichtigte
Verbindung mit den stromführenden Teilen oder durch über-
schlagende Funken, überkriechende Ströme oder durch Induktion geladen werden. Dieser Gefahr, die viele Unfälle veranlaßt hat, ist besonders schwer zu begegnen, weil sie un-
vermutet auftritt. Unter den hierzu dienlichen Mitteln ist eines
der wirksamsten die Erdung, wenn sie auch nicht das einzige
und nicht in allen Fällen das angebrachte Mittel darstellt.

Die Erdung wirkt dadurch, daß dem Strom oder der Ladung, die auf den Konstruktionsteil übergegangen sind, ein gut
leitender Weg zur Erde dargeboten wird; alsdann wird, auch
wenn eine Person mit den geladenen Konstruktionsteilen in
Berührung gekommen ist, nur ein kleiner Stromanteil seinen
Weg durch den menschlichen Körper zur Erde nehmen, während

d) In Niederspannungsanlagen sind dort, wo eine besondere Gefahr besteht, nicht zum Betriebstromkreis, jedoch zur elektrischen Einrichtung gehörende metallene Bestandteile der elektrischen Einrichtungen, die den Betriebstromkreisen am nächsten liegen oder mit ihnen in Berührung kommen können, zu erden. Ist ein geerdeter Nulleiter praktisch erreichbar, so muß dieser hierzu verwendet werden.

Besondere Gefahren liegen in solchen Räumen vor, in denen der Körperwiderstand durch Feuchtigkeit, Wärme, chemische Einflüsse und andere Ursachen wesentlich herabgesetzt ist, sowie wenn der Benutzer der Anlage mit Metallteilen in Berührung kommt, die infolge eines Fehlers Schluß mit einem Stromleiter bekommen können.

---

der weit überwiegende Stromanteil den rein metallischen Weg vorzieht. Es wird also ein Nebenschluß zu dem gefährdeten menschlichen Körper geschaffen. Ein anderes Mittel besteht darin, daß man in den Stromweg, der durch den menschlichen Körper nach der Erde hin möglich ist, einen Widerstand in Gestalt einer isolierenden Unterlage (oder Zwischenlage) einschaltet. Auch hierdurch wird die den Organismus durchfließende Stromstärke herabgesetzt. Beide Hilfsmittel können auch zugleich verwendet werden, wobei sie sich gegenseitig in ihrer Wirksamkeit unterstützen.

Als Teile, die Spannung annehmen können, kommen in erster Linie in Betracht: Eisenmaste, die Körper der Maschinen, die Gerüste der Schalttafeln, die Gehäuse von Schaltsäulen, Transformatoren oder Meßgeräten, die Armierung von Kabeln, metallische Schutzrohre und Umkleidungen von Leitungen usw.; namentlich auch die mit der Hand zu bedienenden Teile, wie Handräder, Hebel, Kurbeln, Griffe. Des weiteren aber auch Metallteile, die nicht zur elektrischen Einrichtung gehören, wie Wasser- oder Dampfleitungen, Eisenträger, eiserne Viehraufen usw., wenn sie in der Nähe der spannungführenden Teile sind oder die Spannung durch Vermittlung leitender Teile annehmen. Eine bestimmte Umgrenzung derjenigen Teile, welche Spannung annehmen können, daher geerdet oder durch andere Mittel gefahrlos gemacht werden müssen, ist in der Vorschrift nicht gegeben. Maßgebend sind die Höhe der wirksamen Spannung, Güte und Abmessung der als Träger oder Umhüllung der betriebsmäßig spannungführenden Teile dienenden Isolierkörper, sowie die Entfernung der nicht spannungführenden Metallteile von den spannungführenden. Doch ist zu beachten, daß auch gute und große Isolierkörper durch Risse, Oberflächenschichten (Schmutz) oder ihre Flächen überbrückende Fremdkörper (Drähte usw.) ihren Dienst versagen können. Im allgemeinen können Metallteile, die sich im Bereiche der Hochspannung befinden, eine besondere Erdung dann entbehren, wenn sich zwischen ihnen und den spannungführenden Teilen ein anderer geerdeter Metallteil befindet. Über den Wortlaut der Vorschrift hinaus ist zu beachten, daß auch nichtmetallische Teile unter Umständen Spannung annehmen und gefährlich werden können; z. B. Holz, Mauern, Säulen und Fußböden aus Stein, besonders wenn sie feucht sind. Weitere Einzelheiten sind in den „Leitsätzen über Schutzerdungen" zusammengestellt (siehe den Anhang 1 dieses Buches).

Über „andere Mittel" siehe unter [10]) sowie § 6 Regel 1 und bei § 6 unter [8]) und [4]).

Gefahrerhöhend wirkt eine großflächige Berührung, wie sie z. B. durch Umfassen herbeigeführt wird[10]).

2. Als Erdung gilt eine gut leitende Verbindung mit der Erde. Sie soll so ausgeführt werden, daß in der Umgebung des geerdeten Gegenstandes (Standort von Personen) ein den örtlichen Verhältnissen entsprechendes tunlichst ungefährliches allmählich verlaufendes Potentialgefälle erzielt wird.[11]) Als der Erdung gleich-

---

10) Eine besondere Gefahr besteht u. a. in dauernd feuchten Räumen oder dort, wo die elektrischen Einrichtungen der Gefahr einer Beschädigung besonders ausgesetzt sind. Es kommen dabei in Betracht: Küchen und Baderäume je nach ihrer Beschaffenheit und Benutzungsweise, Waschküchen, Betriebe wie sie in einzelnen Räumen von Gerbereien, Färbereien, Brauereien und ähnlichen vorkommen, ferner Hüttenwerke, Bergwerke, feuchte Keller, viele Stallungen, Kessel und ähnliche Räume, Einrichtungen im Freien sofern dauernde Feuchtigkeit herrscht, wie bei Torfbaggerei oder wo mit ätzenden Stoffen gearbeitet wird. Die Entscheidung muß für jeden Einzelfall getroffen werden.

In solchen Räumen ist die (früher nur empfohlene) Erdung jetzt zwingende Vorschrift. Sie ist durch Benützen des Nulleiters zu erfüllen. Demnach ist es am einfachsten, ein System mit geerdetem Nulleiter anzuwenden. Steht dies nicht zur Verfügung, so sind besondere Erdungen zu machen. Aber auch bei vorhandenem Nulleiter ist streng darauf zu achten, daß es nicht genügt, wenn dieser an irgend einem entfernten Punkt geerdet ist. Vielmehr muß die Erdung möglichst nahe an der mit besonderer Gefahr behafteten Verbrauchsstelle geschehen und mit Sorgfalt so ausgeführt sein, daß sie genügend kleinen Widerstand aufweist. Unter Umständen ist der Nulleiter bis zu dieser Erdung zu verstärken um die möglicherweise auftretenden Stromstärken des Erdschlusses so abzuführen, daß der Zweck erreicht wird. Ist eine zuverlässige Erdung nicht erreichbar, so ist auch hier der Schutz durch „andere Mittel (§ 3c) zu verwirklichen. Solche Mittel sind z. B. Ersatz der metallischen Umkleidungen, Handhaben, Griffe usw. durch solche aus Isolierstoff, sichere Abtrennung der spannungführenden Metallteile von den der Berührung ausgesetzten durch gute und reichlich bemessene Isolierkörper, kräftige isolierende Auskleidung und Umkleidung der bedenklichen Teile, von Erde isolierte Standplätze für die Bedienenden. Auf diese Weise wird die „besondere Gefahr" durch besonders sorgfältige Ausführung beseitigt. Vgl. § 6 unter [3]) und [4]) und ETZ 1920, S. 750.

11) Eine für alle Fälle zutreffende einfache Regel für die Ausführung der Erdung kann nicht aufgestellt werden. Keineswegs kann jede leitende Verbindung mit der Erde als zuverlässiges Sicherungsmittel gelten, selbst wenn ihr elektrischer Widerstand kleine Beträge aufweist. Es müssen die im Einzelfall vorliegenden Verhältnisse sorgsam berücksichtigt werden. In vielen Fällen ist eine wirksame Erdung nur mit Schwierigkeiten oder unter großem Aufwand herzustellen, manchmal ist sie unausführbar.

Um nämlich die beim Übertritt der Spannung im geerdeten Teil auftretenden Stromstärken, die ungewöhnliche Beträge erreichen können, so abzuführen, daß gefährliche Spannungen vermieden werden, bedarf es unter Umständen erheblicher Querschnitte. Es ist danach zu streben, daß die Spannung zwischen den Punkten, zwischen welche eine Person eingeschaltet sein kann, also

wertig gilt die Verbindung mit dem geerdeten Nulleiter (siehe § 14f).[12]

3. Die Erdungen sollen nach den „Leitsätzen für Nullung und Schutzerdungen in Niederspannungsanlagen" bzw. nach den *„Leitsätzen für Schutzerdungen in Hochspannungsanlagen"* ausgeführt werden.[13]

---

z. B. zwischen dem mit der Hand berührten und dem vom Fuß betretenen Punkt, tunlichst herabgemindert wird. Daher werden alle zu erdenden Teile unter sich gut leitend verbunden und es wird auch der Fußboden, soweit er vollständig oder unvollständig leitend ist, oder leitend gemacht worden ist, mit dieser Erdleitung in leitende Verbindung gebracht. So können ausgedehnte Maschinenfundamente oder Maschinengehäuse, Eisengalerien, Eisentreppen und ähnliche Standorte durch Verbindung mit den der Berührung mit der Hand ausgesetzten Teilen als Erde wirksam gemacht werden. Es kommt dann weniger darauf an, daß diese Teile selbst durch sehr geringe Widerstände mit der Erde in Verbindung stehen, sofern nur die in Betracht kommenden Personen niemals zwischen die gut und die schlecht geerdeten Oberflächen eingeschaltet sein können. ETZ 1910, S. 196, N. 221; 1920, S. 751. Vgl. § 6 b) unter [4].

Ist die in Wirkung tretende Spannung sehr hoch und ein kurzer Stromweg großen Querschnitts nach der Erde nicht erreichbar, wenn sich z. B. der dem Stromübergang ausgesetzte Konstruktionsteil, etwa als Kabelarmatur, im oberen Geschoß eines Gebäudes oder wenn er sich, etwa als Mast, in schlecht leitendem Erdreich befindet, so können in dem ihn umgebenden Fußboden beim Stromübergang erhebliche Potentialgefälle auftreten, die selbst dem, der den Konstruktionsteil nicht unmittelbar berührt, gefährlich werden. Es muß dann für eine so große Ausbreitung der Stromflächen gesorgt werden, daß das Potentialgefälle in der Richtung von dem fraglichen Teil nach außen hin durch Verminderung der Stromdichte herabgedrückt wird. Um einen Mast wird man z. B. ein konzentrisches System von metallischen, durch Radien verbundenen Leitern (Metallscheiben, Drahtseilen) in den Fußboden oder das Erdreich einlegen und kann so die Gefahr beseitigen. Vgl. Uppenborn, ETZ 1901, S. 380, Wilkens, ETZ 1902, S. 1129. Die Leitsätze für Schutzerdungen (siehe Anhang 1 dieses Buches) bezeichnen ein Potentialgefälle im Sinne der Regel 3, also die Spannung zwischen zwei Punkten, zwischen die ein Mensch eingeschaltet sein kann, dann als in der Regel ungefährlich, wenn die Erdung so bemessen ist, daß das Produkt aus ihrem Widerstand und der durch sie abzuleitenden Stromstärke 125 V nicht überschreitet. Unter besonders ungünstigen Umständen (Stallungen, chemische Betriebe) empfiehlt sich eine Begrenzung der Höchstspannung auf 40 V. (§ 18[5]) ETZ 1917, S. 329.

12) Vorausgesetzt wird, daß der neutrale Leiter gut geerdet ist, d. h. daß sein Widerstand bis zur Erde der zu erwartenden Stromstärke entspricht. Vgl. Regel 5.

13) Wo man dauernd feuchte Schichten des Erdreiches nicht erreichen kann, ist statt der Erdplatten ein ausgebreitetes Netz von Draht oder Gitterwerk zu verwenden, das man etwa noch in festgestampften Koks einbettet, auch Eisenrohre, die man in stark mit Salz getränktes Erdreich eintreibt, werden empfohlen. Vgl. Leitsätze für Schutzerdungen, Anhang B. Vorhandene Rohrleitungen sind häufig an den Stoßstellen mit nichtleitenden Stoffen gedichtet. Es empfiehlt sich daher, diese Stoßstellen

⚒ | In B. u. T. sind mehrere verschiedene Erdungen, z. B. in der Wasserseige, im Schachtsumpf, an den Tübbings und über Tage, gleichzeitig anzuwenden und miteinander gut leitend zu verbinden. Die der zufälligen Berührung ausgesetzten, für gewöhnlich nicht spannungführenden Teile der Anlage sind, soweit sie in demselben Raum liegen, untereinander und mit der Erdleitung als welche die Bewehrung eines Kabels, u. zw. Bleimantel und Eisenbewehrung benutzt werden kann, zu verbinden. Außerdem sind alle sonstigen der zufälligen Berührung ausgesetzten Metallteile, wie Rohrleitungen, Gleise usw., tunlichst oft an die Erdleitung anzuschließen.[13a])

4. Erdzuleitungen sollen für die zu erwartende Erdschlußstromstärke bemessen werden, mit der Maßgabe, daß Querschnitte über 50 mm² für Kupfer, über 100 mm² für verzinktes oder verbleites Eisen nicht verwendet zu werden brauchen, und mit der Maßgabe, daß in elektrischen Betriebsräumen Kupferquerschnitte unter 16 mm² nicht verwendet werden sollen. Für Anschlußleitungen an die Haupterdungsleitung von weniger als 5 m Länge genügt in jedem Falle ein Kupferquerschnitt von 16 mm². In anderen Räumen soll der Kupferquerschnitt 4 mm² nicht unterschreiten.[14])

---

leitend zu überbrücken, wo es möglich ist; meistens sind sie aber nicht zugänglich, daher sollen solche Rohrleitungen nur zur Vergrößerung der Oberfläche und des Querschnittes beigezogen werden, können aber eine besondere Erdleitung nicht ersetzen.

Zu beachten ist auch der Umstand, daß dort, wo der metallische Zusammenhang von Rohrleitungen unterbrochen ist, elektrolytische Zerstörungen auftreten können. Wo über die Erdung Zweifel bestehen, sollte stets mindestens eine weitere Erdung angebracht werden; alsdann ist auch die unter c) geforderte leitende Verbindung der metallischen Teile besonders sorgfältig durchzuführen.

Die Größe des Übergangswiderstandes an den einzelnen Erdplatten ist in hohem Maße abhängig von der Beschaffenheit und Feuchtigkeit des Erdbodens (ETZ 1904, S. 1115 N. 119); sie wechselt u. a. mit der Witterung. Häufig wird dieser Übergangswiderstand zu klein geschätzt. In größeren Elektrizitätswerken beträgt er z. B. an jeder Erdungsstelle des geerdeten Mittelleiters etwa 5—10 Ohm. Vgl. auch unter [14]). Oft empfiehlt es sich, die einzelnen Erdungsstellen, z. B. von Masten, unter sich durch eine Drahtleitung zu verbinden (vgl. § 22 f). Wird diese bis zur Stromerzeugerstelle zurückgeführt, so wirkt sie im Falle der Gefahr nicht nur als Erdleitung, sondern erzeugt zugleich vollständigen Kurzschluß.

13a) Über die Ausführung der Erdungen in B. u. T. vgl. auch Vogel ETZ 1920, S. 752. Unter Umständen ist es nötig, besondere Erdleitungen zu verlegen.

14) Wo die zum Stromführen bestimmten Teile von den der Berührung ausgesetzten Konstruktions- oder Schutzteilen durch hinreichend große Luftschichten oder zuverlässige Isolatoren getrennt sind, so daß nur rein statisch induzierte oder über die Oberflächen der Isolatoren hinweggesickerte Elektrizitätsmengen in Frage kommen, genügt ein geringer Querschnitt der Erdungsleitung. Wenn dagegen ein unmittel-

5. Die Erdzuleitungen sollen möglichst sichtbar und geschützt gegen mechanische und chemische Zerstörungen verlegt und ihre Anschlußstellen der Nachprüfung zugänglich sein.[15]

barer oder ein durch Funken oder Lichtbogen vermittelter Stromübergang auf die berührbaren Metallteile möglich ist, so muß der Querschnitt der Erdungsleitungen der auftretenden Stromstärke angepaßt sein.

Da erfahrungsgemäß über die hier maßgebenden Verhältnisse vielfach falsche Vorstellungen herrschen und vielfach Erdungen nicht mit der nötigen Sorgfalt hergestellt worden sind, so hat die zuständige Kommission die im J. 1913 zuerst aufgestellten „Leitsätze über Schutzerdung" i. J. 1924 ausführlicher gefaßt. (Vgl. Anhang 1 dieses Buches.) Sie behandeln den Zweck der Schutzerdung, Begriffserklärungen, Schutzerdung in gedeckten Räumen und im Freien, für Leitungen auf Holzmasten und auf Eisenmasten, Zuleitung zu den Erdern, Bemessung der Erdung, Feststellung der maßgebenden Erdschlußstromstärken, Ausführung der Erder, Messung der Erdungswiderstände, Meßweisen und Bewertung der Meßergebnisse. Da anzunehmen ist, daß in den Anschlußleitungen zu den Haupterdungsleitungen nur durch außerordentliche Zufälle die größten überhaupt möglichen Stromstärken zur Wirkung kommen, so sind in Regel 5 diejenigen Querschnitte der Erdungsleitungen angegeben, über die man praktisch nicht hinausgeht. Die „Leitsätze" geben unter VI an, welche Stromstärken durch Kupferquerschnitte von 4 bis 50 mm² geführt werden können. Weitere Erörterungen über Erdungen siehe ETZ 1914, S. 102, 132, 166, 400, sowie El. Kraftbetriebe u. B. 1914, S. 434, ETZ 1920, S. 751; 1921, S. 311.

15) Dem Schutz der Erdungsleitungen gegen Zerstörung ist besondere Aufmerksamkeit zu widmen, da von ihrer Unversehrtheit Leben und Gesundheit abhängen können. Man wird daher Stellen, wo mechanische Zerstörungen oder ätzende Wirkungen zu fürchten sind, vermeiden oder durch die Wahl des Metalles, durch geeignete Stärke, durch Schutzanstrich solchen Wirkungen begegnen (z. B. wird Kupfer mit Blei umpreßt und asphaltiert. ETZ 1923, S. 771). Die Erdungsleitungen dürfen nicht unmittelbar in Mauerwerk oder unter Fußböden verlegt werden, weil dort chemische Zerstörungen unbemerkt auftreten können. Überhaupt ist es gut, wenn die Erdungsleitungen bis zum Anschluß an die Erder der Kontrolle zugänglich sind, (vgl. Leitsätze betr. Anfressungsgefährdung des blanken Mittelleiters ETZ, 1923, S. 329, 345.) Schmelzsicherungen, Schalter oder andere Unterbrechungsstellen, die durch Zufall offen bleiben können, dürfen in Erdleitungen nicht vorhanden sein (§§ 11g, 14f); doch kann der zu erdende Gegenstand unter Umständen mittels Schalter oder anderer lösbaren Verbindung an die Erdleitung angeschlossen sein (§ 7b). Vgl. ETZ 1904, S. 361 N. 75c. Besondere Beachtung erfordert die Erdleitung ortsveränderlicher Geräte, wie Bohrmaschinen, Dreschmotoren, Bagger, Kochgefäße u. dgl., vgl. § 13c u. ETZ 1920, S. 751/752.

Der Mittelleiter von Dreileiternetzen wird gewöhnlich geerdet, um Gesamtspannungen bis 500 Volt unter den Vorschriften für Niederspannung ausnutzen zu können. Auch bei kleineren Gesamtspannungen empfiehlt es sich, den Mittelleiter und nicht etwa einen Außenleiter an Erde zu legen, es sei denn, daß hierfür besondere Gründe sprechen (etwa Betrieb einer Industriebahn mit der Gesamtspannung).

Es empfiehlt sich, den Nulleiter in seinem ganzen Verlauf fabrikationsmäßig zu kennzeichnen.[16])

⚒ **e) Schutzverkleidungen aus Pappe oder ähnlichen wenig widerstandsfähigen Stoffen dürfen in B. und T. nicht angewendet werden. Holz ist unter Umständen zulässig.**

§ 4.

Übertritt von Hochspannung.[1])

a) Maßnahmen müssen getroffen werden, die bestimmt sind, dem Auftreten unzulässig hoher Spannungen in Verbrauchstromkreisen[2]) vorzubeugen.

---

16) Vgl. die Ausnahme im § 14[8].

§ 4. **1)** Eine bis zum Jahr 1905 gültige Fassung des § 4 lautete: „Der Übertritt von Hochspannung in Stromkreise für Niederspannung sowie das Entstehen hoher Spannungen in letzteren muß verhindert oder ungefährlich gemacht werden.“ Da diese Forderung nicht unter allen Umständen erfüllbar ist, wurde die Fassung wiederholt geändert. (ETZ 1905, S. 292, 314, 337, 440.) Die jetzt gültige Fassung soll ausdrücken, daß das Auftreten unzulässig hoher Spannungen in fachgemäßer Weise zu bekämpfen ist und zwar mit den Mitteln, die dem Stande der Technik und den gegebenen Umständen entsprechen. Daß der erstrebte Erfolg auch bei außergewöhnlichen Ereignissen oder beim Zusammenwirken mehrer nicht zu erwartender ungünstiger Umstände eintritt, wird nicht gefordert.

2) Das Auftreten unzulässig hoher Spannungen umschließt sowohl den Fall, daß die hohe Spannung in einem andern Stromkreis betriebsmäßig besteht und durch eine entstandene Verbindung (z. B. Leitung, Kriechweg, Überschlag, Induktion) in den Verbrauchskreis „übertritt“, als auch den, daß sie in einem andern Stromkreis oder im Verbrauchskreis selbst durch gewollte oder ungewollte Vorgänge entsteht.

Die Ursachen des Auftretens der unzulässigen Spannungen sind mannigfacher Art. Als die wichtigsten sind zu nennen: Ungenügende Isolierung zwischen Hoch- und Niederspannungskreisen in Transformatoren, Maschinen, Schaltern oder Geräten, an Befestigungs-Ein- und Ausführungsstellen; mechanische Einwirkungen, die die vorhandene Isolierung zerstören, wie Drahtbruch, Gestängebruch; elektrische Wirkungen wie Blitzschlag, andere atmosphärische Entladungen, Erdschluß, aussetzender Erdschluß, der Überspannungen erzeugt. Ferner Schaltervorgänge im Nieder- oder im Hochspannungskreis, die Überspannungen im Verbrauchskreis unmittelbar oder im Hochspannungskreis hervorrufen, so daß Durchschlag und Übertragung unzulässig hoher Spannung auf den Verbrauchskreis eintritt.

Die vorgeschriebenen Maßnahmen sind im allgemeinen schon durch die Rücksicht auf die Sicherheit des Betriebs bedingt. Sie müssen aber darüber hinaus auch auf die Sicherheit der am Betriebe Beteiligten und der nicht daran Beteiligten, des Publikums, Rücksicht nehmen. Sie müssen der Art und dem Umfang des Betriebs, den örtlichen und klimatischen Verhältnissen angepaßt sein. Es gehören zu diesen Maßnahmen je nach den Umständen: Genügend starke und fachgemäß gestaltete Isolierung an Transformatoren, Maschinen, Leitungen, Schaltgeräten und Schaltanlagen, eingebaute Drosselspulen, Kondensatoren, Hörner-

§ 5.
Isolationszustand.

Jede Starkstromanlage muß einen angemessenen Isolationszustand haben.[1])

1. **Isolationsprüfungen sollen tunlichst mit der Betriebsspannung, mindestens aber mit 100 V ausgeführt werden.** [2])

---

ableiter, Erdungen an geeigneten Stellen und in genügender Bemessung, Erdungsseile, Erdungswiderstände und Erdschlußspulen, Löschtransformatoren, Stufenschalter, selbsttätige Ausschalter. Die Auswahl der nötigen Maßnahmen und das Ausmaß ihrer Anwendung kann nur unter fachgemäßer Beurteilung des Einzelfalles erfolgen, vgl. § 3.

Trotz des hohen Grades von Sicherheit, der durch sachgemäßes Anwenden der verfügbaren Mittel erreichbar ist, reichen diese nicht immer aus, um unter allen denkbaren Umständen das Auftreten unzulässig hoher Spannungen völlig zu verhindern. Man benützt daher auch Einrichtungen, die deren Wirkungen auf tunlichst kurze Zeiträume beschränken oder tunlichst rasch unschädlich machen. Dahin gehören selbsttätige kurzschließende oder erdende Schalter, kurzschließende oder erdende Sicherungen u. dgl. Auch ihre Wirksamkeit hängt ab von den Bedingungen des Einzelfalles. ETZ 1913, S. 1450; 1914, S. 385, 610, 624, 639.

Einzelheiten über Überspannungen siehe ETZ 1922, S. 305, 344, 1425, 1489, 1509, 1533; über Erdungsseile ETZ 1922, S. 1164; 1923, S. 261; über Führung von Hoch- und Niederspannungsleitungen auf gemeinsamem Gestänge ETZ 1922, S. 1186; 1923, S. 68, 69.

§ 5. **1)** Der Isolationszustand einer Anlage ist keineswegs ein unmittelbares Maß für ihre Feuersicherheit; wohl aber kann man aus der Kenntnis der Isolationsgröße unter sachgemäßer Berücksichtigung aller obwaltenden Verhältnisse auf indirektem Wege ein Urteil über den mehr oder weniger ordnungsgemäßen Zustand der Leitungen und damit zugleich über die Sicherheit der Anlage gewinnen. Es ist nämlich von vornherein klar, daß es nicht möglich ist, die beiden Pole der Leitungen voneinander und gegen die Erde völlig zu isolieren; vielmehr wird auch bei Anwendung der vollkommensten Mittel stets ein gewisser Stromübergang über die isolierenden Befestigungsteile hinweg und durch die Isolierhüllen hindurch stattfinden. Die gesamte übergehende Strommenge hängt nicht nur von der B e s c h a f f e n h e i t der Isolier- und Befestigungsstücke ab, sondern sie wird auch bei gleich guter Beschaffenheit um so erheblicher sein, je größer die A n z a h l derjenigen Stellen ist, an welchen ein Stromübergang überhaupt stattfinden kann. Sehr ausgedehnte Leitungsnetze zeigen daher, absolut gemessen, einen großen Stromverlust, ohne deswegen notwendigerweise feuergefährlich oder mangelhaft zu sein. Es muß also der Isolationszustand im Verhältnis zum Umfange der Anlage, oder besser im Verhältnis zu der Zahl der Befestigungs-, Anschluß- und Verbrauchsstellen beurteilt werden. Um dieses Verhältnis in seiner Bedeutung für die sachgemäße Beschaffenheit der Anlage richtig zu würdigen, sind aber auch die örtlichen Verhältnisse (Feuchtigkeit, Witterung) und die Art der Anlage (Spannung) zu berücksichtigen.

2) Wenn irgend möglich, soll mit der Betriebsspannung gemessen werden; denn schwache und fehlerhafte Stellen der Isolierschichten, die von der Betriebsspannung durchschlagen wer-

2. Bei Isolationsprüfungen durch Gleichstrom **gegen** Erde soll, wenn tunlich, der negative Pol der Stromquelle an die zu prüfende Leitung gelegt werden. Bei Isolationsprüfungen mit Wechselstrom ist die Kapazität zu berücksichtigen. [3])

3. Wenn bei diesen Prüfungen nicht nur die Isolation zwischen den Leitungen und Erde, sondern auch die Isolation je zweier Leitungen gegeneinander geprüft wird, so sollen alle Glühlampen, Bogenlampen, Motoren oder andere Strom verbrauchende Apparate von ihren Leitungen abgetrennt, dagegen alle vorhandenen Beleuchtungskörper angeschlossen, alle Sicherungen eingesetzt und alle Schalter geschlossen sein. [4])   Reihenstromkreise

---

den und so unmittelbaren Kurzschluß herbeiführen können, sind oft bei geringeren Spannungen vollkommen isolierend, so daß sie bei Messung mit der niederen Spannung überhaupt nicht entdeckt werden können. Unter dem Gesichtspunkt, daß im Betriebe auch vorübergehende Spannungserhöhungen auftreten und anderseits durch Wirkungen der Wärme, Feuchtigkeit und anderer Einflüsse die Güte der Isolierstoffe herabgesetzt werden kann, würde sich die Anwendung einer angemessenen Überspannung empfehlen. Doch darf damit nicht zu weit gegangen werden, um nicht die Isoliermittel durch die Meßspannung zu gefährden. Bei sehr hohen Betriebsspannungen vermeidet man aus dem letzteren Grunde jede Überspannung. Meistens wird in diesem Falle überhaupt keine Messung ausgeführt, sondern mit einer mäßigen Spannung auf etwaige grobe Fehler geprüft und im übrigen eine Betriebsprobe vorgenommen.

3) Die Prüfung ist so auszuführen, daß die zu prüfende Leitung den positiven Strom aus der Erde empfängt, also Kathode ist, weil an den fehlerhaften Stellen elektrolytische Wirkungen eintreten können. Würde die Leitung Anode sein, so liegt die Möglichkeit vor, daß sich durch die Stromwirkung schlecht leitende Salze bilden, welche den Übergangswiderstand erhöhen und den Fehler vermindern. Der negative Strom dagegen zerstört derartige Zersetzungsprodukte und deckt den Fehler auf. Um diese Wirkungen voll zur Geltung zu bringen, sowie um den Ladungserscheinungen Rechnung zu tragen, ist eine bestimmte Dauer des Prüfungsstromes nötig. Sie war früher auf e i n e Minute festgesetzt, wird aber nach neueren Erfahrungen meist auf z w e i Minuten ausgedehnt. Zeigt der Erdschlußstrom nach dieser Zeit noch erhebliche Schwankungen in seiner Stärke, so ist schon hieraus, abgesehen von dem Betrage des entweichenden Stromes, auf das Vorhandensein eines Fehlers zu schließen.

Anlagen, welche mit Wechselstrom betrieben werden, können mit Gleichstrom geprüft werden. Die unmittelbare Messung mit Wechselstrom begegnet der Schwierigkeit, daß die Wechselstrommeßgeräte meist zu unempfindlich sind und außerdem die Kapazitätsströme leicht zu Irrungen Anlaß geben. Zur Messung der Isolation kann man sich einer tragbaren Hilfsmaschine oder einer Batterie von kleinen Elementen oder Akkumulatoren bedienen, welche leicht sehr gut von Erde isoliert werden können; man kann auch die Betriebsstromquelle benützen. Über die hierbei anzuwendenden Verfahren siehe Dettmars Kalender 1921, S. 132 bis 136, Streckers Hilfsbuch, 9. Aufl., 1921, S. 178. Ferner: ETZ 1899, S. 179; 1902, S. 1080; 1904, S. 420. In Gleichstromnetzen ETZ 1921, S. 567. Bei Wechselstrom: ETZ 1897,

sollen jedoch nur an einer einzigen Stelle geöffnet werden, die tunlichst nahe der Mitte zu wählen ist. [5]) Dabei
sollen die Isolationswiderstände den Bedingungen der
Regel 4 genügen.

4. Der Isolationszustand einer Niederspannungsanlage[6]) mit Ausnahme der Teile unter 5 gilt als ange-
messen, wenn der Stromverlust auf jeder Teilstrecke
zwischen zwei Sicherungen oder hinter der letzten Sicherung bei der Betriebsspannung ein Milliampere nicht
überschreitet. Der Isolationswert einer derartigen Leitungsstrecke sowie jeder Verteilungstafel sollte hiernach wenigstens betragen: 1000 Ohm multipliziert mit
der Betriebsspannung in V (z. B. 220 000 Ohm für
220 V Betriebsspannung). [7]) Für Maschinen, Akku-

S. 748; 1899, S. 410; 1907, S. 484; 1912, S. 513, 802.   Bei
Akkumulatoren: ETZ 1899, S. 360.

4) Um auch Fehler in den Lampenfassungen zu finden, empfiehlt es sich, die Glühlampen durch Ausschrauben aus den Fassungen, nicht aber durch Abschalten mittels des Hahns der Fassung abzutrennen. Beleuchtungskörper, Sicherungen und Schalter enthalten besonders oft schlecht isolierte Stellen; namentlich
ist bei Messung des Stromüberganges zwischen den beiden Polen
des Netzes auf die oft nicht unerhebliche Leitfähigkeit der Unterlagplatten (aus Schiefer u. dgl.) von Anlaßwiderständen und
ähnlichen Vorrichtungen Rücksicht zu nehmen. Bei manchen
Stromverbrauchern sind derartige unbeabsichtigte Stromübergänge zwischen den Polen unvermeidbar und im Betriebe unschädlich (z. B. bei elektrischen Öfen, galvanischen Bädern).
Die unter § 5⁴ aufgestellten zahlenmäßigen Forderungen sollen
sich nur auf das Netz und die zu ihm gehörigen Teile, nicht aber
auf die Stromverbraucher selbst beziehen. Daher können die
letzteren bei der Messung abgetrennt sein. Natürlich empfiehlt
es sich, im Interesse des Betriebes durch eine besondere Messung
auch etwaige Fehler in den Stromverbrauchern festzustellen, was
entweder im Anschluß an die Prüfung des Netzes oder durch
besondere Untersuchung geschehen kann. Vgl. § 5⁴) letzten Satz.

5) Gemeint ist diejenige Stelle, an der ungefähr die Hälfte
der Betriebsspannung herrscht. Liegt jedoch ein Pol an Erde,
so ist die Verbindung mit diesem Pol zu öffnen.

6) Gemäß dem oben unter ²) Gesagten wird bei Hochspannung meistens von einer eigentlichen „Messung" des Isolationszustandes Abstand genommen, daher bezieht sich die
Regel 4 nur auf Anlagen mit Niederspannung.

7) Wie unter ¹) erwähnt, würde es rationell sein, den Isolationswiderstand im Verhältnis zur Zahl der Befestigungs-, An-
schluß- und Verbrauchsstellen zu beurteilen. In diesem Sinne
wurde in der früheren Fassung der Vorschriften ein von der Zahl
der angeschlossenen Glühlampen abhängiger Isolationswiderstand gefordert. Die jetzige Fassung der Regel verlangt einen
bestimmten Mindestwiderstand für jede Teilstrecke der Anlage,
und zwar in Abhängigkeit von der Betriebsspannung.

Einer höheren Spannung muß auch ein besserer Isolationszustand entsprechen; denn eine höhere Spannung vermehrt
nicht nur die Durchschlagsgefahr und die Lebensgefahr, sondern
es ist auch die über einen bestimmten Isolationswiderstand ab-
fließende Stromstärke proportional mit der Spannung größer.
Diese entweichende Stromstärke ist aber in mehrfacher Hinsicht
für die Bedenklichkeit des Fehlers maßgebend. Einmal bedeutet

mulatoren und Transformatoren wird auf Grund dieser Vorschriften ein bestimmter Isolationswiderstand **nicht** gefordert. [8])

sie einen unmittelbaren Wertverlust und zum andern ist die schädliche Wirkung des entweichenden Stromes oft eine elektrolytische, die den metallischen Leiter mittels der ihn umgebenden Feuchtigkeit nach Maßgabe der Stromstärke zerstört; die gebildeten Metallsalze erhöhen die Leitfähigkeit der feuchten Schichten und vergrößern so den Fehler, bis schließlich völliger Kurzschluß oder Entzündung eintritt. Durch das zulässige Maß des Stromverlustes wird ohne weiteres die wünschenswerte Abhängigkeit von der Betriebsspannung erzielt.

Tatsächlich werden ja auch in den gebräuchlichen Isolationsmessern zunächst Stromstärken gemessen, wenn auch die Zifferblätter den Widerstand in Ohm angeben. Benutzt man Instrumente der letzteren Art, so ist die abgelesene Zahl mit Hilfe der bekannten Betriebsspannung leicht auf die gesuchte Größe in Milliampere umzurechnen.

Ist die Meßspannung von der Betriebsspannung verschieden, so errechnet man den bei der Betriebsspannung stattfindenden Stromverlust aus dem gemessenen nach dem Ohmschen Gesetz, indem man einen von der Spannung unabhängigen Isolationswiderstand voraussetzt. Tatsächlich wird diese Unabhängigkeit, namentlich bei großer Verschiedenheit zwischen Meß- und Betriebsspannung nicht vorhanden sein. Indessen muß dieser Fehler in den Kauf genommen werden. Bei Wechselstrombetrieb wird in der Regel mit Gleichstrom gemessen, weil die Wechselstrommeßgeräte meist zu unempfindlich sind und außerdem der unmittelbar an ihnen beobachtete Strom sich aus dem wirklichen Stromverlust und den Ladungsströmen zusammensetzt. Auch hier wird meistens die Meßspannung eine andere sein als die Betriebsspannung, so daß die erwähnte Umrechnung nötig ist.

Kommen verschiedene Betriebsspannungen in Betracht, so ist mit derjenigen zu rechnen, die für den gesuchten Stromverlust maßgebend ist. So wird z. B. bei einem Dreileiternetz mit geerdetem Mittelleiter der Stromverlust zwischen einem der Außenleiter und Erde aus der Betriebsspannung des einen Zweiges abzuleiten sein, dagegen wird für die Ermittelung der Isolation beider Pole gegeneinander in solchen Teilen, die mit der Summe beider Teilspannungen betrieben werden, auch diese Summenspannung der Rechnung oder der unmittelbaren Messung zugrunde gelegt.

Um aus dem gemessenen Isolationswiderstand oder aus dem ermittelten Stromverlust ein Urteil über die Beschaffenheit der Anlage zu gewinnen, muß man beachten, daß das Maß der Gefahr sehr verschieden ist, je nachdem der Stromverlust sich auf eine größere Strecke gleichmäßig verteilt oder sich auf eine oder einige Stellen konzentriert. Hat z. B. eine Anlage von 10 000 Lampen einen Isolationswiderstand von 100 Ohm zwischen beiden Polen, so daß bei 100 Volt Betriebsspannung im ganzen ein Stromverlust von 1 Ampere stattfindet, so wäre dies unbedenklich, wenn sich der Verlust etwa auf alle 10 000 Lampenfassungen gleichmäßig verteilen würde, da er alsdann für jede 0,1 Milliampere beträgt. Würde aber der Stromverlust von 1 Ampere in einer einzigen Lampenfassung stattfinden, so würde diese in gefährlicher Weise erhitzt werden und unmittelbare Feuersgefahr vorhanden sein.

Daher ist die Messung nicht nur an der Gesamtanlage auszuführen, sondern auch an ihren einzelnen Teilen. Die in den

5. Freileitungen,[9]) und diejenigen Teile von Anlagen, welche in feuchten und durchtränkten Räumen, z. B. in Brauereien, Färbereien, Gerbereien usw. oder im Freien verlegt sind, brauchen der Regel 4 nicht zu genügen. Wo eine größere Anlage feuchte Teile enthält, sollen sie bei der Isolationsprüfung abgeschaltet sein, und die trockenen Teile sollen der Regel 4 genügen. [10])

Vorschriften gewählte Fassung für den zulässigen Stromverlust leitet unmittelbar auf diese Art der Messung hin, weil bei größeren Anlagen der Gesamtverlust in der Regel größer sein wird, als nach der Vorschrift erlaubt ist. Man muß daher die Unterteilung so lange fortsetzen, bis für jeden einzelnen Teil die Vorschrift erfüllt erscheint; derjenige Zweig, welcher schließlich sich als ungenügend herausstellt, wird so als Sitz eines Fehlers erkannt, den man aufzusuchen und abzustellen hat. Natürlich ist es nicht zulässig, eine ungenügend isolierte Anlage dadurch mit den Forderungen in Übereinstimmung zu bringen, daß man die ungenügende Strecke durch eingefügte Sicherungen in Teile zerlegt, wenn diese Sicherungen nicht durch den Betrieb oder die für ihre Anordnung gültigen Vorschriften gefordert werden. Der Ausdruck „Teilstrecke zwischen zwei Sicherungen" soll vielmehr den kleinsten selbständigen Betriebsstromkreis bezeichnen. ETZ 1904 S. 362 N. 86, S. 1116 N. 129.

8) Über Isolationsmessung an einzelnen Gattungen von Stromverbrauchern vgl. unter [4]) am Schluß. Auch für Maschinen, Akkumulatoren und Transformatoren wird in den Errichtungsvorschriften eine bestimmte Isolationsgröße nicht vorgeschrieben, weil besonders für sehr niedrige und für sehr hohe Spannungen allgemein gültige Grenzwerte nicht festgestellt sind. Doch sind für die gebräuchlichsten Spannungsgebiete die aus Betriebsrücksichten zu stellenden Anforderungen in den Regeln für die Bewertung und Prüfung von elektrischen Maschinen §§ 49 bis 53 sowie in den Regeln f. B. u. P. von Transformatoren §§ 46 bis 51 angeführt.

9) Der Isolationswiderstand von Freileitungen hängt, abgesehen von Baumzweigen und anderen Fremdkörpern, die mit den blanken Drähten in Berührung kommen können, hauptsächlich von dem unversehrten Zustand der Isolierglocken und besonders von der Reinheit ihrer Oberfläche ab. In rußiger Luft überziehen sich die Porzellanglocken nach und nach mit einer leitfähigen Schicht; die Rußschicht selbst hält wiederum Wasserhäutchen und Nebelbläschen leichter fest, als blankes Porzellan. Starker Regen bessert daher oft den Isolationszustand, indem er die schmutzige Schicht abwäscht. Anderseits kann sich bei Nebel ein sehr niedriger Isolationswiderstand einstellen, ohne daß Betrieb und Sicherheit der Anlage gefährdet werden, zumal da oft der Betriebsstrom selbst die Wasserniederschläge auf den Glocken zum Verschwinden bringt. Die Isolationsmessung wird daher im allgemeinen kein richtiges Maß für die Güte der Freileitung ergeben. Daß sich sehr hohe Isolationsgrößen erzielen lassen, ist z. B. aus ETZ 1902, S. 1039 zu ersehen. Die 55 km lange Leitung St. Maurice—Lausanne zeigte, mit 20 000 Volt gemessen, einen Stromübergang zwischen beiden Liniendrähten von 0,003 A oder den Isolationswiderstand 6,75 Megohm, später nach leichtem Regen 16,6 Megohm. Letzteres ist das 500fache des im § 5⁴ verlangten Betrages.

10) Die unter 4. geforderten Isolationsgrößen sind so festgesetzt, daß sie auch unter ungünstigen Verhältnissen eingehalten werden können, wenn alle in den Vorschriften angeführten Maß-

> ⚒ In B. u. T. gilt dies auch für Räume, in denen Tropfwasser auftritt, und für durchtränkte Gruben-räume; vorausgesetzt ist hierbei, daß sich die elektrischen Einrichtungen sonst in bester Ord-nung befinden. [10])

nahmen beachtet, ausschließlich gute, den Verhältnissen ange-paßte Materialien verwendet und die Arbeiten mit Sorgfalt aus-geführt werden. ETZ 1902, S. 939.

Die Erreichung dieser Isolationsgrößen muß daher, vor allem bei Neuanlagen, unter allen Umständen angestrebt werden. Unter ausnahmsweise ungünstigen äußeren Einflüssen oder den Wir-kungen des besonders gearteten Betriebes, z. B. in manchen chemischen Fabriken, in Färbereien, Brauereien usw. läßt sich jedoch dies Ziel nicht erreichen oder nicht dauernd aufrechter-halten. Alsdann kann von der Einhaltung der verlangten Iso-lationsgrößen Abstand genommen werden, wenn durch die Bau-art der Räume und die Art der Verlegungsmaterialien und der Verlegung selbst dafür gesorgt ist, daß die vorhandenen Isolations-fehler zu Feuersgefahr keinen Anlaß bieten können. (§ 31).

Solche Einrichtungen sind jedoch stets als Ausnahmen zu be-trachten und dauernd mit besonderer Sorgfalt zu beaufsichtigen. Es empfiehlt sich namentlich, wie überhaupt, so besonders in diesem Falle, Isolationsmessungen der einzelnen Unterabtei-lungen vorzunehmen, um wenigstens gröbere Fehler aufdecken und abstellen zu können, und um sich davon zu überzeugen, in-wieweit der Isolationsfehler über die ganze Anlage gleichmäßig verteilt ist. Solche Messungen sollten in regelmäßigen Zwischen-räumen, etwa alle Monate, wiederholt werden. Auch ist es gut, wenn derartige Teile einer größeren Anlage zu allen Zeiten, wo dies tunlich erscheint, von dem übrigen Netze durch Öffnen der Ausschalter abgetrennt werden, damit einerseits unnötiger Strom-verlust vermieden, anderseits die zersetzende Wirkung des Erdstroms eingeschränkt wird.

Bei Anlagen unter gebräuchlichen Verhältnissen ist eine dauernde Kontrolle des Isolationszustandes, wie sie z. B. durch Anordnung eines der bekannten Erdschlußzeiger am Haupt-schaltbrett erreicht werden kann, zu empfehlen. Bei Hoch-spannung können hierzu statische Voltmeter, nach ETZ 1923 S. 715 auch Glimmlampen dienen, die mit einem Pol an Erde, mit dem andern an die Leitung gelegt werden. Hat man je ein solches Instrument an jedem Pol, so wird bei einer Verminderung der Isolation in der dem einen Pol entsprechenden Leitung das zugehörige Instrument kleineren, das am andern oder an den andern Polen liegende Instrument größeren Ausschlag geben.

Die Isolationsgröße wird nie völlig gleichbleibend sein, sie hängt z. B. von der Witterung ab. Welche Bedeutung die je-weiligen Angaben solcher Instrumente für den Zustand der An-lage haben, läßt sich daher nur auf Grund längerer Beobach-tungen beurteilen. Es ist daher gut, in regelmäßigen Zeit-räumen zu beobachten und über die Resultate Buch zu führen, damit das Interesse des Wärters stets wachgehalten wird. Die Buchführung bietet ferner den Vorteil, bei eingetretenen Un-glücksfällen feststellen zu können, in welchem Zustande sich die Anlage befunden hat.

Die Festsetzung der Zeiträume, in welchen der Isolations-zustand zu notieren ist, sowie die Festsetzung anderer regel-mäßiger Beobachtungen über den Zustand der Anlagen ist Sache der „Betriebsvorschriften". Vgl. die „Betriebsvorschriften",

6. Lackierung und Emaillierung von Metallteilen gilt nicht als Isolierung im Sinne des Berührungsschutzes.[11])

Als Isolierstoffe für Hochspannung gelten faserige oder poröse Stoffe, die mit geeigneter Isoliermasse getränkt sind, ferner feste feuchtigkeitssichere Isolierstoffe.

Material wie Holz und Fiber soll nur unter Öl und nur mit geeigneter Isoliermasse getränkt als Isolierstoff angewendet werden. (Ausnahme siehe § 121). [12]) Die nicht polierten Flächen von Steinplatten sind durch einen geeigneten Anstrich gegen Feuchtigkeit zu schützen.[13])[14])

---

11) Die Anforderungen, welche an Isolierstoffe zu stellen sind, können nicht in allgemeiner Form festgelegt werden. Die Praxis benützt die verschiedensten Stoffe mit Erfolg, indem sie die Verwendungsweise den Eigenschaften des Materials anpaßt. Vom V. D. E. sind „Prüfvorschriften für die Untersuchung elektrischer Isolierstoffe" aufgestellt. Die Regel 6 soll nur einzelne besonders beachtliche Gesichtspunkte hervorheben. Lack- und Emailleschichten sind zu dünn, um als sicherer Schutz zu wirken, zumal da die berührten Stellen stärker auf Durchschlag beansprucht werden als nicht berührte. Für einzelne Installationsmittel, wie Drähte und Kabel enthalten die „Normen" Angaben über Art und Bemessung der Stoffe sowie über die Anforderungen, denen das Fabrikat genügen muß.

12) Imprägniertes Holz würde bei Luftzutritt sehr brennbar sein, unter Öl fällt dieses Bedenken weg. Es wird in der Regel mit Leinöl oder Paraffin imprägniert. Auch imprägniertes Holz ist in feuchter Luft kein zuverlässiger Isolator für hohe Spannung, da die Imprägniermasse, wie es scheint, durch die Luftfeuchtigkeit verdrängt wird. Sein Verhalten hängt sehr von der Holzsorte und der Behandlung ab. Nur ausnahmsweise darf es daher als Isolator für hohe Spannung dienen, wenn man nämlich die genannten Nachteile mit Rücksicht auf die günstigen Festigkeitseigenschaften des Holzes in den Kauf nimmt und sich gegen ihre schädlichen Folgen anderweitig schützt (§ 121). Vorteilhaft dagegen dient Holz auch bei Hochspannung oft als zweite Isolationsstufe.

Vulkanfiber ist nur in trockenem Zustand ein guter Isolator, nimmt aber aus der Luft begierig Wasser auf, ist daher nur bedingt brauchbar. ETZ 1905, S. 1078.

13) Schieferplatten werden in Paraffin gesotten oder mit gutem Lack angestrichen. Bei Schiefer und Marmor ist wegen der leitenden Adern und der Verschiedenartigkeit der einzelnen Sorten große Vorsicht geboten; besonders in feuchten Räumen und bei Spannungen über 1000 Volt, ETZ 1913, S. 1170. Neben der Rückseite sind namentlich auch die Durchbohrungen von Marmor- und Schiefertafeln sorgfältig anzustreichen oder zu imprägnieren. Auch die einzelnen Glassorten sind in ihrem Verhalten sehr verschieden, sie sollen daher nicht ohne vorherige Probe benützt werden.

Als bester Isolierstoff gilt Glimmer, ETZ 1905, S. 79. Außerdem haben sich verschiedene Kunstprodukte, wie Porzellan, Mikanit, Bakelit, Tenazit, Gummon und andere bewährt. ETZ 1913, S. 79, 829. Hartgummi wird durch Luft und Licht, sowie durch das bei Hochspannung oft auftretende Ozon in seiner Isolierkraft stark beeinträchtigt und wird als nicht feuersicher immer weniger verwendet.

14) Die Wirksamkeit der Isolierkörper hängt ferner ab von ihrer Gestaltung und Bemessung. Die an der Oberfläche über-

✂ | In B. u. T. sollen Steinplatten (Marmor, Schiefer | und dergleichen) nur unter Öl Anwendung finden. |

C. Maschinen, Transformatoren und Akkumulatoren. *)

§ 6.

Elektrische Maschinen.

a) Elektrische Maschinen sind so aufzustellen, daß etwa im Betriebe der elektrischen Einrichtung auftretende Feuererscheinungen keine Entzündung von brennbaren Stoffen der Umgebung hervorrufen können.[1]

gehenden Funken haben die Fähigkeit, weit größere Strecken zu durchsetzen, als wenn sie in der freien Luft überspringen müßten. Der Übergang wird wesentlich erleichtert durch die auf den Oberflächen etwa gebildeten feinen Wassertröpfchen, oder Wasserhäutchen oder Staubschichten. Man muß daher einerseits den Weg, den der Funke über solche Oberfläche nehmen müßte, möglichst lang machen, anderseits darnach trachten, daß durch die Wahl des Materials und durch seine Formgebung die Bildung von Wasserschichten oder Staubschichten möglichst erschwert wird. Isolierstoffe, welche die Wärme gut leiten und kleine Wärmekapazität haben, sind ungünstiger, weil sie bei raschen Temperaturerniedrigungen sich leicht mit einer Wasserhaut bedecken. Horizontale Flächen erleichtern die Ansammlung von Staub. Man versieht daher die Isolierkörper zum Schutz gegen Regen mit Kragen, vermeidet aber im Trockenen Wulste und Rillen, die den Staub festhalten.

Ferner ist zu beachten, daß ein an sich aus gutem Stoff bestehender, richtig gestalteter und bemessener Isolierkörper durch unzweckmäßige Anordnung (auf den Kopf gestellte Isolierglocken) oder durch Befestigungsmittel, die ihn an ungeeigneter Stelle durchsetzen, in seiner Wirkung beeinträchtigt werden kann. ETZ 1902, S. 939.

§ 6. 1) Für feuergefährliche Betriebsstätten sind im § 34, für explosionsgefährliche Räume im § 35 besondere Vorschriften aufgestellt. Hier sei bemerkt, daß derartige Räume der Regel nach überhaupt nicht, sondern nur im Notfall zur Aufstellung von Stromerzeugern, Motoren und Umformern benutzt werden sollen. Im allgemeinen soll bei Anlagen in Sägewerken, Getreidemühlen, Baumwollspinnereien, Scheunen und dgl. für die erwähnten Maschinen und Zubehör ein abgetrennter Raum zur Verfügung gestellt oder geschaffen werden, der von den brennbaren Stoffen frei bleibt. Dies ist schon zum Reinhalten der Maschinen erforderlich. Auch innerhalb solcher Räume und überhaupt sind besonders brennbare Stoffe, sei es, daß sie dem Gebäude zugehören (Holzwände), oder daß sie im Maschinenraum aufbewahrt und gehandhabt werden (Putzwolle), von den Teilen der Maschinen und Apparate fernzuhalten, die Funken erzeugen. Die Größe der nötigen Entfernung richtet sich nach Art, Größe und Spannung der Maschinen oder Transformatoren. ETZ 1904, S. 424 N. 102, vgl. MEL 9.**)

*) Vgl. auch: Regeln für die Bewertung und Prüfung von elektrischen Maschinen und Regeln für die B. u. P. von Transformatoren.
**) MEL 9 bedeutet: Merkblatt für Errichtung elektrischer Anlagen in der Landwirtschaft, Ziffer 9.

b) Bei Hochspannung müssen die Körper elektrischer Maschinen entweder[2]) geerdet und, soweit der Fußboden in ihrer Nähe leitend ist, mit diesem leitend verbunden sein[4]), oder sie müssen gut isoliert aufgestellt und in diesem Falle mit einem gut isolierenden Bedienungsgange umgeben sein.[3])

Die im regelrechten Betrieb auftretenden Feuererscheinungen, wie Funken am Kommutator, sind bei modernen Maschinen an sich unbedeutend. Bedenklicher sind schon die Funken und Lichtbogen an Ausschaltern und Sicherungen. Indessen hat man auch mit Störungen des regelrechten Betriebes zu rechnen. Die Kommutatorfunken werden bedenklich bei plötzlicher Überlastung oder unrichtiger Bürstenstellung. Maschinen und Transformatoren können infolge von Kurzschluß oder durch schadhafte Isolierung in Brand geraten. Hierbei kommen oft gewaltige Energiemengen in Betracht, weshalb besondere Vorsicht angezeigt ist.

Beim Aufstellen von Maschinen usw. ist ferner zu beachten, daß außer den brennbaren auch leitende Stoffe, wie Tropfwasser, Drehspäne, kleine Werkzeuge und dgl., fernzuhalten sind. Diese können durch Auffallen auf die Klemmen, Kommutatoren und andere blanke Teile zu Kurzschluß und Feuer Anlaß geben.

Ein weniger gutes Mittel zum Fernhalten brennbarer Stoffe usw. von den Maschinen sind hölzerne Schutzkästen. Sie bilden leicht Staubnester und behindern die Kühlung (§ 6 c Abs. 3 unter 7).

2) Die Vorschrift des § 6 b wiederholt die Forderung des § 3 c. Als eines der im § 3 c genannten „anderen Mittel" wird die isolierte Aufstellung der Maschinenkörper in Verbindung mit einem isolierenden Bedienungsgang besonders erwähnt.

3) Das Verfahren, die Körper zu isolieren, ist in Deutschland wenig gebräuchlich. Bei gewissen Systemen, die namentlich in der Schweiz ausgebildet und verwendet sind, ist es notwendig. Dort werden nämlich sehr hohe Gleichstromspannungen dadurch erzeugt, daß man mehrere Maschinen hintereinander schaltet. Man kann nun nicht jede einzelne Maschine so bauen, daß sie zwischen Wicklung und Körper und namentlich am Kommutator die ganze in Betracht kommende Spannung aushält. Da aber ein erheblicher Teil dieser Spannung zwischen den stromführenden Teilen der Maschine und dem Erdboden wirksam ist, so muß man diese Teilspannung auf mehrere Isolierungen verteilen, um sie gewissermaßen stufenweise zu überwinden. Es werden daher die Wicklung zunächst vom Ankereisen, die Lager der Welle und die Elektromagnete vom Gestell, und schließlich das Gestell von Erde durch je eine starke isolierende Zwischenlage getrennt. (Eine Beschreibung isolierter Aufstellung siehe ETZ 1902, S. 1004 Sp. 3).

Dies Verfahren soll auch den Vorteil haben, daß die Maschine weniger als eine mit geerdetem Gestell der Gefahr ausgesetzt ist, durch in die Leitung eingedrungene atmosphärische Entladungen zerstört zu werden. Die Schwierigkeiten liegen hauptsächlich darin, daß der Aufbau umständlich und kostspielig wird. Es ist klar, daß bei diesem Verfahren die von der Erde isolierten Teile sogenannte statische Ladungen annehmen können, die auch auf anderen nicht mit der Maschine zusammenhängenden Metallteilen auftreten. Eine Berührung dieser Teile durch Menschen, die selbst auf der Erde stehen, würde daher einen, unter Umständen erheblichen Stromübergang auf den menschlichen Körper zur Folge haben. Sie wird aber unge-

    c) Die spannungführenden Teile der Maschinen und die zugehörigen Verbindungsleitungen unterliegen

---

fährlich, wenn der menschliche Körper selbst von Erde isoliert ist; denn in diesem Falle wird er nur den seiner Kapazität entsprechenden Ladungsstrom aufnehmen. Man muß daher dafür sorgen, daß es unmöglich ist, gleichzeitig mit der Erde und einem in der Nähe der Maschine befindlichen Metallteil in Berührung zu kommen. Dies geschieht am einfachsten dadurch, daß der Fußboden rings um die Maschine selbst gut isoliert wird. Dieser Isoliergang muß so groß sein und so eingerichtet werden, daß man auch nicht durch Vermittelung einer zweiten Person gleichzeitig einen zu der Maschine gehörigen und einen mit der Erde verbundenen Gegenstand berühren kann.

    Der Isoliergang wird meistens aus Holz gebaut; an den Auflagestellen wird er durch Unterlagen von Glas oder Porzellan vom Erdboden und von den Wänden getrennt. Das Holz muß stets trocken gehalten werden. Zweckmäßig gibt man ihm einen Anstrich von Leinölfirnis oder Ölfarbe. Es ist gut, wenn der Isoliergang etwas über den Fußboden erhaben oder durch ein Geländer von dem übrigen Raum getrennt ist, damit man beim Betreten unwillkürlich aufmerksam gemacht wird. Ist der Abstand zwischen den Metallteilen und den Umfassungswänden klein, so ist bei höheren Spannungen auch eine isolierende Wandbekleidung erforderlich.

    Bis zu Spannungen von etwa 1000 Volt kann statt eines vollständigen Aufbaues aus Holz ein Belag des Fußbodens mit Kautschukplatten von entsprechender Größe und Dicke benützt werden. Auch Linoleum ist dienlich, doch sind die einzelnen Sorten sehr verschieden hinsichtlich des Isoliervermögens und der Dauerhaftigkeit. Bei Benützung von Platten aus Kautschuk und dgl. ist zu beachten, daß sie nicht durch eingedrungene Metallteile (Schuhnägel) verletzt werden. Asphaltbelag des Fußbodens ergibt bei sorgfältiger Herstellung und Wartung ebenfalls eine brauchbare Isolierung, wird jedoch von Öl (Schmieröl) erweicht und dann leicht abgetreten. Werden ihm Steine beigemischt, so sind sie vorher gut zu waschen und scharf zu trocknen.

    Außerdem aber ist zu beachten, daß zwischen den die Hochspannung selbst führenden Teilen, also z. B. den Bürsten und dem Gestell, noch sehr hohe Spannungsdifferenzen vorhanden sind. Der Aufbau der Maschine muß daher derartig sein, daß man auch bei Ausführung der notwendigen Hantierungen nicht gleichzeitig mit beiden in Berührung kommt. Es müssen also z. B. die Handgriffe der Bürstenhalter und ähnliche Dinge möglichst frei an der Außenseite der Maschine angebracht sein.

    4) Der Aufbau der Maschinen mit geerdetem Körper ist insofern einfacher, als die umständliche Isolierung der Fundamente wegfällt, die bei sehr schweren Maschinen manchmal überhaupt undurchführbar sein dürfte. Auf der andern Seite ist bei geerdetem Körper die Gefahr, daß die Isolierung zwischen Wickelung und Körper durchschlagen wird, viel größer, da im Falle eines Erdschlusses in einem Leiter die Spannung des andern Leiters gegen den Körper gleich der vollen zwischen beiden Leitern vorhandenen Spannung wird. Auch die Gefahr einer Beschädigung der Maschine durch Überspannungen ist größer. Für die Bedienung ergibt sich der Vorteil, daß alle geerdeten Teile des Körpers ohne Rücksicht auf statische oder übergesickerte Ladungen gefahrlos berührt werden können. Um die Gefahr auch für den Fall auszuschließen, daß die hohe Spannung

nur den Vorschriften über Berührungsschutz nach § 3a. *Bei Hochspannung müssen auch die mit Isolierstoff bedeckten Teile gegen zufällige Berührung geschützt sein.*[5]

Soweit dieser Schutz nicht schon durch die Bauart der Maschine selbst erzielt wird, muß er bei der Aufstellung durch Lage, Anordnung oder besondere Schutzvorkehrungen erreicht werden.[6]

---

direkt auf den Körper überspringt, ist auch der Fußboden, soweit er in der Nähe der Maschine etwa aus Metall (eiserne Fundamentrahmen, eiserne Schaltbühnen) besteht, gut leitend mit dem Maschinenkörper zu verbinden. Dadurch soll bewirkt werden, daß das Spannungsgefälle, welches beim Stromübergang auf den Körper der Maschine und zum Erdboden auftritt, hinlänglich klein gemacht wird. Halbleitende Unterlagen oder Wände (feuchtes Mauerwerk) in Maschinennähe sind entweder mit einem leitenden und geerdeten oder mit einem isolierenden Belag zu versehen.

Es kann der Fall eintreten, daß die Erdleitung einen verhältnismäßig großen Widerstand hat; so z. B. wenn die Maschinen in einem oberen Stockwerk stehen und hinlänglich ausgedehnte geerdete Metallmassen nicht zur Verfügung stehen; alsdann ist es wichtiger, den Fußboden in der Nähe der Maschine sehr gut mit dem Maschinenkörper zu verbinden, als beide Teile zusammen sehr gut an Erde zu legen. Es kommt nämlich stets auf dasjenige Spannungsgefälle an, dem der Bedienende (etwa zwischen den Auflagepunkten seiner Hände und Füße) ausgesetzt sein kann. Vgl. § 3$\frac{3}{2}$ unter [11].

Wenn die Maschine geerdet und alle zugänglichen, Hochspannung führenden Teile gemäß § 3b) geschützt sind, ist es nicht notwendig, einen Isoliergang oder Isolierstand anzuwenden. Es ist jedoch nicht schädlich, dies dennoch zu tun. Überall, wo Gefahr besteht, daß die Erdung nicht zuverlässig wirkt oder daß auch die unter Spannung stehenden Maschinenteile, z. B. die Bürsten, unmittelbar berührt werden, ist es nützlich, außer den geforderten auch noch diese Vorsichtsmaßregel anzuwenden. Man kann sich dann oft mit einer einfacheren Form des Isolierstandes, z. B. einer oder mehreren übereinander gelegten Gummimatten, begnügen. Auf keinen Fall aber darf die Benutzung eines Isolierganges bei geerdetem Gestell die Vernachlässigung der übrigen in § 3 geforderten Maßnahmen zur Folge haben, weil man sonst trotz des isolierten Standpunktes gleichzeitig mit einem geladenen Metallteil und dem Gestell in Berührung kommen kann. Vgl. S. 20 unter [9].

5) Während nach § 3b sowohl blanke als isolierte Teile, die unter Hochspannung stehen, im allgemeinen der Berührung entzogen sein müssen, ist diese Forderung bei Maschinen auf einen Schutz gegen zufällige Berührung und bei Niederspannung auf blanke Teile im Handbereich beschränkt, weil ein vollständiger Abschluß der gefährlichen Teile mit der notwendigen Beaufsichtigung, Bedienung und Lüftung der Maschinen nicht vereinbar ist.

6) Wie S. 18 unter [6] erläutert, kann der erforderliche Schutz gegen zufällige Berührung auf verschiedenen Wegen erreicht werden. Bis zu einem gewissen Grade kann ihm schon bei der fabrikmäßigen Herstellung der Maschinen Rechnung getragen werden; doch wird dies nicht immer vollständig möglich sein, weil das Maß des Schutzes und die Art seiner zweckmäßigsten Ausführung auch von den örtlichen Verhältnissen (feuchte Räume § 31$\frac{3}{2}$, Höhe der Räume usw.) abhängt. Es

Verschläge für luftgekühlte Motoren müssen so beschaffen und bemessen sein, daß ihre Entzündung ausgeschlossen und die Kühlung der Motoren nicht behindert ist.[7]

d) Die äußeren spannungführenden Teile der Maschinen müssen auf feuersicheren Unterlagen befestigt sein.

e) Elektrische Maschinen müssen ein Leistungschild besitzen, auf dem die in den §§ 80 und 81 der „Regeln für die Bewertung und Prüfung elektrischer Maschinen (R.E.M.)" geforderten Angaben vermerkt sind.[8]

§ 7.

Transformatoren.

a) Bei Hochspannung müssen Transformatoren entweder in geerdete Metallgehäuse eingeschlossen oder in besonderen Schutzverschlägen untergebracht sein. Ausgenommen von dieser Vorschrift sind Transformatoren in abgeschlossenen elektrischen Betriebsräumen (siehe § 29) und solche, welche nur mit besonderen Hilfsmitteln zugänglich sind.[1]

---

empfiehlt sich daher, bereits beim Bestellen der Maschinen den Umfang und die Art des nötigen Schutzes mit Rücksicht auf die beabsichtigte Verwendung der Maschinen zu vereinbaren.

7) Vgl. S. 35 unter 1) letzter Abs. Die vielfach benützten Schutzkästen oder Verschläge, die sowohl zufälliges Berühren als auch das Ablagern entzündlicher Stoffe verhindern sollen, geben oft zu Bedenken Anlaß, wenn sie nicht genügend weit und hoch sind. Sie müssen entweder in sich hinreichenden Luftumlauf zulassen oder mit Lüftung versehen sein, die aber den Staubschutz nicht aufheben darf. Im allgemeinen ist die Verwendung geschützter, geschlossener oder gekapselter Maschinen vorzuziehen. Vgl. Regeln f. d. B. u. P. v. Maschinen § 19 b, c, d, e.

8) Von den im § 82 der Regeln für die B. u. P. von elektr. Maschinen verlangten Angaben werden hier nur die gefordert, die für die Sicherheit der Anlage und ihrer Bedienung Bedeutung haben; so kann z. B. die Anlaßspannung, d. h. die bei Stillstand eines Asynchronmotors im offenen Sekundäranker auftretende Spannung, erheblich höher sein als die betriebsmäßige, daher höheren Berührungsschutz erfordern, als nach der Betriebsspannung zu erwarten ist. Es ist darauf zu achten, daß das Leistungsschild bequem und ungefährdet ablesbar ist. Wenn dies nicht möglich, sind seine Angaben an bequem zugänglicher Stelle abschriftlich wiederzugeben.

§ 7. 1) Transformatoren ohne geerdete Metallgehäuse oder besondere Schutzverschläge dürfen demnach nur in abgeschlossenen Betriebsräumen (§ 29) oder an unzugänglichen Örtlichkeiten (z. B. auf Leitungsmasten oder in besonderer Höhe an Wänden des Betriebsraumes) Aufstellung finden.

Außerhalb der abgeschlossenen Betriebsräume stehen sie entweder in besonderen Schutzverschlägen (Transformatorhäuschen) oder, bei Kabelnetzen, unter dem Straßenniveau in Verteilungskästen innerhalb geerdeter Metallgehäuse; in den mit Strom versorgten Häusern werden sie vielfach entweder in ähnlichen Metallgehäusen oder in besonderen Verschlägen unter-

Verschläge für selbstgekühlte Transformatoren müssen so beschaffen und bemessen sein, daß ihre Entzündung ausgeschlossen und die Kühlung der Transformatoren nicht behindert ist.[2]

b) An Hochspannungstransformatoren, deren Körper nicht betriebsmäßig geerdet ist, müssen Vorrichtungen angebracht sein, die gestatten, die Erdung des Körpers gefahrlos vorzunehmen, oder die Transformatoren allseitig abzuschalten.[3]

c) Die spannungführenden Teile der Transformatoren und die zugehörigen Verbindungsleitungen unterliegen nur den Vorschriften über Berührungsschutz nach § 3 a.[4]

d) Die äußeren spannungführenden Teile der Transformatoren müssen auf feuersicheren Unterlagen befestigt sein.

e) Transformatoren müssen ein Leistungschild besitzen, auf dem die in den §§ 63—65 der „Regeln für die Bewertung und Prüfung von Transformatoren (R.E.T.)" geforderten Angaben vermerkt sind.[5]

§ 8.

Akkumulatoren (siehe auch § 32).[1]

a) Die einzelnen Zellen sind gegen das Gestell, letzteres ist gegen Erde durch feuchtigkeitssichere Unterlagen zu isolieren.[2]

---

gebracht. Bei Freileitungen werden sie häufig auf den Leitungsmasten befestigt und bedürfen im letzteren Fall der besonderen Metallgehäuse oder Schutzverschläge nicht. Enge Schutzverschläge oder Metallgehäuse müssen ventiliert werden, oder es muß auf andere Weise für Abkühlung gesorgt sein.

2) Vgl. S. 38 unter 7).

3) Die Erdung des Gestelles wird sich oft am besten mit Hilfe der Armatur der ein- und austretenden Kabel bewerkstelligen lassen. Die Vorrichtung kann in einem Schalter bestehen, der so angeordnet werden kann, daß beim Öffnen der Türe des Schutzgehäuses die Erdung selbsttätig erfolgt. Es genügen aber auch geeignete Klemmen, in die der geerdete Draht unter Beobachtung der nötigen Vorsicht eingeführt werden kann. Die Vorschrift gilt auch für Transformatoren in elektrischen Betriebsräumen. Sie soll ein gefahrloses Hantieren am Transformator ermöglichen.

Selbstverständlich wird in der Regel jede Hantierung am Transformator nur nach seiner Abschaltung von Primär- und Sekundärleitung vorgenommen. Doch sind Ausnahmen in dringenden Fällen denkbar. Die Betriebsvorschriften enthalten die dann gebotenen Vorsichtsmaßnahmen (siehe dort § 8). Zu ihnen gehört auch das Erden des Gestelles.

Nur dort, wo dies nicht möglich ist, z. B. auf hölzernen Leitungsmasten, genügt das allseitige Abschalten, muß aber dann ausnahmslos durch geeignete Vorrichtungen ermöglicht sein. Daß das Abschalten der Primärleitung allein den Transformator nicht spannungslos macht, wenn er sekundär mit an-

b) Bei Hochspannung müssen die Batterien m
einem isolierenden Bedienungsgang umgeben sein.[3])

deren Transformatoren in Verbindung steht, wird oft nicht hinreichend beachtet.

4) Auch in abgeschlossenen elektrischen Betriebsräumen, in denen nach § 7a ein vollständiges Einschließen in Gehäuse oder Schutzverschläge nicht gefordert wird, ist ein Schutz gegen zufälliges Berühren der unter Spannung stehenden Teile notwendig. Nach § 28 b) gilt dies auch für die mit Isolierstoff bedeckten Teile, also z. B. für freiliegende Wicklungen, für die Zu- und Ableitungen usw.

5) Vgl. § 6e unter 8). Auch sogenannte Klingeltransformatoren und Reduktoren unterliegen den Vorschriften des § 7. Für erstere gelten außerdem besondere Vorschriften, die im Anhang 7 dieses Buches enthalten sind.

§ 8. 1) Akkumulatoren-Räume nehmen eine Sonderstellung ein, weil die Sammlerplatten, ihre Verbindungsstücke, die Anschlußleitungen und die Elektrolytflüssigkeit in den Zellen wegen der Wirkung der Säuren und wegen der notwendigen Beaufsichtigung und Bedienung nicht mit Isolierstoff bedeckt oder der Berührung entzogen werden können. (§ 3.) Anderseits kann man den vorhandenen Gefahren durch Einhaltung einfacher und leicht durchführbarer Verhaltungsregeln vollständig begegnen. Daher ist es nötig, daß das mit der Bedienung betraute Personal sorgfältig unterwiesen und eingeübt ist, und daß Unberufene ferngehalten werden. Dies sind dieselben Bedingungen, wie sie für abgeschlossene elektrische Betriebsräume § 2e und § 29 gelten.

2) Ziffernmäßig bestimmte Isolationswerte sind für Sammlerbatterien nicht verlangt (§ 5± letzter Satz). Der Grund liegt darin, daß die Isolationsgröße während der Ladung oder bei raschen Temperaturschwankungen großen Veränderungen unterworfen ist infolge der auf der Außenseite der Zellen und des Gestelles sich niederschlagenden Flüssigkeitströpfchen. Es muß aber im Interesse der Sicherheit darauf gesehen werden, daß bei normalem Zustand des Akkumulators eine gute Isolation vorhanden ist und zwar können sehr wohl Werte erreicht werden, welche den in § 5± für die Leitungsanlage festgesetzten annähernd entsprechen. Damit dies erreicht werde, sind statt der Isolationswerte bestimmte Isolationsmittel verlangt. Diese gewährleisten auch, daß die oben erwähnten Erniedrigungen der Isolation wieder verschwinden, sobald normale Verhältnisse eingetreten sind. Aus Glas gefertigte Akkumulatorzellen besitzen vielfach angegossene Glasfüße. Diese gelten als isolierende nicht hygroskopische Unterlagen im Sinne des § 8. Es kommt hier nämlich hauptsächlich darauf an, daß die Übergangsflächen, welche dem Strom einen Weg zur Erde bieten können, möglichst verkleinert sind, und daß der übergespritzten oder kondensierten Flüssigkeit die Möglichkeit gegeben ist, wieder zu verdunsten.

Bei Aufstellung größerer Batterien pflegt man die tragenden Gebäudeteile gegen Gefährdung durch ausgelaufene Säure zu schützen, indem man den Fußboden mit Asphaltbelag oder mehrfachem Teeranstrich versieht.

Verschüttete Säure wird durch Aufsaugen mittels Putzlappen oder Sägespänen, Nachwaschen mit Wasser und gutes Abtrocknen baldigst unschädlich gemacht. (Betriebsvorschriften § 10±).

c) Die Batterien müssen so angeordnet sein, daß bei der Bedienung eine zufällige gleichzeitige Berührung von Punkten, zwischen denen eine Spannung von mehr als 250 V herrscht, nicht erfolgen kann.[4] *Im übrigen gilt bei Hochspannung der isolierende Bedienungsgang als ausreichender Schutz bei zufälliger Berührung unter Spannung stehender Teile.*[5]

---

3) Die Ausführung des isolierenden Bedienungsganges richtet sich nach der Höhe der verwendeten Spannung, siehe auch § 6 unter [3]) und § 9 unter [2]). Bei Batterien, die mit einem Pol an Erde liegen, wie es bei Pufferbatterien für elektrische Bahnen die Regel ist, wird man sowohl die Isolierung der Zellen als die des Bedienungsganges für einzelne Gruppen von Zellen der gegen Erde bestehenden Spannung anpassen. Während für die ersten 800 Volt die unter b) angegebene Isolierung der Zellen gegen Gestell und des letzteren gegen Erde durch die gebräuchlichen Isolierkörper in sinngemäßer Übertragung auch für den Bedienungsgang ausreicht, sollen bei Spannungen zwischen etwa 800 und 1500 Volt sowohl für die Gestelle der Zellen als für Bedienungsgänge Doppelglockenhochspannungsisolatoren benutzt werden, die auf 10000 Volt geprüft sind.

Bei Spannungen von 1500 bis 10000 Volt sollen die Gestelle und Bedienungsgänge an jedem Stützpunkt durch zwei im Sinne der Isolation hintereinanderliegende, durch eine Zwischenlage von beliebiger Höhe voneinander getrennte Doppelglockenhochspannungsisolatoren, die auf je 20000 Volt geprüft sind, gegen Erde isoliert werden. Der eine dieser Isolatoren soll mindestens 0,5 m über dem Fußboden angebracht sein.

Bei der Ausführung des Bedienungsganges ist darauf zu achten, daß der Bedienende auch gegen zufällige Berührung mit Seitenwänden, Tragesäulen u. dgl. geschützt ist, daher sollen bei Spannungen über 800 Volt auch die Steinwände und Pfeiler, namentlich aber metallische Teile derselben, wie Rohrleitungen, Trageschienen, Eisentreppen, Maschinenteile, Metallgefäße, soweit es möglich erscheint, daß diese Teile zugleich mit den Elementen über 800 Volt und deren Zubehör berührt werden könnten, mit einer an Hochspannungsisolatoren befestigten Lattenverschalung oder dgl. verkleidet sein, die sich auf eine Höhe von etwa 1,75 m über den Laufboden des Bedienungsganges erstreckt.

Dabei ist auch darauf zu achten, daß nicht etwa geöffnete Fensterflügel oder andere bewegliche Teile in den zu begehenden Raum hineinragen können und so Veranlassung zu einer Berührung mit diesen geerdeten Teilen geben. Man wird zu diesem Zwecke unter Umständen die Fensterflügel nach außen aufschlagend anordnen oder ihre Bewegung durch Anschläge begrenzen.

4) Daß eine Person nicht gleichzeitig zwei Punkte der Batterie berühren kann, zwischen denen höhere Spannung herrscht, ist meistens durch geeignete Aufstellung der Zellen zu bewirken. Ist dies nicht ohne weiteres möglich, so genügt in vielen Fällen eine kurze in den Bedienungsraum vorspringende Scheidewand, etwa eine Glastafel von verhältnismäßig kleinen Abmessungen, um das zufällige Berühren beider Punkte, z. B. der beiden Endpole oder zweier Zellen von verschiedenen Gruppen zu verhüten.

5) Daß ungeschützte unter Spannung stehende Teile im Bereiche des Bedienungspersonals bei Akkumulatoren nicht zu

1. Bei Batterien, die 1000 V oder mehr gegen Erde aufweisen, empfiehlt es sich, abschaltbare Gruppen von nicht über 500 V zu bilden.[6])

d) Zelluloid darf bei Akkumulatorenbatterien für mehr als 16 V Spannung außerhalb des Elektrolyten und als Material für Gefäße nicht verwendet werden[7]).

D. Schalt- und Verteilungsanlagen.*)

§ 9.

a) Schalt- und Verteilungstafeln, Schaltgerüste und Schaltkasten müssen aus feuersicherem Isolierstoff oder aus Metall bestehen. Holz ist als Umrahmung, Schutzhülle und Schutzgeländer zulässig.[1])

---

vermeiden sind, ist unter [1]) dargelegt. Die Einfachheit der nötigen Hantierungen macht es aber dem Unterwiesenen leicht, alle Gefahren zu vermeiden.

6) Da Batterien nicht wie Maschinen oder Transformatoren durch Stillsetzen oder Abschalten vom Netz spannungslos gemacht werden können, so empfiehlt es sich, um Arbeiten, die über die regelmäßige Beaufsichtigung, wie Nachfüllen von Säure und das Besichtigen der Platten hinausgehen, gefahrlos vornehmen zu können, sie teilbar anzuordnen, so daß in jedem Teil nur eine mäßige Spannung auftreten kann, die durch Erden eines geeigneten Punktes weiter abgeschwächt werden kann. Zur Teilung können herausnehmbare Schmelzsicherungen oder Klemmbügel dienen.

7) Durch Zelluloid an Akkumulatoren sind mehrmals gefährliche Brände verursacht worden. Die Verwendung dieses Stoffes in erheblichem Maßstab ist daher verboten. Kleine Mengen sind zugelassen, weil ein geeigneter Ersatz für die Ausrüstung kleiner leichter Batterien noch nicht gefunden ist. Die Grenze von 16 Volt ist völlig willkürlich. Sie soll nur große und kleine Batterien unterscheiden. Werden Akkumulatoren mit Zelluloidausrüstung in Ladestationen zu größeren Batterien zusammengestellt, so sind Gruppen zu 16 Volt zu bilden und durch feuersichere Zwischenstücke (z. B. Asbesttafeln) zu trennen.

§ 9. 1) Schalttafeln aus Holz und anderen brennbaren Stoffen wie Linoleum, auch solche aus Hartholz sind durch die Erfahrung als bedenklich erkannt und nach schrittweiser Einschränkung durch die Vorschriften seit 1908 verboten. Gegen hohe Spannungen verhalten sich diese Stoffe wie Leiter; auch bei niedern Spannungen sind sie unsicher. Holz und manche andere Stoffe werfen sich oder reisen durch Feuchtigkeit oder Wärme. Wärmewirkungen treten infolge hoher Betriebsstromstärken besonders an den durch Erschütterungen leicht locker werdenden Kontakten auf. Kleine Fehler und Störungen können hier schwer wiegende Folgen auslösen. Gute Schalttafeln bestehen aus Marmor, Kunststein, Porzellan u. dgl.

Die früher ausschließlich benützten Tafeln werden jetzt vielfach durch Gerüste oder Kästen aus Eisen ersetzt. Die einzelnen Schaltelemente wie Verteilungsschienen, Schalter, Sicherungen, Abzweigklemmen usw. sind für sich mit Isolierunterlage z. B. aus

---

*) Vgl. auch: Vorschriften für die Konstruktion und Prüfung von Installationsmaterial. § 30. Verteilungstafeln.

b) Bei Schalttafeln und Schaltgerüsten[2]**), die betriebsmäßig auf der Rückseite zugänglich sind, müssen die Gänge hinreichend breit und hoch sein und von**

Porzellan versehen und werden in die Gerüste oder Kästen in passender Zusammenstellung eingebaut.

Ebenso wie die Umrahmung und die besonders erwähnten Schutzgeländer können auch Schutzkästen, Türen an solchen, kurz alle Teile, die nicht zur Schalttafel selbst gehören und von den leitenden Teilen durch hinreichend große Luftschichten getrennt sind, aus Holz bestehen. Desgleichen ist Holz erlaubt als Unterlage von in sich **abgeschlossenen einzelnen** Meßgeräten, wie Zählern (Zählerbrett); das Brett spielt dann dieselbe Rolle wie der Holzdübel eines andern einfachen Schaltelements; sollen dagegen mit dem Zähler etwa noch Sicherungen, Klemmen usw. auf derselben Tafel vereinigt werden, so darf sie nicht aus Holz bestehen.

Der Aufbau der Schalt- und Verteilungstafeln geschieht daher im Gerüst aus Eisen, in den Flächen aus Eisen, Marmor, leitungsfreiem Schiefer, Porzellan oder dgl. ETZ 1908, S. 652, N. 203, 204; 1909, S. 497, N. 208, 214a. Über die Auswahl und Behandlung der Steinplatten vgl. § 5, Seite 33 unter [13]).

Was für Schalttafeln gesagt ist, gilt sinngemäß auch für Schaltsäulen, Schaltgerüste, Schaltkästen u. dgl. Über eingekapselte Steuerschalter vgl. § 12[1].

2) Der Schutz der an Schalttafeln beschäftigten Personen gegen die Berührung der unter Spannung stehenden Teile regelt sich im allgemeinen nach § 3. Da die Schaltanlagen meistens in elektrischen Betriebsräumen aufgebaut sind und der Raum auf der Rückseite der Tafeln häufig als abgeschlossener elektrischer Betriebsraum ausgebildet ist, sind die im § 3 gemachten Ausnahmen und die Sonderbestimmungen der §§ 28 und 29 besonders zu beachten.

Von großer Bedeutung ist bei Schaltanlagen die im § 3c behandelte Erdung der Metallteile, die nicht Spannung führen, aber Spannung annehmen können. Vgl. hierzu S. 20 unter [9]). Unter Umständen sind auch bei Schaltanlagen anstatt des Erdens die im § 3c erwähnten „anderen Mittel" anzuwenden, z. B. Isolierung der nicht spannungführenden Metallteile verbunden mit isolierendem Bedienungsgang, wie dies für elektrische Maschinen im § 6b ausdrücklich erwähnt ist. Siehe S. 35 unter [3]).

Im einzelnen ist zu beachten, daß die Forderungen der §§ 3a und 3b auf Schutz gegen zufällige oder gegen jede Berührung auch dann erfüllt werden, wenn die Abdeckungen, Schranken usw. an den Teilen der Schalteinlagen so eingerichtet sind, daß sie zur Beobachtung oder Bedienung zeitweise entfernt werden. Die in den §§ 10 bis 15 für Apparate, Schalter, Sicherungen usw. gegebenen Sonderbestimmungen gelten naturgemäß auch für die zu Schaltanlagen vereinigten Apparate.

Zweck und Aufgabe des isolierenden Bedienungsganges, von dem schon im § 6b) und § 8c) die Rede war, ist bereits S. 36 kurz erwähnt. Er verhindert, daß ein erheblicher Strom durch den Bedienenden zur Erde fließt, wenn dieser mit einem elektrisch geladenen Teil in Berührung gekommen ist. Es wird nämlich in den durch den Körper nach Erde führenden Stromweg ein großer Widerstand (die Isolation des Bedienungsganges) eingeschaltet.

Die Isolation des Bedienungsganges **muß** eine vollständige

Gegenständen freigehalten werden, welche die freie Bewegung stören.[3])

1. Die Entfernung zwischen ungeschützten, Spannung gegen Erde führenden Teilen der Schalttafel und der gegenüberliegenden Wand soll bei Niederspannung etwa

---

und dauernde sein, wozu je nach den örtlichen Verhältnissen (Feuchtigkeit, Höhe der Spannung) mehr oder weniger umständliche Hilfsmittel dienen. Sie darf nicht dadurch unwirksam gemacht werden, daß der auf dem Isolierstand Befindliche mit einem Teil seines Körpers (Hand, Fuß usw.) mit Erde oder mit unisolierten Metallteilen, die mit Erde in Verbindung stehen, in Berührung kommen kann. Es würde z. B. bedenklich sein, wenn ein Arbeiter beim Straucheln oder Zurücktreten oder durch andere willkürliche oder unwillkürliche Bewegungen gegen eine Mauer geraten könnte, besonders wenn diese vielleicht in der Höhe des Kopfes oder auch im Handbereich Metallteile (Gasrohre, Turbinenteile) trägt. Der isolierte Bedienungsgang bietet den Vorzug, daß auch die einseitige Berührung eines unmittelbar stromführenden Teiles unter günstigen Umständen schadlos verlaufen kann; weil die einzelnen Isolierstrecken nach Art von Kondensatoren wirken, auf welche sich die ganze Spannung verteilt. Bei Berührung mit einem Pol wird also die Person auf dem Isolierstand einer kleineren Spannungsdifferenz ausgesetzt, als eine auf Erde stehende. Doch ist zu beachten, daß ein Mensch beim Betreten eines Isolierstandes, der eine Ladung angenommen hat, einen Schlag erleiden kann, wenn er mit einem Fuß noch auf der Erde steht oder ein nicht isoliertes Geländer oder dgl. berührt. Um dies zu vermeiden, müssen bei sehr hohen Spannungen Übergangsstufen vorgesehen sein.

Ein erhöhter Schutz gegen die Gefahr zufälliger Berührung spannungführender Teile wird nach Kübler dadurch erzielt, daß die beiden Pole der Schaltanlage und ihr Zubehör weit voneinander getrennt werden. Z. V. D. I. 1909, S. 1516; 1910, S. 37.

In vielen Fällen ist das Prinzip des Isolierstandes nicht durchführbar; z. B. wenn große Feuchtigkeit herrscht, die ein dauerndes Aufrechterhalten der Isolation unmöglich macht.

Das Prinzip der Erdung des Bedienungsganges, der Schutzgehäuse u. dgl. bringt es mit sich, daß die volle Betriebsspannung gegen Erde zwischen den arbeitenden Teilen, z. B. den Spulen der Meßgeräte und den Gehäusen, wirksam ist. Beim Auftreten von Überspannungen wird die Gefahr des Überschlagens auf die Gehäuse durch die Erdung noch erhöht. Hierbei wird durch die geerdeten Metallteile Kurzschluß entstehen können. Die isolierende Trennschicht zwischen den arbeitenden Teilen der Apparate und ihren Gehäusen ist daher besonders sorgfältig auszuführen.

3) Es ist darnach zu streben, daß alle Schalttafeln für größere Anlagen auf der Rückseite zugänglich gemacht werden. Die Zugänglichkeit und damit die Einhaltung der in § 9l erwähnten Abstände muß unbedingt gefordert werden, wenn die Rückseite Sicherungen trägt oder wenn dort lösbare Verbindungen oder Schalter angebracht sind, die während des Betriebes gehandhabt werden müssen.

Der zugängliche Raum auf der Rückseite kann abgeschlossen und so zum abgeschlossenen elektrischen Betriebsraum gestaltet werden (§ 2e), in welchem die Bedingungen des § 29 Platz greifen.

1 m, *bei Hochspannung etwa 1,5 m* betragen.[4]) Sind beiderseitig ungeschützte, Spannung gegen Erde führende Teile in erreichbarer Höhe angebracht, so sollen sie in der Horizontalen etwa 2 m voneinander entfernt sein.[5])

In Gängen sollen Hochspannung führende Teile besonders geschützt sein, wenn sie weniger als 2,5 m hoch liegen.[6])

In B. u. T. genügt für Schaltgänge, in denen die spannungführenden Teile der einzelnen Schaltzellen durch Schutztüren besonders abgeschlossen sind, eine freie Breite, die den dort auszuführenden Arbeiten entspricht; doch soll sie nicht geringer als 1 m sein. In Gängen, die nur Kabelendverschlüsse, Sammelschienen und Leitungsverbindungen unter Schutz gegen zufällige Berührung enthalten, die also nicht betriebsmäßig, sondern nur zur Nachprüfung betreten werden, kann die freie Breite bis auf 0,6 m verringert werden.[7])

c) Schalt- und Verteilungstafeln, -gerüste und -kasten mit unzugänglicher Rückseite müssen so beschaffen sein, daß nach ihrer betriebsmäßigen Befestigung an der Wand die Leitungen derart angelegt und angeschlossen werden können, daß die Zuverlässigkeit der Leitungsanschlußstellen von vorn geprüft werden kann.[8]) Die

---

4) Die zahlenmäßig festgesetzten Abstände der Regel 1 werden nur für den Fall gefordert, daß spannungführende ungeschützte Teile an der Schaltanlage oder ihr gegenüber an der Wand vorhanden sind. Sind diese Teile geschützt, so wird nach § 9 b nur im allgemeinen hinreichende Breite und Höhe der Gänge gefordert, nicht aber ein bestimmtes Maß vorgeschrieben. Die allgemeinere Forderung des § 9 b ist auch dann maßgebend, wenn der Schutz vorübergehend zur Bedienung usw. geöffnet wird; so z. B. wenn die einzelnen Schaltzellen durch Türen zugänglich sind. ETZ 1913, S. 444, N. 245. Vergl. auch Abs. 3 der Regel 1 für B. u. T.

5) Die größere Entfernung ist in diesem Falle nötig, weil es vorkommen kann, daß der Bedienungsmann beim Arbeiten auf der einen Seite einen elektrischen Schlag erleidet und dann die stromführenden Teile berührt, denen er den Rücken zukehrt. Um dies noch besser zu verhüten, wird u. a. der Raum durch ein Geländer geteilt, das man jedoch in der Regel nicht in der Mitte, sondern nahe der einen Seite anbringen wird, um die Bewegungsfreiheit nicht zu sehr einzuschränken.

6) Besonders zu achten ist auf Schalter oder Trennschalter deren beweglicher Teil beim Öffnen nach unten geschwenkt wird und alsdann von einer den Gang betretenden Person mit dem Kopfe berührt werden kann, wenn ein besonderer Schutz fehlt.

7) Wenn auf der Rückseite von Schalttafeln öfters Hantierungen nötig sind, tut man gut, dort eine Glühlampe zu installieren, weil tragbare Lampen, besonders Grubenlampen, durch ihre Metallteile Berührung mit spannungführenden Teilen oder Kurzschluß veranlassen können.

8) Zwischen den betriebsmäßig auf der Rückseite zugänglichen Schalttafeln des § 9 b) und den nicht zugänglichen nach § 9 c) gibt es allerlei Zwischenstufen: Schalttafeln, die

Klemmstellen der Zu- und Ableitungen dürfen nicht auf der Rückseite der Tafeln oder Gerüste liegen.[9])

2. Verteilungstafeln sollen durch eine Umrahmung oder ähnliche Mittel so geschützt sein, daß Fremdkörper nicht an die Rückseite der Tafel gelangen können.[10])

3. Der Mindestabstand spannungführender, rückseitig angeordneter Teile von der Wand soll bei Schalt- und Verteilungstafeln und -gerüsten nach c) 15 mm betragen.

Werden hinter diesen metallene oder metallumkleidete Rohre oder Rohrdrähte geführt, so gilt der gleiche Mindestabstand zwischen den genannten spannungführenden Teilen und den Rohren oder Rohrdrähten.

d) In jeder Verteilungsanlage sind für die einzelnen Stromkreise Bezeichnungen anzubringen, die näheren Aufschluß über die Zugehörigkeit der angeschlossenen Leitungen mit ihren Schaltern, Sicherungen, Meßgeräten usw. geben.[11])

---

aus ihrer Betriebsstelle ausgefahren und dadurch an ihrer Rückseite zugänglich werden, solche die türartig in Gelenken drehbar oder aufklappbar sind. Werden derartige Anordnungen nicht gewählt, so tritt § 9 c) in Geltung. Er verbietet, daß die Schalttafeln zuerst an die Zuleitungen des Netzes angeschlossen und nun die Tafel an der Wand so befestigt wird, daß diese Anschlußstellen nicht mehr nachgesehen werden können.

Dagegen verbietet § 9 c) keineswegs die Verwendung von Tafeln, welche die Schienen oder einzelne Strecken der Schienen auf ihrer Rückseite tragen, auch können die leitenden Teile der Schaltung unter sich auf der Rückseite verbunden sein, wenn diese Verbindungen nicht während des Betriebes bedient werden müssen. Es müssen nur die Klemmen für die zuführenden und die abführenden Leitungen frei zugänglich und so eingerichtet sein, daß man von vorne oder auch von der Seite her an der bereits an der Wand angebrachten Tafel (Gerüst oder Kasten) die Zuleitungen anschließen und nachprüfen kann, ob an allen Anschlußstellen guter Kontakt besteht und die Verbindung gegen Lockern gesichert ist.

9) Diese Bestimmung dient ebenfalls der Absicht, daß ungenügende Kontakte, gelockerte Verbindungen, mangelhaft verlötete Kabelschuhe und ähnliche Fehler, die übermäßige Erwärmung erzeugen, beseitigt werden können. Nicht mehr erlaubt sind Anordnungen, bei denen die Klemmen, mit welchen die Tafel an die zu- und abführenden Leitungen angeschlossen ist, nur durch enge Bohrungen in der Tafel mittels Schraubschlüssel lösbar sind, weil in diesem Falle zwar das Lösen und Befestigen von der Vorderseite her möglich ist, nicht aber die Kontrolle, ob die Leitung fest sitzt und sich nicht unzulässig erwärmt. ETZ 1909, S. 497, N. 209, 213; 1910, S. 1322, N. 226. Eine Anschlußklemme, die diese Nachteile vermeidet, siehe z. B. ETZ 1907, S. 820, auch 1909, S. 291 (Stotz).

10) Erfahrungsgemäß werden die Oberkanten von Tafeln häufig als Aufbewahrungsorte für Schraubenzieher, Schlüssel und ähnliche Handgeräte mißbraucht, die beim Herabfallen zwischen die blanken Leitungsteile Kurzschluß verursachen.

11) Dies gilt auch für die Rückseite der Schaltanlagen; es genügen Nummern oder einzelne Buchstaben, die durch ein neben der Tafel angebrachtes Verzeichnis erläutert werden. Einzelne Firmen liefern Sicherungen, Schalter u. dgl., die mit

4. Nachträglich zu der Schaltanlage hinzukommende Apparate sollen entweder auf die bestehenden Unterlagen und Umrahmungen oder auf ordnungsmäßig gebaute und installierte Zusatztafeln oder -gerüste gesetzt werden.[12]

5. Bei den Schaltanlagen, die für verschiedene Stromarten und Spannungen bestimmt sind, sollen die Einrichtungen für jede Stromart und Spannung entweder auf getrennten und entsprechend bezeichneten Feldern angeordnet oder deutlich gekennzeichnet sein.

6. Bei Schaltanlagen, die von der Rückseite betriebsmäßig zugänglich sind, soll die Polarität von Leitungsschienen und dergleichen kenntlich gemacht sein. Die Bedeutung der benutzten Farben und Zeichen soll bekanntgegeben werden.[13]

e) In jeder Verteilungschaltanlage müssen die Zuführungsleitungen durch Schalter, Trennschalter oder Sicherung, *bei Spannungen über 500 V durch Leistungsschalter*, abtrennbar sein (vgl. § 21 i).[14]

E. Apparate.*)

§ 10.

Allgemeines.

a) Die äußeren spannungführenden Teile und, soweit sie betriebsmäßig zugänglich sind, auch die inneren

---

Glastäfelchen versehen sind, unter welche die Aufschriften eingeschoben werden. Weitere Bezeichnungen an Schaltern und Sicherungen selbst sind in §§ 11 b), 11 f), 13 a), 14 c) gefordert.

12) Diese Bestimmung richtet sich gegen den verbreiteten Mißbrauch, daß beim Erweitern einer Anlage die neu hinzukommenden Apparate neben die vorhandene Schalttafel einzeln unmittelbar auf die Wand gesetzt werden. Sie sind vielmehr auf der vorhandenen Tafel (Gerüst, Kasten) zu befestigen oder es ist eine weitere Tafel in der Nähe der vorhandenen anzubringen, die die hinzukommenden Apparate unter Wahrung der Isolation, der Abstände, der Übersicht und Nachprüfbarkeit aufnimmt.

13) Bestimmte Zeichen oder Farben sind zurzeit nicht vorgeschrieben; man erwartet, daß sich eine einheitliche Bezeichnung mit der Zeit herausbildet. ETZ 1922, S. 1237.

Der Farbanstrich braucht nicht die Leitungen in ihrer ganzen Ausdehnung zu bedecken; es genügt, wenn die Polarität deutlich und ohne langes Suchen erkennbar ist.

Wo Hochspannungs- und Niederspannungsleitungen benachbart sind, müssen auch diese Unterschiede kenntlich gemacht werden. Die Schalttafeln für Hoch- und Niederspannung sind am besten völlig getrennt anzuordnen; wird eine gemeinsame Schalttafel benützt, so ist durch getrennte Anordnung der Apparate und deutliche Bezeichnung die Hochspannung kenntlich zu machen.

Selbstverständlich soll bei allen Bezeichnungen ein und dieselbe Bezeichnungsweise in der ganzen Anlage übereinstimmend durchgeführt sein.

14) Vergl. § 21 i) Abs. 2.

---

*) Vgl. auch Vorschriften für die Konstruktion und Prüfung von Installationsmaterial, erläutert ETZ, 1922, S. 598.; Vorschriften für

müssen auf feuer-, wärme- und feuchtigkeitssicheren Körpern angebracht sein.[1])

§ 10. **1)** Wie an den Schalttafeln (§ 9), so ist auch bei den einzelnen Apparaten, insbesondere bei solchen die zur Stromunterbrechung dienen (Schalter, Sicherungen), danach zu streben, daß alles ferngehalten werde, was brennbar ist. Diese Forderung ist indessen nicht allgemein durchführbar, da z. B. die beweglichen Spulen von Zählern zu schwer werden, wenn die Spulenkörper aus feuersicheren Stoffen hergestellt sind; andere Teile, wie die Träger von Kommutatoren für Motorzähler, können bei Anfertigung aus Porzellan nicht genügend genau bearbeitet werden; in einigen Fällen ist ferner zu bedenken, daß das Quantum brennbaren Stoffes, welches auf die Unterlagen trifft, unbedeutend bleibt gegenüber der noch brennbareren isolierenden Baumwoll- oder Gummihülle des Drahtes selbst oder der Ölfüllung von Ölschaltern oder Transformatoren. Man hat daher die Forderung der unverbrennlichen Unterlagen auf diejenigen Teile beschränkt, welche der mechanischen Beschädigung, dem Kurzschluß durch Berührung mit leitenden Werkstücken oder Werkzeugen, dem Erhitzen durch Lockern der Verbindungen in besonderem Maße ausgesetzt sind, daher auch leichter zu Brandgefahr Anlaß geben.

Neben der Feuersicherheit muß für die Unterlagen der stromführenden Teile auch genügende Isolierfähigkeit gefordert werden, die den obwaltenden Verhältnissen angepaßt sein muß (vgl. § 5$\underline{c}$ unter [11]), Seite 33) und unter Umständen von der Widerstandsfähigkeit gegen Feuchtigkeit, außerdem aber auch von der Oberflächengestaltung abhängt. Bei den meisten gegenwärtig in Gebrauch befindlichen Apparaten, wie Ausschaltern, Sicherungen u. dgl., ist das früher viel benutzte Holz durch Porzellan oder Schiefer oder ähnliche Stoffe ersetzt, welche der Feuchtigkeit widerstehen und gleichzeitig unverbrennlich und schlechte Wärmeleiter sind. Auch unter diesen Stoffen bestehen noch Abstufungen hinsichtlich ihrer Güte. Es ist daher nötig, daß sie unter denjenigen Verhältnissen eine gute Isolation gewährleisten, unter denen sie zur Verwendung gelangen.

Holz wird daher in der Mehrzahl der Fälle als unmittelbare Unterlage der stromleitenden Teile unzulässig sein (ETZ 1905, S. 702 N 168); vielmehr ist da, wo etwa vorübergehend benutzte Schaltbretter oder Kästen aus Holz diese Teile aufnehmen sollen, eine Zwischenlage aus feuerfesten, von der Feuchtigkeit nicht beeinflußten Stoffen einzufügen. Insbesondere ist weiches Holz streng zu vermeiden. Dagegen wird behauptet, daß für einzelne Sonderzwecke hartes Holz nicht ersetzbar sei, weil es leichter, fester und bequemer zu bearbeiten sei als andere feuersichere und feuchtigkeitssichere Isolierstoffe. Daher sind im § 12$\underline{1}$ Unterlagen aus Holz unter besonderen Bedingungen zugelassen. Die Anwendung imprägnierten Holzes als Bau- und Isoliermaterial ist ferner in allen denjenigen Fällen gemäß § 5$\underline{c}$ erlaubt, in denen es durch eine Ölfüllung von der Berührung mit Luft betriebssicher abgeschlossen ist. Erlaubt ist auch die Benutzung von Holz neben einem guten Isolierstoff (wie Porzellan), um die Beanspruchung,

die Konstruktion und Prüfung von Schaltapparaten für Spannungen bis 750 V; Richtlinien für die Konstruktion und Prüfung von Wechselstrom-Hochspannungsapparaten von einschließlich 1500 V Nennspannung aufwärts; Leitsätze für die Konstruktion und Prüfung elektrischer Starkstrom-Handapparate für Niederspannungsanlagen; Vorschriften für Koch- und Heizgeräte.

Abdeckungen und Schutzverkleidungen müssen mechanisch widerstandsfähig und wärmesicher sein. Solche aus Isolierstoff, die im Gebrauch mit einem Lichtbogen in Berührung kommen können, müssen auch feuersicher sein (Ausnahme siehe § 15 b). Sie müssen zuverlässig befestigt werden, und so ausgebildet sein, daß die Schutzumhüllungen der Leitungen in diese Schutzverkleidungen eingeführt werden können.

b) **Die Apparate sind so zu bemessen, daß sie durch den stärksten normal vorkommenden Betriebsstrom keine für den Betrieb oder die Umgebung gefährliche Temperatur annehmen können.**[2]

c) **die Apparate müssen so gebaut oder angebracht sein, daß einer Verletzung von Personen durch Splitter, Funken, geschmolzenes Material oder Stromübergänge bei ordnungsmäßigem Gebrauch vorgebeugt wird**[3] **(siehe auch § 3)**[4].

---

die der letztere durch die hohe Spannung erfährt, herabzumindern, oder um die Durchschlagstrecke zu vergrößern, die Kapazität des Kondensators zu verkleinern, den die beiden voneinander zu isolierenden Metallkörper bilden. Hiervon wird beim Aufbau von Hochspannungsapparaten Gebrauch gemacht.

Die Prüfstelle des V. D. E. prüft Starkstromapparate auf das Einhalten der Verbandsbestimmungen. Bewährte Apparate dürfen mit dem Prüfzeichen versehen werden. ETZ 1920, S. 881; 1922, S. 99, 744. Merkblatt ETZ 1923, S. 488.

[2] Es ist sehr schwierig, allgemein anzugeben, welche Übertemperaturen (Erwärmung über die Umgebungstemperatur) als zulässig und welche als bedenklich zu bezeichnen sind. Viele Vorrichtungen müssen ihrem Zweck und Wesen nach hohe Temperaturen in einzelnen wirksamen Teilen aufweisen, wie z. B. Heizapparate, Widerstände, Schmelzsicherungen, Hitzdrahtmeßgeräte. Abgesehen von Heiz- und Kochvorrichtungen wird man eine Erwärmung als unbedenklich bezeichnen können, wenn die äußere Umhüllung der Vorrichtung beliebig lange mit der Hand berührt werden kann. Man wird sich jedoch nicht immer mit diesem Kennzeichen begnügen dürfen, sondern es muß sachverständig geprüft werden, wann, wo und wie weit eine beobachtete Erwärmung eine betriebsmäßige und unbedenkliche ist, oder aber, ob sie unrichtige Abmessungen oder ordnungswidrigen Zustand des Apparates anzeigt. Zu beachten ist, daß Schraubverbindungen häufig durch die Erschütterungen des Betriebes locker und infolge des so erhöhten Widerstandes warm werden, ebenso wird sich häufig unreine Oberfläche der Kontaktstellen durch Erwärmung verraten. Derartige Fehler pflegen sich im Lauf des Betriebes zu vergrößern und können bedenkliche Folgen haben.

Bei Wechselstromapparaten können schädliche Erwärmungen durch Wirbelströme eintreten, wenn die Anordnung und die Ausmaße nicht mit Rücksicht auf sie gewählt sind.

Für Dosenschalter ist im § 12 der Vorschriften für Konstruktion und Prüfung von Installationsmaterial ein Verfahren zur Ermittelung unzulässiger Erwärmung angegeben.

[3] Betreffs der Bauart vergleiche auch § 10¹ S. 50 unter [6] Beim Anbringen der Apparate ist darauf zu achten, daß die Griffe der im Betriebe regelmäßig zu bedienenden Apparate

d) **Apparate müssen so gebaut und angebracht sein, daß für die anzuschließenden Drähte (auch an den Einführungsstellen) eine genügende Isolation gegen benachbarte Gebäudeteile, Leitungen und dergleichen erzielt wird.**[5])

1. **Bei dem Bau der Apparate soll bereits darauf geachtet werden, daß die unter Spannung gegen Erde stehenden Teile der zufälligen Berührung entzogen werden können (Ausnahme siehe § 15 b).**[6])

---

erreicht und gehandhabt werden können, ohne daß man mit geladenen Teilen in Berührung kommt. Sicherungen, selbsttätige Ausschalter und sonstige Vorrichtungen, an denen Funken, Lichtbogen oder explosionsartige Erscheinungen möglich sind, sollen nicht so angeordnet werden, daß sie etwa die Augen des Wärters gefährden, wenn dieser die Meßgeräte oder den Zustand andrer wichtiger Teile beobachtet. Splitter, Funken und dgl. treten vorzugsweise bei Schmelzsicherungen auf. Je höher die Spannung, desto leichter bleibt beim Abschmelzen ein Lichtbogen bestehen, desto größer sind auch die hierbei innerhalb der Sicherung frei werdenden Energiemengen. Sie können die Gehäuse der Sicherung zertrümmern und deren Teile umherschleudern. Demnach sind hier unter Umständen besondere Schutzgitter, Schutzgläser oder dgl. vorzusehen. Beim Benützen von Hüllen oder Abschlußwänden aus Glas oder andern spröden Stoffen ist besonders darauf zu achten, daß deren umhergeschleuderte Splitter niemanden verletzen können.

4) Der § 3 behandelt den Schutz gegen die Gefährdung von Personen durch Stromübergänge.

5) Häufig begegnet man dem Fehler, daß zwar die Leitungen dort, wo sie frei verlaufen, sorgfältig von der Wand abgehalten sind, ebenso wie die Apparate auf den nötigen isolierenden Unterlagen sitzen, daß aber die Bauart der Apparate es nötig macht, die Leitungen an der Einführungsstelle dicht an die Wand heran oder sogar mit ihr in Berührung zu bringen. Da die Leitungen dort meist mehr oder weniger von ihrer Isolierhülle entblößt sind, so entsteht auf diese Weise Gelegenheit zur Ausbildung eines Erdschlusses. Ein solcher kann sich auch ausbilden, wenn die Apparate Stoffe enthalten, die, wie weiches Holz, Feuchtigkeit anziehen. Diese Gefahr muß durch die Bauart der Apparate oder durch Zwischenfügen von Isolierrohr oder dergl. ausgeschlossen werden. Vgl. auch § 10 a Abs. 3. ETZ 1904, S. 363 N. 89. N. 93; 1910, S. 1322 N. 225.

Besonders zu beachten ist auch der Umstand, daß das Erden der Metallkörper, Gehäuse und Verkleidungen meistens die Spannung zwischen ihnen und den stromführenden Teilen und damit die Neigung zum Überspringen von Funken oder Lichtbogen erhöht. Namentlich bei Apparaten für Hochspannung ist die Wahl der Abmessungen wichtig. Einheitliche Grundlagen hierfür sind in den „Richtlinien für die Konstruktion und Prüfung von Wechselstrom - Hochspannungsapparaten von einschließlich 1500 Volt Nennspannung aufwärts" enthalten. ETZ 1913, S. 1067, erläutert ETZ 1912, S. 354 u. 380.

6) Die gute Praxis hat den Schutz gegen zufällige Berührung in steigendem Maße berücksichtigt. Die Schaltergriffe sollen hinlängliche Abmessungen aufweisen und mit Schutztellern versehen sein. Auch Sicherungen werden, wo es mit ihren sonstigen Bestimmungen verträglich ist, in Isolierstücke ein-

2. Griffe, Handräder und dergleichen können aus Isolierstoff oder Metall bestehen. In letzterem Falle ist § 3 d zu berücksichtigen. Bei Spannungen bis 1000 V sind metallene Griffe, Handräder und dergleichen, die mit einer haltbaren Isolierschicht vollständig überzogen sind, auch ohne Erdung zulässig.[7])

Bei Spannungen über 1000 V sollen isolierende Griffe (entweder ganz aus Isolierstoff oder nur damit überzogen) so eingerichtet sein, daß sich zwischen der bedienenden Person und den spannungführenden Teilen eine geerdete Stelle befindet. Ganz aus Isolierstoff bestehende Schaltstangen sind von dieser Bestimmung ausgenommen.[8])

gebaut, Steckkontakte mit vorstehenden Isolierhülsen, Fassungen mit Kragen versehen. Schraubenköpfe, die unter Spannung stehen, werden abgedeckt. ETZ 1909, S. 497 N. 215. Doch kann nur die ordnungsmäßige Handhabung dabei berücksichtigt werden, da viele Teile ihrer Zweckbestimmung nach oder behufs der notwendigen Besichtigung unbedeckt bleiben müssen, wie z. B. die funkenlöschenden Hilfskontakte oder Hörner von Schaltern und Sicherungen.

7) Griffe aus Isolierstoff sind die Regel in Wohn- und Geschäftsräumen und wo sie sonst guter Behandlung sicher sind. In rauhen Betrieben werden sie zerschlagen, wenn nicht eine besondere schützende Gestaltung des Apparats angewendet werden kann (§ 11 c). Zu beachten ist, daß nach §§ 11 d) und 12 c) die Griffdorne und die Drehachsen nicht unter Spannung stehen dürfen. Holz gilt nach § 5$\underline{6}$ nicht als zuverlässiger Isolierstoff, weil es durch Feuchtigkeit Risse erleidet, die sich mit Metallstaub füllen, so daß hierdurch oder durch eindringende Feuchtigkeit Strömübergänge stattfinden, die dem Bedienenden gefährlich werden. Gegen Feuchtigkeit kann Tränkung mit Paraffin oder Anstrich mit Ölfarbe Schutz bieten. Gewöhnliche Politur verbessert an sich das Isoliervermögen nicht merklich (ETZ 1906, S. 471, S. 870). Es empfiehlt sich, Holzgriffe mit besser isolierenden Stoffen auszufüttern oder zu überziehen oder das Holz durch zuverlässigere Isolierstoffe zu ersetzen.

8) Bei höheren Spannungen sind isolierende Überzüge oder Zwischenschichten wegen der unter [7]) erwähnten Bedenken nicht völlig sicher. Auch ist die Dicke der Isolierschicht nicht immer kontrollierbar. So können scheinbar starke Porzellanhülsen Risse enthalten, welche von Funken durchsetzt werden. Daher ist die Zwischenfügung einer geerdeten Stelle empfohlen, die derartige Ladungen unschädlich macht. Bei Mastschaltern für Hochspannung empfiehlt es sich sehr, eine isolierende und eine geerdete Strecke im Bedienungsgestänge hintereinander anzuordnen. Indessen können auch Fälle vorkommen, wo das Erden unausführbar ist oder andre Gefahren mit sich bringt. Bei Anlagen, die grundsätzlich das Erden vermeiden, wie viele mit hochgespanntem Gleichstrom tun, wird man dies Prinzip nicht durchbrechen dürfen. Man wird dann die Werkzeuge als Schaltstangen ausbilden und bei anderen Schalteinrichtungen eine kontrollierbare, genügend lange isolierende Strecke zwischen die Griffe und die Arbeitsteile einschalten und die Wirkung dieser Isolierung durch Benützung von Isoliertritten (Gummimatte oder dgl.) Gummihandschuhen, Gummischuhen verstärken, namentlich wenn ein beweglicher Erdungsdraht nötig sein würde, der hinderlich ist und durch Berührung mit spannungführenden Teilen Kurzschlüsse oder andere Gefährdungen herbeiführen kann.

4*

e) **Ortsfeste Apparate** müssen für Anschluß der Leitungsdrähte durch Verschraubung oder gleichwertige Mittel eingerichtet sein (siehe auch § 21¹³).[9]

f) **Metallteile**, für die eine Erdung in Frage kommen kann, müssen mit einem Erdungsanschluß versehen sein.[9]

g) **Alle Schrauben**, die Kontakte vermitteln, müssen metallenes Muttergewinde haben.[9]

h) Bei **ortsveränderlichen** oder **beweglichen** Apparaten müssen die Anschluß- und Verbindungsstellen von Zug entlastet sein.

i) Bei ortsveränderlichen Stromverbrauchern bis 250 V und bis zu einer Nennaufnahme von 2000 W bei höchstens 20 A darf der Strecker auch zum In- und Außerbetriebsetzen dienen; in allen anderen Fällen müssen besondere Schalter vorgesehen werden.[10]

k) Der Verwendungsbereich (Stromstärke, Spannung, Stromart usw.) muß, soweit es für die Benutzung notwendig ist, auf den Apparaten angegeben sein.

l) Alle Apparate müssen am Hauptteil ein Ursprungzeichen tragen.[11]

§ 11.

Schalter.

a) **Alle Schalter**, die zur Stromunterbrechung dienen, müssen so gebaut sein, daß beim ordnungsmäßigen Öffnen unter normalem Betriebsstrom kein Lichtbogen bestehen bleibt (Ausnahme siehe § 28d.) Sie müssen mindestens für 250 V gebaut sein.[1]

---

9) Zu den Vorschriften unter e, f, g ist zu bemerken, daß besonders bei Eisenklemmen eine Verzinnung nötig ist, um den Kontakt zu sichern und das Rosten zu vermeiden. Die Kontaktflächen sind glatt zu bearbeiten, die Schrauben aus Kupferlegierung herzustellen.

10) Das Ein- und Ausschalten mittels der Stecker ist tunlichst zu vermeiden. Die besonderen Schalter können am Verbrauchsapparat oder in der festen Leitung sitzen. Über Birnenschalter vgl. § 11² Abs. 2.

11) Das Ursprungszeichen soll dazu beitragen, schlechte Bauarten vom Markte zu verdrängen.

§ 11. **1)** Vgl. auch „Richtlinien f. d. Aufbau von Drehschaltern etc.", erläutert ETZ 1922, S. 598. Die im § 11¹ erwähnten Momentschalter bilden für die Installationen in Wohn- und Geschäftsräumen sowie für die Lampen und kleineren Motoren von Werkstätten die Regel. Allgemein können sie indessen nicht vorgeschrieben werden, denn bei Hochspannung reichen die gebräuchlichen Formen der Momentschalter nicht aus, hier sowie in Niederspannungsanlagen, wo auf sachgemäße Bedienung zu rechnen ist, sind oft andere Mittel zum Löschen des Lichtbogens erfolgreicher; z. B. Hörnerschalter (ETZ 1902, S. 652). Bei Wechselstrom erlischt der Lichtbogen bei langsamem Schalten leichter als bei schnellem. Bei größeren Energiebeträgen benützt man dabei vorgeschaltete Wider-

Schalterabdeckungen mit offenen Schlitzen sind nicht zulässig.

1. Schalter für Niederspannung bis 5 kW sollen in der Regel Momentschalter sein. [2])

2. Ausschalter sollen in der Regel nur an den Verbrauchsapparaten selbst oder in festverlegten Leitungen angebracht werden. [3])

Am Ende beweglicher Leitungen sind Schalter nur zulässig, wenn die Anschlußstellen der Leitungen an beiden Enden von Zug entlastet sind und die Leitungen nicht mit leicht entzündlichen Gegenständen in Berührung kommen können. [3])

---

stände, denen Selbstinduktionen parallel liegen. Schalter für sehr starke Ströme können meistens nicht als Momentschalter gebaut werden, weil sie wegen ihrer Masse allzuheftige Rückschläge auf die Schalttafel verursachen würden. Ausschalter, die mit Anlassern (§ 12) oder andern Regulierwiderständen vereinigt sind, bedürfen in der Regel der Momentschaltung nicht, weil der Stromunterbrechung zwangläufig eine so starke Stromschwächung vorausgeht, daß ein Lichtbogen nicht mehr auftreten kann. In Betriebsräumen kommen Schalter vor, die nicht zum Ausschalten unter Strom, sondern nur zum E i n - s c h a l t e n bestimmt sind, diese brauchen daher auf den Lichtbogen keine Rücksicht zu nehmen. Andere Schalter in Betriebsräumen werden als Kohlenschalter ausgebildet und sollen einen Lichtbogen absichtlich hervorrufen, um die schädlichen Wirkungen der Selbstinduktion bei der Unterbrechung zu vermeiden.

Schlagweite, Stärke und Dauer des Lichtbogens hängen von der Spannung, der Stromstärke und der Selbstinduktion des Stromkreises ab. Die möglicherweise ins Spiel tretenden Kräfte sind bei der Bauart der Schalter zu berücksichtigen. (Über den Bau von Schaltern vgl. Z. f. E. Wien. 1902, S. 510. ETZ 1909, S. 941; 1911, S. 971.)

2) Wie unter 1) erwähnt, kann bei Wechselstrom der Lichtbogen durch andere Mittel als Momentschaltung sicher unterbrochen werden. Vgl. ETZ 1913 S. 33, 35, 1225, 1245; 1920, S. 748; 1921, S. 945, 955; 1922, S. 755. Regel 1 gilt trotzdem um einheitliche Schalter für beide Stromarten beizubehalten.

3) Bei Anordnung der Ausschalter ist auch auf die zu ihnen führenden Leitungen zu achten. Beim Abzweigen eines einpoligen Schalters aus der Richtung nach den Lampen heraus wird ein Kurzschluß zwischen der zum Schalter hin und der von ihm weg führenden Leitungsstrecke dadurch besonders gefährlich, daß diesem Kurzschluß stets die Lampe oder ein anderer Stromverbraucher vorgeschaltet bleibt, er bringt daher die Sicherung nicht zum Ansprechen und kann so zu Entzündung Anlaß geben. Hier ist daher besonders sorgfältige Verlegung angezeigt. Zweckmäßig ist der Vorschlag, mit der dem einen Pol angehörigen Hin- und Rückleitung zum Schalter eng vereinigt ein tot endigendes an den andern Pol angeschlossenes Leitungsstück so zu verlegen, daß bei Verletzung der fraglichen Schalterleitung ein Kurzschluß zustande kommt, der die Sicherung auslöst. ETZ 1904, S. 362 N. 87.

Diese Gefahr steigt noch ganz besonders, wenn derartige Schalterleitungen in Gestalt von beweglichen Schnurleitungen

b) Nennstromstärke und Nennspannung sind auf dem Hauptteil des Schalters zu vermerken.[4])

c) Der Berührung zugängliche Gehäuse und Griffe müssen, wenn sie nicht geerdet sind, aus nichtleitendem Baustoff bestehen oder mit einer haltbaren Isolierschicht ausgekleidet oder umkleidet sein.[5])

ausgeführt und in der Nähe von entzündlichen Gegenständen wie Betten, Gardinen usw angeordnet werden. Solche Einrichtungen, wie sie in Hotels als sogen. Birnenschalter üblich waren, dürfen unter keinen Umständen geduldet werden. Sie lassen sich meistens ersetzen durch eine rein mechanische Fernschaltung, bei der ein fest angebrachter Schalter durch eine Zugschnur bedient wird. (ETZ 1901, S. 1055.) In der früheren Fassung der Vorschriften waren daher die Birnenschalter gänzlich verboten. Neuerdings sind elektrisch betriebene Werkzeuge (Nietmaschinen) aufgekommen, die mit Birnenschaltern in kräftiger Ausführung ausgestattet sind. Bei elektrisch geheizten Wärmekissen sind sie als Regelschalter nicht in einpolige Abzweige der Leitung eingebaut, daher in guter Ausführung zulässig.

4) Die Stromstärke ist bei geschlossenem Schalter für die Erwärmung der Kontakte maßgebend; die Spannung bedingt die Länge des beim Öffnen entstehenden Lichtbogens und nach der gleichzeitig herrschenden Stromstärke bemißt sich die Wirkung des Lichtbogens. Wie unter [1]) erwähnt, kommen in Betriebsräumen Schalter vor, die nicht zum Ausschalten des Betriebsstromes bestimmt sind; auf diesen ist die Stromstärke anzugeben, bei der sie noch gefahrlos geöffnet werden können. Beim Einbau der Schalter ist auf die Betriebsbedingungen und auf die Verhältnisse zu achten, die nach der Art der Anlage beim Handhaben der Schalter auftreten können; die Auswahl der Bauart und Größe der Schalter muß darnach geschehen. Der feste Teil, der die Angaben über Strom und Spannung trägt, soll nicht der verwechselbare Deckel sein, sondern die Unterlage, auf der die feststehenden Kontakte befestigt sind. Die Angaben sollen auch bei montiertem Schalter erkennbar sein. ETZ 1904, S. 424 N. 100 d.

Die Angabe der Schaltstellung ist nach § 11 f) auf Hochspannung beschränkt, da sie bei Druckknopfschaltern sowie bei Umschaltern (für Hotelzimmer), Stufenschaltern (für Kronen) usw. nicht möglich ist.

5) Vgl. § 10^{2}. Metallgehäuse und Metallgriffe ohne isolierende Bekleidung sind besonders bei höheren Spannungen sehr gefährlich, weil im Innern der Schalter leicht Stromübergänge auf solche Gehäuse oder Griffe, sei es durch Oberflächenleitung, Körperleitung, Funken oder Lichtbogen, vorkommen können, die dem Bedienenden gefährlich werden. Doch werden in rauhen Betrieben Griffe und Gehäuse aus Isolierstoff leicht zerschlagen und sind in diesem Zustand erst recht gefährlich. Kann das Gehäuse und der Griff nicht völlig aus Isolierstoff gebaut werden, wie z. B. in rauhen Betrieben oder bei wasserdichten Schaltern, deren Gehäuse vielfach aus Gußeisen besteht, so ist es entweder zuverlässig zu erden, oder außen mit einer Isolierschicht zu umkleiden, oder durch eine isolierende Ausfütterung so von den stromführenden Teilen zu trennen, daß Stromübergang oder Funkenübergang auf das Metallgehäuse ausgeschlossen ist. Eine vollständige Auskleidung ist bei vielen Sorten gebräuchlicher Eisengehäuse nicht durchgeführt; sie ist aber anzustreben.

d) Griffdorne für Hebelschalter, Achsen von Dosen- und Drehschaltern und diesen gleichwertige Betätigungsteile dürfen nicht spannungführend sein.[6])

Griffe für Hebelschalter müssen so stark und mit dem Schalter so zuverlässig verbunden sein, daß sie den auftretenden mechanischen Beanspruchungen dauernd standhalten und sich bei Betätigung des Schalters nicht lockern.[6a])

e) Ausschalter[7]) für Stromverbraucher müssen, wenn sie geöffnet werden, alle Pole ihres Stromkreises, die unter Spannung gegen Erde stehen, abschalten.[8]) Aus-

---

Bei Hausinstallationen, die künstlerisch ausgestattet sein sollen, tritt gelegentlich das Bedürfnis hervor, Griffe aus Bronzeguß oder dgl. zu verwenden. Man kann hier dem Sinne der Vorschrift Rechnung tragen, indem ein isolierendes Stück zwischen diesem Griff und der arbeitenden Schaltwelle eingeschoben wird. ETZ 1903, S. 298 N. 36. Doch entsprechen derartige Bauformen nicht den Vorschriften und sind daher aufzugeben.

6) Diese im Jahre 1913 neu aufgestellte Vorschrift bedeutet in einzelnen Fällen eine merkliche Erschwerung der Ausführung, zugleich aber eine erheblich verstärkte Sicherheit.

6a) Besonders Kurbelgriffe sind oft mit dem Kurbelarm schwach und schlecht verbunden.

7) Es ist nützlich, wenn größere Hauptabzweigungen ausschaltbar sind. Man kann so leichter die Prüfung der Anlage in ihren einzelnen Teilen vornehmen oder fehlerhafte Stellen beseitigen, ohne die ganze Anlage außer Betrieb zu setzen; derartige Abschaltungen lassen sich zwar auch mit Hilfe der Sicherungen vornehmen; doch sollte jede Anschlußanlage in der Nähe der Anschlußstelle im ganzen oder in allen Teilen abschaltbar sein. Besonders in Werkstätten und ähnlichen größeren Räumen ist bei Hochspannung dafür zu sorgen, daß größere Gruppen der Stromverbraucher durch leicht zugängliche Ausschalter stromlos und spannungslos gemacht werden können, damit bei einem Unfall gefahrlos Hilfe geleistet werden kann.

Manchmal empfiehlt sich, die in feuchte Räume führenden Leitungen auszuschalten, solange in ihnen kein Strom benötigt wird, damit unnötige Stromverluste durch die im feuchten Raum vorhandenen Erdschlüsse vermieden werden und Isolationsfehler im übrigen Teil der Leitung durch Abschalten des fehlerhaften Teiles sicherer erkannt werden können. Im § 31 a) ist daher die Abschaltbarkeit für feuchte Räume vorgeschrieben.

In der Landwirtschaft wird sie durch das M.E.L. Ziffer 3 für jede Anlage verlangt.

8) Die Bestimmung bezweckt, daß ein ausgeschalteter Stromverbraucher gefahrlos berührt und bedient werden kann. Ist ein Pol des Leitungsnetzes geerdet, so können die Schalter in Zweileiterkreisen einpolig sein, müssen aber im nicht geerdeten Pol liegen. Drehstromkreise erfordern im allgemeinen dreipolige Schalter. Die Vorschrift ist auf Stromverbraucher beschränkt; gilt also nicht für Schalter, die der Verteilung im Netz, der Regelung oder Überwachung dienen; so z. B. nicht für Trennschalter.

Anderseits ist wohl zu beachten, daß das im § 11 e) geforderte allpolige Abschalten den Stromverbraucher nicht immer spannungslos macht. So genügt es z. B. bei Transformatoren

schalter für Niederspannung, die kleinere Glühlampengruppen bedienen, unterliegen dieser Vorschrift nicht.[9])

Trennschalter sind so anzubringen, daß sie nicht durch das Gewicht der Schaltmesser von selbst einschalten können.

3. Als kleinere Glühlampengruppen gelten solche, welche nach § 14[1] mit 6 A gesichert sind.

f) An Hochspannungsschaltern muß die Schaltstellung erkennbar sein.[10])

---

nicht, den Primärstrom allpolig abzuschalten, sobald sie sekundär an einem Netz liegen, das noch andere Transformatoren enthält. Auch Motoren, deren Erregung abgeschaltet ist, können vom Netz her Spannung haben; dasselbe ist der Fall, wenn ein Motor zwar völlig abgetrennt ist, aber noch in Bewegung ist, sei es, daß er „ausläuft" oder von einer Transmission her oder durch die Last angetrieben wird.

Wird ein Netz oder ein Teil eines Netzes (Hausanschluß) von mehreren Speiseleitungen aus gespeist, so kann ein Schalter in einer der Speiseleitungen das Netz nicht spannungslos machen. Um den Zweck der Bestimmung des § 11 e) auch hier zu erreichen, müssen in solchen Fällen Betriebsvorschriften unterstützend eingreifen.

Die Möglichkeit, den Stromkreis der Verbraucher völlig spannungslos zu machen, ist namentlich von Bedeutung in dem Falle, daß eine Person durch Berührung spannungführender Teile betäubt ist, weil nach Unterbrechung der Leitung in allen Polen die Hilfeleistung gefahrlos geschehen kann. § 11 e) ist n i c h t so zu verstehen, als ob alle Lampen eines Beleuchtungskörpers oder eines Raumes stets gleichzeitig ausschaltbar sein müßten. ETZ 1905, S. 888 N. 173.

9) Um die Installation nicht unnötig zu erschweren, sind mit Niederspannung versorgte kleinere Glühlampengruppen, also auch einzelne Glühlampen, ausgenommen. Es ist dabei berücksichtigt, daß solche Glühlampenstromkreise in der Regel keine von Hand erfolgende Bedienung der Lampen usw. erfordern. Sind solche Bedienungen nötig, so kann man den Hauptschalter öffnen. ETZ 1905, S. 475 N. 163; 1909, S. 497 N. 206. Natürlich ist der einpolige Schalter bei Benützung einer geerdeten Leitung stets in den nicht geerdeten Pol zu verlegen. Dagegen ist allpolige Ausschaltung stets zu fordern bei Motoren, Bogenlampen usw., die zum Schmieren der Lager, Einstellen der Bürsten, Einsetzen neuer Kohlenstäbe und dgl. von Hand bedient werden. Die Gefahr der Berührung mit gefährlichen Spannungen hat auch dazu geführt, daß im § 16 b) Schaltfassungen für besonders kleine und für besonders große Glühlampen sowie für Spannungen über 250 Volt verboten sind.

10) Die Erkennbarkeit der Schaltstellung war früher allgemein gefordert (vgl. S. 54 unter [4]), was indessen als unnötig und undurchführbar erkannt worden ist. Für Hochspannung ist jedoch die Forderung neuerdings betont worden. Wenn auch das Offenstehen der Schalter nicht stets volle Gewähr dafür bietet, daß der von ihm abhängige Teil der Anlage spannungslos ist (vgl. S. 55 unter [8]), so wird doch dem, der etwa Arbeiten vorzunehmen oder der Ursache einer Unregelmäßigkeit nachzuforschen hat, der Überblick über den Zustand der Anlage erleichtert, wenn zunächst wenigstens über die Stellung der Schalter Klarheit herrscht. Unglücksfälle können dadurch ver-

Kriechströme über die Isolatoren müssen bei Spannungen über 1500 V durch eine geerdete Stelle abgeleitet werden.[11])

Hochspannungsölschalter in großen Schaltanlagen sind so einzubauen, daß zwischen ihnen und der Stelle, von der aus sie bedient werden, eine Schutzwand besteht.

4. Als große Schaltanlagen gelten solche, deren Sammelschienen mehr als 10 000 kW abgeben. Die Schutzwand soll die Bedienenden gegen Flammen und brennendes Öl schützen.

g) Vor gekapselten Hochspannungschaltern, die nicht ausschließlich als Trennschalter dienen, müssen bei Spannungen über 1500 V erkennbare Trennstellen vorgesehen sein.[12])

⚒ | *In B. u. T. gilt diese Vorschrift bereits von 500 V ab.* |

---

mieden werden. Auf welche Weise die Schaltstellung erkennbar gemacht wird, bleibt freigestellt. Bei vielen Bauarten ersieht man sie aus der Lage der arbeitenden Teile ohne weiteres. Bei Schaltern, deren arbeitende Teile eingebaut sind, soll sowohl an der Bedienungsseite als am Schalter selbst die Stellung zu erkennen sein. Nicht verlangt sind Aufschriften, die jedem aus dem Publikum verständlich sind, sondern es genügt, wenn der Sachverständige aus der Stellung irgend welcher leicht sichtbarer Bauteile oder Marken die Schaltstellung erkennen kann.

11) Die Forderung der geerdeten Stelle entspricht den Richtlinien für Hochspannungsapparate über 1500 Volt.

12) Unter einer sichtbaren Trennungsstelle ist nicht ein mit dem Schalter sich öffnender und schließender Kontakt verstanden, sondern eine Stelle, an der eine Trennung der Leitungen, sei es mit oder ohne besondere Hilfsmittel möglich ist, also etwa ein für die Regel dauernd geschlossener Schalter oder eine Schmelzsicherung oder eine mittels Werkzeug lösbare Schraubverbindung oder ähnliches. Die Vorschrift ist nötig, weil in eingekapselten Schaltern (meist Ölschaltern) gelegentlich Störungen aufgetreten sind, so daß trotz geöffneter Stellung des Schalters die durch ihn scheinbar abgetrennten Teile oder das Gehäuse unter Spannung standen. Es ist alsdann unter Umständen erforderlich, den Betrieb der ganzen Anlage abzustellen, um die Störung zu beseitigen, wenn nicht eine Art Notschalter vorgesehen ist, der die Eigenschaft haben muß, daß er von Sachkundigen mittels geeigneter Hilfsmittel ohne Lebensgefahr bedient werden kann. In vielen Fällen genügt es, für mehrere benachbarte Schalter eine sie gemeinsam beherrschende Trennstelle anzuordnen. Über Anordnung solcher Trennschalter in Anlagen für 50 000 Volt siehe ETZ 1906, S. 56, Sp. 1.

Die Ursache der erwähnten Störungen kann in abgeschiedenen Zersetzungsprodukten des Öles liegen, die leitende Verbindungen bilden. Bei einzelnen Bauarten ist es auch vorgekommen, daß die geöffneten Schalter infolge der Kapazität ihrer Arbeitsflächen Ladungsströme führten; atmosphärische Entladungen oder andere Überspannungen können Übergänge des Stromes oder der Spannung auf das Gehäuse oder die Gestelle verursachen. Die Trennstelle braucht nicht unmittelbar am Schalter zu sein, sie kann auch an der zum Schalter führenden Abzweigstelle liegen. ETZ 1910, S. 1322 N. 224.

5. Unter Umständen kann eine gemeinsame Trennstelle für mehrere eingekapselte Schalter genügen. Bei parallel geschalteten Kabeln und Ringleitungen sollen nicht nur vor, sondern auch hinter eingekapselten Schaltern erkennbare Trennstellen vorgesehen werden.

h) **Nulleiter und betriebsmäßig geerdete Leitungen dürfen entweder gar nicht oder nur zwangläufig zusammen mit den übrigen zugehörigen Leitern abtrennbar sein (Ausnahme siehe § 28 e.)** [13])

---

13) Die Nulleiter und andere Ausgleichsleiter in Mehrleiter- und Mehrphasensystemen haben die Aufgabe, die Belastungen der zugehörigen Zweige des Systems auszugleichen; werden sie unterbrochen, so können in diesen Zweigen unerwartete Spannungserhöhungen auftreten. Besonders folgenreich ist dies bei Nulleitern, die betriebsmäßig an Erde liegen, sowie bei Schutzerdungen, die die Spannung in den zugehörigen Teilen auf einer bestimmten Grenze gegenüber dem Erdpotential oder auf diesem selbst halten sollen. Tritt z. B. in einem Zweig eines Dreileitersystems Kurzschluß ein, so kann bei unterbrochenem Nulleiter die Spannung im anderen Zweig auf das Doppelte des normalen Betrages steigen. Dies kann zur Zerstörung der Glühlampen, zu Brandfällen und zur Verletzung von Personen Anlaß geben. Daß die im § 3 c), § 4, § 6 b), § 7, u. a. a. O. erwähnten Erdungen wirkungslos und damit erhebliche Gefahren herbeigeführt werden, wenn die Erdungsleitung unterbrochen wird, ist nach dem dort Gesagten ohne weiteres verständlich. Um zu verhüten, daß dies durch Fahrlässigkeit oder Unkenntnis geschehe, sind Schalter, die solche Leitungen unterbrechen, ohne zugleich die übrigen zugehörigen Leiter abzuschalten, verboten. ETZ 1904, S. 1116 N. 131.

In elektrischen Betriebsräumen ist die zwangsweise Verbindung dieser Schalter nicht immer durchführbar; so z. B. bei größeren Akkumulatorbatterien, wo die Außenleiter vom Mittelleiter durch die ganze Hälfte aller Zellen getrennt sind und die hohen Stromstärken so starke Leitungen erfordern, daß jede mögliche Ersparnis an ihrer Länge angestrebt werden muß. Hier wird von der Schulung der Beschäftigten erwartet, daß sie niemals den Mittelleiter allein ausschalten. Man kann hier den Schalter plombieren oder sonstwie so in geschlossener Lage sichern, daß ein Versuch, ihn zu öffnen, wenigstens zur Aufmerksamkeit zwingt. Ähnliche Verhältnisse wie in Betriebsräumen liegen vor bei den Bühnenregulatoren, wenn sie in den geerdeten Leitungen angeordnet sind und Ausschalter enthalten. Auch hier wird besonders geschultes Personal vorausgesetzt. Außerdem wird (§ 39 a) verlangt, daß die Außenleiter abgeschaltet werden, solange der Bühnenregulator außer Betrieb ist, also nicht unter Aufsicht steht. Bei neueren Bühneneinrichtungen hat man die Regulierwiderstände in die Außenleiter gelegt, obwohl dadurch die Konstruktion erschwert ist. Vgl. § 39 a) Abs. 3.

Übrigens hat man „betriebsmäßig geerdete Leitungen" von solchen zu unterscheiden, die nur vorübergehend, etwa zur Vornahme besonderer Messungen an Erde gelegt werden, wie z. B. den Erdungsdraht eines Isolationsprüfers oder die vierte Leitung, wenn sie bei Drehstromanlagen nur vorgesehen ist, um zeitweilig den neutralen Punkt des Systems an Erde zu legen. Solche Leitungen dürfen, sofern sie zum normalen Betrieb

§ 12.

Anlasser und Widerstände.

a) **Anlasser und Widerstände, an denen Strom-unterbrechungen vorkommen, müssen so gebaut sein, daß bei ordnungsmäßiger Bedienung kein Lichtbogen bestehen bleibt.**[1]) (Vgl. Vorschriften für die Konstruktion und Prüfung von Schaltgeräten für Spannungen bis einschließlich 750 V, § 29[1].)

b) **Die Anbringung besonderer Ausschalter (siehe § 11 e) ist bei Anlassern und Widerständen nur dann notwendig, wenn der Anlasser nicht selbst den Strom-verbraucher allpolig abschaltet.**[2])

1. **In eingekapselten Steuerschaltern ist bis 1000 V Holz, das durch geeignete Behandlung feuchtigkeitssicher und wärmesicher gemacht ist, auch außerhalb eines Öl-bades zulässig, abgesehen von Räumen mit ätzenden Dünsten (siehe § 33[1].)**[3])

2. **Die stromführenden Teile von Anlassern und Wider-ständen sollen mit einer Schutzverkleidung aus feuer-sicherem Stoff versehen sein (Ausnahme siehe § 28[1] und 39 h.) Diese Apparate sollen auf feuersicherer Unter-lage, und zwar freistehend, oder an feuersicheren Wänden und von entzündlichen Stoffen genügend entfernt an-gebracht werden.**[4])

---

nicht dienen, ausschaltbar sein. Hat man nach den Vorschrif-ten, z. B. nach § 6 b), die Wahl zwischen isolierter und ge-erdeter Aufstellung, so muß die eine oder die andere voll-ständig durchgeführt werden. Erdungsdrähte dürfen also keine Ausschalter enthalten. Wollte man einen solchen anbringen, so müßte die Maschine isoliert aufgestellt und mit isoliertem Bedienungsgang ausgerüstet werden. ETZ 1902, S. 698 N. 12.

§ 12. 1) Wie bei § 11 a) erwähnt, sind bestimmte Mittel, um das Bestehenbleiben eines Lichtbogens zu vermeiden, nicht vorgeschrieben. Wo die Stromunterbrechung, sei es durch den Regulierhebel oder durch eingebaute Schalter, nur erfolgen kann, wenn der Strom durch Widerstände erheblich geschwächt ist, bedarf es keiner weiteren Vorkehrungen, um den Licht-bogen unschädlich zu machen. Im übrigen hängt die An-ordnung besonderer Vorkehrungen hierfür davon ab, ob die Handhabung der Anlasser bestimmten Personen anvertraut ist, die man zu einer Handhabung in bestimmter Reihenfolge an-halten kann, oder ob es sich um Hilfsmittel handelt, die von beliebigen Personen bedient werden.

2) Unter allpolig sind hier wie im § 11 e) alle Pole ver-standen, die unter Spannung gegen Erde stehen.

3) Vgl. § 10 a), S. 48 unter [1]) Abs. 3. — Solche mit Holz aufgebaute Steuerschalter sollten stets mit besonderen Funken-löschern ausgerüstet sein. Bei Räumen mit ätzenden Dünsten wird es auf die Art der Dünste ankommen, ob sie die Isolier-fähigkeit oder die sonstige Zuverlässigkeit des Holzes beein-trächtigen.

4) Von einer Festlegung der höchsten Temperatur, die ein Widerstand erreichen darf, ist in den Vorschriften abge-sehen worden, weil ein im normalen Betrieb nur mäßig bean-spruchter Widerstand unter Umständen, die sich nicht immer

c) Bei Apparaten mit Handbetrieb darf die Achse der Betätigungsvorrichtung nicht spannungführend sein. [5])

d) Kontaktbahn und Anschlußstellen müssen mit einer widerstandsfähigen, zuverlässig befestigten und abnehmbaren Abdeckung versehen sein; sie darf keine Öffnung enthalten, die eine unmittelbare Berührung spannungführender Teile zuläßt (Ausnahmen siehe §§ 28 u. 29). [6])

§ 13.

Steckvorrichtungen.[1])

a) Nennstromstärke und Nennspannung müssen auf Dose und Stecker verzeichnet sein.

Stecker dürfen nicht in Dosen für höhere Nennstromstärke und Nennspannung passen. [2])

---

mit Sicherheit vermeiden lassen, auf kurze Zeit verhältnismäßig starke Erhitzungen erleidet. So kann z. B. der Vorschaltwiderstand einer Bogenlampe infolge des Festschmorens der Lichtkohlen vorübergehend nahezu zur Rotglut erhitzt werden, und es ist praktisch untunlich, die Widerstände so zu bemessen, daß sie auch in solchen Fällen nur mäßige Temperaturen annehmen. Vielmehr muß dafür gesorgt werden, daß derartige vorübergehende Erhitzungen gefahrlos verlaufen, indem man brennbare Stoffe fernhält. Dabei ist nicht nur eine unmittelbare Berührung mit entzündlichen Stoffen zu verhindern, sondern namentlich auch darauf zu achten, daß die von den erhitzten Drähten aufsteigenden Luftströme nicht unmittelbar an brennbare Stoffe gelangen können.

Bei der Umkleidung mit Schutzhüllen ist zu beachten, daß diese nicht zur Ansammlung von Staub, Fasern u. dgl. Anlaß geben. Dies ist auch in solchen Räumen zu beachten, die nicht betriebsmäßig staubhaltig sind, da erfahrungsgemäß gewisse Mengen von Staub an allen Orten sich ansammeln, die nicht regelmäßig gereinigt werden. Man richte daher die Rahmen und Gehäuse der Widerstände so ein, daß größere horizontale Flächen im Innern vermieden werden. Namentlich ist die Bodenplatte des Schutzgehäuses durchbrochen zu gestalten, wodurch auch die Abkühlung wesentlich gefördert wird.

Bei einigen Apparaten wird starke Erhitzung unbekleideter stromführender Teile durch den Zweck geboten (Schweißapparate, Zigarrenanzünder). Man verwendet dann möglichst niedrige Gebrauchsspannung oder vermeidet unbeabsichtigte Berührung durch passend gestaltete Schutzhüllen.

5) Vgl. § 11 d).

6) Die Vorschrift folgt unmittelbar aus den §§ 3 a) und 3 b).

§ 13. 1) Die Vorschrift trifft nicht die Stöpselkontakte, die zwei ortsfeste Leitschienen u. dergl. miteinander verbinden.

Für die mittels Stecker anzuschließenden ortsbeweglichen Leitungen vgl. auch §§ 10 h), 10 i), 19 III, 21 c), 21 l), 21 m), 24 c).

2) Vgl. Vorschr. f. d. Konstr. u. Prüfung von Installationsmaterial § 15 bis § 23. Diese haben die Bedeutung von Normen. Es hat keine Schwierigkeit, Steckkontakte in derselben Weise unverwechselbar zu gestalten, wie dies für Sicherungen und Lampenfassungen geschehen ist. Lampen und Sicherungsein-

An den Steckvorrichtungen müssen die Anschlußstellen der ortsveränderlichen oder beweglichen Leitungen von Zug entlastet sein.[2a]

Die Kontakte in Steckdosen müssen der unmittelbaren Berührung entzogen sein.[3]

b) Soweit nach § 14 Sicherungen an der Steckvorrichtung erforderlich sind, dürfen sie nicht im beweglichen Teil angebracht werden.[4]

---

sätze, die für höhere Stromstärken bestimmt sind, dürfen nicht in Kontakte für niedere Stromstärken passen. Bei den Steckern ist es umgekehrt; würde nämlich ein für höhere Stromstärken bestimmter Apparat, wie etwa ein Heizkörper, ein Plätteisen an eine feste Leitung für niedere Stromstärken angeschlossen, so würde sofort die an der festen Leitung angebrachte Sicherung wirksam werden; es kann also keine Gefahr entstehen; dagegen wäre ein transportabler Apparat für kleinere Stromstärken ungesichert, wenn er an eine feste Leitung für höhere Stromstärke angeschlossen wird, weil die am festen Teil sitzende Sicherung für die höhere Stromstärke bestimmt ist, also die schwache bewegliche Leitung und ihren Stromverbraucher nicht vor Überlastung schützt.

2a) Vgl. § 10 h).

3) Folgerung aus §§ 3 a) und 3 b). Über sachgemäße Ausführung siehe die Vorschriften für die Konstruktion und Prüfung von Installationsmaterial. Über mangelhaft gebaute Stecker vgl. ETZ 1904, S. 147.

Zum richtigen Bau der Stecker gehört auch, daß der eine Stift nicht berührt werden kann, wenn der andere in die Dose eingesteckt ist.

4) Für die durch § 13 b) verbotenen Stecker mit einer Sicherung im beweglichen Teil läßt sich zwar der Vorteil geltend machen, daß sie dem beweglichen Stromverbraucher (Hand- oder Tischlampe, Werkzeug) gut angepaßt werden kann und anspricht, wenn in diesem ein Kurzschluß auftritt, indessen steht ihnen eine bedenkliche Gefährlichkeit gegenüber. Wenn nämlich die Sicherung in dem beweglichen Teil sitzt, den man mit der Hand ein- und ausschaltet, so kann es vorkommen, daß gerade im Augenblick des Einschaltens die Sicherung durchschmilzt, was bei größeren Stromstärken und Spannungen unter ungünstigen Umständen die Zertrümmerung des Kontaktstöpsels bewirkt, und entweder ein unangenehmes Erschrecken, vielleicht auch eine Körperverletzung, Verbrennung oder dgl., nach sich zieht. Vor allem aber wird die bewegliche Sicherung leicht beschädigt oder in Unordnung gebracht, zumal sie weniger Raum bietet, weniger kräftig gebaut wird und einer rauheren Behandlung ausgesetzt ist, als eine fest montierte. Es ist schwer, sie unverwechselbar zu machen; dem Mißbrauch, daß sie überbrückt wird, ist sie in hohem Maße ausgesetzt.

Sitzt dagegen die Sicherung am festen Teil, wie vorgeschrieben, so bietet diese Anordnung den Vorteil, daß die zur Anschlußdose führenden Leitungen auch gegen diejenigen Kurzschlüsse gesichert sind, die am offenen, festen Teil des Kontaktes vorkommen können. Solche sind z. B. durch mutwilliges Spielen mit Hilfe von Scheren, Zirkelspitzen, Haarnadeln u. dgl. vorgekommen.

Sind Steckdosen für Anlagen bestimmt, deren eine Leitung bis zu den Stromverbrauchern als geerdete Leitung ausgeführt

1. Wenn an ortsveränderlichen Stromverbrauchern eine Steckvorrichtung angebracht wird, so soll die Dose mit der Leitung und der Stecker mit dem Stromverbraucher verbunden sein.[5]

c) Der Berührung zugängliche Teile der Dosen und Steckerkörper müssen, wenn sie nicht für Erdung eingerichtet sind, aus Isolierstoff bestehen.[6]

Erdverbindungen der Stecker müssen hergestellt sein, bevor die Polkontakte sich berühren.

d) Bei Hochspannung müssen Steckvorrichtungen so gebaut sein, daß das Einstecken und Ausziehen des Steckers unter Spannung verhindert wird.

Bei Zwischenkupplungen ortveränderlicher Leitungen genügt es, wenn ihre Betätigung durch Unberufene verhindert ist.[7]

---

ist, so ist eine Sicherung nur in der nicht geerdeten Leitung nötig, da es aber bei Dosen, welche die Sicherungen im Innern tragen, meistens nicht kontrollierbar ist, ob sie am richtigen Pol angeschlossen ist, so ist es besser, wenn Steckdosen nur mit allpoligen Sicherungen oder ganz ohn eingebaute Sicherung hergestellt werden.   Im letzteren Falle wird die Sicherung, soweit eine solche nach § 14 erforderlich ist (ETZ 1909, S. 497 N. 212), neben der Dose oder am Abzweig der zur Dose führenden Leitung von der Hauptleitung angeordnet.   Ihr richtiger Anschluß kann dann jederzeit nachgeprüft werden.

5) Elektrische Kocher, Plätteisen u. dgl. sind häufig durch Stecker mit der biegsamen und transportablen Zuleitung lösbar verbunden, die ihrerseits mittels einer weiteren Steckvorrichtung an die festverlegte Leitung angeschlossen ist.   Würde hier der Stromverbraucher (Kocher) mit der Dose ausgerüstet sein, so könnte es geschehen, daß die vorstehenden Stifte des an der Leitung hängenden Steckers unter Spannung stehen und der Berührung durch Personen oder leitende Teile zugänglich frei herabhängen.   Es kann dann Verletzung von Personen oder Brandgefahr durch Kurzschluß infolge dieser Berührung eintreten.   Daher wählt man die umgekehrte Anordnung.   In Theatern sind allerdings transportable Leitungen üblich, die an beiden Enden Kontaktstifte zum Einführen in Dosen tragen; diese sind aber durch kräftige überstehende Hülsen gegen Berührung mit Fremdkörpern oder Personen geschützt.

6) Ob die Erdung vorzunehmen ist, richtet sich nach §§ 3c und 32.   Früher waren Stecker aus Hartgummi in trockenen Räumen erlaubt; jetzt sind sie durch § 10a als nicht wärmesicher verboten, weil bessere Isolierstoffe vorhanden sind.

7) Mißbräuchlicherweise werden Stecker oft ausgezogen, ohne daß der Strom vorher durch einen ordnungsmäßigen Schalter unterbrochen wird, der nach § 11 a) den Lichtbogen unterbricht.   Bei Niederspannung ist diese Handhabung bei gut gebauten Steckern ungefährlich, und für mäßige Stromstärken durch § 10 i zugelassen. Bei Hochspannung dagegen kann der Lichtbogen gefährlich werden.   Die Stecker werden daher mit einem Schalter vereinigt oder so zusammengebaut, daß sie nur stromlos betätigt werden können; hierfür gibt es verschiedene brauchbare Bauarten.   Ihre Verwendung empfiehlt sich auch bei Niederspannung, wenn größere Stromstärken in Frage kommen und in leicht brennbarer Umgebung, z. B. in Scheunen. Vgl. auch § 34 b) und M.E.L. Ziff. 8.

§ 14.

Stromsicherungen (Schmelzsicherungen und Selbstschalter).[1])

a) Schmelzsicherungen und Selbstschalter sind so zu bemessen oder einzustellen, daß die von ihnen geschützten Leitungen keine gefährliche Erwärmung annehmen können[2]); sie müssen so eingerichtet oder angeordnet sein, daß ein etwa auftretender Lichtbogen keine Gefahr bringt.[3])

---

§ 14. 1) Im § 14 handeln die Absätze a) bis c) von der Beschaffenheit der Sicherungen, die Absätze d) bis g) von ihrer Verwendungsweise. Dabei sind die im § 10 für alle Apparate geforderten Eigenschaften nicht nochmals wiederholt. Die dort angegebenen Erfordernisse gelten auch für Sicherungen. Grundsätze über Sicherungen siehe ETZ 1908, S. 316, 329. Über Betriebssicherheit von Schmelzsicherungen vgl. ETZ 1921, S. 454.

Ob Schmelzsicherungen oder ob Selbstschalter an bestimmten Stellen angezeigt sind, läßt sich nicht allgemein angeben.

2) Was unter „gefährlicher" Erwärmung zu verstehen ist, wird in der Vorschrift nicht näher ausgeführt. Die Regel § 14 $\underline{1}$ und die Vorschriften und Regeln des § 20 geben hierfür Anhaltspunkte, doch wird auch durch sie die Frage nicht erschöpft. Es ist in § 14 a) mit Absicht eine allgemeine Fassung gewählt, weil die praktischen Verhältnisse außerordentlich vielgestaltig sind und jede Möglichkeit für die Verwendungsart der Sicherungen sowie für ihre weitere Ausgestaltung gemäß den Bedürfnissen der Praxis offen bleiben soll.

Es sei in dieser Hinsicht nur andeutungsweise erwähnt, daß bei Freileitungen unter Umständen eine hohe Dauererwärmung ungefährlich ist, sofern die Festigkeit nicht leidet (§ 22 $\underline{3}$), daß ferner die Sicherungen so eingerichtet werden können, daß sie verhältnismäßig hohen Stromstärken den Durchgang für kurze Zeiten gestatten, dabei aber doch die Erwärmung der geschützten Leitung oder Vorrichtung auf ein zulässiges Maß beschränken, indem sie die Stromunterbrechung herbeiführen, sobald die Dauer des Stromes ein gewisses Zeitmaß überschreitet.

Über den Schutz der Stromverbraucher (Motoren, Dynamos, Lampen usw. siehe § 20 unter [9]).

3) Die Mittel, mit denen das Stehenbleiben des Lichtbogens verhindert wird, sind in ihren Grundlagen dieselben, die auch bei Schaltern (§ 11), Anlassern (§ 12), Blitzschutz- und Überspannungssicherungen Anwendung finden. Sie sind sehr mannigfaltiger Art. Je nach der möglichen Stromstärke und der Spannung genügt schon eine richtige Bemessung des Abstandes zwischen den unveränderlichen Kontaktstücken; auch deren Masse und Oberfläche spielt hinsichtlich ihrer Abkühlung, die Art des Stoffes, aus denen sie bestehen, wegen der verschiedenen Verdampfbarkeit und Oxydationsfähigkeit eine Rolle. Durch die Gestalt der Umhüllung kann ein ausblasender Luftstrom erzeugt, durch Einbettung in pulverförmige Stoffe oder in Öl ein Auslöschen des Lichtbogens bewirkt werden. Auch Feldwirkungen zum Auseinanderreißen der Kontakte werden benutzt. Am häufigsten ist dort, wo es sich um höhere

Geflickte Sicherungsstöpsel sind verboten.[4])

1. Die Stärke der Schmelzsicherung soll der Betriebsstromstärke der zu schützenden Leitungen und der Stromverbraucher tunlichst angepaßt werden. Sie soll jedoch nicht größer sein, als nach der Belastungstabelle und den übrigen Regeln des § 20 für die betreffende Leitung zulässig ist.[5])

Spannungen und große Energiemengen handelt, die elektrodynamische Wirkung des Stromes auf seine eigene Bahn mittels der funkenlöschenden Hörner und die ablenkende Wirkung des magnetischen Feldes zum Unterbrechen des Lichtbogens herangezogen worden. Auch die Lage der Schmelzstrecke, ob horizontal oder vertikal, ob in der Nähe von fremden Metallmassen oder dem freien Luftzug ausgesetzt, ist für die Ausbildung und den Verlauf des Lichtbogens von Bedeutung. Sicherungen, die einen Lichtbogen austreten lassen, z. B. solche mit Hörnern, sind so einzubauen, daß er nicht brennbare Stoffe entzünden oder auf benachbarte Metallteile überspringen kann.

Um für die gleichmäßige Beschaffenheit und Wirkungsweise der am meisten benötigten Sicherungen Gewähr zu bieten, hat man das früher ausschließlich als Schmelzmetall benützte Blei durch weniger oxydierbare Stoffe von höherem Schmelzpunkt und geringerer Dampfbildung wie Kupfer oder Silber ersetzt (ETZ 1899, S. 463, 571, 599; 1904, S. 587 u. 762) und in den Vorschriften für die Konstruktion und Prüfung von Installationsmaterialien Vereinbarungen über ihren Aufbau getroffen. Vgl. auch ETZ 1921, S. 454.

4) Geflickte Sicherungsstöpsel sind die von Unberufenen mit neuen Schmelzdrähten versehenen. Meistens werden dabei nicht die richtigen Metalle und Querschnitte verwendet. Das Anlöten an die Kontakte und Füllen mit Löschmitteln erfolgt mangelhaft. Vielfach kommen noch gröbere Fehler vor. Das Überbrücken von Sicherungen ist als grober Unfug verboten. Richtige Sicherungen können nur mit geeigneten Einrichtungen und geordneten Nachprüfungen hergestellt werden. ETZ 1913, S. 416; 1923, S. 645. Durch das unzuverlässige Wiederherstellen durchgeschmolzener Stöpsel wird das sachgemäße Arbeiten dieses für die Sicherheit des Betriebs, der Anlage und der in ihr Beschäftigten wesentlichen Hilfsmittels in Frage gestellt. Es muß daher dem weit verbreiteten Mißbrauch scharf entgegengetreten werden.

5) Die Stärke der Sicherungen wurde früher ausschließlich nach dem Querschnitt der zu schützenden Leitung, später nach der Betriebstromstärke bemessen, wogegen die geltende Fassung die Sicherung nach der Stromstärke als Regel empfiehlt, aber auch Ausnahmen berücksichtigt in der Weise, daß als oberste Grenze der Belastung die durch den Querschnitt nach §§ 20¹ und 20² bedingte gilt. ETZ 1905, S. 702 N. 171.

Für die Sicherung nach Stromstärken ist der Umstand maßgebend, daß häufig die normale Strombelastung einer Leitung weit unter derjenigen bleibt, die nach ihrem Querschnitt zulässig wäre z. B. bei Steigleitungen. Wenn hierbei nach dem Querschnitt der Leitungen gesichert wäre, so würden bei eingetretenem Erdschluß oder teilweisem Kurzschluß schon sehr erhebliche Überschüsse über die normale Stromstärke den Erdschluß oder Kurzschluß durchfließen, ohne die Sicherung zum Ansprechen zu bringen. Bei höheren Betriebsspannungen machen solche Kurzschlüsse aber Energiemengen frei, die vielleicht die Leitung nicht übermäßig

2. Bei Schmelzsicherungen sollen weiche, plastische Metalle und Legierungen nicht unmittelbar den Kontakt vermitteln, sondern die Schmelzdrähte oder Schmelzstreifen sollen mit Kontaktstücken aus Kupfer oder gleichgeeignetem Metall zuverlässig verbunden sein.[6]

3. Schmelzsicherungen, die nicht spannungslos gemacht werden können, sollen so gebaut oder angeordnet sein, daß sie auch unter Spannung, gegebenenfalls mit geeigneten Hilfsmitteln, von unterwiesenem Personal ungefährlich ausgewechselt werden können.[7]

b) Schmelzsicherungen für niedere Stromstärken müssen bei Niederspannung so beschaffen sein, daß die fahrlässige oder irrtümliche Verwendung von Einsätzen für zu hohe Stromstärken durch ihre Bauart ausgeschlossen ist (Ausnahme siehe § 28 h). Für niedere Stromstärken dürfen nur Sicherungen mit geschlossenem Schmelzeinsatz verwendet werden.[8]

---

erwärmen, dabei aber an der Kurzschlußstelle selbst, z. B. in einer Lampenfassung, gefährliche Wirkung äußern.

Je genauer die Sicherungen der Betriebsstromstärke angepaßt werden können, desto empfindlicher werden sie alle Unregelmäßigkeiten und Störungen in der Anlage zur Anzeige bringen. In der Praxis wird die volle Ausnutzung dieses Kontrollmittels dadurch beschränkt, daß in vielen Anlagen niemals alle installierten Lampen und dgl. gleichzeitig brennen und daß man den bei Bogenlampen und Motoren betriebsmäßig auftretenden Stromschwankungen Rechnung tragen muß. Vgl. ferner § 20 unter [9]) und [10]).

6) Die weichen Metalle können sehr leicht beim Einschrauben oder Einpressen Formveränderungen erleiden, die den Widerstand ändern und das richtige Arbeiten der Sicherung beeinträchtigen. Unter den Legierungen, die als Schmelzstreifen benutzt werden, finden sich einige, die genügend hart sind, um ohne besondere Kontaktstücke verwendet zu werden. Dagegen sind noch vielfach Streifensicherungen aus Stanniol mit einer Unterlage aus Preßspan im Handel, die den Bestimmungen des § 14² nicht genügen.

7) Gemäß Regel 3 ist die Bauart von Sicherungen mit geschlossenem Schmelzeinsatz für Spannungen bis 750 Volt in den Vorschriften für Installationsmaterial festgesetzt. Doch können auch offene Schmelzeinsätze von geschultem Personal in besonderen Fällen, z. B. in Kabelkasten, verwendet werden. Zweckmäßig benützt man dann isolierte Zangen, isolierte Schraubschlüssel (ETZ 1909, S. 497 N. 205) u. dgl., um die Sicherungen einzusetzen. Stets ist darauf zu achten, daß eine Person nicht dadurch verletzt werden kann, daß während des Einsetzens e i n e r Sicherung eine andere durchschmilzt. Man wird z. B. die benachbarten Sicherungen isolierend abdecken. Hochspannungssicherungen werden mit isolierenden Handhaben (Gehäusedeckel, Zangen) eingesetzt und entfernt.

8) Vielfach wird von ungeschultem oder unzuverlässigem Bedienungspersonal der Fehler gemacht, daß eine abgeschmolzene Sicherung durch eine stärkere ersetzt wird. Es wird dies unsachgemäße Vorgehen besonders dann beliebt, wenn infolge eines Erdschlusses oder ähnlichen Fehlers eine bestimmte Sicherung wiederholt ausgebrannt ist. Daß dieses Verfahren im höchsten Grade

4. Als niedere Stromstärken gelten hier solche bis 60 A, doch soll für Stromstärken unter 6 A die Unverwechselbarkeit der Sicherungen nicht gefordert werden.[9])

c) Nennstromstärke und Nennspannung sind sichtbar und haltbar auf dem Hauptteil der Sicherung sowie auf dem Schmelzeinsatz zu verzeichnen.[10])

d) Leitungen sind durch Abschmelzsicherungen

---

gefährlich ist, ergibt sich durch einfache Überlegungen. Es ist daher das Bedienungspersonal nachdrücklich dahin zu belehren, daß jedes Ausbrennen einer Sicherung einen vorhandenen Fehler anzeigt, der alsbald aufgesucht und entfernt werden muß. Um aber das gekennzeichnete Vorgehen zu verhindern, ist vorgeschrieben, daß die Sicherungen so gebaut sein müssen, daß ein stärkerer Schmelzstreifen als derjenige, für welchen der Sockel eingerichtet ist, nicht eingesetzt werden kann. Die Ausführung ist für Schraubsicherungen in den Vorschr. f. d. Konstr. u. Prfg. v. Inst. Mat. festgelegt. Vgl. auch ETZ 1910, S. 833, 932, 969.

Für Hochspannungssicherungen ist die Unverwechselbarkeit nicht gefordert, indem vorausgesetzt wird, daß sie nur von besonders geschultem Personal bedient werden und auch nur solchem Personal zugänglich sind. Es kommt dabei weiter in Betracht, daß bei Hochspannungssicherungen die besondere Rücksicht auf Explosionssicherheit und Lichtbogenlöschung bei weitem wichtiger und nicht immer mit der Unverwechselbarkeit vereinbar ist.

Gegen die Forderung der Unverwechselbarkeit verstoßen auch die „Tabletten-" oder „Vorsicherungen", die in Gestalt dünner Isolierplättchen mit zwischengelegten Schmelzdrähten im Handel sind. Sie sind unzuverlässig und bedenklich.

9) Daß die Unverwechselbarkeit auf Sicherungen von 6 bis 60 A beschränkt ist, hat zunächst rein praktische Gründe. Es sind die Größen bis 60 A diejenigen, welche in Wohnungen und Werkstätten meist vorkommen, während die Sicherungen für höhere Stromstärken einerseits nur von geschultem Personal gehandhabt werden, anderseits bei ihrer Konstruktion andere Forderungen oft wichtiger sind.

Eine Sicherung unter 6 A muß ebenfalls so gebaut sein, daß sie einen Schmelzeinsatz für mehr als 6 A nicht aufnehmen kann. ETZ 1902, S. 698 N. 10; 1904, S. 1115 N. 126.

10) Die Aufschrift der Stromstärke ist zur wirksamen Kontrolle der Anlage unerläßlich, sie vereinfacht außerdem die Installation und den Betrieb. Da bei höheren Spannungen besondere Vorkehrungen gegen das Stehenbleiben des Lichtbogens getroffen sein müssen, so darf eine für niedere Spannung bestimmte Sicherung nicht ohne weiteres für eine höhere Spannung verwendet werden. Um gegen Fahrlässigkeit in dieser Richtung geschützt zu sein, muß auf der Sicherung ferner vermerkt sein, welches die höchste Spannung ist, bei der sie ihrer Bauart nach gefahrlos benutzt werden kann. Bei Hochspannungssicherungen dient vielfach als Schmelzstreifen ein Draht. Die Bezeichnung ist auf dem Draht nicht anbringbar, dagegen ist sie auf die Patrone, Röhre oder sonstigen Konstruktionsteil zu setzen, der den Draht aufnimmt. Zweckmäßig werden außerdem die als Ersatz vorrätigen Drähte mit Anhängezettel versehen, die die nötigen Angaben enthalten.

oder Selbstschalter zu schützen.   (Ausnahmen siehe f und g.)[11]

5. Bei Niederspannung sollen die Sicherungen an einer den Berufenen leicht zugänglichen Stelle angebracht werden; es empfiehlt sich, solche tunlichst auf besonderer gemeinsamer Unterlage zusammenzubauen.[12]

---

11) Der Wortlaut des § 14 d) ist absichtlich allgemein gehalten; denn daß der Grundsatz, die Leitungen durch Sicherungen zu schützen, nicht überall richtig und nicht vollständig durchführbar ist, ergibt sich schon aus den unter f) und g) angeführten Ausnahmen; es ist auch nicht immer ganz einfach, den Ort und die Bemessung der Sicherungen richtig zu bestimmen, wie sich bei Erläuterung des § 14 e) (siehe unter [13]) zeigen wird. Trotzdem wird in der weitaus überwiegenden Zahl der Fälle kein Zweifel bestehen; und nur da, wo sich das Weglassen der Sicherung durch ausreichende Gründe rechtfertigen läßt, kann eine ungesicherte Leitung geduldet werden.

Daß überall im Verteilungsnetz, wo Nulleitungen oder geerdete Leitungen nicht in Betracht kommen, jeder Pol gesichert werden muß, ist jetzt allgemein anerkannt; doch war es früher vielfach üblich, sich mit Sicherungen in einem Pole zu begnügen, wobei diese in der ganzen Anlage durchweg in dem gleichen Pol der Leitung angeordnet wurden. Die Ansicht, daß dieses Verfahren ausreiche, ist indessen unzutreffend. Denn abgesehen davon, daß es schwer kontrollierbar ist, ob die Sicherung wirklich überall in demselben Pole liegt, und daß bei nachträglichen Veränderungen und Erweiterungen leicht Fehler in dieser Richtung entstehen, läßt sich der Nachweis führen, daß eine derartige Anordnung nicht vor Brandgefahr schützt. Bildet sich nämlich ein Kurzschluß zwischen einer dünnen Abzweigung des ungesicherten Pols und der stärkeren Hauptleitung des anderen Pols, so wird unter Umständen die ungesicherte dünne Zweigleitung zum Glühen kommen, ohne daß die der Hauptleitung angepaßte stärkere Sicherung schmilzt. ETZ 1904, S. 1116 N. 130. Bei Drehstrom sind im allgemeinen alle drei Leitungen zu sichern, einerlei ob man Schmelzsicherungen oder elektromagnetische Ausschalter benützt (Kuhlmann ETZ 1908, S. 318); nur bei besonders einfacher Gestalt der Leitungsführung ist unter Umständen die dritte Phase durch die Sicherung der beiden anderen ausreichend geschützt.

12) Die Regel § 14 5 ist auf Niederspannung beschränkt weil es bei Hochspannung im allgemeinen besser ist, die Sicherungen unter Verschluß anzubringen und sie so anzuordnen, daß sie beim Funktionieren keinen Schaden anrichten können. Soweit beides vereinbar ist, wird man auch bei Hochspannung tunlichste Zentralisierung anstreben. Vgl. auch M.E.L., Ziffer 3 und 6.

Unberufenen sollen die Sicherungen stets nach Möglichkeit entzogen werden, z. B. durch Anordnung in verschließbaren Kästen. Stellen, an denen lebhafter Verkehr herrscht, wird man vermeiden, um das Auswechseln der Sicherungen ungestört vornehmen zu können. Damit der Ersatz einer Sicherung, durch deren Abschmelzen ein Teil der Beleuchtung erloschen ist, rasch und leicht geschehen kann, wird man anderseits die Sicherungen nicht an unzugängliche Stellen legen. Das Bedienungspersonal soll stets über die Lage der Sicherungen und ihre Zugehörigkeit zu den einzelnen Stromkreisen genau unter-

e) **Sicherungen sind an allen Stellen anzubringen, wo sich der Querschnitt der Leitungen nach der Verbrauchsstelle hin vermindert,[13]) jedoch sind da, wo**

richtet sein. Vgl. § 9 d). Die Sicherungen sollen auf besonderer gemeinsamer Unterlage, z. B. auf einer Tafel, einem Rahmen usw. zusammengebaut, nicht aber selbständig nebeneinander auf der Wand befestigt werden. Ersatzeinsätze sollen an leicht erreichbarer Stelle stets vorrätig gehalten werden. Dadurch wird die Versuchung zum Überbrücken von Sicherungen und anderen Mißbräuchen verhütet. Mehrfachsicherungen sollen nicht unter Spannung umgeschaltet werden.

13) Hier ist zunächst auf die für alle Spannungen unter g) und für Niederspannung unter *l*) zugelassenen Ausnahmen hinzuweisen, von denen sehr oft Gebrauch gemacht wird. Im allgemeinen aber ist die Forderung, daß jede Querschnittsänderung einer dem kleineren Querschnitt angepaßten Sicherung bedarf, einzuhalten. Wenn anderseits zwecks Einfachheit und Übersichtlichkeit eine möglichst geringe Zahl und tunlichste Konzentrierung der Sicherungen (§ 14 ⁵) erwünscht ist und das Bestreben hiernach noch durch die Überlegung unterstützt wird, daß jede Sicherung eine Widerstandvermehrung und einen Punkt geringeren Isolationsvermögens in die Anlage hineinbringt, so ist diesen Gesichtspunkten dadurch Rechnung zu tragen, daß man den Querschnitt der Leitungen nicht allzu oft ändert, sondern größere Lampengruppen mit einem und demselben Leitungsquerschnitt einrichtet. Es wird dadurch an manchen Stellen zwar ein stärkerer Draht benutzt werden, als durch die Belastung unbedingt gefordert wäre, doch kommt dies der mechanischen Festigkeit zugute und gewährt die Möglichkeit, später kleine Vermehrungen der Lampenzahl oder Erhöhungen der Kerzenstärke ohne weiteres vornehmen zu können. Die Installation wird durch das empfohlene Verfahren bedeutend vereinfacht, ohne daß sich die Kosten wesentlich erhöhen.

Anderseits ist zu beachten, daß bei Ringleitungen und überhaupt dann, wenn mehrere Speiseleitungen in einen gemeinsamen Nutzkreis münden, die Verzweigungsstellen meistens gesichert werden müssen, auch wenn keine Querschnittsänderung eintritt. Dabei ist nach folgenden Gesichtspunkten zu verfahren:

1. Sämtliche Leitungen, denen von beiden Enden Strom zufließen kann, sind beiderseitig mit Sicherungen zu versehen, die dem Querschnitt entsprechen.
2. Die Sicherungen können auf einzelnen Leitungen fortbleiben, wenn deren zulässige Betriebsstromstärke mindestens der Summe der Betriebsstromstärken aller übrigen in demselben Punkte zusammentreffenden Leitungen gleich ist.
3. Sind von derartigen Leitungen dritte Leitungen abgezweigt, die von keiner weiteren Seite her Stromzufuhr erhalten, so müssen diese nach ihrem Querschnitt gesichert werden, falls ihre zulässige Betriebsstromstärke kleiner ist, als die Summe der Stromstärken, für welche die zum Schutz der Hauptleitung dienenden Sicherungen bemessen sind. (Sengel, ETZ 1902, S. 381, Kuhlmann, ETZ 1908, S. 331.)

Besondere Beachtung verdienen auch parallel geschaltete Leitungen, wie sie z. B. mehrere dünne Drähte darstellen, die zur leichteren Verlegung als Ersatz eines dickeren dienen. Selbst wenn jeder einzelne von ihnen an seinem einen Ende dem

davorliegende Sicherungen auch den schwächeren Querschnitt schützen, weitere Sicherungen nicht erforderlich.[14]

Sicherungen müssen stets nahe an der Stelle liegen, wo das zu schützende Leitungsstück beginnt.[15] Dieses ist bei Schraubstöpselsicherungen stets mit den Gewindeteilen zu verbinden.[15a]

6. Bei Abzweigungen kann das Anschlußleitungsstück von der Hauptleitung zur Sicherung, wenn seine einfache Länge nicht mehr als etwa 1 m beträgt, von geringerem Querschnitt sein als die Hauptleitung, wenn es von entzündlichen Gegenständen feuersicher getrennt und nicht aus Mehrfachleitungen hergestellt ist.[16]

Querschnitt entsprechend gesichert ist, so kann doch, wenn einer der Drähte Kurzschluß oder Erdschluß erfahren hat und seine Sicherung abgeschmolzen ist, der Kurzschlußstelle vom andern Ende her durch die anderen parallel geschalteten Leitungen Strom zugeführt werden, der den Draht überlastet, ohne daß die übrigen Sicherungen dies hindern. Auch in diesem Falle sind beide Enden jedes der parallel geschalteten Drähte mit Sicherungen auszurüsten.

14) Ob der schwächere Querschnitt durch die der Stromquelle nähere davorliegende Sicherung ausreichend geschützt ist, muß in jedem Einzelfalle festgestellt werden. Die unter [13] behandelten Sonderfälle sind sorgfältig zu beachten.

15) Die Sicherung selbst hat ihren natürlichen Platz unmittelbar an der Abzweigestelle in der Weise, daß der eine Kontakt der Sicherung mit der Hauptleitung, der andere mit der abzweigenden Leitung verbunden wird. ETZ 1904, S. 1114 N. 111t. Ist dies nicht durchführbar, soll die Sicherung z. B. leichter zugänglich gemacht werden, oder ist an der Abzweigestelle kein Raum vorhanden, so ist zunächst ein Zweigdraht von derselben Stärke wie die Hauptleitung. bis zur Sicherung zu führen und hier erst mit der dünneren Zweigleitung zu beginnen. Manchmal läßt sich jedoch auch dies Verfahren nicht streng durchführen weil die Hauptleitung einen sehr viel größeren Querschnitt besitzt als die abzuzweigende. Es sei z. B. der Fall angenommen, daß eine Steigleitung von etwa 25 qmm einen Raum durchläuft, in welchem eine einzelne Glühlampe eingerichtet werden soll. Dann ist es nicht möglich, in die für eine Lampe bemessene Sicherung die starke Hauptleitung einzuführen und richtig zu befestigen.

15 a) Durch diese Bestimmung wird die Gefahr des Berührens spannungführender Teile beim Einsetzen des Stöpsels vermindert.

16) In diesem Ausnahmefall ist es nun zugelassen, die von der Hauptleitung nach der Sicherung führenden Drähte vom Querschnitt der dünneren Zweigleitung zu wählen oder eine angemessene Zwischenstufe der Drahtstärke zu benutzen. Da jedoch dieses Zwischenstück alsdann tatsächlich eines vollkommenen Schutzes entbehrt, so sind besondere Maßregeln vorgeschrieben, welche die in dieser Anordnung liegende Gefahr tunlichst vermindern sollen. Es muß nämlich erstlich das ungesicherte Stück so kurz als möglich sein — nicht über 1 m —; zweitens dürfen Mehrleiter nicht verwendet werden, da sie weniger Festigkeit und Widerstandsfähigkeit haben und leichter zu Kurzschluß Anlaß geben als zwei getrennte Leiter; endlich müssen entzündliche Gegen-

7. In Gebäuden können bei Niederspannung mehrere Verteilungsleitungen eine gemeinsame Sicherung von höchstens 6 A Nennstromstärke erhalten ohne Rücksicht auf die verwendeten Leitungsquerschnitte.[17]) Stromkreise, in denen nur hochkerzige Glühlampen (mit Goliathfassungen) von einer Leitung gleichen Querschnitts in Parallelschaltung abgezweigt werden, können eine dem Querschnitt entsprechende gemeinsame Sicherung, höchstens aber eine solche von 15 A erhalten.[18])

---

stände fern gehalten werden; es darf also die Befestigung nur auf unverbrennlichen Wänden oder Unterlagen geschehen; Holzverschalungen, brennbare Materialien u. dgl. müssen durch besondere feuersichere Zwischenlagen dauernd abgehalten werden. Dieser Schutz z. B. Eisenrohr, muß so beschaffen sein, daß das Zwischenstück im Falle eines Kurzschlusses od. dgl. völlig ausbrennen kann, ohne daß die Gefahr einer Brandstiftung entsteht, vgl. auch § 14$\underline{2}$.

17) Die im § 14e) aufgestellte Forderung, wonach an jeder Querschnittsverminderung eine Sicherung anzubringen ist, wenn nicht der schwächere Querschnitt bereits ausreichend geschützt ist, erleidet durch die Regel § 14$\underline{7}$ eine Einschränkung, die im Interesse einfacherer Installation für Niederspannung zugelassen worden ist. Sie wird namentlich bei der Montage von Kronleuchtern Anwendung finden, wo es schon wegen des Raummangels nicht möglich ist, jede einzelne Abzweigung mit einer besonderen, ihr entsprechenden Sicherung auszustatten; es können aber auch sämtliche Lampen in benachbarten Räumen, wenn ihr Stromverbrauch die Grenze von 6 Ampere nicht übersteigt, an eine gemeinsame Sicherung angeschlossen werden. Eine derartige Anordnung erleichtert die Zentralisierung der Sicherungen. Zweckmäßig wird man jedoch von der gemeinsamen Sicherung nur insoweit Gebrauch machen, daß nicht allzu ausgedehnte oder stark verzweigte Leitungen von einer einzigen Sicherung geschützt werden. ETZ 1908, S. 662 N. 201.

Der unbedingte Schutz des schwächsten Leitungsquerschnitts (0,5 qmm) durch die 6-Ampere-Sicherung wird nicht erreicht, wenn zwischen Sicherung und Lampen ein Transformator geschaltet ist (Reduktor für Niedervoltlampen). Bei 220 V Primär- und 20 V. Lampenspannung können in diesem Falle auf der Sekundärseite des Reduktors Stromstärken von mehr als 60 A. auftreten, ohne daß die Sicherung zu 6 A. auf der Primärseite anspricht. Es müssen also auch auf der Sekundärseite die Lampen in Gruppen zusammengefaßt werden, deren jede mit 6 A. nochmals gesichert wird.

18) Die unter [17]) erörterte Beschränkung der gemeinsamen Sicherung auf 6 Amp. soll verhüten, daß die Stromversorgung allzu ausgedehnter oder allzu zahlreicher Räume von einer einzigen Sicherung abhängt. Dies Bedenken tritt zurück, wenn die einzelnen Stromverbraucher Glühlampen von hoher Stromstärke sind. Der Ersatz von Bogenlampen durch große Glühlampen erfordert größere gemeinsame Sicherungen, bedingt aber auch gewöhnlich einfachen Verlauf der Stromkreise. Die in Regel 7 gegebene Ausführungsart gilt wie für Gebäude auch für andere geschlossene Räume, z. B. Bergwerke. Dagegen nicht für Einrichtungen im Freien, wie Bahnhofs- oder Straßenbeleuchtungen; auch nicht für Reihenschaltung von Glühlampen.

f) Betriebsmäßig geerdete Leitungen dürfen im allgemeinen keine Sicherung enthalten.[19])

8. Die Nulleiter von Mehrleiter- oder Mehrphasensystemen sollen keine Sicherungen enthalten. Ausgenommen hiervon sind isolierte Leitungen, die von einem Nulleiter abzweigen und Teile eines Zweileitersystems sind; diese dürfen Sicherungen enthalten, dann aber nicht zur Schutzerdung benutzt werden. Sie dürfen nicht schlechter isoliert sein als die Außenleiter. Wird ein solches System nur einpolig gesichert, so sind die Abzweigungen vom Nulleiter zu kennzeichnen.[20])

---

19) Als betriebsmäßig geerdete Leitungen kommen hauptsächlich die neutralen oder Nulleiter von Mehrleiter- und Mehrphasensystemen sowie die nach § 3 c), § 4, § 6 b), § 7 b), erforderlichen Erdungsleitungen in Betracht. Über erstere wird in Regel § 14 $\underline{2}$ unter [20]) ausführlicher gesprochen. Wie im § 11 g) das Anbringen von S c h a l t e r n in beiden Arten von Leitungen verboten ist, so sind auch Sicherungen ausgeschlossen, weil es von höchster Wichtigkeit ist, daß der leitende Zusammenhang mit der Erde unter keinen Umständen unterbrochen wird; denn von ihm hängt es ab, daß an den geerdeten Gegenständen wie Gehäusen, Maschinengestellen, Schaltgerüsten keine gefährlichen Spannungen auftreten.

Etwas anderes ist es z. B. bei Meßleitungen, deren Erdverbindung nicht zum Betrieb oder zur Sicherheit sondern zur Prüfung dient

20) Die Bestimmung, wonach die Mittelleiter überhaupt keine Sicherung enthalten dürfen, gilt zunächst uneingeschränkt für diejenigen Strecken der Leitung, welche wirklich den Charakter des im allgemeinen stromlosen, reinen Ausgleichdrahtes haben. Werden in einzelnen Teilen der Dreileiteranlage die beiden Hälften des Systems g e t r e n n t geführt, so können von der Trennungsstelle an zweierlei verschiedene Verfahren in bezug auf die Sicherung des Nulleiters eingeschlagen werden. Das eine läuft darauf hinaus, jeden der Teile für sich als eine Zweileiteranlage zu betrachten. Alsdann wird in jedem Teil sowohl der eine als der andere Pol, also auch der geerdete Pol gesichert und der geerdete Pol braucht nicht als solcher kenntlich zu sein. ETZ 1904, S. 361 N. 75 a, b. Dies ist gerechtfertigt, weil beim Ausbrennen dieser Sicherung auch der Zusammenhang mit dem andern Zweig des Systems gelöst wird, so daß in der Regel die Arbeitsspannung des einen Zweiges nicht mehr auf den andern übertragen werden kann; denn es wird vorausgesetzt, daß hinter der Sicherung, in Richtung nach den Verbrauchsstellen hin, Stromverbraucher nur nach dem einen Außenpol hin vom Nulleiter, in dem die besprochene Sicherung liegt, sich abzweigen. Der oben geschilderte Fall der Spannungsübertragung könnte hier nur eintreten, wenn einer der in Frage kommenden letzten Ausläufer der einen Hälfte irgendwo mit einem Ausläufer oder einem Hauptstamm der andern Hälfte in Kontakt käme, was in der Regel als ausgeschlossen gelten kann. Daß ein solcher mit Sicherungen ausgestatteter Leiter nicht zur Schutzerdung im Sinne des § 3 b) usw. dienen darf, ist unmittelbar klar, weil seine Schutzwirkung aufhört, sobald die Sicherung schmilzt und den Anschluß an Erde unterbricht.

Das andere Verfahren setzt das System der einpoligen Sicherung bis in die letzten Ausläufer fort. Damit werden nicht nur Sicherungen und die Arbeit ihrer Montierung gespart, sondern

g) Die Vorschriften über das Anbringen von Sicherungen beziehen sich nicht auf Freileitungen, Kabel im Erdboden, Leitungen an Schaltanlagen, ferner in elektrischen Betriebsräumen nicht auf die Verbindungsleitungen zwischen Maschinen, Transformatoren, Akkumulatoren, Schaltanlagen und dergleichen, sowie auf Fälle, in denen durch das Wirken einer etwa angebrachten Sicherung Gefahren im Betriebe der betreffenden Einrichtungen hervorgerufen werden könnten (siehe auch § 20²).[21])

man schafft auch aus der Leitung eine große Zahl von Befestigungs- und Anschlußstellen hinaus, die ja immer am leichtesten zu unsicheren Kontakten, Erwärmungen und dgl. Störungen Anlaß geben. Es besteht aber hierbei die große Gefahr, daß die, beide Pole jedes Zweiges darstellenden, Leitungen beim Einbau der Sicherungen oder infolge einer später vorgenommenen Umschaltung verwechselt werden, so daß in einzelnen Zweigen die Sicherung nicht mehr im Außenleiter, sondern gerade im Nulleiter sitzt, während der Außenleiter ungesichert ist. Dies ist natürlich eine höchst bedenkliche Sache. Denn wenn jetzt die im Nullleiter gelegene Sicherung ausgebrannt ist und infolgedessen die Lampen erloschen sind, so sind deren Zuleitungen zwar stromlos, dagegen stehen sie am Außenpol unter der vollen Spannung gegen Erde und es kann für den Bedienenden bei der Berührung der Leitung, die für abgetrennt gehalten wird, Gefahr entstehen. Man hat daher das System, wonach der geerdete Nulleiter keine Sicherung enthält, nur dann anzuwenden, wenn die Nulleitung als solche deutlich kenntlich gemacht ist, so daß eine Verwechselung sicher ausgeschlossen bleibt. Solange die drei Leitungen nebeneinander verlaufen, ist aus der Lage oder mit einfachen Untersuchungsmitteln der Nulleiter leicht erkenntlich. Da, wo mehr als drei Leiter eines Stranges oder nur die zwei einer Hälfte nebeneinander liegen, wird durch dauerhafte Farbe, durch Verwendung einer besonderen Drahtsorte oder einer besonderen Befestigungsart eine Kennzeichnung erzielt.

21) Der Strombelastung von Freileitungen ist nach § 20¹ Abs. 2 und § 22³ ein ziemlich weiter Spielraum gelassen. Die hiernach und aus Betriebsrücksichten nötigen Sicherungen werden vielfach in Gestalt von Selbstschaltern in den Stromerzeugungs- und Verteilungsstationen vereinigt.

Diejenigen Leitungen, welche Bestandteile der Schaltanlage selbst sind, oder die Stromquellen unter sich und mit der Schaltanlage verbinden, müssen im allgemeinen vor unvorhergesehener Unterbrechung bewahrt bleiben, da sonst unter Umständen erhebliche Gefahren entstehen können; so z. B. wenn der Erregerstrom eines Motors plötzlich verschwindet, oder wenn die Leitung einen Sicherheitsapparat, etwa einen Bremsmagnet oder Ausschaltemagnet speist. Die Verhältnisse sind hier so vielgestaltig, daß es dem Erbauer der Anlage überlassen bleiben muß, wie weit er es für angezeigt erachtet, die Maschinen, Transformatoren und Hilfsgeräte sowie die Schaltleitungen selbst vor Beschädigung und Zerstörung durch Überstrom mittels Sicherungen zu schützen, und wie weit ein solcher Schutz zulässig ist, ohne andere Teile der Anlage wie die Dampfmaschinen oder die beteiligten Personen (Fahrstuhlbeförderung) großen Gefahren auszusetzen. Das über Schaltleitungen Gesagte trifft oft auch auf Meßleitungen zu. Je nach Art der Maschinen

9. Abzweigungen von Freileitungen nach Verbrauchsstellen (Hausanschlüsse) sollen, wenn nicht schon an der Abzweigstelle Sicherungen angebracht sind, nach Eintritt in das Gebäude in der Nähe der Einführung gesichert werden.[22]

§ 15.

Andere Apparate.

a) Bei ortsfesten Meßgeräten für Hochspannung müssen die Gehäuse entweder gegen die Betriebsspannung sicher isolieren oder sie müssen geerdet sein, oder es müssen die Meßgeräte von Schutzkästen umgeben oder hinter Glasplatten derart angebracht sein, daß auch ihre Gehäuse gegen zufällige Berührung geschützt sind (siehe § 3).[1] Die an Meßwandler angeschlossenen Meßgeräte unterliegen dieser Vorschrift nicht, wenn der Sekundärstromkreis gegen den Übertritt von Hochspannung gemäß § 4 geschützt ist.[2]

b) Bei ortsveränderlichen Meßgeräten[3] (auch Meßwandlern) kann von den Forderungen der §§ 10a, $10^{\underline{1}}$, $10^{\underline{2}}$ und 10f abgesehen werden.[4]

---

und den vorhandenen Verhältnissen wird man ganz oder teilweise von Sicherungen absehen, oder aber sie in Gestalt selbsttätiger Ausschalter oder in Form von Schmelzsicherungen anordnen und ihre Einstellung den Umständen anpassen. Vgl ETZ 1902, S. 610/611; 1906, S. 293, Sp. 1; 1908, S. 329.

22) Dabei muß aber die in Regel 5 geforderte leichte Zugänglichkeit der Sicherung gewahrt bleiben.

§ 15. 1) Da die Meßgeräte bewegliche und besonders empfindliche Teile enthalten, so ist bei ihnen, soweit sie mit Hochspannung arbeiten, die Möglichkeit, daß ein Übertritt derselben auf das Gehäuse — etwa infolge von Überspannungen — erfolgt, besonders naheliegend. Es werden daher im § 15a) und b) die allgemeinen Grundsätze des Schutzes gegen Berührung, wie sie bereits im § 3 b) und c) niedergelegt sind, nochmals betont.

2) Meßwandler können mit großer Sicherheit gegen den Übertritt der Hochspannung auf die Niederspannungswicklung gebaut werden. Daher können die Meßgeräte, die an sie angeschlossen sind, nach Niederspannungsvorschriften behandelt werden. Es ist dabei zu berücksichtigen, daß die Meßtransformatoren selbst in der Regel in das geerdete Eisengerüst der Schalttafel eingebaut sind, so daß die Forderung des § 4 z. B. durch Erden des Sekundärkreises leicht erfüllt werden kann.

3) Die Vorschriften unter b) und c) werden ergänzt durch die „Leitsätze für die Konstruktion und Prüfung elektrischer Starkstrom-Handapparate für Niederspannungsanlagen (ausschließlich Koch- und Heizapparate)", die „Vorschriften für Koch- und Heizgeräte" und die „Regeln für die Prüfung und Bewertung von Elektrowerkzeugen".

4) Handmeßgeräte, wie sie in Laboratorien und Prüffeldern benützt werden, werden ausschließlich von Sachverständigen bedient und schon wegen ihres Wertes sorgfältig behandelt. Man verlangt von ihnen große Empfindlichkeit, kleines Gewicht und geringen Raumbedarf; um sie gemäß ihrer Bestimmung je nach Bedarf an verschiedene Leitungen

c) Handapparate für den Hausgebrauch[3]) sind nur für Betriebspannungen bis 250 V zulässig.[5]) Elektrisch betriebene Handwerkzeuge müssen den „Regeln für die Prüfung und Bewertung von Elektrowerkzeugen" entsprechen.

1. Handapparate sollen besonders sorgfältig ausgeführt und ihre Isolierung soll derart bemessen sein, daß auch bei rauher Behandlung Stromübergänge vermieden werden. Die Bedienungsgriffe der Handapparate mit Ausnahme derjenigen von Betriebswerkzeugen sollen möglichst nicht aus Metall bestehen und im übrigen so gestaltet sein, daß eine Berührung benachbarter Metallteile erschwert ist.[6])

d) Über den Anschluß ortsveränderlicher Apparate siehe §§ 10h) und 21n).[7])

F. Lampen und Zubehör.*)

§ 16.

Fassungen und Glühlampen.

a) Jede Fassung ist mit der Nennspannung zu bezeichnen.

---

anzuschließen und die Messungen auszuführen, müssen sie auch an spannungführenden Teilen zugänglich sein. Daher können sie nicht allen für andere Apparate geltenden Bestimmungen genügen. Bei neueren Ausführungen sind diese aber doch nach Möglichkeit berücksichtigt. Beim Gebrauch ist vorsichtige Handhabung geboten.

5) Über den Aufbau von Handapparaten für Starkstrom, wie Massageapparate, Heißluftduschen, Tischventilatoren, Handmagnete, Spannfutter, Handbohrmaschinen usw. sind i. J. 1914 Leitsätze aufgestellt worden. Die Regeln für Elektrowerkzeuge sind 1922 festgestellt. Bei beiden Arten von Geräten ist das Streben nach kleinem Gewicht und geringem Raumbedarf vorherrschend und erhöht die Gefahr, daß unbeabsichtigte Stromübergänge auftreten, zumal da hier auf sorgfältige Handhabung durch Sachverständige nicht zu rechnen ist. Es ist daher verboten, Hausgeräte für Hochspannung einzurichten. Für Werkzeuge sind Spannungen bei Gleichstrom bis 550 V, bei Wechselstrom bis 220 V, bei Drehstrom bis 380 V zulässig.

6) Durch Handapparate, sowie durch Koch- und Heizgeräte, deren wirksame Teile gegen den Handgriff und die Umkleidung ungenügend isoliert waren oder deren Aufbau im ganzen zu wenig fest war, sind wiederholt Unfälle hervorgerufen worden.

7) Vgl. S. 52 Entlastung der Anschluß- und Verbindungsstellen.

Ein Ursprungszeichen wird nach § 101) auch für diese Apparate gefordert, um schlechte Bauarten zu verdrängen. ETZ 1913, S. 924; 1914, S. 603. Von der Prüfstelle des VDE geprüfte Apparate tragen auch dessen Prüfzeichen.

---

*) Vgl. auch: Vorschriften für die Konstruktion und Prüfung von Installationsmaterial, §§ 34—45 Fassungen und Lampenfüße, § 46 Edisongewinde, § 47 Nippel, § 48 Handlampen.

Bei Fassungen verwendete Isolierstoffe müssen wärme-, feuer- und feuchtigkeitssicher sein.[1]

Die unter Spannung gegen Erde stehenden Teile der Fassungen müssen durch feuersichere Umhüllung, die jedoch nicht unter Spannung gegen Erde stehen darf, vor Berührung geschützt sein.[2]

In Anlagen, die mit geerdetem Nulleiter arbeiten, muß bei ortsfesten Lampen das Gewinde der Fassungen mit dem Nulleiter verbunden werden.[2]

In Stromkreisen, die mit mehr als 250 V betrieben werden, müssen die äußeren Teile der Fassungen aus

---

§ 16. 1) Viele Erdschlüsse und Kurzschlüsse lassen sich auf mangelhafte oder in Unordnung geratene Fassungen zurückführen. Dies kommt daher, daß sich in diesem Bestandteil eine ganze Reihe von Einzelvorrichtungen im engen Raum vereinigt finden und außerdem die Fassung vielfacher Handhabung — oft von seiten unbefugter Personen — ausgesetzt ist. Die neueren Fabrikate haben die früher übliche Verwendung von Holz, Vulkanfibre, Steinnuß u. dgl. völlig aufgegeben und benutzen ausschließlich Porzellan und andere der Feuchtigkeit widerstehende und zugleich feuersichere Stoffe als Unterlage der leitenden Bestandteile.

2) Eine Zeitlang was es üblich, die Lampenfassungen in der Weise zu bauen, daß der äußere Metallmantel die Stromleitung zwischen dem einen Pol der Glühlampe und dem entsprechenden Zuleitungsdraht vermittelte. Dadurch sollte Raum erspart und der Aufbau der Fassung vereinfacht werden. Diese Anordnung kann leicht zu Feuersgefahr Anlaß geben, indem z. B. der ungeschützte stromführende Teil mit einem an Erde liegenden Metallkörper in Berührung kommt, so daß Funken oder Erdschlüsse entstehen. Auch die beim Berühren einer solchen Fassung erfolgenden elektrischen Schläge sind zu fürchten.

Beide Gefahren sind ausgeschlossen, wenn der an den Mantel der Fassung angeschlossene Pol der Leitung so an Erde gelegt ist, daß an der Fassung merkliche Spannungsdifferenzen gegen Erde nicht herrschen. Dies ist z. B. bei einer Anlage mit geerdetem Mittelleiter möglich. Es wird aber nicht immer bei solchen Anlagen zutreffen, denn dazu gehört, daß die Erdleitung, die von der Fassung wegführt, so stark ist, daß der durch den Verbrauchsstrom der Lampe in ihr entstehende Spannungsabfall unter einer gewissen Grenze bleibt. Außerdem liegt die Gefahr nahe, daß beim Montieren die beiden Pole verwechselt und so die ganze Lampenspannung an den ungeschützten Teil der Fassung angeschlossen wird.

Der Gebrauch von solchen Fassungen ist daher nur bei Niederspannung in Anlagen mit einem geerdeten und als solchen erkennbaren Leiter von genügendem Querschnitt erlaubt, im allgemeinen aber nicht zu empfehlen. Auch Fassungen mit besonderem Fassungsmantel sind mit dem Gewindeteil an den geerdeten Nulleiter anzuschließen, um das Berühren dieses Teils bei ausgeschraubter Lampe oder bei ihrem Einsetzen gefahrlos zu machen. Bei ortsveränderlichen Lampen ist dieser Zweck nur erreichbar, wenn die Steckvorrichtungen mit unverwechselbaren Polen gebaut sind. Über einen auf stromführende Glühlampenfassungen zurückgeführten Brandfall vgl. ETZ 1897, S. 327, Sp. 3.

Isolierstoff bestehen und alle spannungführenden Teile der Berührung entziehen. Fassungen mit Mignongewinde sind in solchen Stromkreisen nicht zulässig.[3]

b) Schaltfassungen sind nur für normale Gewinde und für Lampen bis 250 V zulässig, der Schalter muß in der Verbindung zum Mittelkontakt liegen; für Fassungen mit Mignon- und Goliathgewinde sind sie unzulässig.[4]

Schaltfassungen müssen im Innern so gebaut sein, daß eine Berührung zwischen den beweglichen Teilen des Schalters und den Zuleitungsdrähten ausgeschlossen ist. Handhaben zur Bedienung der Schaltfassungen dürfen nicht aus Metall bestehen. Die Schaltachse muß von den spannungführenden Teilen und von dem Metallgehäuse isoliert sein.[5]

⚒ | In B. u. T. sind Schaltfassungen unzulässig.

c) Die unter Spannung gegen Erde stehenden Teile der Lampen müssen der zufälligen Berührung entzogen sein.[6] Dieser Schutz gegen zufälliges Berühren muß

---

3) Für Spannungen über 250 Volt sind ferner nach § 16 b) alle Fassungen mit Schalter verboten; nach § 16 e) müssen Wechselstromlampen von 250 Volt an, Gleichstromlampen von 1000 Volt an unzugänglich angebracht werden.

4) Die in die Fassungen eingebauten Schalter geraten leicht in Unordnung und geben dann zu Kurzschluß oder zu Stromübergang auf den Bedienenden Anlaß. Sie sind daher bei sehr kleinen Fassungen (Mignon) und ebenso bei Fassungen, die starke Ströme führen (Goliath), endlich überall, wo die Betriebsspannung an der Fassung 250 V überschreitet, nicht zugelassen. Gänzlich verboten sind die Fassungen mit Schalter ferner in Bergwerken unter Tage, in feuchten Räumen (§ 31), in Räumen mit ätzenden Dünsten (§ 33) und in explosionsgefährlichen Räumen (§ 35). Es empfiehlt sich, ganz allgemein alle Fassungen, die an Schnurpendeln hängen, ohne Hahn anzuordnen, weil der Hahn nicht sicher bedient werden kann, ohne daß man mit der andern Hand die Fassung festhält.

5) Im übrigen müssen die Hähne an Fassungen dem § 11 a) genügen, also Momentschalter sein. In der Regel wird die Stellung des Griffes so gewählt, daß die Ebene seines Flügels parallel zur Stromleitung gestellt ist, wenn der Strom geschlossen, senkrecht dazu, wenn er unterbrochen ist. Der Zweck dieser Maßnahme ist, bei abgenommener oder zerbrochener Lampe oder bei zerstörtem Faden erkennen zu können, ob die Fassung unter Spannung steht oder nicht, so daß man mit Sicherheit die Spannung abschalten kann, bevor man an der Fassung eine Auswechselung der Lampe oder eine Prüfung des Zustandes der Fassung vornimmt. Diesem Zweck dient auch die Bestimmung im § 14 b Abs. 1 über die Lage des Schalters.

Daß die Handhaben (Griffe, Druckknöpfe usw.) aus Isolierstoff bestehen müssen, war früher nicht gefordert, ist aber von großer Bedeutung. Wegen der Schaltachsen vgl. auch § 11 d).

6) Bei manchen Fassungen kommt es vor, daß der Sockel der Glühbirne aus der Fassung soweit hervorragt, daß man beim Erfassen der Birne ihn berühren kann. Da dies bereits mehrfach für Menschen gefährlich geworden ist, sollen die Fas-

auch während des Einschraubens der Lampen wirksam sein.[7]

d) **Glühlampen in der Nähe von entzündlichen Stoffen müssen mit Vorrichtungen versehen sein, welche die Berührung der Lampen mit solchen Stoffen verhindern.**[8]

e) In Hochspannungsstromkreisen sind zugängliche Glühlampen und Fassungen nur für Gleichstrom und nur für Betriesspannungen bis 1000 V gestattet.[9]

---

sungen so gebaut sein, daß alle stromführenden Teile, auch die der eingesetzten Lampe, völlig verdeckt sind. Bei der Fabrikation von Lampen und Fassungen ist hierauf s t r e n g zu achten. Vgl. ETZ 1904, S. 147. Besonders auch beim Ersatz von Lampen durch solche von höherer Kerzenstärke. Der Fassungsring muß so hoch sein, daß er den Sockel völlig verdeckt. Der häufig zum Verdecken des Sockels benützte Fassungsring aus Porzellan wird leicht zerbrochen; solche aus zäherem Isolierstoff sind daher vorzuziehen.

7) Um auch beim Auswechseln der Lampen jede Berührung des Sockels zu vermeiden, besitzen neuere Bauarten wie die Savafassung und andere (ETZ 1923, S. 431) einen beweglichen Schutzring. Bei Anlagen mit geerdetem Nulleiter wird die Forderung bereits durch § 16a Abs. 4 erfüllt.

8) Es ist häufig nicht genügend beachtet worden, daß die Glühlampen gebräuchlicher Bauart, die an der Oberfläche der Birne in der Regel beobachtete verhältnismäßig niedrige Temperatur nur dann zeigen, wenn sie frei ausstrahlen können. Wird die freie Strahlung und Luftzirkulation verhindert, so steigt die Temperatur in kurzer Zeit so hoch, daß Papier, Gewebe, Sägespäne u. dgl., welche die Lampe berühren, ohne weiteres zu glimmen beginnen. Die Gefahr ist gesteigert bei den mit Stickstoff usw. gefüllten neueren Glühlampen (Halbwattlampen). Man muß daher derartige Berührungen durch geeignete Mittel verhindern. In Räumen mit starker Entwicklung von Sägespänen, Mehlstaub, Baumwollstaub u. dgl. sind Überglocken nötig. In Schaufenstern, sowie bei dekorativen Anordnungen, wie sie bei Festen und ähnlichen Gelegenheiten getroffen werden, ist es nicht schwer, durch Verwendung von Schalen, Tulpen u. dgl., die in den verschiedensten Ausstattungen zu haben sind, der Sicherheit Rechnung zu tragen, ohne die Schönheit zu beeinträchtigen. Überglocken sind vorgeschrieben in explosionsgefährlichen Räumen (§ 35 c), vgl. auch M.E.L., Ziffer 10.

Beim Einsetzen der Glühlampen ist namentlich auch darauf zu sehen, daß sie sich nicht in ihren Fassungen lockern. Wo regelmäßige Erschütterungen vorkommen (z. B. in manchen Fabriken) tritt dies leicht ein und führt zu Funkenbildungen und Erhitzungen, welche die Fassungen zerstören können.

9) Glühlampen sollen in Stromkreisen mit Hochspannung tunlichst vermieden werden. Wechselstrom kann meistens in Niederspannung transformiert werden. Andernfalls sind die Lampen in Laternen u. dgl. einzuschließen oder (Reihenschaltung am Nordostseekanal) auf andere Weise unzugänglich zu machen. ETZ 1908, S. 652 N. 199. Ein Bedürfnis, zugängliche Glühlampen mit Hochspannung zu speisen, besteht, — abgesehen von den Lampen der Fahrzeuge elektrischer Bahnen, für die die Bahnvorschriften gelten,

⚒   *In B. u. T. sind Glühlampen und Glühlampen-fassungen in Hochspannungskreisen nur zulässig, wenn sie im Anschluß an vorhandene Gleichstrom-Bahn- oder Kraft-Anlagen betrieben werden. Es müssen jedoch in diesem Falle die unter f) geforderten isolierten Fassungen und außerdem Schutzkörbe angewendet werden.*

⚒   f) In B. u. T. dürfen Glühlampen in erreichbarer Höhe, bei denen die Fassungen äußere Metallteile aufweisen, nur mit starken Überglocken, die die Fassung umschließen, verwendet werden. Die Überglocke ist nicht erforderlich, wenn die äußeren Teile der Fassung aus Isolierstoff bestehen und sämtliche stromführenden Teile der Berührung entzogen sind.

§ 17.

Bogenlampen.*)

a) An Örtlichkeiten, wo von Bogenlampen herabfallende glühende Kohleteilchen gefahrbringend wirken können[1]), muß dies durch geeignete Vorrichtungen ver-

---

— nur für solche Wohn- und Arbeitsräume oder Straßenbeleuchtungen, die an Bahnanlagen angeschlossen sind. Daß hierbei alle metallischen Zubehöre, wie Wandarme, Schutzrohre, ebenso auch die äußeren Fassungsteile, Lichtschirme und Schutzkörbe zu erden sind, ergibt sich bereits aus § 3 c). Das Erden kann hier keine Schwierigkeit bieten, weil die Bahnen mit einem Erdpol arbeiten, an den auch die letzte Lampe der Reihe angeschlossen ist. Man braucht also nur mit der Betriebsleitung für die Lampenreihe eine zweite unmittelbar an den Erdpol führende Leitung zu verlegen, die zum Erden der Fassungen, Armaturen und der anderen äußeren Metallteile dient. Handlampen in solchen Anlagen sind stets am geerdeten Ende des Reihenstromkreises anzuschließen.

§ 17. 1) Völlig ungeschützt brennende Bogenlampen werden zwar selten, aber gelegentlich doch zur Beleuchtung von Bauplätzen, Festplätzen, Wasserflächen, Hafenplätzen verwendet. Hier sind Anordnungen möglich, die jede Brand- oder Verletzungsgefahr durch herabfallende glühende Kohlenteilchen ausschließen. Man kann z. B. die nächste Umgebung des Mastensockels absperren oder ihn in unbetretene Räume, Buschwerk u. dgl. verlegen. Wo dagegen der Platz unmittelbar unter der Lampe dem regelmäßigen Verkehr ausgesetzt ist, besonders da wo Menschen in größerer Zahl versammelt sind oder verkehren oder wo brennbare Waren gelagert sind, in Kirchen, Bahnhofshallen, Warenhäusern, ist für zuverlässigen Schutz Sorge zu tragen. Es dürfen dort weder Bogenlampen ohne Glocken oder Gehäuse, noch Glocken, die unverschlossene Öffnungen am Boden haben, benutzt werden. Die frühere Vorschrift, daß einfache Glasglocken stets mit besonderen, in feuergefährlichen Räumen mit metallenen Aschentellern versehen sein müssen, ist nicht mehr aufrecht erhalten worden, weil die neueren

---

*) Über Moorelichtanlagen siehe S. 86 u. 87.

hindert werden. Bei Bogenlampen mit verminderter Luftzufuhr oder bei solchen mit doppelter Glocke sind keine besonderen Vorrichtungen hierfür erforderlich.

b) Bei Bogenlampen sind die Laternen (Gehänge, Armaturen) gegen die spannungführenden Teile zu isolieren und bei Verwendung von Tragseilen auch diese gegen die Laternen.[2])

1. Die Einführungsöffnungen für die Leitungen an Lampen und Laternen sollen so beschaffen sein, daß die Isolierhüllen nicht verletzt werden. Bei Lampen und Laternen für Außenbeleuchtung ist darauf Bedacht zu nehmen, daß sich in ihnen kein Wasser ansammeln kann.[3])

c) Werden die Zuleitungen als Träger der Bogenlampe verwendet, so müssen die Anschlußstellen von Zug entlastet sein; die Leitungen dürfen nicht verdrillt werden.[4])

Bei Hochspannung dürfen die Zuleitungen nicht als Aufhängevorrichtung dienen.

d) Bei Hochspannung muß die Lampe entweder gegen das Aufzugseil und, wenn sie an einem Metallträger angebracht ist, auch gegen diesen doppelt isoliert sein, oder Seil und Träger sind zu erden. Bei Span-

---

besseren Kohlensorten meist ohne Zerbröckeln abbrennen und für die Glocken gut gekühlte Glassorten zur Verfügung stehen, die dem Zerspringen wenig ausgesetzt sind. Immerhin ist auch jetzt noch Vorsicht geboten, denn es kommen immer noch Brände durch herabfallende glühende Lampenkohlen vor. ETZ 1906, S. 205. Zur Raumbeleuchtung werden Bogenlampen immer seltener benützt; um so mehr in Kinematographen.

2) Da bei manchen Bogenlampen ein Teil des Lampenkörpers selbst als Stromleiter dient, oder doch wegen des engen Baues der Lampe zufällig mit den stromführenden Teilen in Berührung kommen kann, so wird in der Regel die Lampe von der Laterne isoliert. Dabei ist zu beachten, ob die Laterne den Einflüssen von Wind und Wetter ausgesetzt ist, und die Isolierung nach Material und Gestalt entsprechend zu wählen. Unter Umständen kann mehrfache Isolierung angezeigt sein, etwa in der Weise, daß auch die Laterne von ihrem Tragmast isoliert wird. Bei aufgehängten Laternen ist letzteres vorgeschrieben, weil es vorgekommen ist, daß die metallene Aufhängung einen Stromweg bildete und infolge der Stromwärme riß, so daß die Lampe herabfiel. Diese Isolierung muß im Freien regensicher sein. Vgl. auch [5]).

3) Für Lampen, die im Freien oder in feuchten Räumen brennen sollen, empfiehlt es sich, unten Öffnungen so anzubringen, daß das im Innern etwa gebildete Kondenswasser abfließen kann.

4) Es müssen also neben den Klemmen, die der Lampe den Strom zuführen, noch andere Klemmstellen oder Befestigungsmittel vorgesehen sein, die das Gewicht der Lampe aufnehmen. Beim Befestigen und Anschließen der Lampe an die Zuleitungen ist darauf zu achten, daß die Anschlußstellen auch tatsächlich entlastet sind. Um hierüber sicher zu sein, wird man die Leitungen unmittelbar an diesen Stellen nicht straff anspannen.

nungen über 1000 V müssen beide Vorschriften gleichzeitig befolgt werden.[5]

e) Bei Hochspannung müssen Bogenlampen während des Betriebes unzugänglich und von Abschaltvorrichtungen abhängig sein, die gestatten, sie zum Zweck der Bedienung spannungslos zu machen.[6]

f) In B. u. T. sind Bogenlampen in Hochspannungskreisen unzulässig.

§ 18.

Beleuchtungskörper, Schnurpendel und Handlampen.

a) In und an Beleuchtungskörpern müssen die Leitungen mit einer Isolierhülle gemäß § 19 versehen sein. Fassungsadern dürfen nicht als Zuleitungen zu ortsveränderlichen Beleuchtungskörpern verwendet werden.[1]

---

5) Die Isolierung der Laterne gegen ihren Tragmast und das Aufzugseil dient hauptsächlich dazu, Personen, welche den Aufzug bedienen, oder den Träger oder das Seil berühren, vor der Wirkung eines Stromüberganges oder übergetretener Ladungen zu schützen. Daher kann die Isolierung der Laterne bis zu Spannungen von 1000 Volt gegen Erde auch durch Erdung von Mast (Wandarm) und Seil ersetzt werden. Übersteigt aber die Spannung gegen Erde 1000 Volt (wie bei Reihenschaltung von Bogenlampen vorkommt), so wird die Isolierung allein nicht mehr als ausreichend erachtet; denn sie kann besonders durch Witterungseinflüsse beeinträchtigt sein; auch die Erdung für sich ist nicht immer und an jedem Mast oder Wandarm so auszuführen, daß sie bei unmittelbarem Übergang des vollen Stroms absolute Gefahrlosigkeit herbeiführt. Mit Rücksicht darauf, daß am Lampenaufzug betriebsmäßig hantiert werden muß, wird daher ein möglichst hohes Maß von Sicherheit durch Vereinigung der beiden Schutzmittel angestrebt. Beim Bau und beim Aufstellen der Aufzugvorrichtung ist darauf zu achten, daß das Seil nicht stromführend wird, wenn es etwa aus der Rolle springt. Hierdurch sind mehrfach Unfälle entstanden. Beispiele von Bogenlampen-Aufhängungen siehe ETZ 1907, S. 812.

Bei abkuppelbaren Bogenlampen bieten die blanken Kontaktstücke Gelegenheit zum Übertritt der Spannung auf den Träger, was durch passend gestaltete Isoliervorrichtungen zu verhindern ist.

6) Um die Bogenlampen während der Bedienung sicher spannungslos zu machen, können die Schalter der einzelnen Lampen derart angeordnet sein, daß die Lampe nicht herabgelassen werden kann, solange der Schalter geschlossen ist. Doch sind solche Einrichtungen nicht vorgeschrieben. Größere Lampenstromkreise werden meistens von einer Zentralstelle aus eingeschaltet. Es sind zwar auch bei dieser Anordnung Vorrichtungen der genannten Art (magnetische Sperrung der Aufzugswinde) denkbar, doch wird im allgemeinen durch Betriebsvorschriften dafür zu sorgen sein, daß das Einsetzen der Kohlenstifte usw. nur bei abgeschalteter Lampe erfolgt. § 17 e) fordert nur die Möglichkeit der Abschaltung.

§ 18. 1) Blanke Leitungen sowie isolierte Leitungen, die dem § 19 und den dort genannten Normen nicht entsprechen, sind in und an Beleuchtungskörpern verboten.

Wird die Leitung an der Außenseite des Beleuchtungskörpers geführt, so muß sie so befestigt sein, daß sie sich nicht verschieben und durch scharfe Kanten nicht verletzt werden kann.[2]) *Bei Hochspannung dürfen die Leitungen von zugänglichen Beleuchtungskörpern nur geschützt geführt werden.[3])*

    1. Die zur Aufnahme von Drähten bestimmten Hohlräume von · Beleuchtungskörpern sollen so beschaffen sein, daß die einzuführenden Drähte sicher ohne Verletzung der Isolierung durchgezogen werden können; die engsten für zwei Drähte bestimmten Rohre sollen bei Niederspannung wenigstens 6 mm, *bei Hochspannung wenigstens 12 mm* im Lichten haben.[4])

    ⚒ | In B. u. T. sollen Rohre an Beleuchtungskörpern für Niederspannung, die für zwei Drähte bestimmt sind, mindestens 11 mm lichte Weite haben. |

    2. Bei Niederspannung sollen Abzweigstellen in Beleuchtungskörpern tunlichst zusammengefaßt werden.[5])

Besonders geeignet wegen ihres geringen äußeren Durchmessers ist Fassungsader, die aber nur in Anlagen mit Niederspannung zulässig und nur für die Ausrüstung der Beleuchtungskörper selbst, nicht aber als bewegliche Leitung zum Anschluß der Körper an die Steckdosen bestimmt ist. Für letzteren Zweck ist sie nicht genügend widerstandsfähig. Die Rücksicht auf Schönheit und Eleganz muß zurücktreten hinter der Erfahrung, daß diese beweglichen Anschlußleitungen starkem Verschleiß ausgesetzt sind.

2) Auch an der Außenseite der Beleuchtungskörper darf nur Gummiaderdraht oder Fassungsader oder eine gleichwertige Leitung, etwa Gummiaderschnur, verwendet werden; je nach der Spannung, für welche jede dieser Drahtsorten zulässig ist.

3) Diese Vorschrift folgt unmittelbar aus § 3 b).

4) Da die im Handel vorkommenden Beleuchtungkörper, namentlich mehrarmige Kronen, häufig viel zu enge Rohre besitzen, so hat die zuständige Kommission des V. D. E. im Jahre 1901 ein Rundschreiben an die Fabrikanten von Beleuchtungskörpern erlassen, worin auf diesen Übelstand hingewiesen wird. Die Weite von 6 mm ist die allergeringste, die verlangt werden muß. Häufig wird eine größere nötig sein, denn 6 mm reicht nur für zwei reine Gummiadern von je 0,75 qmm Kupferquerschnitt; (Fassungsadern, siehe Normen für isolierte Leitungen usw.). Für Hochspannung ist die größere Weite von mindestens 12 mm im Lichten vorgeschrieben, einerseits um auf die Verwendung stärker isolierter Drähte hinzuwirken, anderseits um scharfe Biegungen und Verletzungen der Drähte beim Einziehen mit größerer Sicherheit zu vermeiden.

5) Die Mehrzahl der mehrarmigen Kronen und ähnlicher Beleuchtungskörper wird noch immer mit fertig eingezogenen Leitungen, deren Abzweigstellen unzugänglich sind, in den Handel gebracht. Die Art der Verlötung an den Abzweigstellen entzieht sich so jeder Kontrolle. Da die Körper im Handel oft durch mehrere Hände gehen, so fehlt auch eine sonstige Gewähr für sachgemäße Ausführung. Anderseits liegt die Gefahr vor, daß an den Abzweigungen Körperschluß, d. h. Über·

　　3. *Bei Hochspannung sollen Abzweig- und Ver-bindungsstellen in Beleuchtungskörpern nicht angeordnet werden.*[6])

　　4. Beleuchtungskörper sollen so angebracht werden, daß die Zuführungsdrähte nicht durch Bewegen des Körpers verletzt werden können; Fassungen sollen an den Beleuchtungskörpern zuverlässig befestigt sein.[7])

　　b) Bei Hochspannung sind zugängliche Beleuchtungs-körper nur bei Gleichstrom und nur bis 1000 V gestattet. Ihre Metallkörper müssen geerdet sein.[8])

---

gang der Spannung auf den Beleuchtungskörper selbst eintritt, was Brandgefahr und Verletzung von Personen verursachen kann.

Es gibt Kronen, die in einem als Ornament ausgebildeten kugelförmigen oder vasenförmigen Teil eine Art Schalttafel tragen, die durch eine abnehmbare Kappe zugänglich ist und die zum Anschluß der Abzweigungen dienenden Klemmschrauben enthält. Ähnliche Träger für diese Klemmen lassen sich auch nachträglich von außen an den Kronen anbringen oder an der Decke über der Krone etwa in Gestalt von Porzellanringen befestigen.

Wird der Beleuchtungskörper mit Mehrfachleitungsschnur ausgerüstet, so ist zu beachten, daß nach § 21 Regel 14 die Verzweigungen solcher Mehrfachleitungsschnur bei fest verlegten Leitungen nicht durch Verlöten, sondern mittels Abzweigklemmen ausgeführt werden sollen. An und in Beleuchtungskörpern ist jedoch das Löten erlaubt, weil nicht alle Beleuchtungskörper zur Aufnahme der Klemmen geeignet sind; doch wird es empfehlenswert sein, den ganzen Beleuchtungskörper mittels Klemmen an die Zuführungsleitung anzuschließen.

　　6) Mit Rücksicht auf die Durchschlagskraft der Hochspannung und die Gefahr, die nach Übertreten derselben auf den Beleuchtungskörper für Personen entsteht, die diesen berühren, wird man die Einrichtung stets so treffen, daß Abzweigungen außerhalb des Beleuchtungskörpers angeordnet und in geeigneter Weise so geschützt werden, daß sie stets kontrollierbar sind

　　7) Sind die Kronen oder dgl. drehbar aufgehängt, so muß die Bewegung durch Anschläge oder dgl. begrenzt werden. Außerdem ist durch Auswahl einer biegsamen Leitungssorte und entsprechende Bemessung und Gestaltung der Zuleitung dafür zu sorgen, daß sie nicht auf Zug beansprucht, geknickt oder durchgescheuert werden kann.*)

Die Befestigung der Fassungen an den Beleuchtungskörpern ist häufig mangelhaft, zumal da dem Umstand, daß die Fassung häufig einen Lichtschirm, Überglocke oder Tulpe zu tragen hat, bei der Konstruktion und bei der Montierung nicht immer genügend Rechnung getragen wird. Es empfiehlt sich dringend, die Ausrüstungsstücke nicht an der Fassung, sondern am Beleuchtungskörper selbst zu befestigen.

　　8) Vgl. § 16e) unter [9]) S. 77 u. § 17d) und e), S. 79, 80. Bei Wechselstrom muß entweder auf Niederspannung transformiert oder es müssen die Beleuchtungskörper durch Laternen oder dergl. unzugänglich gemacht werden. ETZ 1908, S. 652, N. 199.

---

*) Die Vereinigung Deutscher Priv.-Feuer-Vers.-Ges. hat früher verlangt, daß alle Beleuchtungskörper mit Ausnahme derjenigen, welche an geerdete Mittelleiter angeschlossen sind, isoliert aufgehängt werden; doch ist dies nicht mehr vorgeschrieben.

⚒ | *Für B. u. T. siehe § 16 e).* |

c) Werden die Zuleitungen als Träger des Beleuchtungskörpers verwendet (Schnurpendel) so müssen die Anschlußstellen von Zug entlastet sein.[9])

⚒ | In B. u. T. sind Schnurpendel unzulässig. |

d) Bei Hochspannung sind Schnurpendel unzulässig.

e) Körper und Griff der Handlampen (Handleuchter) müssen aus feuer-, wärme- und feuchtigkeitssicherem Isolierstoff von großer Schlag- und Bruchfestigkeit bestehen. Die spannungführenden Teile müssen auch während des Einsetzens der Lampe, mithin auch ohne Schutzglas, durch ausreichend mechanisch widerstandsfähige und sicher befestigte Verkleidungen gegen zufällige Berührung geschützt sein.

Sie müssen Einrichtungen besitzen, mit deren Hilfe die Anschlußstellen der Leitung von Zug entlastet und deren Umhüllungen gegen Abstreifen gesichert werden können. Die Einführungsöffnung muß die Verwendung von Werkstattschnüren und Gummischlauchleitungen (siehe § 19 III) gestatten und mit Einrichtungen zum Schutz der Leitungen gegen Verletzungen versehen sein.[10])

---

9) Die Entlastung ist auf verschiedene Weise möglich, z. B. mittels Klemmnippel. Diese müssen aus Isolierstoff bestehen oder mit solchem ausgekleidet sein. Pendelschnüre für Zugpendel sind nach den Normen mit einer besonderen Tragschnur ausgerüstet, die das Gewicht der Fassung nebst Zubehör (Schirm) aufnimmt. Bei ihrer Verwendung ist stets darauf zu achten, daß die Befestigungsstellen der Leitungsdrähte nicht durch das Gewicht der Lampe belastet werden, was daran beurteilt werden kann, daß die Leitungen selbst nicht angespannt, sondern länger sind als die Tragschnur. (Siehe z. B. ETZ 1901, S. 67.) Werden spiralig gewundene Leitungsdrähte zu einer hängenden Lampe geführt, so muß letztere in gleicher Weise von einer besonderen Tragvorrichtung gehalten sein; dies kann ein steifer Draht, eine Schnur, ein Metall- oder Papierrohr sein. Daß die Anschlußstellen nicht durch Zug beansprucht werden, ist namentlich bei seitlicher Bewegung aufgehängter Lampen besonders wichtig. ETZ 1908, S. 652, N. 200.

Hahnfassungen sind für Schnurpendel nicht zu empfehlen (vgl. S. 76 unter [4]).

Auch für Schnurpendel sollen nur Leitungen mit nahtloser Gummihülle (Gummiaderschnüre), (ETZ 1905, S. 474 N. 156; 1906, S. 814 N. 188), für Schnurzugpendel hauptsächlich die besonders biegsame Pendelschnur (§ 19) verwendet werden. Vgl. auch die Normen für Leitungen. Die Pendelschnur für Zugpendel enthält nach den Normen eine besondere Tragschnur. Bei anderen Leitungssorten ist auch ohne solche eine Entlastung der Anschlußstellen möglich. ETZ 1909, S. 498, N. 217.

Bei Schnurzugpendeln ist zu beachten. daß der Durchmesser der Rolle, welche die Schnur aufnimmt, nicht zu klein gewählt wird, da die Drähte sonst leicht brechen. Es empfiehlt sich, den Rollendurchmesser nicht unter 4 cm zu wählen (vergl. ETZ 1902, S. 733, Sp. 2).

10) Durch schlecht gebaute oder in Unordnung geratene Handlampen sind viele Todesfälle veranlaßt worden; auch

Metallene Griffauskleidungen sind verboten.

Jeder Handleuchter muß mit Schutzkorb oder -glas versehen sein. Schutzkorb, Schirm, Aufhängevorrichtung aus Metall oder dgl. müssen auf dem Isolierkörper befestigt sein.[11]) Schalter an Handleuchtern sind nur für Niederspannungsanlagen zulässig; sie müssen den Vorschriften für Dosenschalter entsprechen und so in den Körper oder Griff eingebaut werden, daß sie bei Gebrauch des Leuchters nicht unmittelbar mechanisch beschädigt werden können. Alle Metallteile des Schalters müssen auch bei Bruch der Handhabungsteile der zufälligen Berührung entzogen bleiben.[12])

---

bei niedrigen Spannungen. Die Handlampen sind starker Abnutzung ausgesetzt; teils durch den Gebrauch selbst, teils weil sie außer Gebrauch nicht sorgsam aufbewahrt und behandelt werden. Dazu kommt, daß sie häufig unter Verhältnissen gebraucht werden (beim Reinigen von Kesseln, Fässern u. dgl.), die den Körper des Benutzers in seinem Widerstand gegen Erde erheblich vermindern (Schweißbildung, Benetzung mit leitenden oder ätzenden Flüssigkeiten), ihn in gute Verbindung mit der Erde bringen und zugleich die Berührung der Lampe mit den Körperteilen begünstigen. Viele gebräuchliche Handlampen sind demgegenüber viel zu schwach gebaut. Die für den Bau dieser Lampen geltenden Vorschriften sind daher schrittweise immer mehr verschärft worden.

Um der rohen Behandlung zu widerstehen, hat man Metallgriffe verwendet; da diese jedoch durch Beschädigung der Fassungen oder der Zuleitungen Spannung annehmen können. und eine bewegliche Erdungsleitung zerstört werden kann, sind sie verboten worden.

Im allgemeinen empfiehlt es sich, möglichst wenig metallische Außenteile anzuwenden; die unentbehrlichen (Schutzkorb, Aufhängehaken) sind so anzuordnen, daß sie durch feste isolierende Unterlagen von den spannungführenden Teilen und von denen, die Spannung annehmen können, sicher getrennt sind. Die Lampensockel müssen durch die Fassungen oder durch Fassungsringe aus widerstandsfähigem Stoff gut abgedeckt sein. Als Isolierstoffe sind möglichst zuverlässige zu wählen. Holz ist nach § 5$\underline{6}$ nicht als Isolierstoff anzusehen. Vgl. auch § 10$\underline{2}$ unter [7]). Die Zuleitung ist bei starker mechanischer Beanspruchung durch Gummischlauch, Lederüberzug u. dgl. zu schützen und ihre Anschlußstellen von Zug zu entlasten. ETZ 1908, S. 652, N. 198. Als Zuleitung empfiehlt sich Gummischlauchleitung leichter, verstärkter oder starker Ausführung nach den Normen für isolierte Leitungen vgl. unter [9]).

11) Selbstverständlich kann der Haken am Schutzkorb sitzen, wenn dieser auf dem isolierenden Körper der Handlampe befestigt ist. Die erwähnten Ausrüstungsteile sollen vor allem nicht an der Fassung sitzen. Der Schutzkorb soll nicht nur eine Beschädigung der Lampe, sondern auch ihre Berührung mit brennbaren Stoffen verhüten. Werden Lampen mit brennbaren Stoffen für längere Zeit völlig bedeckt, so ist eine Entzündung dieser Stoffe nur dann ausgeschlossen, wenn Metallfadenlampen von niedriger Lichtstärke (16 HK) verwendet werden.

12) Die gebräuchlichen Hahnfassungen sind dem angestrengten Gebrauch, den die Handlampen zu erfahren pflegen,

Handleuchter für feuchte und durchtränkte Räume sowie solche zur Beleuchtung in Kesseln müssen mit einem sicher befestigten Überglas und Schutzkorb versehen sein und dürfen keine Schalter besitzen. An der Eintrittsstelle müssen die Leitungen durch besondere Mittel gegen das Eindringen von Feuchtigkeit und gegen Verletzung geschützt sein.

f) **Maschinenleuchter ohne Griffe.** Zur ortsveränderlichen Aufhängung an Maschinen und sonstigen Arbeitsgeräten und zum gelegentlichen Ableuchten von Hand müssen Körper, Schirm, Schutzkorb und Schalter den Bestimmungen für Handleuchter entsprechen. Die gleichen Bestimmungen gelten in bezug auf Berührungschutz spannungführender Teile, Bemessung der Einführungsbohrung und hinsichtlich der Einrichtungen für Zugentlastung der Leitungsanschlüsse sowie des Schutzes der Leitungen an der Einführungstelle.[13])

g) **Ortsveränderliche Werktischleuchter.** Spannungführende Teile der Fassung und der Lampe, und zwar die Teile der letztgenannten auch während diese eingesetzt wird, müssen durch sicher befestigte, besonders widerstandsfähige Schutzkörper gegen zufällige Berührung geschützt sein.

Zur Entlastung der Kontaktstellen und zum Schutz der Leitungsumhüllung gegen Abstreifen und Beschädigung an der Einführungstelle sind geeignete Vorrichtungen vorzusehen. Die Einführungsöffnung muß in dauerhafter Weise mit Isolierstoff ausgekleidet sein. Die spannungführenden Teile der Fassung müssen gegen die übrigen Metallteile besonders sicher isoliert sein. Das Gehäuse der Fassung muß aus Isolierstoff bestehen.

----

nicht gewachsen. Es ist jedoch erlaubt, einen besonders sicher gebauten Ausschalter in der Fassung oder von ihr getrennt am Griff der Handlampe anzubringen, wenn er Gewähr bietet, daß er nicht in Unordnung geraten und zur Berührung spannungführender Teile nicht Anlaß geben kann. ETZ 1905, S. 474 N. 157; 1912, S. 275. Da jedoch bei rauhen Betrieben in engen Räumen nach dem Ausschalten der Lampe die unter Spannung bleibende bewegliche Zuleitung verletzt und alsdann beim Berühren gefährlich werden kann, so wird für derartige Verhältnisse empfohlen, überhaupt keinen Schalter an den Handlampen anzubringen, das Ausschalten vielmehr mittels eines im festverlegten Teile der Leitung angebrachten Schalters zu bewirken. In feuchten Räumen und Kesseln sind Schalter an Handlampen durch § 18 e letzten Absatz verboten.

Die in Wohnräumen und Werkstätten üblichen Tischlampen sind nicht als Handlampen im Sinne des § 18 e anzusehen. Wenn Tischlampen in rauhen Betrieben häufig als Handlampen benützt werden, sind sie nach § 18 g als Werktischleuchter zu bauen. Andernfalls ist ihre Benützung als Handlampen zu verhindern oder zu verbieten. ETZ 1920, S. 751.

13) Maschinenleuchter sind genau so wie Handlampen gebaut. Nur ist an Stelle des Griffes ein Ring oder Haken zum Aufhängen angebracht.

Fassungen an Werktischleuchtern, die zum gelegentlichen Ableuchten aus dem Halter entfernt werden, müssen den Bedingungen für Maschinenleuchter entsprechen.[14])

h) **Faßausleuchter** brauchen diesen Anforderungen nicht zu genügen, wenn sie geerdet oder mit Spannungen unter 50 V betrieben werden.[15])

i) Bei Hochspannung sind Handlampen nicht zulässig (Ausnahme siehe § 28 k).

5. In feuchten und durchtränkten Räumen (vgl. § 2), sowie in Kesseln und ähnlichen Räumen mit gutleitenden Bauteilen, empfiehlt es sich, die Spannung für Handlampen bei Wechselstrom durch besondere Volltransformatoren auf eine Spannung unter 40 V herabzusetzen.[16])

---

14) Vgl. unter [12]) Abs. 2 die bisher üblichen Werktischleuchter sind zumeist der Beanspruchung durch den Betrieb nicht gewachsen. Wo sie zwischen schweren Werkzeugen und Werkstücken häufig bewegt werden, sind ihre Teile, besonders Fassungen und Zuleitungen, der Beschädigung ausgesetzt. Äußere Metallteile kommen unter Spannung; so entstehen Unfälle. Die vorgeschriebene Bauart unterscheidet sich von der für Handlampen hauptsächlich dadurch, daß das Schutzglas oder der Schutzkorb fehlen darf und daß Metallfüße zugelassen sind. Die Einführungsstellen der Leitungen sind besonders sorgfältig gegen Beschädigung zu schützen und häufig nachzusehen. Überhaupt ist regelmäßige Aufsicht über diese Lampen einzurichten.

15) Zum Ausleuchten von Fässern sind Lampen nötig, die in die engen Spundlöcher eingeführt werden können und lange Stiele haben müssen, daher weder mit isolierenden Fassungsgehäusen noch mit isolierenden Griffen gebaut werden können. Sie sind sorgfältig zu erden und die Erdungsleitungen laufend auf guten Zustand und sicheren Anschluß zu prüfen, sofern sie nicht mit besonders niederen Spannungen betrieben werden, was bei Wechselstromanlagen mittels besonderer Tranformatoren leicht möglich und sehr zu empfehlen ist.

16) Die unter [10]) erläuterten Gefahren beim Benützen von Handlampen besonders in Räumen mit feuchten oder metallischen Wänden oder Fußböden werden erheblich herabgesetzt oder vermieden, wenn die Betriebsspannung auf ein ungefährliches Maß (§ 3 a) vermindert wird. Die übliche normale Spannungsstufe ist 36 V. Spartransformatoren erfüllen diesen Zweck nicht, weil sie die höhere Spannung nicht mit Sicherheit ausschließen.

Die **Moorelampen** und **Moorelichtanlagen** sind in den Vorschriften nicht besonders erwähnt, weil die bei ihrer Einrichtung zu beachtenden Gesichtspunkte bereits aus den allgemeinen Vorschriften zu entnehmen sind. Zur leichteren Übersicht sind i. J. 1913 folgende „**Leitsätze für die Herstellung und den Anschluß von Moorelichtanlagen** aufgestellt worden. ETZ 1913 S. 307.

1. Wegen der hohen Spannungen, welche bei Moorelichtanlagen in Frage kommen, sind sowohl bei der Herstellung wie bei der Inbetriebsetzung und Inbetriebhaltung solcher Anlagen genau die Vorschriften für die Errichtung elektrischer Starkstromanlagen zu befolgen, insbesondere die §§ 3 b und

G. Beschaffenheit und Verlegung der Leitungen.*)

§ 19.

Beschaffenheit isolierter Leitungen.

a) Isolierte Leitungen müssen den „Normen für isolierte Leitungen in Starkstromanlagen" entsprechen.[1]

1. Leitungen, die nur durch eine Umhüllung gegen chemische Einflüsse geschützt sind, sollen den „Normen für umhüllte Leitungen in Starkstromanlagen" entsprechen. Sie gelten nicht als isolierte Leitungen. Man unterscheidet folgende Arten:[2]

Wetterfeste Leitungen.

Nulleiterdrähte.

Nulleiter für Verlegung im Erdboden.

---

3 c, 4, 6, 7, 18 a und b, sowie die Vorschriften für den Betrieb elektrischer Starkstromanlagen.

Transformatoren und Apparate müssen, insbesondere in bezug auf Prüfspannung, den jeweils geltenden Normalien für Maschinen und Apparate entsprechen.

2. Die unter Hochspannung stehenden Apparate und Metallteile sind allseitig zu verschließen, so daß eine Berührung derselben auch bei der Inbetriebsetzung einer Anlage ausgeschlossen ist. Es sind deshalb die Vertikalwände des Apparateschutzkastens aus vollem, nicht perforierten Material herzustellen, die Horizontalwände dagegen aus durchlochten Platten, welche doppelt anzuordnen sind, u. zw. derart, daß die Öffnungen gegeneinander versetzt liegen.

3. Das Öffnen plombierter Teile ist durch entsprechende Aufschrift zu untersagen.

4. Die unter Niederspannung stehenden Teile (wie z. B. Regulierspule mit Regulierventilen) sind derartig anzuordnen, daß sie von hochspannungführenden Teilen von Apparaten durch Scheidewände aus Isolierstoff getrennt sind, und ihre Berührung vollkommen gefahrlos ist.

5. Die unter Hochspannung stehende Luftpumpe ist in einem hölzernen Kasten zu montieren, in welchem die Pumpe während der Arbeiten eingeschlossen bleibt. Die Pumpe muß in diesem Kasten so isoliert aufgestellt werden, daß eine Berührung des Kastens, auch wenn die Pumpe unter Spannung steht, ohne jede Gefahr erfolgen kann.

6. Die Erdungsleitungen sind offen und sehr sorgfältig zu verlegen.

7. Die Monteure sind vor Beginn auf die Gefahren bei der Inbetriebsetzung einer Anlage aufmerksam zu machen und genügend zu informieren.

§ 19. **1)** Durch die Vorschrift des § 19 a sind andere Leitungssorten als die in den Normen angeführten verboten, soweit es sich um isolierte Leitungen handelt.

2) Schon im § 5 e ist ausgesprochen, daß ein Lackoder Emailleüberzug für sich allein nicht als wirksame Isolierung im Sinne des Berührungsschutzes gilt. Leitungen, deren Überzug nicht eine den Normen entsprechende Beschaffenheit aufweist, müssen beim Verlegen wie blanke Leitungen behandelt werden.

---

*) Vgl. auch: N o r m e n für isolierte Leitungen in Starkstromanlagen, N o r m e n für Starkstromfreileitungen.

2. Man unterscheidet folgende Arten von isolierten Leitungen:[3]

I. Leitungen für feste Verlegung.

Gummiaderleitungen, für Spannungen bis 750 V.
Spezialgummiaderleitungen, für alle Spannungen.
Rohrdrähte, für Niederspannungsanlagen, zur erkennbaren Verlegung, welche es ermöglicht, den Leitungsverlauf ohne Aufreißen der Wände zu verfolgen.[4]
Panzeradern, nur zur festen Verlegung für Spannungen bis 1000 V.[5]

II. Leitungen für Beleuchtungskörper.

Fassungsadern, zur Installation nur in und an Beleuchtungskörpern in Niederspannungsanlagen.[6]

---

3) Die Beschaffenheit der einzelnen Leitungssorten ist in den Normen geregelt, die im Anhange dieses Buches abgedruckt sind. § 19 gibt nur eine Übersicht über die gebräuchlichen Sorten und ihre Verwendungsgebiete; die angegebenen Spannungsgrenzen bedeuten wie im § 2 die Gebrauchsspannungen (siehe S. 13 unter [2]). An Stelle der einzelnen angeführten Leitungsarten ist stets auch eine besser geschützte Sorte zulässig; z. B. Spezialgummiader an Stelle der Gummiader, Gummiader an Stelle des blanken Drahts.

Sollten andere als die im § 19 angeführten Leitungssorten in den Handel kommen, so richtet sich ihre Verwendbarkeit nach ihren Eigenschaften und ist aus den hier angegebenen Regeln abzuleiten. Es müssen aber alle Anlagen, die den Errichtungsvorschriften entsprechen sollen, mit Leitungen nach den Normen ausgeführt sein; insbesondere sind isolierte Leitungen mit andern als den in den Normen vorgeschriebenen Gummimischungen nicht vorschriftsmäßig. ETZ 1912, S. 569/570. Dasselbe gilt für Leitungssorten, die nach älteren nicht mehr in Kraft stehenden Normen hergestellt sind. ETZ 1913, S. 422. Leitungen zum Aufbau von Maschinen und Apparaten unterliegen Bedingungen, die zu verschiedenartig sind, als daß ihnen mit den vorliegenden Vorschriften Rechnung getragen werden könnte. Die Grundsätze für die Beurteilung von Maschinen sind in den „Regeln für die Bewertung und Prüfung von elektrischen Maschinen und Transformatoren" niedergelegt. Aus ihnen können auch Anhaltspunkte für die verwendbaren Drahtsorten entnommen werden.

4) Rohrdrähte dürfen daher nicht glatt in die Wand eingeputzt oder eingegipst werden. Doch ist es erlaubt, sie auf kurze Strecken so in Rillen zu legen, daß sie nicht mit Gips oder Mörtel überdeckt werden und daß ihr Verlauf auch nach dem Überkleben mit Tapete ebenso wie bei den auf der Wand offen oder unter Tapete verlegten Strecken erkennbar bleibt.

Manteldraht ist ein am Verwendungsort mittels Sonderwerkzeugs durch ein Metallband umhüllter isolierter Leitungsdraht. Er wird wie Rohrdraht verlegt.

5) Panzerader eignet sich in der jetzt üblichen Ausführung nur für trockene Räume. Zum Anschluß ortsveränderlicher Stromverbraucher ist sie durchaus ungeeignet. ETZ 1922, S. 263.

6) Nach § 18a darf Fassungsader nicht als Zuleitung zu ortsveränderlichen Beleuchtungskörpern, daher auch nicht als

⚒ | In .B. u. T. ist Fassungsader unzulässig.   ⎮

Pendelschnüre, zur Installation von Schnurzugpendeln
  in Niederspannungsanlagen.

⚒ | In B. u. T. ist Pendelschnur unzulässig.   ⎮

III. Leitungen zum Anschluß ortsveränder-
licher Stromverbraucher.

Gummiaderschnüre (Zimmerschnüre), für geringe mechanische Beanspruchung in trockenen Wohnräumen
  in Niederspannungsanlagen.
Leichte Anschlußleitungen für geringe mechanische
  Beanspruchung in Werkstätten in Niederspannungsanlagen.
Werkstattschnüre, für mittlere mechanische Beanspruchung in Werkstätten- und Wirtschaftsräumen
  in Niederspannungsanlagen.
Gummischlauchleitungen.
  1. Leichte Ausführung zum Anschluß von Zimmer-
     geräten bis 1000 W in Niederspannungsanlagen.[7]
  2. Verstärkte Ausführung zum Anschluß von Küchen-
     geräten usw. bis 2000 W in Niederspannungsanlagen.
  3. Starke Ausführung für Zwecke, in denen besonders
     hohe mechanische Anforderungen gestellt werden
     für Spannungen bis 750 V.
Spezialschnüre, für rauhe Betriebe in Gewerbe, Industrie und Landwirtschaft in Niederspannungsanlagen.
Hochspannungsschnüre, für Spannungen bis 1000 V.
Leitungstrossen, zur Führung über Leitrollen und
  Trommeln. (Kranleitungen, Abteufleitungen und dgl.,
  ausgenommen Pflugleitungen.)

IV. Bleikabel.

Gummi-Bleikabel.
Papier-Bleikabel.
  1. Einleiter-Gleichstrom-Bleikabel bis 750 V.
  2. Verseilte Mehrleiter-Bleikabel.

§ 20.

Bemessung der Leitungen.[1]

Elektrische Leitungen sind so zu bemessen, daß
sie bei den vorliegenden Betriebsverhältnissen genügende

Zuleitung zu andern ortsveränderlichen Stromverbrauchern
dienen.

7) Z. B. für Wasserkocher, Kaffeemaschinen, Bügeleisen,
Heizkissen, Heißluftduschen usw.

§ 20. 1) Die Bemessung der Leitungen ist nicht ausschließlich durch ihre Strombelastung bedingt. Die Verhältnisse der Umgebung (z. B. Verlegung in Kesselhäusern,
besonders starke mechanische Beanspruchung) oder andere Umstände (das Weglassen von Sicherungen gemäß § 14 g) können
eine stärkere Bemessung fordern; die Art der Stromverbraucher
oder ihres Betriebes (Motoren mit aussetzender oder stark
wechselnder Belastung, Bogenlampen) sowie die sonst benutzten
Hilfsmittel (Selbstausschalter) können eine geringere Bemessung

mechanische Festigkeit haben[2]) und keine unzulässigen Erwärmungen annehmen können[3]) (vgl. § 2m).

1. Bei Dauerbetrieb dürfen isolierte Leitungen[4]) und Schnüre aus Leitungskupfer[5]) mit den in der nachstehenden Tafel, Spalte 2, verzeichneten Stromstärken[6]) belastet werden:

---

zulässig erscheinen lassen, daher mußte die Vorschrift im § 20 eine allgemeine Fassung erhalten, während das, was für die gewöhnlichen Fälle als gebotene Ausführung erscheint, in den Regeln angeführt ist, von denen nur dann abgewichen werden soll, wenn zureichende Gründe dafür vorliegen.

2) Daß die mechanische Festigkeit der Leitungen zur Vermeidung von Lebens- und Feuersgefahr wichtig ist, wurde für die geerdeten Leitungen bereits im § 3$\frac{5}{}$ berücksichtigt. Die erforderliche Festigkeit hängt im übrigen von der Art der mechanischen Schädigungen ab, denen die Leitungen ausgesetzt sind, und von den verwendeten Schutzvorrichtungen (vgl. § 21 a—d).

3) Wann eine Erwärmung unzulässig ist, hängt von der Lage des Einzelfalles ab. Handelt es sich um völlig feuersichere Umgebung und ist für die Festigkeit der Leitung keine Gefahr zu befürchten, so können z. B. Freileitungen (§ 22$\frac{3}{}$) über das bei Hausinstallationen Übliche hinaus erwärmt werden, wie anderseits Drähte in Heiz- und Kochapparaten, Widerständen usw. ihrem Zweck nach hohe Temperaturen annehmen müssen. Ist die Umgebung feuergefährlich, so muß wiederum besondere Beschränkung der zulässigen Temperatur Platz greifen. Die Gummiisolierung, mit der die isolierten Drähte umhüllt sind, leidet Schaden, wenn sie längere Zeit, etwa 1000 Stunden hindurch, wärmer als 50° C. bleibt. ETZ 1906, S. 333.

4) Über die Betriebsarten vgl. § 2 m. Gemäß Abs. 2 der Regel gilt die Tabelle auch für die blanken Kupferleitungen kleineren Querschnittes (siehe hierüber unter [8]).

5) Unter Leitungskupfer wird ein solches verstanden, dessen Widerstand für 1 km Länge und 1 qmm Querschnitt bei 20° C. nicht mehr als 17,84 Ohm beträgt (siehe Kupfernormen). Über Leitungen aus anderen Kupfersorten und anderen Metallen siehe Regel 5.

6) Über die der Tabelle zugrunde liegenden Überlegungen siehe Passavant, ETZ 1907, S. 499. Die in der zweiten Spalte benannte dauernd zulässige Stromstärke entspricht einer Temperaturerhöhung von 20° über die Umgebung, indem angenommen ist, daß eine Grenztemperatur von 50° C. wegen der unter [3]) erwähnten Schädigung der Gummihülle nicht überschritten werden soll und daß die Raumtemperatur nicht höher als 30° ist, was unter gewöhnlichen Verhältnissen sicher zutrifft. Diese Belastungen können tatsächlich ausgenutzt werden, wenn z. B. durch scharf einstellbare Selbstschalter jede Überschreitung verhindert wird. Sollen häufige Stromunterbrechungen vermieden werden und nur im Notfall eintreten, wie es bei Benutzung von Schmelzsicherungen der Regel nach beabsichtigt ist, so sind die Zahlen der dritten Spalte zu benutzen. Die geschlossenen Sicherungen werden nämlich so gebaut, daß sie je nach dem Nennstrom den 1,3- bis 1,5fachen Nennstrom eine Stunde lang aushalten. Der maximale Prüfstrom, bei dem sie sicher abschmelzen müssen, beträgt das 1,6- bis 2,1 fache des Nennstroms bei geschlossenen Sicherungen. Dadurch ist kleineren Stromschwankungen Rechnung getragen, wie sie beim Regulieren

Querschnitt in mm²	Dauerbetrieb		Aussetzende Betriebe 7)
	Höchstzulässige Dauerstromstärke in A	Nennstromstärke für entsprechende Abschmelzsicherung in A	Höchstzulässige Vollaststromstärke in A
1	2	3	4
0,5 7)	7,5	6	7,5
0,75	9	6	9
1	11	6	11
1,5	14	10	14
2,5	20	15	20
4	25	20	25
6	31	25	31
10	43	35	60
16	75	60	105
25	100	80	140
35	125	100	175
50	160	125	225
70	200	160	280
95	240	200	335
120	280	225	400
150	325	260	460
185	380	300	530
240	450	350	630
300	525	430	730
400	640	500	900
500	760	600	
625	880	700	
800	1050	850	
1000	1250	1000	

Blanke Kupferleitungen für Dauerbelastung bis 50 mm² unterliegen gleichfalls den Vorschriften der Tafel (Spalte 2 und 3). Auf blanke Kupferleitungen über 50 mm², sowie auf Fahrleitungen, ferner auf isolierte Leitungen jeden Querschnittes für aussetzende Betriebe finden die Bestimmungen der Spalten 2 und 3 keine Anwendung 7); solche Leitungen sind in jedem Falle so zu bemessen, daß

von Bogenlampen in Einzelschaltung und beim Anlassen kleiner Motoren vorkommen; auch Temperatursteigerungen vorübergehender Art oder an einzelnen Strecken der Leitung sind auf diese Weise ausreichend berücksichtigt.

Die auf den Quadratmillimeter des Querschnitts zugelassene Stromstärke nimmt mit zunehmender Drahtstärke ab von 6 Ampere bei 1 qmm auf 3,5 Ampere bei 10, 2,5 Ampere bei 50, 2 Ampere bei 95, 1,5 Ampere bei 240 bis 1 Ampere bei 1000 qmm.

Die als Fassungsader zugelassene Leitung von 0,5 qmm ist durch eine Sicherung für 6 Ampere ausreichend geschützt.

7) Blanke Leitungen erwärmen sich im allgemeinen etwas stärker als isolierte, weil bei letzteren die ausstrahlende Oberfläche durch die Isolierhülle vergrößert ist. Anderseits fällt bei ihnen die Rücksicht auf die Schädigung der Isolierhülle weg. Bei größeren Querschnitten ist die Abkühlung meist durch flache Form der Leitungsschienen gegenüber dem runden Querschnitt begünstigt. Häufig wird auch eine Teilung in Lamellen vorgenommen.

sie durch den stärksten normal vorkommenden Betriebstrom keine für den Betrieb oder die Umgebung gefährliche Temperatur annehmen. Bei Aufzügen innerhalb von Gebäuden sind Leitungen so zu verlegen, daß im Falle ihrer Erhitzung keine Feuersgefahr für die Umgebung entsteht.[8]

Für die Belastung von Kabeln gelten die in den „Normen für isolierte Leitungen in Starkstromanlagen" auf Kabel bezüglichen Bestimmungen.

2. Bei aussetzendem Betrieb[9] ist die Erhöhung der Belastung der Leitungen von 10 mm^2 aufwärts auf die Werte des Vollaststromes für aussetzenden Betrieb der Spalte 4, die etwa 40% höher sind als die Werte der Spalte 2, zulässig, falls die relative Einschaltdauer 40% und die Spieldauer 10 min nicht überschreiten.[10] Bedingt die häufige Beschleunigung größerer Massen bei Bemessung des Motors einen Zuschlag zur Beharrungsleistung, so ist dementsprechend auch der Leitungsquerschnitt reichlicher als für den Vollaststrom im Beharrungszustande zu bemessen.

Bei aussetzenden Motorbetrieben darf die Nennstromstärke der Sicherungen höchstens das 1,5fache der Werte der Spalte 4 betragen.

Der Auslösestrom der Selbstschalter ohne Verzögerung darf bei aussetzenden Motorbetrieben höchstens das 3fache der Werte von Spalte 4 betragen. Bei Selbstschaltern mit Verzögerung muß die Auslösung bei höchstens 1,6fachem Vollaststrom beginnen und die Verzögerungsvorrichtung bei dem 1,1fachen Wert des Vollaststromes zurückgehen.

---

8) Bei Aufzügen dürfen einzelne Leitungen im Interesse der Betriebssicherheit niemals unterbrochen werden, dürfen also auch keine Sicherungen enthalten. Daher ist damit zu rechnen, daß sie vorübergehend hohe Temperatur annehmen.

9) Was „aussetzender Betrieb" bedeutet, ist im § 2 m erklärt. Für die Bemessung der Sicherungen ist dabei die zulässige Belastung des Motors maßgebend. Da kurzdauernde starke Stromstöße mit schwachen Stromstärken und stromlosen Pausen in kurzem Spiel abwechseln, so erwärmen sich die Leitungen weniger als bei dauernder Vollaststromstärke.

10) Die relative Einschaltdauer (% ED) ist das 100 fache Verhältnis der Summe der Einschaltzeiten zur Summe der Einschaltzeiten + Summe der stromlosen Pausen, bezogen auf eine Stunde flotten Betriebes.

$$\% \; ED = \frac{\text{Einschaltzeiten}}{\text{Einschaltzeiten} + \text{stromlose Pausen}}$$

Um die Leitungsquerschnitte und die Stärke der Sicherungen zu bemessen, ist zunächst die relative Einschaltdauer festzustellen. Sie ergibt sich aus der Art des Betriebs. Überschreitet sie nicht 40%, so ist für den von der Betriebsart geforderten Vollaststrom der Spalte 4 der notwendige Querschnitt der Leitung aus Spalte 1 zu entnehmen. Nach diesem Querschnitt wird die Stärke der Sicherung gemäß Regel 2 Abs. 2 und die Einstellung der Selbstschalter gemäß Abs. 3 bestimmt.

Überschreitet die relative Einschaltdauer den Betrag von 40%, so sind besondere Überlegungen anzustellen und die Querschnitte entsprechend zu verstärken.

3. Bei **kurzzeitigem** Betrieb[11]) gelten die unter 2 genannten Vorschriften für aussetzenden Betrieb, jedoch sind Belastungen nach Spalte 4 nur zulässig, wenn die Dauer einer Einschaltung 4 min nicht überschreitet, anderenfalls gilt Spalte 2.

4. Der geringste zulässige Querschnitt für Kupferleitungen beträgt:[12])

für Leitungen an und in Beleuchtungskörpern, nicht aber für Anschlußleitungen an solche (siehe § 18a)[13]) . . . . 0,5 mm²

für Pendelschnüre, runde Zimmerschnüre und leichte Gummischlauchleitungen . 0,75 mm²

für isolierte Leitungen und für umhüllte Leitungen bei Verlegung in Rohr, sowie für ortsveränderliche Leitungen mit Ausnahme der Pendelschnüre usw. . . . . 1 mm²

für isolierte Leitungen in Gebäuden und im Freien, bei denen der Abstand der Befestigungspunkte mehr als 1 m beträgt 4 mm²

für blanke Leitungen bei Verlegung in Rohr 1,5 mm²

für blanke Leitungen in Gebäuden und im Freien (vgl. auch § 3, Regel 4)[14]) . . . . 4 mm²

für Freileitungen mit Spannweiten bis zu 35 m und Niederspannung . . . . . . 6 mm²

für Freileitungen in allen anderen Fällen . 10 mm²

> In B. u. T. beträgt der geringst zulässige Querschnitt für Kupferleitungen an und in Beleuchtungskörpern . . . . 1 mm²
> Für isolierte Leitungen bei Verlegung auf Isolierkörpern . . . . 2,5 „

5. Bei Verwendung von Leitern aus Kupfer von geringerer Leitfähigkeit oder anderen Metallen, z. B. auch bei Verwendung der Metallhülle von Leitungen als Rückleitung sollen die Querschnitte so gewählt werden,

---

11) Der „kurzzeitige Betrieb" erwärmt die Leitungen im allgemeinen stärker als der aussetzende ober weniger als der Dauerbetrieb.

12) Vgl. unter ²) sowie § 3 Regel 4 und ETZ 1903, S. 1049 N. 70. Die Minimalquerschnitte gelten für Kupferleitungen. Bei andern Metallen tritt Regel 4 in Geltung. Siehe hierüber unter ¹⁵).

13) Ortsveränderliche Leitungen zum **Anschluß** beweglicher Beleuchtungskörper dürfen nicht als Leitungen an oder in Beleuchtungskörpern angesehen werden; denn es empfiehlt sich keineswegs, den Minimalquerschnitt von 0,5 qmm für solche Leitungen zu verwenden, da sie starker mechanischer Beanspruchung ausgesetzt sind. Doch lassen die Normen von 1922 bei Gummiaderschnüren (Zimmerschnüren) und bei Gummischlauchleitungen leichter Ausführung den Querschnitt 0,75 qmm zu.

14) Wo es sich im Freien um größere Spannweiten handelt, empfiehlt es sich, den Querschnitt zu mindestens 6 qmm zu wählen, bei Hochspannung sollte stets 10 qmm verwendet werden; die größeren Querschnitte sollen vor allem auch die Drähte leichter erkennbar machen und so vor Beschädigung hüten.

daß sowohl Festigkeit wie Erwärmung durch den Strom den im vorigen für Leitungskupfer gegebenen Querschnitten entsprechen.[15])

§ 21.

Allgemeines über Leitungsverlegung.[1])

a) Festverlegte Leitungen müssen durch ihre Lage oder durch besondere Verkleidung vor mechanischer

---

15) Abgesehen von den als Rückleitungen benützten Metallhüllen gelten als normale Baustoffe außer Kupfer nur Aluminium in Form von Seil oder Kabeln sowie Eisenseil und Eisendraht. Eisen ist nur gut verzinkt und mit Anstrich von Ölfarbe oder Emaillack anzuwenden. Die Gefahr, daß es durchrostet und herabfällt, ist stets zu berücksichtigen, anderseits bietet Eisen bei entsprechender Stärke größere Festigkeit.

Bei Bestimmung des Querschnittes, welcher bei anderen Metallen als Kupfer für jede einzelne Stromstärke nötig ist, muß beachtet werden, daß dieser nicht in demselben Verhältnis größer sein muß, als das Leitvermögen kleiner ist als das des Kupfers. Vielmehr wird bei kleineren Stromstärken durch eine proportionale Vermehrung des Querschnittes auch die ausstrahlende Oberfläche so stark zunehmen, daß eine verhältnismäßig größere Belastung erlaubt ist. Man muß daher je nach dem gewählten Leitungsmaterial von Fall zu Fall entscheiden.

Sollen Stromstärke, Erwärmung und Oberflächenbeschaffenheit gleich bleiben, so müssen bei verschiedenen Stoffen die dritten Potenzen der zu wählenden Halbmesser sich wie die spezifischen Widerstände der benützten Metalle verhalten. Ändert sich z. B. der spezifische Widerstand im Verhältnis von 17 (Kupfer) zu 102 (Eisen), also um das 6 fache, so braucht der Durchmesser nur um das 1,8 fache größer genommen zu werden. Im übrigen ist die Beschaffenheit der Oberfläche des Drahtes und seiner Umgebung (bewegte oder ruhende Luft) von sehr erheblichem Einfluß.

Bei Bestimmung des zulässigen kleinsten Querschnittes für andere Metalle als Kupfer ist neben der Erwärmung auch deren Festigkeit zu beachten. Es müssen diejenigen Zugfestigkeiten gewährleistet sein, die den Kupferquerschnitten des § 20$^{\underline{2}}$ entsprechen. Die für normales Kupfer und Aluminium vorausgesetzten Festigkeitsgrößen, sowie die Anforderungen an die Festigkeit anderer Metalle und die Festigkeitsrechnungen sind in den Normen für Freileitungen angegeben.

Allgemein gültige Belastungstabellen für blanke Kupferleitungen über 50 mm^2 sowie für Eisen- und Aluminiumleitungen bestehen nicht, da das Leitvermögen der verwendeten Sorten sehr verschieden ist. Über Freileitungen vgl. § 22$^{\underline{4}}$.

§ 21. 1) Die Grundsätze über Leitungsverlegung, wie sie im § 21 zusammengestellt sind, sollen keineswegs als erschöpfend angesehen werden; vielmehr finden sich an vielen anderen Stellen der Vorschriften ebenfalls Bestimmungen über die Verlegung, die ebenso wie die des § 21 sowohl für Leitungen und Installationen im Freien als für solche in Gebäuden gelten.*) Die Abschnitte a) bis d) handeln vom Schutz der Leitungen

---

*) Wie bereits beim Bau der Häuser auf die Verlegung der Leitungen Rücksicht zu nehmen ist, sagen die „Leitsätze für Herstellung und Einrichtung von Gebäuden bezüglich Versorgung mit Elektrizität". ETZ 1910 S. 825.

Beschädigung geschützt sein[2]); soweit sie unter Spannung gegen Erde stehen[3]), ist im Handbereich stets eine besondere Verkleidung zum Schutz gegen mechanische Beschädigung erforderlich.[4]) (Ausnahmen siehe §§ 8c, 28g und 30a).

1. Bei bewehrten Bleikabeln und metallumhüllten Leitungen gilt die Metallhülle als Schutzverkleidung.

Mechanisch widerstandsfähige Rohre (siehe § 26) gelten als Schutzverkleidung.

Panzerader soll gegen chemische und nach den örtlichen Verhältnissen auch gegen mechanische Angriffe geschützt werden.[5]

---

gegen mechanische Beschädigung, wobei zu beachten ist, daß daneben noch der im § 3 behandelte Schutz gegen Berührung durch Personen gefordert wird. Die nach beiden Richtungen hin vorgeschriebenen Schutzmaßnahmen treffen zwar vielfach zusammen, so daß ein und dieselbe Vorkehrung beide Wirkungen erzielt, aber sie werden doch von so verschiedenen Bedingungen beherrscht, daß sich eine gemeinsame Vorschrift für beide Forderungen nicht aufstellen ließ. Unter e) bis h) wird von den Maßnahmen zur Erzielung der nötigen Isolation und zwar hauptsächlich von den einzuhaltenden Abständen gehandelt. Weitere Einzelheiten über besondere Verlegungsmittel ergeben sich, da sie vorzugsweise in Gebäuden Anwendung finden, aus den §§ 25—26. Die Abschnitte i) bis n) sprechen von den Verbindungen und Abzweigungen der Leitungen; hieran schließen sich unter o) und p) einige Einzelheiten über Kreuzungen und über gegenseitige Beeinflussung.

2) Wo die Gefahr einer Beschädigung vorliegt kann nicht allgemein angegeben werden; es richtet sich dies nach der Beschaffenheit und Benutzungsart der Örtlichkeit. In Betriebsstätten, an denen größere Werkstücke und Werkzeuge gehandhabt werden, wird die Schutzverkleidung unter Umständen kräftiger zu wählen und über den unmittelbaren Handbereich zu erstrecken sein. Besonders gefährdet sind die Fußbodendurchgänge, ferner auch Leitungen, welche unmittelbar auf den Fußböden, z. B. auf dem eines Speichers geführt sind, wie dies etwa bei den Zuleitungen zu sogenannten Oberlichtern von Bühnenbeleuchtungen oder zu Kronleuchtern vorkommt. Diese bedürfen eines Schutzes auch dann, wenn der Speicher in der Regel nicht betreten wird. Überhaupt ist das Verlegen auf der Oberkante oder Oberfläche von horizontal verlaufenden Konstruktionsteilen der Gebäude viel weniger zu empfehlen, als die Benutzung der unteren oder seitlichen Flächen zu diesem Zweck. ETZ 1904, S. 425 N. 106.

3) Über Schutz der geerdeten Leitungen siehe unter d).

4) Auch Leitungen, die an sich widerstandsfähig sind, z. B. Steigleitungen, müssen abgesehen von den erwähnten Ausnahmen, im Handbereich durch Rohre usw. geschützt sein. Ebensowenig kann z. B. der Umstand, daß es sich nur um kurze Leitungsstrecken (z. B. an Zählerklemmen) oder um selten betretene (etwa nur zu Repräsentationszwecken benutzte) Räume handelt, von der Forderung entbinden. ETZ 1911, S. 743, N. 237. Als unmittelbaren Handbereich rechnet man ungefähr 2,5 m Höhe über den Standort, es ist aber auch der seitliche Bereich z. B. bei Treppen zu beachten.

5) Nackte Bleikabel gelten auch in Wohnräumen innerhalb des Handbereiches nicht als genügend geschützt. Panzer-

> ⚒ In B. u. T. sollen metallische Schutzverkleidungen geerdet werden.[6])

b) Bei Hochspannung müssen Schutzverkleidungen aus Metall geerdet, solche aus Isolierstoff feuersicher sein.[7])

c) Ortsveränderliche Leitungen und bewegliche Leitungen, die von festverlegten abgezweigt sind, bedürfen, wenn sie rauher Behandlung ausgesetzt sind, eines besonderen Schutzes.[8])

> ⚒ In B. u. T. bedürfen ortsveränderliche Leitungen und bewegliche Leitungen stets eines besonderen Schutzes; besteht der Schutz aus Metallbewehrung, so muß er geerdet sein.[8a])

---

geflecht auf Bleikabeln gilt im allgemeinen nicht als genügender Schutz. Rohrdrähte gelten als geschützt nur soweit sie nicht chemischen oder Witterungsangriffen ausgesetzt sind.

6) Ist die metallische Schutzverkleidung noch mit einer haltbaren Isolierhülle bedeckt (etwa Leder bei ortsveränderlichen Leitungen), so kann die Erdung der Metallverkleidung unterbleiben. ETZ 1910, S. 1322, N. 229. Der Metallschutz kann oft mit Vorteil durch eine kräftige Umkleidung aus nichtleitendem Stoff ersetzt werden.

7) Vgl. § 3 b) und c). Bei Hochspannung darf das Gebiet des „Handbereiches" nicht zu eng gefaßt werden. Bei metallischen Schutzverkleidungen ist auf sorgfältige Bemessung der Erdverbindung und leitende Verbindung der Stoßstellen die größte Aufmerksamkeit zu richten; denn es ist nie ganz ausgeschlossen, daß die Leitung an einer oder der andern Stelle die Verkleidung berührt und daß ein Durchschlagen der Isolierhülle stattfindet. Wenn die sichere Erdung nicht durchführbar ist, so ist eine isolierende Verkleidung vorzuziehen. Wenn die Schutzverkleidung dem Zweck der Leitung widersprechen würde, wie z. B. bei Kontaktleitungen von Laufkränen, so ist die Leitung durch die Lage, in der sie angeordnet ist, gegen Berührung zu sichern. ETZ 1905, S. 475 N. 162.

8) Ortsveränderliche Leitungen, wie sie zum Anschluß von Tischlampen, Plätteisen, Kochapparaten, Werkzeugen, Motoren u. dgl. dienen, liegen der Regel nach im Handbereich. Man wähle sie nicht länger als notwendig. Neben den mittels Steckers lösbaren ortsveränderlichen Leitungen werden als bewegliche diejenigen bezeichnet, die zwar an die festverlegte Leitung unlösbar angeschlossen sind, aber dem von ihnen versorgten Stromverbraucher eine begrenzte Beweglichkeit gestatten; solche kommen z. B. bei Webstuhllampen vor. Sie sollten so eingerichtet werden, daß die Stromzuführung im Sinne des § 18 c) nicht auf Zug beansprucht werden und nach § 18⁴ nicht durch die Bewegung verletzt werden kann. ETZ 1903, S. 516 N. 54; 1904, S. 361 N. 81 und 98; S. 425 N. 107; 1905, S. 278 N. 136 und 138; S. 279 N. 153. Immer sind ortsveränderliche und bewegliche Leitungen der Beschädigung und Abnutzung in hohem Maße ausgesetzt und sind daher besonders gut zu beaufsichtigen. Wo es möglich ist, besonders aber auf Werkplätzen, in Werkstätten, nach Umständen auch in Küchen usw. sind kräftige Sorten, z. B. Werkstattschnüre anzuwenden, oder Leder-, Gummischlauchleitungen nach den Normen zu benutzen. Nicht aber Panzeradern. ETZ 1922, S. 263.

2. In Betriebsstätten sollen ungeschützte Schnüre nicht verwendet werden. Besteht der Schutz aus Metallbewehrung, so empfiehlt es sich, ihn zu erden. [8b])

d) Geerdete Leitungen können unmittelbar an Gebäuden befestigt oder in die Erde verlegt werden, jedoch ist eine Beschädigung der Leitungen durch die Befestigungsmittel oder äußere Einwirkung zu verhüten. [9])

3. Strecken einer geerdeten Betriebsleitung sollen nicht durch Erde allein ersetzt werden. [10])

8a) Vgl. Anm. 6.

8b) Metallbewehrung der Schnüre ist im allgemeinen nicht zu empfehlen. Als geschützte Schnüre sind besonders die Gummischlauchleitungen leichter, verstärkter und starker Ausführung nach den Normen zu empfehlen. Betr. Erdung vgl. auch § 3 d.

9) Geerdete Leitungen, die sowohl zur Schutzerdung nach § 3 wie auch zur Betriebserdung z. B. im Mittelleiter von Dreileitersystem vorkommen, müssen nicht nur ebensogut, wie andere Leitungen, sondern womöglich noch sorgfältiger vor Verletzung geschützt werden, als jene. Denn eine Unterbrechung des geerdeten Leiters kann in den übrigen eine bedenkliche Erhöhung der Spannung zur Folge haben. Diese Leitungen dürfen nicht unmittelbar in Putz, sondern sollen stets so verlegt werden, daß sie nachgesehen und ausgewechselt werden können (§ 3 ^{5}, § 21 ^{5}).

Namentlich ist zu berücksichtigen, daß in größerer Entfernung von der absichtlich hergestellten Erdverbindung auch in dem an Erde gelegten Zweig eine merkliche Potentialdifferenz gegen Erde auftreten kann infolge des durch die Belastung bedingten Spannungsverlustes bei ungleicher Beanspruchung der beiden Hälften des Dreileitersystems. Diese wird unter Umständen imstande sein, an Stellen mangelhafter oder wechselnder Berührung mit der Erde (Gas- oder Wasserleitungen) Funkenbildung zu veranlassen. Daher dürfen die geerdeten Leitungen in feuergefährlichen Räumen nach § 34 c nicht blank sein. Noch bedenklicher sind die elektrolytischen Zerstörungen die bei fortgesetztem Stromübergang aus einem der blanken Leiter auf benachbarte Metallteile unter Vermittelung von feuchtem Holz oder feuchtem Mauerwerk eintreten können. Es empfiehlt sich daher, an allen Stellen, wo ein Stromübergang von dem blanken geerdeten Draht nach der Erde auf Seitenwegen möglich ist, eine gut leitende metallische Erdverbindung herzustellen, an denjenigen Punkten aber, wo eine derartige leitende Verbindung nicht geschaffen werden soll, die Ausbildung unbeabsichtigter Ableitungsströme durch zwischengelegte Isolierstoffe zu verhindern. ETZ 1923, S. 270. Der Anschluß der geerdeten Leiter an die letzten Ausläufer von Gas- und Wasserleitungsrohren wird im allgemeinen nicht empfohlen werden können, weil deren Leitfähigkeit namentlich an den Stoßstellen nicht verbürgt ist. Vgl. Leitsätze betr. Anfressungsgefährdung des blanken Mittelleiters ETZ 1923, S. 329, 345, 770.

Durch ausgedehnte Anlagen mit blankem geerdeten Mittelleiter in Städten, wie Bonn, Krefeld usw. ist die Durchführbarkeit des Systems erwiesen; doch sind die örtlichen Verhältnisse zu berücksichtigen. Es scheint z. B., daß die Beschaffenheit des Mauerkalkes auf die Haltbarkeit der blanken Drähte von Einfluß ist. Vergl ETZ 1902, S. 307, 308 und S. 698 unter 8); 1903 S. 1049 N. 65.

10) Vgl. § 3 ^{5}. Der Unterschied zwischen geerdeter „Betriebsleitung", z. B. geerdetem Mittelleiter, und der sogenannten

e) Ungeerdete blanke Leitungen dürfen nur auf zuverlässigen Isolierkörpern verlegt werden.[11])

In B. u. T. sind sie nur als Fahrleitung und in abgeschlossenen elektrischen Betriebsräumen zulässig.

f) Ungeerdete blanke Leitungen müssen, soweit sie nicht unausschaltbare gleichpolige Parallelzweige bilden, in einem der Spannweite, Drahtstärke und Spannung angemessenen Abstand voneinander und von Gebäudeteilen, Eisenkonstruktionen und dergleichen entfernt sein.

4. Ungeerdete blanke Leitungen sollen, wenn sie nicht unausschaltbare Parallelzweige sind, in der Regel bei Spannweiten von mehr als 6 m etwa 20 cm, bei Spannweiten von 4—6 m etwa 15 cm, bei Spannweiten von 2 bis 4 m etwa 10 cm und bei kleineren Spannweiten etwa 5 cm voneinander, in allen Fällen aber etwa 5 cm von der Wand oder von Gebäudeteilen entfernt sein (siehe § 31²). [12])

„Schutzerdung" ist zu beachten. Als „Erde" im Sinne des § 21³ sind auch metallische Gebäudeteile anzusehen. Diese dürfen wohl zur Verstärkung der besonders zu verlegenden Erdleitung herangezogen werden, nicht aber als ganzer oder teilweiser Ersatz, der dauernd im Betriebe Strom führen soll. So darf z. B. ein geerdeter Mittelleiter nicht streckenweise durch Erde selbst oder einen solchen Gebäudeteil ersetzt werden. Anders ist es bei Schutzerdungen, namentlich, wenn sie nur statische Ladungen abführen sollen. Solche können unter Umständen lediglich durch Anschluß an metallische Gebäudeteile, Fundamente von Turbinen oder Dampfmaschinen in hinreichender Weise erzielt werden. Doch sind stets alle Möglichkeiten von wirklichen Stromübergängen in Rücksicht zu ziehen.

Wird die Regel 3 nicht beachtet, so können sich Stromübergänge unter Vermittelung von feuchten Erd- oder Mauerschichten ausbilden, wobei eine elektrolytische Zerstörung der Leitungen oder der Rohre eintreten kann, wie unter [9]) erörtert ist.

11) Blanke Leitungen bedürfen naturgemäß stets eines besser isolierenden Befestigungsmittels, als isolierte Leitungen. Bei der Beurteilung der Zuverlässigkeit ist stets von der Porzellandoppelglocke als der normalen Isoliervorrichtung auszugehen. Es müssen daher die Ersatzmittel dem Stromübergang ähnlich lange Wegstrecken entgegensetzen. Auf den Schutz gegen Regen, den die Glocke bietet, kann in trockenen Räumen unter Umständen verzichtet werden, doch ist zu beachten, daß die isolierenden Flächen von Staub und Schmutz rein gehalten werden müssen. In Kellern, Stallungen, dampferfüllten Räumen ist auf Tropfwasser und Kondenswasser Rücksicht zu nehmen. Vgl. auch Erläuterungen zu §§ 25 c) u. 25 d).

12) Berührung zwischen blanken Leitungen gibt zu Kurzschluß und Funkenbildung oder zur Bildung stehender Lichtbogen Anlaß, und zwar nicht nur zwischen Leitungen verschiedener Polarität, sondern auch zwischen gleichpoligen, die Spannungsdifferenzen aufweisen. In Gebäuden ist der Durchhang, außerdem aber auch die stärkere Erwärmung einzelner Leitungsstrecken durch etwa vorhandene Kessel, Öfen, Feuerungen, ferner die zufällige Berührung mit Werkzeugen, Staffeleien u. s. w. zu berücksichtigen.

5. Bei Verbindungsleitungen zwischen Akkumulatoren, Maschinen und Schalttafeln und auf Schalttafeln, ferner bei Zellenschalter-Leitungen und bei parallel geführten Speise-, Steig- und Verteilungsleitungen können starke Kupferschienen sowie starke Kupferdrähte in kleineren Abständen voneinander verlegt werden.

Kleinere Abstände zwischen den Leitungen sind nur zulässig, wenn sie durch geeignete Isolierkörper gewährleistet sind, die nicht mehr als 1 m voneinander entfernt sind.[13])

6. Bei blanken Hochspannungsleitungen sollen als Abstände der Leitungen gegen andere Leitungen, gegen die Wand, Gebäudeteile und gegen die eigenen Schutzverkleidungen folgende Maße eingehalten werden:

Betriebsspannung[14) in V	Mindestabstand in cm
bis 750	4
„ 3 000	10
„ 5 000	—
„ 6 000	10
„ 10 000	12,5
„ 15 000	—
„ 25 000	18
„ 35 000	24
„ 50 000	35
„ 60 000	47
„ 100 000	—

7. Hochspannungsleitungen sind längs der Außenseite von Gebäuden möglichst zu vermeiden. Ist dies nicht möglich, so sollen die gleichen Abstände wie in Regel 6 eingehalten werden, jedoch bei einem Mindestabstand von 10 cm. Hierbei sind etwaige Schwingungen der gespannten Leitungen zu

---

Unausschaltbare Parallelzweige kommen in der Regel nur dadurch zustande, daß man des leichteren Spannens wegen oder behufs nachträglicher Verstärkung mehrere dünne Drähte statt eines dicken nebeneinander spannt. Sie sind an einzelnen Stellen miteinander durch verlötete Querdrähte zu verbinden.

13) Die für Akkumulatorräume und die Leitungen nach den sogenannten Zuschaltezellen und für ähnliche Verhältnisse gemachte Ausnahme ist nur für solche Leitungen gültig, die keine erheblichen Spannungsdifferenzen aufweisen, sie ist darin begründet, daß für diese, meist in großer Anzahl nötigen, Leitungen oft nur ein beschränkter Raum zur Verfügung steht. Die großen Querschnitte dieser Drähte werden ihnen in der Regel so viel Festigkeit verleihen, daß die Gefahr einer Berührung ausgeschlossen ist. Benutzt man dabei Rollen auf gemeinsamem Träger, so muß die geringere Isolierfähigkeit der Rollen durch eine bessere Isolation des gemeinsamen Rollenträgers ausgeglichen werden.

Zu beachten ist, daß die elektrodynamische Anziehung und Abstoßung bei hohen Stromstärken Ausbiegungen der Leitungsschienen und infolgedessen gegenseitige Berührung bewirken kann. Sind die Leitungen nicht selbst genügend steif, so sind in solchen Fällen trennende Isolierkörper in geeigneten Abständen zwischen den Leitungen anzuordnen, die unter Umständen von den Leitungen selbst getragen werden können.

14) Die angegebenen Spannungsstufen sind wie im § 2a als Gebrauchsspannungen anzusehen; es sollen daher die an-

berücksichtigen (siehe auch § 22b)[15]*). Ausgenommen hiervon sind bewehrte Kabel.*

g) Isolierte Leitungen ohne metallene Schutzhülle dürfen entweder offen auf geeigneten Isolierkörpern oder in Rohren verlegt werden.[16]) Die feste Verlegung von ungeschützten Mehrfachleitungen ist unzulässig.

---

gegebenen Mindestabstände auch für die um $15^0/_0$ über den Nennspannungen liegenden Spannungen anwendbar sein, die infolge Spannungsabfalles bis zur Verbrauchsstelle in der Erzeugerstelle auftreten.

15) An der Wand entlang geführte blanke und isolierte Hochspannungsleitungen gefährden die Bauhandwerker, die etwa an dem Gebäude arbeiten. Die Bestimmungen des § 22b sind in der Nähe von Fenstern, Altanen usw. zu beachten.

16) Während für blanke Leitungen im § 21f) ganz allgemein ein angemessener Abstand von Wänden usw. gefordert wird, dessen Bemessung des Näheren aus den Regeln 4 bis 7 hervorgeht, ist für isolierte Leitungen eine grundsätzliche Bestimmung über Abstände nicht gegeben; es werden lediglich in den Regeln 9 und 12 die bei bestimmten Verlegungsarten einzuhaltenden Maße genannt. Technisch ist es möglich, der Isolierhülle selbst eine der Spannung angepaßte Isolier- und Durchschlagfestigkeit zu geben, wie denn auch in mehradrigen Kabeln die Leitungen verschiedenen Potentials auf weite Strecken nur durch die Isolierschichten getrennt eng nebeneinander liegen; ebenso hat sich die Verlegung der beiden Leitungen eines Stromkreises in einem gemeinsamen Rohr für Niederspannung bewährt. Damit ist jedoch nicht gesagt, daß die erwähnten Abstände völlig unerheblich seien und keiner weiteren Beachtung bedürften. Im allgemeinen pflegt man sich auf die Wirkung der Isolierhülle des Drahtes allein, nur dann zu verlassen, wenn sie der Beschädigung entzogen, d. h. wenn die Leitung etwa durch ein Rohr geschützt und damit auch am Durchbiegen oder Durchscheuern gehindert ist. Diese Vorteile finden sich in erhöhtem Maße bei Leitungen, die in einem Kabel vereinigt sind, das seinerseits durch die Armierung geschützt ist. Sie werden ferner nach Regel 10 und 11 den Leitungen mit unmittelbar aufsitzender metallischer Schutzhülle und bezüglich der gegenseitigen Berührung allen wasserdicht isolierten Leitungen dann zugebilligt, wenn eine Lagenveränderung verhindert ist.

Ist eine solche Schutzhülle oder Schutzverkleidung nicht vorhanden, so werden auch die isolierten Leitungen durch besondere Isolierkörper von der Umgebung und von benachbarten Leitungen getrennt, um einerseits die Isolierwirkung der Hülle zu erhöhen, die Spannung, mit der sie beansprucht wird, zu vermindern und zugleich die Kapazität der Leitung zu verkleinern, anderseits um die von den Wänden ausgehenden Schädlichkeiten (Kalk, Schmutz, Feuchtigkeit) von den Leitungen fern zu halten; nicht zum wenigsten endlich um die frei gespannten Leitungen dem Auge sichtbarer zu machen und so ihre zufällige Berührung zu erschweren, ihre Verletzung zu vermeiden und die Kontrolle ihres Zustandes zu erleichtern. Siehe unter [18]).

Durch die Vorschriften des § 21g ist es verboten, Drähte unmittelbar einzumauern oder in den Verputz zu verlegen, eben sowenig dürfen sie einfach in den sogenannten Fehlboden, d. h.

8. Leitungen sollen in der Regel so verlegt werden, daß sie ausgewechselt werden können (siehe § 26⁴). Rohrdrähte sollen nicht eingemauert oder eingeputzt werden.[17])

---

unmittelbar hinter dem Plafond oder unter den Fußboden eingezogen werden. Es ist vielmehr, wenn die Wandfläche glatt und die Leitung unsichtbar bleiben soll, die Verlegung in Röhren oder Kanälen anzuwenden, und zwar in der Weise, daß bei dünneren Leitungen eine hinreichende Anzahl von Einführungs-, Verbindungs- und Abzweigungsdosen vorgesehen wird, um die Drähte herausziehen und einführen zu können, ohne dabei die Wände und Decken oder den Draht selbst zu verletzen, während bei Leitungen stärkeren Querschnittes wenigstens die Rohre selbst unverdeckt und zugänglich bleiben sollen (§ 26⁴). Dies ist notwendig, weil unzugängliche Drähte in bezug auf ihre Beschaffenheit und die Veränderung, welche die Isolierschicht durch die in Mauern und Wänden enthaltene Feuchtigkeit der sonstige schädliche Stoffe erleidet, nicht untersucht werden können. Die entstehenden Fehler geben zu Erdschluß und Kurzschluß Anlaß, der alsdann oft an einer entfernten Stelle zu Überlastung und Entzündung führt. Siehe Regel 8. Mehrfachleitungen, die nicht wie Rohrdrähte, Panzeradern oder Bleikabel eine gemeinsame Schutzhülle besitzen, eignen sich nicht zur offnen festen Verlegung auf Isolierkörpern wie Glocken oder Rollen, weil sie nicht so fest gespannt werden können wie Einfachleitungen und leicht beschädigt werden, wodurch Kurzschluß entstehen kann. Vgl. auch § 23 b.

17) Dabei ist auch zu beachten, daß jede Verlegungsart, welche eine Nachprüfung des verlegten Drahtes ausschließt, geeignet ist, die Arbeiter, welche die Verlegung ausführen, zu Mißbräuchen zu verleiten. Es werden z. B. Lötstellen eingefügt, wo sie nicht hingehören, oder die Lötstellen werden schlecht isoliert, verletzte oder zu dünne Drahtstrecken können verwendet werden und dgl. mehr. Ferner muß der Verlauf der Leitungen verfolgt werden können um aufgetretene Störungen zu beheben. (Siehe auch Seite 88 unter ⁴).) Diese Erwägungen sprechen für die aufgestellte Bestimmung, während aus rein physikalischen Gründen nichts im Wege stände, etwa eine ungelötete Drahtlänge an einer trockenen Mauer in reinen Gips völlig einzubetten, sofern sie dort dauernd vor Nässe und vor Beschädigungen (etwa durch eingetriebene Nägel) geschützt ist.

(Über die Verlegung der Rohre vgl. auch § 26.)

Auch blanke, geerdete Leitungen sollen nicht ohne Schutzrohr eingeputzt werden. Gerade sie sind mit besonderer Sorgfalt so zu verlegen, daß sie stets nachgesehen werden können; denn der Umstand, daß die Verlegung hier ohne Rücksicht auf elektrische Isolation ausgeführt werden darf, verführt sehr leicht dazu, diese Leitung selbst mit weniger Sorgfalt zu behandeln. (Vgl. S. 97 unter ⁹)). Wird der Körper metallischer Schutzrohre als geerdeter Mittelleiter verwendet, so ist bei sorgfältiger leitender Verbindung der Stoßstellen und genügender Stärke des Rohrkörpers das Einputzen meistens unbedenklich. Vgl. unter ⁹).

Kabel fallen nicht unter die Bestimmung des § 21 g, da sie nur solche isolierte Leitungen betrifft, die nicht mit nahtloser wasserdichter Metallhülle versehen sind, wie es bei Kabeln der Fall ist. Beim Verlegen von Kabeln ist nur dafür zu sorgen, daß eine Prüfung ihres Zustandes

9. Isolierte offen verlegte Leitungen sollen bei Niederspannung im Freien mindestens 2 cm, in Gebäuden mindestens 1 cm von der Wand entfernt gehalten werden.[18])

⚒ | In B. u. T. soll der Abstand mindestens 2 cm |
    | von Stößen, Firsten und dergleichen betragen. |

10. Isolierte Leitungen mit metallener Schutzhülle (Rohrdrähte, Panzerader usw.) können im Freien an maschinellen Aufbauten und Apparaten, die ständiger Überwachung unterstehen (wie Krane, Schiebebühnen usw.), unmittelbar auf Wänden, Maschinenteilen und dergleichen mit Schellen befestigt werden.[19])

Gegen chemische und atmosphärische Angriffe soll die Schutzhülle gesichert sein.[20])

11. Bei Einrichtungen, an denen ein Zusammenlegen von Leitungen in größerer Zahl unvermeidlich ist (z. B. Reguliervorrichtungen, Schaltanlagen), dürfen isolierte Leitungen so verlegt werden, daß sie sich berühren, wenn eine Lagenveränderung ausgeschlossen ist.[19])

---

auf elektrischem Wege möglich bleibt; weshalb in nicht zu großer Entfernung von den Enden der Kabel Sicherungen oder Anschlußstellen vorzusehen sind, die ein Einschalten von Meßgeräten möglich machen. Die Kabel sind in hohem Grade in sich geschützt und eine mißbräuchliche Verlegung einzelner beschädigter oder ungeeigneter Strecken ist nicht so leicht möglich, wie bei Drähten.

18) Die Abstände parallel geführter Drähte unter sich sind für blanke Drähte durch § 21⁴ geregelt. Isolierte Drähte werden in Rohren (§ 26c) und Beleuchtungskörpern unmittelbar nebeneinander gelegt. Ebenso in den Fällen der Regeln 10 und 11. Bei offener Verlegung ist dies jedoch im allgemeinen nicht zulässig. Die Isolatoren sollen vielmehr in solchem Abstande voneinander stehen, daß sich die Drähte auch auf den frei gespannten Strecken nicht aneinander scheuern können. In der Regel wählt man für Niederspannung 5 cm, bei Hochspannung 10 cm Abstand, häufig ist jedoch (siehe Regel 12) je nach der Art der benützten Isolierhülle und der Höhe der Spannung, noch größerer Abstand erforderlich. Vgl. [16]).

19) Das Bedürfnis nach einem dichteren Zusammenlegen macht sich nur in besonderen Fällen fühlbar, so z. B. bei den in Regel 10 erwähnten Kranmotoren oder bei Bühnenregulatoren, oder bei Reklamebeleuchtungen mit umlaufenden Schaltwalzen. Hier müssen zahlreiche Leitungen, die den einzelnen Lampengruppen oder Regelungsorganen zugehören, auf kleinere oder größere Strecken einen gemeinsamen Weg nehmen und treffen an der Schaltvorrichtung dicht zusammen. Derartige Leitungen dürfen dicht zusammengelegt werden, wenn sie mit nahtloser Gummiader umhüllt und außerdem so fest miteinander verbunden sind, daß sie sich nicht gegeneinander bewegen, also reiben oder verwirren können. Am besten vereinigt man sie auf der gemeinsamen Wegstrecke durch Umschnüren mit Isolierband oder durch Einnähen in einen Schlauch aus starkem, wasserdichtem Stoff oder Leder. Die verminderte Wärmeabgabe solcher Bündel von Leitungen ist zu beachten.

20) Insbesondere ist bei Panzeradern, bei Rohren mit dünnem Metallüberzug und bei Rohrdrähten ein wiederholter schützender Anstrich zu empfehlen. Panzerader mit Bandhülle ist kräftiger als solche mit Drahthülle.

12. Bei Hochspannung über 1000 V sollen auf Glocken, Rollen usw. verlegte isolierte Leitungen mit den für blanke Leitungen geforderten Mindestabständen verlegt werden, wenn ihre Isolierhülle nicht gegen Verwitterung geschützt ist. Bei Spannungen unter 1000 V gelten 2 cm als ausreichender Abstand. [21])

h) Bei Leitungen oder Kabeln für Ein- und Mehrphasenstrom, die eisenumhüllt oder durch Eisenrohre geschützt sind, müssen sämtliche zu einem Stromkreise gehörigen Leitungen in der gleichen Eisenhülle enthalten sein, wenn bei Einzelverlegung eine bedenkliche Erwärmung der Eisenhüllen zu befürchten ist (siehe § 26c).[22])

i) Die Verbindung von Leitungen untereinander, sowie die Abzweigung von Leitungen dürfen nur durch Lötung, Verschraubung oder gleichwertige Mittel bewirkt werden.[23])

---

21) Vgl. unter [12]) und [16]).

22) Wechselströme können, wenn nur eine Leitung in einem Metallrohr geführt ist, dieses zum Träger induzierter Ströme machen. Bei Eisenrohren kommen hierzu noch die magnetischen Erregungen, die nicht nur einen gewissen Verlust an elektrischer Energie, sondern auch Erwärmungen des Eisenrohres bewirken. Auch Metallrohre aus unmagnetischem Stoff, wie Blei oder Messing, können durch die induzierten Ströme Erwärmung erfahren; besonders wenn diesen eine geschlossene Bahn geboten wird z. B. über andere Metallteile des Gebäudes, wie Gasrohre, Wasserrohre, eiserne Träger, wobei sie je nach den obwaltenden Verhältnissen nicht unerhebliche Stärke annehmen können. Da solche Verhältnisse selten zusammentreffen, so ist die Vorschrift, daß bei Wechselstrom stets Hin- und Rückleitung in dasselbe Rohr verlegt werde, auf eiserne oder eisenüberzogene Rohre beschränkt worden. Entscheidend ist die Sachlage (Stromstärke usw.) im Einzelfalle. ETZ 1909, S. 497, N. 210. Nach Versuchen von Bloch, ETZ 1913, S. 207, ergibt die einphasige Verlegung in Papierrohr mit Messingmantel auch bei hohen Stromstärken nur unerhebliche Vermehrung des Spannungsabfalls und der Erwärmung; sie ist daher bei dieser Rohrsorte unbedenklich. Bei Papierrohr mit verbleitem Eisenmantel tritt bei höheren Stromstärken zwar noch keine bedenkliche Erwärmung, aber eine sehr erhebliche Steigerung des Spannungsabfalles und der Energieverluste auf. Bei Stahlrohren ergaben schon Stromstärken unter 50 A erhebliche Übertemperaturen und starke Steigerung des Spannungsabfalles und der Energieverluste. Das vielfach als Aushilfsmittel angesehene Verfahren, die Eisenhüllen der einzeln verlegten Phasenleitungen miteinander durch leitende Verbindungsstücke zu überbrücken, ist praktisch erfolglos.

23) Das elektrische Leitvermögen darf an einer Verbindungsstelle des Drahtes nicht geringer sein, als innerhalb des Drahtes selbst. Unzulässig ist demnach das häufig von unberufenem Personal beliebte Verfahren, die Drähte einfach umeinander zu würgen. Hierbei bleibt eine Oxydschicht zwischen den beiden zu verbindenden Drahtenden, welche im Laufe der Zeit ihren Widerstand immer mehr erhöht; besonders dann, wenn der Zutritt von Feuchtigkeit nicht ausgeschlossen ist.

⚒ | In B. u. T. müssen an Schaltstellen die ankommenden Leitungen abtrennbar sein, *bei Spannungen über 500 V durch Leistungsschalter* (vgl. §9e).

Die zu den Stromverbrauchern führenden Abzweigungen von Hauptleitungen müssen unter Spannung abtrennbar sein.[24]

Innerhalb von Glühlampenstromkreisen, die mit 6 A gesichert sind, bedarf es keiner weiteren Trennstellen.

Als eine dem Verlöten gleichwertige Verbindungsart gilt der Drahtbund, bei welchem eine Hülse von zähem Metall über die Drähte geschoben und mit ihnen verdrillt wird, sowie der Niet-, Kerb- oder Splintverbinder. ETZ 1922, S. 626. Die so erzielte Vergrößerung der Übergangsfläche, verbunden mit dem ziemlich zuverlässigen Abschluß von Luft und Feuchtigkeit, sprechen für diese Verfahren bei sorgfältiger Ausführung besonders dort, wo das Löten unzulässig ist, z. B. in Scheunen oder auf Strohdächern. ETZ 1903, S. 1049 N. 66. Bei hartgezogenen Kupferdrähten ist das Löten bedenklich, weil ihre Festigkeit durch das Erhitzen leidet.

Bei Peschels Verlegungsart in blanken Metallrohren, die als geerdete Leiter dienen können, wird die leitende Verbindung der einzelnen Rohrlängen durch einen federnden Kontakt vermittelt, dessen richtiger Sitz kontrollierbar ist. Vgl. ETZ 1902, S. 202, 510. ETZ 1903, S. 1049 N. 69.

Es ist auch verboten, zwei Drähte durch eine freihängende Klemmschraube derart zu verbinden, daß die Verbindungsstelle durch das Gewicht der Klemme auf Zug beansprucht oder durch den Betrieb einer Lockerung oder der gefahrbringenden Berührung blanker Klemmteile ausgesetzt wird. Dieses Hilfsmittel ist ausschließlich zu vorübergehenden Verbindungen bei Versuchen im Laboratorium usw. anzuwenden. Zu dauerndem Anschluß dienen sie nur als isolierte sog. Lüsterklemmen, an Stellen, wo sie von Zug entlastet und der Berührung entzogen sind. Wenn diese Bedingungen nicht erfüllt sind, so setze man eine mit entsprechender Unterlage an der Wand oder Decke befestigte Anschlußklemme ein, wie sie in Regel 14 verlangt ist. In feuchten Räumen sind jedoch blanke Messingklemmen der Zerstörung durch chemischen Angriff ausgesetzt. Vgl. unter [26]

Beim Löten ist darauf zu achten, daß die verwendeten ätzenden Lötmittel nach Herstellung der Verbindung sorgfältig entfernt werden; da dies von unkontrollierten Arbeitern oft versäumt wird, so daß dünne Drähte durch die Nachwirkung zerfressen werden, so ist es üblich, stark saure Lötmittel (Salzsäure) den Arbeitern zu verbieten. Mäßige Zusätze schwacher z. B. organischer Säuren sind erfahrungsgemäß unschädlich. ETZ 1907, S. 856 u. 875.

24) Die Abtrennbarkeit ermöglicht, größere oder kleinere Teile des Netzes spannungslos zu machen und so Fehler innerhalb der Leitungen oder der Schaltstellen zu finden oder zu beheben. Vielfach ist das Abtrennen mit Hilfe der betriebsmäßig vorhandenen Schalter, Sicherungen, Anschlußklemmen u. dgl. möglich, andernfalls sind entsprechende Hilfsmittel einzubauen. Vgl. auch §§ 11e), 30b), 31a).

Nur bei Spannungen über 500 V wird verlangt, daß das Abtrennen unter Strom, sonst nur, daß es unter Spannung möglich

13. Die Verbindung der Leitungen mit den Apparaten, Maschinen, Sammelschienen und Stromverbrauchern soll durch Schrauben oder gleichwertige Mittel ausgeführt werden.[25]

Schnüre oder Drahtseile bis zu 6 qmm und Einzeldrähte bis zu 16 qmm Kupferquerschnitt können mit angebogenen Ösen an den Apparaten befestigt werden. Drahtseile über 6 qmm, sowie Drähte über 16 qmm Kupferquerschnitt sollen mit Kabelschuhen oder gleichwertigen Verbindungsmitteln versehen sein. Bei Schnüren und Drahtseilen jeder Art sollen die einzelnen Drähte jedes Leiters, wenn sie nicht Kabelschuhe oder gleichwertige Verbindungsmittel erhalten, an den Enden miteinander verlötet sein.[26]

14. Verbindungen von Schnüren untereinander oder zwischen Schnüren und anderen Leitungen sollen nicht durch Verlötung, sondern durch Verschraubung auf isolierender Unterlage oder durch gleichwertige Vorrich-

---

ist. Es genügt also unterhalb dieser Spannung, wenn die unbelastete Leitung sicher abtrennbar ist.

25) Unzulässig ist es, Drähte nur um die Anschlußstücke umzuwickeln oder etwa zwischen die isolierenden Unterlagplatten und die Anschlußstücke einzuklemmen.

Drähte mit fest verlegten Apparaten zu verlöten, ist im allgemeinen nicht verboten. Es wird sich jedoch in der Regel nicht empfehlen, weil unter Umständen ein Lösen der Verbindung zum Auswechseln des schadhaft gewordenen Apparates nötig wird.

Auch beim Benützen von Schrauben können noch Fehler gemacht werden. Bei Klemmschrauben, die eine Bohrung zur Aufnahme des Drahtes haben, soll diese Bohrung durch den Draht möglichst voll ausgefüllt sein; es ist darauf zu achten, daß die Befestigungsschraube den Draht nicht abdrücke. Anstelle der Anschlußschrauben werden für Leitungen schwachen Querschnitts auch Druckfederklemmen verwendet.

26) Damit bei Schnüren und Drahtseilen alle einzelnen dünnen Drähte der litzenartigen Seele gleichmäßig an der Stromleitung beteiligt werden, ist es nötig, die Enden zu verlöten. Dadurch wird auch verhindert, daß einzelne abstehende Drahtenden Kurzschluß machen. Beim Benützen der Lötlampe ist zu beachten, daß die feinen Drähte sehr leicht verbrennen, so daß sie später brechen und entweder durch die in dem verkleinerten Querschnitt erzeugte Stromwärme, oder durch Funken und Lichtbogen an der Bruchstelle Unheil stiften.

Man benützt daher Lampen mit kleinen, nicht zu heißen Flammen auch ist das Eintauchen in geschmolzenes Lötzinn, üblich. Sowohl bei diesen Verfahren als bei dem Gebrauch des Lötkolbens muß darauf geachtet werden, daß nicht eine zu große Menge Lötmetall aufgebracht wird; diese macht die Litze auf eine gewisse Strecke völlig steif und sie bricht alsdann beim Gebrauche an der Stelle, wo die Verlötung aufhört. Das überflüssige Lot muß, bevor es erhärtet, abgewischt werden.

Im Handel sind neuerdings lötfertige Kontakte (Kabelschuhe, Anschlußstücke u. dgl.), die mit Lötmetall gefüllt sind und nach geeigneter Anwärmung das Ende der Litze aufnehmen.

Bei dünnen Schnüren ersetzt man auch das Zusammenlöten der Enden durch Umwickeln mit Stanniol, so daß eine Art Kabelschuh entsteht.

tungen hergestellt sein. An und in Beleuchtungskörpern sind bei Niederspannung auch für Schnüre Lötungen zulässig.[27]

k) Bei Verbindungen oder Abzweigungen von isolierten Leitungen ist die Verbindungsstelle in einer der übrigen Isolierung möglichst gleichwertigen Weise zu isolieren.[28] Wo die Metallbewehrungen und metallischen Schutzverkleidungen geerdet werden müssen, sind sie an den Verbindungsstellen gut leitend zu verbinden.

l) Ortsveränderliche Leitungen dürfen an festverlegte nur mit lösbaren Verbindungen angeschlossen werden.[29]

---

27) Abzweig- und Anschlußklemmen sind bei Schnüren an Stelle des Abzweigens durch Lötung sowie für alle Verbindungen von Schnüren unter sich und mit Drähten geboten, weil die Erfahrung gezeigt hat, daß die feinen Drähte, aus denen die Mehrfachleitung besteht, beim Löten, namentlich wenn es mit der Lötlampe ausgeführt wird, leicht verbrannt werden. ETZ 1903, S. 1049 N. 73. Außerdem sind die Abzweigungen mittels Klemmen auf isolierender Unterlage leichter kontrollierbar als Lötungen, deren schlechte Ausführung durch die Umwicklung mit Isolierband leicht verdeckt werden kann. Hierbei sind jedoch die Enden jeder Schnur durch Lot zu vereinigen. Eine Beschreibung solcher Abzweigklemmen siehe z. B. in ETZ 1901, S. 327.

An und in Beleuchtungskörpern fehlt in der Regel der Raum für die Klemmen. Man hat daher dort das Löten zugelassen. Sorgfältigste Ausführung der Lötstellen durch besonders geschulte Arbeiter ist hier dringend nötig. Zum leichteren Auffinden von Fehlern wird man jedoch den ganzen Beleuchtungskörper durch Klemmen an die äußere Zuleitung anschließen. ETZ 1903, S. 434 N. 45; 1904, S. 362 N. 79; S. 1116 N. 132; 1905. S. 279 N. 152.

28) Das Isolieren der Lötstelle erfolgt entsprechend der angewendeten Drahtsorte mit Isolierband, Guttaperchapapier und sogenanntem Compound. Dabei ist hauptsächlich auf einen guten Anschluß an die unverletzte Hülle des Drahtes zu achten, der ein Eindringen von Feuchtigkeit wirksam verhindert. ETZ 1909, S. 498, N. 216.

In neuerer Zeit kommen T-förmige abgepaßte aufgeschnittene Gummiröhrchen zum Isolieren von Abzweigstellen auf den Markt.

29) Biegsame Leitungsschnüre zum Anschluß transportabler Stromverbraucher wie Tischlampen, Plätteisen, Kocher, Werkzeuge, Heizvorrichtungen werden durch deren Handhabung stärker angestrengt und rascher abgenutzt, als fest verlegte Leitungen. Vgl. § 21c) S. 96 unter [8]. Da beim unmittelbaren Anschluß solcher biegsamer, transportabler Zuleitungen an fest verlegte durch die Handhabung der Stromverbraucher leicht ein Zug auf die fest verlegten Teile der Leitung ausgeübt werden kann, so ist dieser unmittelbare Anschluß verboten und die Benutzung eines Wandkontaktes vorgeschrieben. Hierbei ist auch § 13a Abs. 3 zu beachten, wonach die Anschlußstellen von Zug zu entlasten sind.*)

Es mag hier ausdrücklich erwähnt werden, daß Schnurpendel und Zuglampen nach Anmerkung [3] zu § 24 c), sofern sie nicht zur

---

*) Über mehrere durch bewegliche Leitungen verursachte Brandfälle siehe ETZ 1901, S. 1055.

m) Jede ortsveränderliche Leitung muß ihren eigenen Stecker erhalten.[30])

n) Jede ortsveränderliche Leitung muß an den Anschlußstellen ihrer beiden Enden von Zug entlastet und in ihrer Umhüllung sicher gefaßt sein[31])

o) Kreuzungen stromführender Leitungen unter sich und mit Metallteilen sind so auszuführen, daß Berührung ausgeschlossen ist.[32])

Ortsveränderung eingerichtet sind, nicht als transportable Beleuchtungskörper angesprochen werden können, daher dem § 21 l) nicht unterliegen. ETZ 1904, S. 1116 N. 132. Auch Lampen mit begrenzter Beweglichkeit, die derart eingerichtet sind, daß die Leitungsschnur nicht auf Zug beansprucht werden kann, wie sie z. B. bei Webstühlen üblich sind, gelten nicht als ortsveränderlich. ETZ 1903, S. 516 N. 54; 1904, S. 362 N. 81 u. 98; S. 425 N. 107; 1905, S. 278 N. 136 u. 138; S. 279 N. 153. Werden jedoch solche an Schnurpendeln befestigte Lampen etwa mit Handgriffen oder Aufhängehaken oder mit besonders langen Zuleitungen versehen, um, wie in Akkumulatorräumen zum Prüfen der Zellen, an verschiedenen Stellen Verwendung zu finden, so gelten sie als ortsveränderlich und fallen unter § 21 l). Man kann in solchen Fällen oft den lösbaren Kontakt an der Decke des Raumes anbringen, wenn dieser nicht zu hoch ist. Andernfalls muß der Anschluß an der Wand erfolgen oder man befestigt an der Decke einen entsprechend langen steifen Hängearm, der die Anschlußdose trägt. Hierbei ist besonders darauf zu sehen, daß der beim Lösen des Steckstöpsels entstehende Zug nicht auf die Zuleitungen übertragen wird. Man wird also den Hängearm mittels starken Hakens aufhängen oder sonst sicher befestigen. Auf Werkplätzen und in Werkstätten, wo schwere Gegenstände hantiert werden, sind Werkstattschnüre, Gummischlauchleitungen starker Ausführung oder Spezialschnüre nach den Normen für isolierte Leitungen zu verwenden. (§ 21 c).

30) Die Bestimmung des § 21 m) verbietet, daß etwa an einen lösbaren Kontakt mehrere bewegliche Schnüre mit je einer oder mehreren Lampen angeschlossen werden. Derartige Bündel von Schnüren verwirren sich leicht und werden dann zerrissen. Liegt die Notwendigkeit vor, eine Gruppe von Lampen beweglich anzuschließen, so sind die Lampen selbst unter sich in starre Verbindung zu bringen; der so gebildete Beleuchtungskörper kann dann mittels Schnur und lösbaren Kontaktes angeschlossen werden. ETZ 1904, S. 294 N. 36. Oder man benützt tragbare Steckvorrichtungen (Mehrfachstecker), welche ordnungsmäßig gebaute Abzweigvorrichtungen enthalten.

31) Vgl § 13 a Abs. 3. An den Anschlußstellen wird die Leitung stark beansprucht und leicht abgescheuert. Diese Stellen sind häufig nachzusehen.

32) Sehr zweckmäßig verwendet man beim Verlegen auf Rollen oder Glocken an den Kreuzungsstellen besonders ausgebildete Isolatoren, die auf der Kopffläche eine Quernut für den einen Draht und auf den Mantelflächen eine oder mehrere Ringnuten für den kreuzenden Draht besitzen und so den richtigen Abstand zwischen beiden Leitungen gewährleisten. Sind beide sich kreuzende Leitungen in Rohren verlegt, so bilden natürlich die Rohre selbst die genügende isolierende Zwischen-

p) **Es sind Maßnahmen zu treffen, um die Gefährdung von Schwachstromleitungen durch Starkstromleitungen zu verhindern.**[33])

15. Bezüglich der Sicherung vorhandener Fernsprech- und Telegraphenleitungen wird auf das Gesetz über das Telegraphenwesen des Deutschen Reiches vom 6. April 1892 und auf das Telegraphenwegegesetz vom 18. Dez. 1899 verwiesen.[34])

§ 22.

Freileitungen.[1])

a) **Ungeerdete Freileitungen dürfen nur auf Porzellanglocken oder gleichwertigen Isoliervorrichtungen verlegt werden.**[2])

---

schicht. Andernfalls wird über einen oder beide sich kreuzende Drähte je ein kurzes Rohrstück geschoben und sicher befestigt.

Besonders die Kreuzung von offen verlegten Drähten und Schnüren mit Gas- oder Wasserleitungsrohren ist sorgfältig zu behandeln, weil sich hier leicht Erdschlüsse ausbilden.

Für blanke Drähte in Gebäuden sind die Abstände zwischen den Drähten und von der Wand, wie sie im § 21^4 vorgeschrieben sind, auch bei Kreuzungen der Drähte unter sich oder mit andern Metallteilen einzuhalten.

Für isolierte Drähte gelten die Regeln 10 bis 12, dabei regelt sich die Entfernung durch das Befestigungsmittel. Es dürfen also im allgemeinen zwei auf Rollen verlegte Drähte nicht näher aneinander kommen, als die Dicke der Rollen beträgt. ETZ 1904, S. 1115 N. 118 c).

33) Eine sorgfältige Ausführung der Starkstromleitung nebst sachgemäßer Überwachung ihres Zustandes wird im allgemeinen auch benachbarten Schwachstromleitungen meist zureichenden Schutz gewähren. Wenn Schwachstromanlagen wie Klingeln, Fernsprecher, Feuermelder, medizinische Geräte usw. von Starkstromnetzen gespeist werden sollen, sind die „Vorschriften für den Anschluß von Schwachstromanlagen an Niederspannungs-starkstromnetze durch Transformatoren oder Kondensatoren" und die „Leitsätze für den Anschluß von Geräten und Einrichtungen, die eine leitende Verbindung zwischen Starkstrom- und Fernmeldeanlagen erfordern" zu beachten. (Vgl. Anhang 7 u. 8 dieses Buches.) Über Fernsprechleitungen, die an Gestängen für Starkstromfreileitungen geführt werden, vgl. § 22 i.

34) Das Reichstelegraphengesetz siehe ETZ 1892, S. 235; das Telegraphenwegegesetz ebenda 1899, S. 889. Der hauptsächlich in Betracht kommende § 12 des ersteren lautet:

„Elektrische Anlagen sind, wenn eine Störung des Betriebes der einen Leitung durch die andere eingetreten oder zu befürchten ist, auf Kosten desjenigen Teiles, welcher durch eine spätere Anlage oder durch eine später eintretende Änderung seiner bestehenden Anlage diese Störung oder die Gefahr derselben veranlaßt, nach Möglichkeit so auszuführen, daß sie sich nicht störend beeinflussen."

Die Kostenfrage regelt § 6 des Telegraphenwegegesetzes.

Für die Ausführung von Starkstromanlagen, die Telegraphen- oder Fernsprechleitungen benachbart sind oder sie kreuzen, gelten die in den Anhängen 5 und 6 angeführten Vorschriften. Vgl. auch ETZ 1920, S. 78, 475; 1921, S. 1499, 1924, S. 166.

b) Freileitungen, sowie Apparate an Freileitungen sind so anzubringen, daß sie ohne besondere Hilfsmittel weder vom Erdboden noch von Dächern, Ausbauten, Fenstern und anderen von Menschen betretenen Stätten aus zugänglich sind[3]); wenn diese Stätten selbst nur durch besondere Hilfsmittel zugänglich sind, genügt es bei Niederspannung die Leitungsstrecken mit wetterfester Umhüllung auszuführen oder besondere Schutzwehren mit Warnungsschild anzuordnen.[4])

Bei Wegübergängen müssen die Leitungen einen angemessenen Abstand vom Erdboden oder einen geeigneten Schutz gegen Berührung erhalten.

---

§ 22.   1) Der Begriff „Freileitungen" ist in § 2 c erklärt, vgl. auch „Leitungen im Freien" § 2 d und § 23.

2) Unter Isoliervorrichtungen, die mit Porzellanglocken gleichwertig sind, sind hier vor allem solche verstanden, welche, wie die stehende oder hängende Doppelglocke, zwei hintereinander geschaltete isolierende Strecken besitzen, von denen wenigstens die eine gegen Regen geschützt sein muß. Derartige Vorrichtungen sind z. B. zur Aufhängung der Arbeitsdrähte elektrischer Bahnen in Gebrauch.

Mit steigender Betriebsspannung sind die Abmessungen oder die Zahl der hintereinander geschalteten Glieder zu vergrößern; bei besonders hohen Spannungen ist darauf zu achten, daß auch bei Regen ein Überspringen von Funken nach dem Träger verhindert ist.

3) Als besondere Hilfsmittel gelten z. B. Leitern, Steigeisen, besonders herbeigeschaffte Werkzeuge und dgl. Als zugänglich im Sinne der Vorschriften sind auch noch solche Leitungen anzusehen, welche zwar nicht ohne weiteres mit der Hand, aber doch mit Hilfe von solchen Gegenständen erreichbar sind, welche an dem fraglichen Ort üblicherweise gebraucht werden. Unter Umständen genügen engmaschige Schutznetze zwischen den Fenstern, Altanen usw. und den Freileitungen, um letztere unzugänglich zu machen. Müssen Apparate, wie Ausschalter, Sicherungen und dgl., in erreichbarer Höhe angebracht werden, so sind sie durch verschließbare Schutzgehäuse unzugänglich zu machen. Die für Apparate an Freileitungen gegebenen Vorschriften beschränken sich auf den Schutz der Personen. Der Schutz der Apparate gegen Witterungseinflüsse ist nicht festgelegt. Vgl. hierüber § 23 [5].

4) Auf schrägen Dächern, Mauerkronen und ähnlichen Ortlichkeiten, die nicht ohne weiteres zugänglich sind, ist es zwar wünschenswert aber nicht unbedingt nötig, die Leitungen so hoch anzubringen, daß ein Berühren von jenen Orten aus unmöglich ist. Es muß aber dafür gesorgt sein, daß Personen, die dort zu tun haben, wie Bauhandwerker, gegen unmittelbare Gefahr durch zufälliges Berühren der Leitungen geschützt sind. Dies kann durch Verwendung von wetterfest umhüllten Drahtstrecken, die auch in gutem Zustand zu erhalten sind, oder durch Abwehrschranken, die stets mit Warnungschild zu versehen sind, geschehen. Leitungen, die von freistehenden Masten getragen werden, bedürfen im allgemeinen keines besonderen Schutzes gegen das Erklettern der Maste. Kränze aus Blech oder Stacheldraht erschweren die ordnungsmäßige Bedienung ohne mutwilliges Besteigen der Maste zu verhindern. ETZ 1921, S. 1234, 1923 S. 14.

1. Es empfiehlt sich, solche Strecken von Freileitungen‚ die unter Umständen der Gefahr einer Berührung ausgesetzt sind, neben der Anwendung der gemäß b) verlangten Maßnahmen abschaltbar zu machen.[5])

2. Als wetterfeste imprägnierte Leitung gilt die in den „Normen für umhüllte Leitungen in Starkstromanlagen" festgelegte Ausführung.[6])

3. Ungeschützte Freileitungen für Hochspannung sollen in der Regel mit ihren tiefsten Punkten mindestens 6 m von der Erde und bei befahrenen Wegübergängen mindestens 7 m von der Fahrbahn entfernt sein.[7])

c) Träger und Schutzverkleidungen von Freileitungen, die mehr als 750 V gegen Erde führen, müssen durch einen roten Blitzpfeil sichtbar gekennzeichnet sein.[8])

d) Leitungen, Schutznetze und ihre Träger müssen

---

5) Dem Schutze der an den Freileitungen oder in ihrer Nähe beschäftigten Arbeiter z. B. auch Maurer, Dachdecker, ist besondere Aufmerksamkeit zu widmen. Wird zu diesem Zweck eine Leitungsstrecke abgeschaltet, so sind auch die Betriebsvorschriften zu beachten. Insbesondere deren §§ 5^2, 6, 7, 9, 13.

6) Vgl. § 19^1.

7) Für Niederspannung ist außer der unter b) gegebenen allgemein gefaßten Bestimmung eine zahlenmäßige Mindesthöhe der Leitungen über dem Erdboden nicht festgelegt. Installationsleitungen im Freien sollen nach § 23^2 mindestens $2^1/_2$ m über dem Erdboden liegen. Vgl. auch M.E.L. 1. Bei Hochspannung ist entsprechend der größeren Lebensgefahr der zulässige Abstand von der Erdoberfläche genauer angegeben. Die vorzuschreibende Höhe ist dadurch begrenzt, daß höhere Masten dem Windbruch stärker ausgesetzt sind und beim Umfallen einen weiteren Umkreis gefährden. Die angegebene Höhe bezieht sich auf den tiefsten Punkt der Leitung selbst, nicht auf vorhandene Schutzdrähte oder Schutznetze.

■ **8)** Nach der ursprünglichen Abgrenzung der „Hochspannung" war der Blitzpfeil als Warnungszeichen nur für Spannungen von 1000 Volt und darüber vorgeschrieben. Die jetzige Festsetzung, daß er bei Spannungen von mehr als 750 Volt gegen Erde angebracht sein muß, ist nicht völlig konsequent, da das Bereich der „Hochspannung" im Sinne der Vorschriften schon beginnt, wo der Betrag von 250 Volt gegen Erde überschritten wird. Man fürchtete jedoch die Wirkung des Warnungszeichens abzuschwächen, wenn es schon bei der vielfach (z. B. bei elektrischen Bahnen) gebräuchlichen Spannung von etwa 400 Volt benutzt werden muß. Anderseits ist das Bedürfnis geltend gemacht worden, für besonders hohe Spannungen, wie 1000 Volt und darüber, eine besondere Kennzeichnung zu haben; es hat sich jedoch kein einfaches und einwandfreies Abzeichen hierfür finden lassen. Vielleicht empfiehlt es sich, bei jenen Spannungen den Blitzpfeil doppelt zu machen, oder die Spannung in Ziffern daneben zu schreiben. Schutznetze, Schutzrohre und dgl., die selbst nicht genügende Oberfläche zur Anbringung des Zeichens bieten, sind mit angehängten Tafeln zu versehen, welche das Zeichen aufnehmen. Natürlich genügt es bei längeren Leitungsstrecken, wenn das Zeichen in passenden Abständen, etwa an jedem Mast oder anderem Leitungsträger angebracht ist, und braucht alsdann auf den Schutznetzen usw. nicht wiederholt zu werden.

genügend widerstandsfähig (auch gegen Winddruck und Schneelast) sein.[9])

Die Ausführung und Bemessung von Freileitungen muß nach den „Normen für Starkstrom-Freileitungen" erfolgen.[10])

    4. Freileitungen können mit größeren Stromstärken belastet werden, als der Tabelle im § 20^1 entspricht, wenn dadurch ihre Festigkeit nicht merklich leidet.[11])[12])

---

9) Die Vorschrift des § 22d) ist ganz allgemein gefaßt. Die Einzelheiten ergeben sich aus den „Normen für Starkstromfreileitungen", die gemäß § 19a wie Vorschriften einzuhalten sind.

10) Die Normen für Freileitungen sind zuerst 1907 aufgestellt und 1921, 1922 neu gefaßt worden. Sie sind im Anhang dieses Buches wiedergegeben und erläutert. Über Eisbelastung von Freileitungen siehe ETZ 1914, S. 453.

11) Die frei gespannten Drähte der Freileitungen können in der Regel die Stromwärme besser abgeben, als Leitungen, die an Wänden oder in Rohren verlegt sind, außerdem besteht bei ihnen auch weniger Gefahr, daß sie bei Überhitzung eine Entzündung veranlassen können. Sie dürfen daher stärker mit Strom belastet werden; meistens wird jedoch die Rücksicht auf den Spannungsverlust ein Überschreiten der im § 20 gesetzten Grenzen verbieten; außerdem ist zu beachten, daß durch stärkere Erwärmung einzelner Drähte ein ungleichmäßiger Durchhang und damit Berührung verschiedener Leitungen eintreten kann. Hart gezogene Drähte werden weich.

Wird von einer Freileitung ein Hausanschluß abgezweigt, so sind die Sicherungen so zu wählen, und anzubringen, daß die innerhalb des Hauses befindlichen Leitungen nicht über die Vorschrift des § 20 beansprucht werden. Vgl. § 14^2 und M.E.L. Ziffer 2.

12) Die früheren Vorschriften enthielten die Forderung, Freileitungen den örtlichen Verhältnissen entsprechend durch Blitzschutzvorrichtungen zu sichern. Diese ist gestrichen worden, weil die Blitzgefahr, je nach dem Klima der einzelnen Gegenden, sehr verschieden groß ist, so daß es nicht möglich erscheint, allen Verhältnissen durch einfache und unbestrittene Regeln Rechnung zu tragen. Es ist jedoch im Interesse des Betriebes geboten, auf sachgemäßen Schutz gegen die Wirkungen atmosphärischer Entladungen und anderer Überspannungen Bedacht zu nehmen. Vom Blitz gefährdete Gebäude sollten gemäß den Leitsätzen über den Schutz der Gebäude gegen den Blitz mit Gebäudeblitzableitern versehen werden. In der Nähe der Einführungsstelle elektrischer Freileitungen und an Stellen, wo solche Leitungen dem Gebäude nahekommen, soll eine Ableitung zur Erde geführt werden. Sind Freileitungen mit einem geerdeten Leiter am Gebäude befestigt, so sollen der geerdete Leiter und metallische Stützen mit dem Blitzableiter verbunden werden.

Erfahrungsgemäß werden Freileitungen nur selten von unmittelbaren Blitzschlägen getroffen; dann aber regelmäßig zerstört. Es treten aber infolge benachbarter Blitzentladungen Überspannungen auf, die wie andere Überspannungen durch geeignete Mittel unschädlich gemacht werden können. ETZ 1906, S. 56 Sp. 2, S. 434.

Zum Bekämpfen der Überspannungen haben sich Hörnerableiter mit Dämpfungswiderständen bewährt; ferner Null-

e) Bei Freileitungen für Hochspannung müssen blanke Leitungen verwendet werden; wo ätzende Dünste zu befürchten sind, ist ein schützender Anstrich gestattet.[13])

f) Bei Freileitungen für Hochspannung müssen Eisenmaste und Eisenbetonmaste mit Stützenisolatoren geerdet werden.[14])

---

punktserdungen mit Erdungsspulen und Polerdungen mittels Löschtransformators. Auch das sog. Blitzseil vermindert den Einfluß atmosphärischer Entladungen, dient aber mehr zur besseren Erdung der Eisenmaste. Diese Hilfsmittel sind in ihren Abmessungen den Eigenschaften des Netzes sorgfältig anzupassen und werden in ihrer Wirkung unterstützt durch geeignet verstärkte Isolierung der angeschlossenen Maschinen, Transformatoren usw. im Verein mit Vorschaltdrosseln. Vgl. § 4.

Kondensatoren, Scheiben- und Rollenblitzschutz haben sich als weniger wirksam erwiesen. Über die Ausführung der Erdverbindungen an den verschiedenen Arten des Überspannungsschutzes vgl. § 3 und die Leitsätze über Schutzerdung (Anhang 1 dieses Buches). Weitere Einzelheiten siehe ferner ETZ 1919, S. 5.

13) Isolierte Drähte für Freileitungen mit Hochspannung haben sich als unzweckmäßig erwiesen; zwar sind Isolierhüllen aus gutem Gummi bei sachgemäßer Behandlung für Spannungen bis etwa 10 000 Volt mehrere Jahre lang brauchbar geblieben, doch fehlt eine umfassende Erfahrung, besonders für höhere Spannungen. Ferner sollen nach den Betriebsvorschriften die Hochspannungs-Leitungen, bevor Arbeiten an ihnen vorgenommen werden, kurz geschlossen und geerdet werden. Bei isolierten Leitungen würde dies nur nach umständlicher Entfernung der Isolierung möglich sein. Endlich soll es auch möglich sein, bei Unglücksfällen durch einen übergeworfenen Draht oder dgl. möglichst schnell und gefahrlos einen Kurzschluß herzustellen. Aus diesen Gründen sind bei Hochspannung im allgemeinen nur blanke Freileitungen zulässig. Isolierte Freileitungen sind dagegen bei elektrischen Bahnen und bei Niederspannung erlaubt. ETZ 1904, S. 1114 N. 116, 1909, S. 903. Vgl. auch § 22 b. Isolierte Leitungen haben ferner den Nachteil, daß der Isolierstoff die Leitungen belastet und dem Schnee eine größere Auflagefläche bietet. Umgibt man die Isolierhülle von Leitungen noch mit einem weiteren Schutzmantel, indem man die Leitung etwa in Gestalt von Kabeln mit Bleimantel versieht, oder indem man sie in ein Rohr einzieht, so verlieren sie den Charakter der Freileitungen und brauchen auch nicht den übrigen Bestimmungen des § 22 zu genügen, dagegen kommen alsdann die §§ 21 u. 23 in Betracht.

Der A n s t r i c h wird in der Regel unmittelbar auf die blanken Drähte aufgetragen. Man benützt Asphaltlack, Mennigefirnis, Emaillack, Parazit (ETZ 1914, S. 747) u. dergl. Auch liegen für einzelne Drahtsorten, deren Faserhülle mit geeigneten Stoffen angestrichen oder getränkt ist, günstige Erfahrungen vor.

14) E i s e n m a s t e und Ankerdrähte können, wenn sie nicht gut geerdet sind, durch Elektrizitätsmengen, welche über die Isolatoren hinübersickern, geladen werden und bilden dann eine große Gefahr für Menschen; die Gefahr erhöht sich, wenn ein Isolator platzt oder der Draht sich vom Isolator löst oder sonstwie mit dem Mast in Berührung kommt. Alsdann kann auch bei

Werden dagegen Hängeisolatorenketten mit mehreren Gliedern verwendet, so wird unter der Voraussetzung die Erdung der Maste nicht gefordert, daß durch erhöhte Gliederzahl ein der nachstehenden Zahlentafel entsprechender Sicherheitsgrad gewährleistet ist und Vorkehrungen getroffen sind, die das Auftreten von Dauererdschlüssen an den Masten unmöglich oder unwahrscheinlich machen, z. B. umgekehrte Tannenform, selbsttätige Erdschlußabschaltung u. dgl.

Zahlentafel.

Verkettete Betriebsspannung in kV	Mindestüberschlagspannung der Kette unter Regen (nach den Richtlinien für die Prüfung von Hängeisolatoren) in kV
50	130
60	150
80	190
100	230

Ferner müssen bei der Führung von Leitungen an Wänden und solchen Holzmasten, die sich an verkehrsreichen Stellen befinden, Isolatorstützen und Träger geerdet werden.

g) In die Betätigungsgestänge von Schaltern an Holzmasten sind Isolatoren einzuschalten, wenn eine zuverlässige Erdung des Schalters nicht gewährleistet werden kann. In diesem Falle ist nicht das Gestell selbst, sondern das Betätigungsgestänge unterhalb der Isolatoren zu erden.[15]

---

ziemlich guter Erdung des Mastes, während der Strom in ihm verläuft, eine so hohe Spannungsdifferenz zwischen Mast und der ihn umgebenden Erde oder zwischen benachbarten Punkten der Umgebung auftreten, daß Menschen beschädigt werden. ETZ 1905, S. 279 N. 146. Das Gleiche gilt für die Erdleitung von Überspannungsschützern im Falle, daß die Funkenstrecke etwa durch Schnee, Eis oder fremde Körper überbrückt ist, sowie während des Überganges der Entladungen. Ankerdrähte, die an Außenwänden von Gebäuden befestigt waren, haben gelegentlich die Spannung der Betriebsleitung auf die metallischen Gebäudeteile übertragen, so daß beim Betreten eiserner Treppen Schläge verspürt wurden. Über Art der Erdung siehe § 3 S. 22 unter [11]) und Leitsätze über Schutzerdung (Anhang 1 dieses Buches).

15) Es gibt viele Örtlichkeiten, an denen eine gute Erde nicht erreichbar ist; auch ein besonderes, die Maste einer Freileitung verbindendes Erdungsseil, das an entfernter Stelle gute Erde findet, reicht nicht immer aus, um alle Ströme, die ungünstigenfalls auftreten können, gefahrlos abzuführen. Alsdann muß an Stelle der Erdung oder neben ihr die Isolierung derjenigen Teile, die der Berührung zugänglich sind, helfend eingreifen. In die Griffstangen und Ankerdrähte werden Isolatoren eingeschaltet, Eisenmaste mit Holz umkleidet. Abspannisolatoren werden zweckmäßig aus Stoffen hergestellt, die weniger zerbrechlich sind als Porzellan, das häufig unter Steinwürfen leidet.

*Ankerdrähte an Holzmasten sind, wenn irgend an-
gängig, zu vermeiden. Kann von ihrer Verwendung nicht
abgesehen werden, so sollen sie nicht unmittelbar am Eisen
der Traversen oder Stützen, sondern am Holz in möglichst
großer Entfernung von den Eisenteilen angreifen. Sie
sind außerdem über Reichhöhe mit Abspannisolatoren für
die volle Betriebspannung zu versehen und unterhalb dieser
Isolatoren zu erden.*[16])

h) Bei parallel verlaufenden oder sich kreuzenden
Freileitungen, die an getrenntem oder gemeinsamem
Gestänge geführt sind, sind die Drähte so zu führen
oder es sind Vorkehrungen zu treffen, daß eine Berührung der beiden Arten von Leitungen miteinander
verhütet oder ungefährlich gemacht wird (siehe auch
§ 4 a).[17]

*i) Fernmelde-Freileitungen, die an einem Freileitungs-
gestänge für Hochspannung geführt sind, müssen so eingerichtet sein, daß gefährliche Spannungen in ihnen nicht
auftreten können, oder sie sind wie Hochspannungsleitungen
zu behandeln. Fernsprechstellen müssen so eingerichtet
sein, daß auch bei Berührung zwischen den beiderseitigen Leitungen eine Gefahr für die Sprechenden ausgeschlossen ist.*[18])

---

16) Von Drahtankern ist bei Hochspannungsmasten abzuraten, weil sie zu Betriebsstörungen und Unfällen Anlaß geben.

17) Im allgemeinen empfiehlt es sich, getrennte Gestänge
zu verwenden, die etwa auf verschiedenen Seiten der Straße geführt werden. Auch dann ist die Möglichkeit zu beachten, daß
durch Wind oder Schneedruck eine der Leitungen samt ihrem Gestänge sich neigt oder niedergerissen wird. Dies muß durch reichliche Bemessung der Gestänge und ihres Abstandes, durch zweckmäßige Verankerung, namentlich an den Kurven und Ecken,
sowie durch regelmäßige Beaufsichtigung verhindert werden.
Sowohl bei getrennten wie auch bei gemeinsamem Gestänge
kann eine besonders kräftige und sorgfältige Ausgestaltung
der ganzen Leitungsanlage (kleiner Mastabstand, mehrfache
Befestigung der Leitungen usw., nach III der Normen für
Starkstrom-Freileitungen), sowie auch die Verwendung selbsttätiger Ausschalter herangezogen werden, um die Berührung
der Leitungen zu verhüten oder ungefährlich zu machen.

Bei Kreuzungen von zwei oder mehreren Freileitungen
werden Schutzdrähte oder Schutznetze (siehe Regel 6) benutzt
oder aber, was neuerdings für richtiger und sicherer gehalten
wird, man führt die Freileitung mit erhöhter Sicherheit derart
aus, daß ein Bruch auch unter den denkbar ungünstigsten Verhältnissen ausgeschlossen erscheint. (Vgl. auch unter 19.) Für
die Kreuzung von Starkstromleitungen mit Eisenbahngleisen
und deren Telegraphenleitungen, wie mit den Telegraphen- und
Fernsprechleitungen der Post bestehen Vorschriften, die gewisse Ausführungsformen und Abmessungen festsetzen. Siehe
am Schlusse dieses Buches: Anhänge 4, 5, 6.

18) Vgl. § 21 o). Daß in Fernsprechleitungen, die mit
Hochspannungsleitungen am selben Gestänge geführt sind, un-
erwartet hohe Spannungen auftreten können, ist von Schrottke,
ETZ 1907, S. 685 und 707 und Jäger ETZ 1924 S. 417 nachgewiesen.

5. Fernmelde-Freileitungen sollen entweder auf besonderem Gestänge oder bei gemeinsamem Gestänge in angemessenem Abstand unterhalb der Starkstromleitungen verlegt werden.

k) Wenn eine Hochspannungsleitung über Ortschaften, bewohnte Grundstücke und gewerbliche Anlagen geführt wird, oder wenn sie sich einem verkehrsreichen Fahrweg so weit nähert, daß die Vorübergehenden durch Drahtbrüche gefährdet werden können, so müssen Vorrichtungen angebracht werden, die das Herabfallen der Leitungen verhindern oder herabfallende Teile selbst spannungslos machen, oder es müssen innerhalb der Strecke alle Teile der Leitungsanlage mit entsprechend erhöhter Sicherheit ausgeführt werden.[19])

Diese rühren nicht etwa nur von übergesickerten Ladungen her, sondern beruhen der Hauptsache nach auf Induktion und statischer Aufladung. Ein wirksames Hilfsmittel ist das Führen der Fernsprechleitungen in einem Kabel, das am Hochspannungsgestänge aufgehängt wird. Ist dies zu teuer, so begegnet man der Induktion durch Verdrillen der Sprechleitungen und besondere Ausgleichsschleifen. Statische Ladungen lassen sich durch Erdschlußspulen abführen, die bei richtiger Bemessung und Schaltung die Sprechströme nicht merklich schwächen.

Sind derartige Hilfsmittel nicht in sicher wirksamem Maße benutzt, so hat man die Berührung der Fernsprechleitungen ebenso zu vermeiden, wie die der Leitung für Hochspannung. Namentlich ist sie nach § 22 b) und Regel 2 in ausreichender Höhe anzubringen. Ihre Berührung mit anderen, insbesondere mit Niederspannungsleitungen ist auszuschließen (§ 4). — Gegen die Gefahren eines Stromübergangs durch Drahtbruch sind die Fernsprechstellen durch Spannungsableiter, Grob- und Feinsicherungen, hoch isolierten Schutztransformator und Erdung der Gehäuse zu sichern.

19) Um das Herabfallen der Leitungen beim Bruch der Leitungen oder der Isolatoren zu verhindern, benutzte man früher kräftige, auf der ganzen Strecke in ansehnlicher Breite angeordnete Fangnetze. Diese sind schwerfällig, kostspielig und werden leicht selbst Ursache einer Gefahr. Ein Hilfsmittel, um die herabfallenden Teile spannungslos zu machen, ist die Gouldsche oder Hessesche Sicherheitsaufhängung (ETZ 1901, S. 637 u. 979); sie bewirkt, daß der gebrochene Draht sich aus dem Zusammenhang mit der Leitung löst und spannungslos herabfällt. Damit der fallende Draht nicht an andern Drähten derselben oder einer kreuzenden Leitungsstrecke hängen bleiben kann, darf der so geschützte Draht nicht über einer andern Leitung angebracht sein; auch der horizontale Abstand von anderen Leitungen ist reichlich (mindestens 30 cm) zu bemessen. Ein anderes Mittel sind Erdungsbügel, die an den Masten neben jeder Leitung oder an einer Gruppe von solchen derart angeordnet sind, daß die fallenden Drähte den Bügel berühren und so Erdschluß bekommen, der eine in der Leitung vorhandene Sicherung zur Wirkung bringt, so daß die Leitung stromlos wird. Die sichere Wirkung der Erdungsbügel erscheint nicht überall gewährleistet, weil sie unter Umständen den Draht durchschneiden, ohne daß die Erdung zuverlässig eintritt. Daß eine genügend gute Erdung nicht immer durchführbar ist, wurde S. 22—24 auseinandergesetzt. Der in Frank-

6. Schutznetze für Hochspannungsleitungen sind möglichst zu vermeiden. Ist dies nicht möglich, so sollen sie so gestaltet oder angebracht sein, daß sie auch bei starkem Winde mit den Hochspannungsleitungen nicht in Berührung kommen können und einen gebrochenen Draht mit Sicherheit abfangen.

Sie sollen, wo sie nicht geerdet werden können, der höchsten vorkommenden Spannung entsprechend isoliert sein.[20])

l) Hochspannungs-Freileitungen zur Versorgung ausgedehnter gewerblicher Anlagen, größerer Anstalten, Gehöfte und dergleichen müssen während des Betriebes streckenweise spannungslos gemacht werden können.[21])

---

reich verwendete Apparat Giraud begegnet dieser Schwierigkeit dadurch, daß ein beim Bruch der Leitung bewegter Hebel mit der Leitung des andern Pols Kurzschluß bildet und so einen selbsttätigen Ausschalter auslöst.

Neuerdings strebt man dahin, durch besonders kräftige Gestaltung der ganzen Leitungsanlage den Bruch von Leitung und Gestänge auszuschließen. Hierzu dient unter anderem die Kettenaufhängung der Leitung an einem besonderen Tragdraht oder die Verdoppelung der Leitung nach Ulbricht El. Kr. u. B. 1910, S. 307 oder ihre Befestigung an zwei bis drei Isolatoren an jedem Stützpunkt nach Klingenberg. Die für diesen Zweck erprobten Bauarten sind in den Normen für Starkstrom-Freileitungen unter „III A Erhöhte Sicherheit" im einzelnen angegeben.

Für Fuß- und Feldwege außerhalb von Ortschaften sind die genannten Schutzmaßnahmen nicht gefordert. ETZ 1904. S. 1113 N. 108; 1905, S. 279 N. 144b; 1910, S. 1322 N. 233.

20) An Stelle von Schutznetzen wird meist besser die Freileitung mit erhöhter Sicherheit ausgeführt. Doch sind Schutznetze noch angeführt im § 21 der Bahnkreuzungsvorschriften vom 18. 11. 1921. Zur Herstellung von Schutznetzen verwendet man z. B. Stahldraht, wobei die Längsdrähte mit 2,5 bis 3 mm Durchmesser, die Querdrähte als 2 mm Stahl- oder 2,5—3 mm Eisendraht in Abständen von 1 m angeordnet werden. Die Querdrähte dürfen nicht zu stark sein, damit sie nicht die Längsdrähte zu stark belasten und nicht durch ihr Gewicht eine seitliche Einschnürung des Netzes hervorrufen. Bei größeren Abmessungen sind Drahtseile zu verwenden. Oft ist ein Gitter aus Gasrohr und dgl. dem Drahtnetz vorzuziehen.

Bei Benützung von Eisenmasten ist das Schutznetz in der Regel zu erden (§ 22 f). Ist ein Maschinenpol geerdet, so ist das geerdete Schutznetz mit diesem Pol in leitende Verbindung zu bringen, damit beim Herabfallen der spannungführenden Drähte ein möglichst vollständiger Kurzschluß entsteht, der die Sicherungen auslöst. Wird das Schutznetz isoliert, so geschieht dies mit Hochspannungsisolatoren; dabei ist es so hoch zu legen, daß es nicht berührt werden kann.

21) In Ortschaften kann es vorkommen, daß z. B. bei Schadenfeuer mit hohen Leitern und ähnlichen Geräten hantiert werden muß. In solchen Fällen muß die Leitung ausgeschaltet werden. Auch bei Unfällen an den elektrischen Einrichtungen kann dies nötig sein. Die Ausschalter oder Kurzschließer sind in solcher Zahl und an solchen Punkten (Wegkreuzungen u. dgl.) anzuordnen, daß sie im Notfall innerhalb angemessener

7. Dies soll auch bei Ortschaften den örtlichen Verhältnissen entsprechend beachtet werden.

§ 23.

Installationen im Freien.[1]

a) Im Freien verlegte Leitungen müssen abschaltbar sein.[2]

b) Im Freien ist die feste Verlegung von ungeschützten Mehrfachleitungen unzulässig.[3] (Vgl. § 21 g.)

Zeit erreicht werden können. Die zuständigen Organe, Feuerwehren, Ortsbehörden, sind über die Lage und Handhabung der Ausschalter zu unterrichten. ETZ 1905, S. 279 N. 144a.

Über Gefährdung der Feuerwehr durch Anspritzen von Hochspannungsleitungen vgl. ETZ 1903, S. 478.

§ 23. 1) Installationen im Freien dienen z. B. zur Beleuchtung von Gärten, Anlagen, Höfen, Bauplätzen, zum Antrieb von Kranen, Aufzügen, Hängebahnen, Baggern und anderen Motoren in Fabrikhöfen und landwirtschaftlichen Gütern (vgl. M.E.L. Ziffer 1), als Reklameschilder auf Dächern usw. Sie unterliegen anderen Bedingungen als die im § 22 behandelten Freileitungen. Für diese ist das öffentliche Interesse in erster Linie maßgebend, während die Installationen im Freien mehr innerhalb von Privatgrundstücken vorkommen, daher auch in höherem Maße dem Eingriff Unbefugter entzogen sind und leichter überwacht und bedient werden können. Bei den Installationen im Freien handelt es sich auch nicht nur um die Leitungen, sondern ebensosehr um Fassungen, Schalter u. dgl. Immerhin gehen beide Arten von Einrichtungen ineinander über, weshalb zu ihrer Unterscheidung im § 2 d die Entfernung der Stützpunkte herangezogen ist. Selbstverständlich wird eine Freileitung, die sich ihrem übrigen Zweck und Wesen nach als solche kennzeichnet, nicht dadurch von den für sie gültigen Vorschriften befreit, daß man etwa auf bestimmten Strecken ihre Stützpunkte auf 20 m zusammenrückt.

2) Da die Installationen im Freien den Witterungseinflüssen sowie allerlei mechanischen Angriffen in höherem Maße ausgesetzt sind, als die Hausinstallationen oder die Kabelnetze, mit denen sie zusammenhängen, so ist es geboten, sie abschaltbar zu machen. Man kann dann die entstandenen Fehler leichter aufsuchen und verbessern und die von den Fehlern verursachten Störungen und Stromverluste während der Zeit, wo die Installation im Freien außer Betrieb ist, vom übrigen Teil der Anlage fernhalten. Das Abschalten ist unter Umständen auch geboten, solange schwere Maschinen von Hand bewegt werden. Das Abschalten wird meistens durch besondere Schalter geschehen, doch kann es auch mittels bequem herausnehmbarer Sicherungen oder Trennstücke erfolgen.

3) Mehrfachleitungen in Gestalt von verdrillten oder verflochtenen Drähten und Schnüren sind gegen verschiedene schädliche Einflüsse weniger widerstandsfähig als getrennt geführte oder in einem Rohr nebeneinander gelegte einfache Leitungen. Die Feuchtigkeit kann sich zwischen den Leitungen leicht festsetzen. Bei Schnüren können einzelne der feinen Drähte brechen und mit ihren Enden die Hüllen durchbohren, so daß Kurzschluß entsteht. Die geringere Steifigkeit gibt zu größerem Durchhang und somit zum Schwingen und Scheuern an

c) Träger und Schutzverkleidungen von Hochspannungsleitungen im Freien, die mehr als 750 V gegen Erde führen, müssen durch einen roten Blitzpfeil sichtbar gekennzeichnet sein.[4]

1. Bei im Freien offen verlegten Leitungen ist der Schutz gegen Berührung besonders zu beachten.[5]

2. Ungeschützte Niederspannungsleitungen im Freien sollen so verlegt werden, daß sie ohne besondere Hilfsmittel nicht berührt werden können, sie sollen jedoch mindestens $2^1/_2$ m vom Erdboden entfernt sein.[6]

3. Ungeschützte Hochspannungsleitungen im Freien sollen in der Regel mit ihrem tiefsten Punkt mindestens 6 m von der Erde entfernt sein.

4. Wenn bei Fahrleitungen die in Regel 2 und 3 genannten Maße nicht eingehalten werden können oder die Fahrleitungen lose auf Stützpunkten ruhen müssen, so sollen den Betriebsverhältnissen entsprechend Vorsichtsmaßregeln getroffen werden.[7]

5. Apparate sollen tunlichst nicht im Freien untergebracht werden; läßt sich dies nicht vermeiden, so soll

---

Befestigungsmitteln und anderen Gegenständen, auch zum Fangen und Verwickeln mit Besen, Vorhangschnüren, Werkzeugen Anlaß. Bei Drähten, die gemeinsam in einem Rohre liegen, ebenso bei mehradrigen Kabeln fallen diese Bedenken weg. Diese sind daher durch § 21 g und § 23 b nicht verboten. ETZ 1910, S. 196 N. 220.

4) Siehe § 22 c unter [8], S. 110.

5) Vgl. § 3, § 10 c, § 11 c, § 21 a, b, c, d. Der Schutz ist wichtig, weil Leitungen und Apparate durch die Witterung schadhaft und dadurch gefährlich werden können und weil im allgemeinen ein größerer Kreis von Personen in Betracht kommt und ihr Standpunkt meist schlechter isoliert ist als in Gebäuden. Anlagen an öffentlichen Plätzen, in Wirtsgärten u. dgl. sind besonders sorgsam zu schützen.

6) Die unter [5] erwähnten Schutzmaßnahmen sind durch die Regel 2 noch weiter verschärft. Diese gilt auch für Kontaktleitungen ETZ 1911, S. 743, N. 238. Hiernach ist auch bei Niederspannung nicht nur im Handbereich, sondern soweit überhaupt die Leitung zugänglich ist, ein Schutz durch Rohre, Latten oder dgl. geboten. Es empfiehlt sich, die Installationen tunlichst nicht an solchen Stellen anzubringen, die dem Verkehr stark ausgesetzt sind. Unter Umständen wird man durch Schranken, Warnungstafeln usw. das Herankommen an die Installation erschweren oder zu verhüten suchen. In der Landwirtschaft ist auf genügende Höhe über Fahrwegen und Höfen zu achten. M.E.L. 1.

7) Bei Hängebahnen in Fabrikhöfen und bei ähnlichen Einrichtungen fordern manchmal die Betriebszwecke ein Abweichen von den genannten Maßen. Derartige Einrichtungen müssen auch gelegentlich mit größeren Spannweiten als 20 m ausgeführt werden und können trotzdem gemäß ihrer Zweckbestimmung den Vorschriften für Freileitungen nicht unterworfen werden. Wichtige Maßnahmen finden sich in den „Leitsätzen für Bagger mit zugehörigen Bahnanlagen in Bergwerksbetrieben über Tage". Siehe § 47 a.

für besonders gute Isolierung, zuverlässigen Schutz gegen
Berührung und gegen schädliche Witterungseinflüsse
Sorge getragen werden.[8]

§ 24.

Leitungen in Gebäuden.

a) Innerhalb von Gebäuden müssen alle gegen
Erde unter Spannung stehenden Leitungen mit einer
Isolierhülle im Sinne des § 19 versehen sein.

Nur in Räumen, in denen erfahrungsgemäß die
Isolierhülle durch chemische Einflüsse rascher Zerstörung ausgesetzt ist, ferner für Kontaktleitungen und
dergleichen dürfen blanke spannungführende Leitungen
Verwendung finden, wenn sie vor Berührung hinreichend
geschützt sind.[1]

*b) Bei Hochspannung sind ungeerdete blanke Lei-
tungen außerhalb elektrischer Betriebs- und Akkumulatorenräume nur als Kontaktleitungen gestattet. Sie müssen
an geeigneter Stelle mit Schalter allpolig abschaltbar sein.
Für Fahrleitungen gilt § 23*[2]

---

8) Gegen Verwitterung ist Anstrich mit wetterfesten
Farben zu empfehlen; er ist nach Bedarf zu erneuern. Überhaupt ist im Freien öftere Nachprüfung und Instandhaltung
aller Einrichtungen unerläßlich.

§ 24. **1)** Grundsätzlich sind in Gebäuden, ebenso auch in
Bergwerken, geschlossenen Höfen u. dergl., abgesehen von geerdeten Leitungen, nur isolierte Leitungen zu verwenden, weil
blanke Leitungen zu Unfällen durch Berührung mit Werkzeugen, Werkstücken und andern Gegenständen Anlaß geben.
Auch in Ställen, Scheunen, Kellern usw. sind blanke Leitungen
möglichst zu vermeiden. Gegen Feuchtigkeit und chemische Angriffe können meistens auch isolierte Leitungen durch Anstrich
geschützt werden. Unvermeidlich sind blanke Leitungen, wenn
sie als Fahrleitungen dienen, sowie in solchen Betrieben, wo
sie großer Hitze ausgesetzt sind, z. B. bei großen elektrischen
Öfen, ferner als Bestandteile von Schaltanlagen, wie Sammelschienen u. dergl.

Bei Hochspannung ist ihre Verwendung noch weiter eingeschränkt. (§ 24 b).

Über Verlegung und Schutz geerdeter blanker Leitungen
vgl. § 21 d unter 9) S. 97.

Vgl. auch M.E.L. 5.

2) Während bei Freileitungen für Hochspannung die blanke
Leitung durch § 22 e) vorgeschrieben ist, ist ihre Verwendung
in Gebäuden auf das Notwendigste beschränkt. Die Isolierhülle
wird dem, der durch Zufall mit der Hochspannungsleitung in
Berührung kommt, zwar keinen absoluten Schutz gewährleisten,
aber immerhin unter normalen Verhältnissen, wenn sie den
Witterungseinflüssen entzogen ist, die Gefahr erheblich herabsetzen. Nach § 3 b und § 21 a und b müssen die Leitungen
für Hochspannung, auch wenn sie eine Isolierhülle tragen, durch
ihre Lage oder durch Verkleidung der Berührung entzogen
und gegen mechanische Beschädigung geschützt sein.

c) Bei Abzweigstellen muß den auftretenden Zugkräften durch geeignete Anordnungen Rechnung getragen werden.[3])

d) Durch Wände, Decken und Fußböden sind die Leitungen so zu führen, daß sie gegen Feuchtigkeit, mechanische und chemische Beschädigung sowie Oberflächenleitung ausreichend geschützt sind.[4])

---

3) Die Entlastung der Abzweigstellen geschieht durch Befestigungsmittel (Isolierglocken, Rollen etc.), die in unmittelbarer Nähe der Verzweigung so angeordnet werden, daß sie den abgezweigten Teil tragen, ohne die Hauptleitung aus ihrer Lage zu bringen. Am einfachsten ist es, die Abzweigungen nur an den Befestigungsstellen der Hauptleitung selbst vorzunehmen. Ist die Leitung und die Abzweigleitung in Rohren verlegt, so daß beide Teile auf ihrer ganzen Länge gestützt und überhaupt nicht gespannt werden, so entfällt natürlich die Notwendigkeit einer Entlastung. Dagegen ist die Entlastung von Zug besonders auch beim Anschluß von Schnurpendeln (§ 18c) und von transportablen Stromverbrauchern (§ 10h) zu beachten, welch letztere nach § 21 l mittels Steckkontaktes oder dgl. zu erfolgen hat.

Stromverbraucher, die nicht transportabel, wohl aber beweglich, d. h. mittels biegsamer Leitung angeschlossen werden, wie Webstuhllampen, Kulissenwagen, auch schwenkbare Wandarme usw. sind in ihrer Bewegungsfreiheit zu begrenzen und die biegsamen Leitungen genügend lang zu wählen. Auch gegen das Zerren an etwa sich bildenden Schleifen der Zuleitungen ist ihr Anschluß an die Stromklemmen zu sichern wie nach § 18 c) bei hängenden Beleuchtungskörpern, vgl. auch § 18$\frac{4}{}$.

Beim Gebrauch der Steckkontakte (§ 13) begegnet man oft einem leider sehr beliebten, aber durchaus fehlerhaften Verfahren, darin bestehend, daß beim Abschalten beweglicher Apparate von der Anschlußdose die Leitungsschnur ergriffen und so lange an ihr gezogen wird, bis sich der Stecker aus seinen Federn löst. — Da aber auch unbeabsichtigterweise durch die Handhabung der beweglichen Apparate (Kochapparate, Tischlampen, Plätteisen) vielfach Zug auf die Leitungsschnüre geübt wird, so ist es nötig, die Anschlüsse so zu gestalten, daß die Kupferlitze selbst entlastet wird (§§ 10h, 13a). Zu diesem Behufe kann die Umklöppelung oder noch besser eine besondere mit der Litze verflochtene Trageschnur an beiden Ende so befestigt werden, daß sie den Zug aufnimmt (vgl. auch § 18 c. Es existieren Anschlußdosen, welche das oben erwähnte mißbräuchliche Verfahren dadurch verhindern, daß sie nach Art eines Bajonettverschlusses gebaut sind. Um die zum An- und Abschalten erforderliche Drehung auszuführen, muß man den Knopf selbst erfassen, und der schlechten Gewohnheit, an der Schnur zu ziehen, wird so entgegengearbeitet. Auch kann der Stecker durch einen Schalter verriegelt sein, was bei Hochspannung Vorschrift ist (§ 13 d).

4) Über die Einführung in Gebäude vgl. M.E.L. 2. Nach Regel 1 sind alle Durchführungen, sofern sie nicht in weiten Kanälen oder mittels Kabel bewerkstelligt werden, mit Hilfe von Rohren auszuführen. Porzellan-, Papier-, Eisenrohre mit isolierender Einlage sind zulässig. Ungeschützte Papier- und Hartgummirohre gewährleisten nicht immer die geforderte Haltbarkeit, namentlich nicht bei Durchgängen durch Fußböden. Es ist demnach unter anderm durchaus verboten, Tür- oder Fensterrah-

1. Die Durchführungen sollen entweder der in den betreffenden Räumen gewählten Verlegungsart entsprechen, oder es sollen haltbare isolierende Rohre verwendet werden und zwar für jede einzeln verlegte Leitung und für jede Mehrfachleitung je ein Rohr.[5]

In feuchten Räumen sollen entweder Porzellan- oder gleichwertige Rohre verwendet werden, deren Gestalt keine merkliche Oberflächenleitung zuläßt, oder die Leitungen sollen frei durch genügend weite Kanäle geführt werden.[6]

Über Fußböden sollen die Rohre mindestens 10 cm vorstehen; sie sollen gegen mechanische Beschädigung sorgfältig geschützt sein. *Bei Hochspannung sollen die Rohre außerdem an Decken und Wandflächen mindestens 5 cm vorstehen.*[7]

---

men, Holzwände, Schalttafeln, usw. einfach zu durchbohren und die Drähte durch das enge Loch ohne weiteres hindurchzuführen; stets sind Führungen einzusetzen, welchen man passend abgerundete Enden gibt, um das Scheuern des Drahtes an den Rohrkanten zu vermeiden.

5) Wo die Drähte einzeln verlegt sind, sollen sie nicht durch ein gemeinsames Rohr, sondern mittels getrennter Rohre durch Wände und Decken geführt werden, damit nicht die ohnehin stärker gefährdete Stelle des Durchgangs auch noch eine weniger gute Verlegungsart aufweist als die übrigen Strecken. Dagegen ist es z. B. zulässig, die Steigleitungen völlig in Rohren zu verlegen, die Verteilungsleitungen in den einzelnen Stockwerken dagegen offen. Vergl. ETZ 1896, S. 683; 1902, S. 689. Beim Übergang getrennter Leitungen in Mehrfachleitung benutzt man zur Durchführung gegabelte Rohre so, daß die Mehrfachleitung das Rohr durchsetzt. ETZ 1910, S. 1322 N. 227.

Es empfiehlt sich, die Rohre an einem oder an beiden Enden abzudichten um eine mit Abscheidung von Kondenswasser verbundene Luftzirkulation zu verhindern. Auch wird so verhütet, daß bei wiederholtem Tünchen der Wände der freie Raum zwischen Rohrwand und Drahtleitung mit Kalk ausgefüllt wird, der die Drähte angreift. Das Abdichten geschieht mit Isoliermasse. Es ist nur bei besonders sorgfältiger Ausführung wirksam. Am besten sind fabrikmäßig völlig ausgefüllte Durchführungsstücke.

Leitungen für sehr hohe Spannungen werden aus dem Freien in Gebäude zweckmäßig mittels weiter Durchbrechungen eingeführt, in denen durchbohrte Glasscheiben sitzen. ETZ 1906, S. 56, Sp. 1. Einführungen mittels Hochspannungsisolator siehe ETZ 1907, S. 865; 1911, S. 1006.

6) In feuchten Räumen geben enge Rohre und Durchlässe leicht zu dauernden Ansammlungen von Wasser Anlaß, das oft chemisch wirksame Stoffe enthält, die die Leitung angreifen; außerdem kann es über die Oberfläche des Rohres hinweg eine Stromableitung zur Wand und Erde vermitteln, wenn nicht, wie vorgeschrieben, die Enden der Rohre als Isolierglocken ausgebildet sind. Metallrohre mit isolierender Einlage und glockenförmigen Endstücken aus Porzellan sind im Handel zu haben.

7) An der Durchgangsstelle durch Fußböden sind die Leitungen der Gefahr, beschädigt zu werden, besonders stark ausgesetzt. Auch eindringendes oder an den Leitungen entlang laufendes Wasser ist zu fürchten. Hier wird man zerbrechliche Rohre aus Glas oder dünnem Porzellan, sowie spröde Hartgummi-

§ 25.

Isolier- und Befestigungskörper.

a) Holzleisten sind unzulässig.[1])

b) Krampen sind nur zur Befestigung von betriebsmäßig geerdeten Leitungen zulässig, wenn dafür ge-

---

rohre oder ungeschützte Papierrohre vermeiden, oder sie nochmals besonders schützen.

In Rohren, die von warmen nach darüber befindlichen kalten Räumen führen, bildet sich fortgesetzt Schwitzwasser, das die Isolierhülle und die Leitungen selbst zerstört. Solche Rohre sind daher sehr sorgfältig abzudichten. Wo dies nicht zuverlässig möglich ist, vermeidet man besser derartige Führung der Leitungen; so wird in den Merkblättern für elektrische Anlagen in der Landwirtschaft das Führen von Leitungen aus Ställen nach darüberliegenden kalten Heuböden usw. verboten. (M.E.L. 5c. Vgl. § 26 Anm. 6.)

Wenn weite Kanäle, in denen dieselbe Verlegungsart beibehalten werden kann, wie in den durch die Kanäle verbundenen Räumen, in Rücksicht auf die gute und gleichmäßige Isolation den engen Durchführungsrohren vielleicht vorzuziehen sind, so sei doch nicht unerwähnt, daß sie schon bei ausgebrochenem Schadenfeuer dessen Ausbreitung von einem Stockwerk zum andern erleichtert oder veranlaßt haben. Man wird daher bei Deckendurchgängen in der Wahl der Abmessungen solcher Kanäle eine gewisse Vorsicht üben müssen.

§ 25. 1) Es ist bekannt, daß Holzleisten schon sehr vielfach zu Brandfällen Anlaß gegeben haben. Obwohl diese Art der Verlegung, welche sich rasch ausführen läßt und die Drähte gegen Verletzungen schützt, eine Zeitlang sehr verbreitet war, so hat sich doch nach und nach ein ernstes und wohlbegründetes Mißtrauen gegen ihre weitere Anwendung festgesetzt, und schon bei der ersten Aufstellung dieser Vorschriften i. J. 1895 ist die Anwendung der Holzleisten gänzlich untersagt worden. Die gelegentlich für ihre Wiedereinführung vorgebrachten Gründe haben sich bei wiederholter sorgfältiger Prüfung durch die zuständige Komm. d. V. D. E. nicht als stichhaltig erwiesen.

Die Holzleisten werden fast ausschließlich aus leichten weichen Holzarten hergestellt, welche die Feuchtigkeit begierig aufsaugen und festhalten und zwar auch in scheinbar trockenen Räumen infolge schadhafter Dächer oder Wasserleitungen oder anderer Zufälle. Unterstützt durch die löslichen Bestandteile des Holzes und die bei der Fäulnis entstehenden Stoffe greift die Feuchtigkeit die Isolierhülle der Drähte und letztere selbst an; es bilden sich u. a. Kupfersalze, welche das Holz leitend machen, so daß sich ein vom Draht über und durch die Holzleiste nach der Erde oder zwischen den Poldrähten verlaufender Strom ausbildet, der unter Umständen die weitere Zerstörung des Drahtes unterstützt und, ohne daß die zugehörige Bleisicherung in Wirkung tritt, die Leiste in Brand setzt.

Bedenkt man außerdem, daß die Holzleiste häufig dazu benutzt wurde, um einen zu irgend welchen häuslichen Zwecken dienenden Nagel oder Haken aufzunehmen, der bei schiefer Stellung Kurzschluß verursachte, so ergibt sich eine ungezwungene Erklärung der außerordentlich großen Zahl von Fällen, in welchen Brandschäden an Holzleisten ihren Ausgangspunkt genommen haben.

sorgt ist, daß der Leiter weder mechanisch noch chemisch durch die Art der Befestigung beschädigt wird.[2])

c) Isolierglocken müssen so angebracht werden, daß sich in ihnen kein Wasser ansammeln kann.[3])

d) Isolierkörper müssen so angebracht werden, daß sie die Leitungen in angemessenem Abstand voneinander, von Gebäudeteilen, Eisenkonstruktionen und dergleichen entfernt halten.[4])

Man hat versucht, die Leisten mit fäulniswidrigen Stoffen oder mit solchen, welche sie wasserundurchlässig machen, zu tränken, doch hat sich dies nicht bewährt, da diese Stoffe entweder selbst den Draht angreifen, oder die Entzündlichkeit der Leiste noch erhöhen, zum Teil üblen Geruch oder Flecken auf den Wänden verursachen. Auch untergelegte Porzellanscheiben, welche die Leiste von der Wand entfernt halten, sind ein ungenügendes Mittel, da sie nicht hindern, daß die Leiste mit Tapete überklebt und so die im § 21 ⁵ empfohlene Zugänglichkeit der Leitung zu nichte gemacht wird. Über den Wert der Holzleisten siehe Zeitschrift für Elektrotechnik, Wien, Bd. 14. S. 455, Sp. 2.

Wo der notwendige Schutz der Leitungen nicht durch Rohre erreicht werden kann, oder diese aus besonderen Gründen nicht verwendet werden sollen, ist ein aus Brettern oder Blech hergestellter Kanal über die auf Rollen oder Glocken verlegte Leitung zu bauen, der die Luft frei zutreten läßt und zur Besichtigung der Leitung geöffnet werden kann.

Das Verbot der Holzleisten trifft nicht die Verwendung hölzerner Beleuchtungskörper, wie sie in künstlerischer Ausführung in trockenen Zimmerräumen üblich sind.

2) Krampen haben den Nachteil, daß bei ihrer Verwendung die Beschädigung der Isolierschicht von Drähten, Schnüren oder Kabeln nicht sicher vermieden werden kann. Tritt eine solche Verletzung ein, so bildet die Krampe selbst sofort einen Stromweg zur Wand und Erde. Außerdem bietet die Krampe nicht die Möglichkeit, den meistens erforderlichen Abstand der Leitung von der Wand einzuhalten. Auch bei Befestigung von betriebsmäßig geerdeten, blanken Leitungen mittelst Krampen ist Sorge zu tragen, daß der Draht nicht durch die Krampe verletzt werde; dazu helfen Einlagen oder passende Gestaltung der Krampen.

An feuchten Stellen kann chemische Zerstörung eintreten, wenn Draht und Krampe aus verschiedenen Metallen bestehen, die ein galvanisches Element bilden. Möglicherweise spielen dabei die chemischen Eigenschaften der verschiedenen Arten von Wandverputz eine Rolle. In Stuttgart haben sich verzinnte Eisenkrampen auf verzinnten blanken Kupferdrähten bewährt.

3) Mantelrollen, die unter Umständen als Ersatz von Glocken dienen, sind ebenfalls so anzuordnen, daß das Wasser abläuft, ohne die Isolierfähigkeit zu beeinträchtigen. ETZ 1904, S. 1115 N. 127.

4) Die Isolierkörper müssen feuchtigkeitssicher sein. Wo mechanische Beschädigung zu befürchten · ist, wird oft Porzellan oder Glas durch zähere Stoffe ersetzt. Zu beachten ist, daß der angegebene Abstand von der Wand an jeder Stelle des Drahtes vorhanden sein muß; es sind also dort, wo die Leitung vorspringende Teile, wie Verzierungen, Türstöcke u. dgl., kreuzt oder um vorspringende Ecken geführt wird, die Befestigungsstücke so zu verteilen oder auf die vorspringenden Gegen-

1. Bei Führung von Leitungen auf gewöhnlichen Rollen längs der Wand soll auf höchstens 1 m eine Befestigungsstelle kommen. Bei Führung an der Decke können den örtlichen Verhältnissen entsprechend ausnahmsweise größere Abstände gewählt werden.[5]

⚒ | In B. u. T. sind gewöhnliche Rollen unzulässig. |

2. Mehrfachleitungen sollen nicht so befestigt werden, daß ihre Einzelleiter aufeinander gepreßt sind.[6]

<h2 style="text-align:center">§ 26.</h2>

<h3 style="text-align:center">Rohre.</h3>

a) Rohre und Zubehörteile (Dosen, Muffen, Winkelstücke usw.) aus Papier müssen imprägniert sein und einen Metallüberzug haben.[1]

---

stände selbst zu setzen, daß die gegebenen Maße überall eingehalten sind. Die geforderten Mindestabstände sind aus § 21 zu ersehen.

Die geforderten Abstände von der Wand werden bei niedriger und mittlerer Spannung am einfachsten durch entsprechende Auswahl der Größe der Rollen erlangt. Die so festgelegte Größe der Befestigungsstücke regelt von selbst auch zugleich den Abstand der Drähte unter sich, soweit hierfür nicht in § 21 f) für blanke Leitungen schärfere Forderungen aufgestellt sind. Bei höheren Spannungen sind ausladende Isolatorstützen oder besondere Tragarme erforderlich. Diese werden jedoch in bezug auf den Abstand der Leitung von ihnen nicht als „Wand" betrachtet, denn in der Nähe der Isolatorstützen ist der Draht unverrückbar befestigt, während gegenüber der freien Wand sein Durchhang und seine Beweglichkeit zu beachten und bei den geforderten Abständen berücksichtigt ist.

5) Zum Einhalten der vorgeschriebenen Abstände der Befestigungsstellen können zwischen diesen noch Eckrollen oder Abstandsstücke nötig werden, die unter Umständen eine besondere Befestigung an der Wand oder eine Bindung des Drahtes entbehren können. Vgl. S. 95 unter [16]) sowie ETZ 1902, S. 1133 N. 24; 1905, S, 702 N. 169.

6) Da feste Verlegung ungeschützter Mehrfachleitungen nach § 21 g unzulässig ist, kommt die Bestimmung nur noch für blanke Bleikabel und Panzeradern in Betracht. Sie werden mit Schellen befestigt. Auch bei Einfachleitungen ist darauf zu achten, daß die Isolation der Leitung nicht durch den Bindedraht verletzt wird. Man verwendet verzinnten blanken oder umsponnenen Kupferdraht von mindestens 1 qmm Stärke. Die Leitungen sind an den Bindestellen durch eine Umwicklung von isolierendem Stoff besonders zu schützen. In feuchten Räumen setzen metallene Bindedrähte leicht Oxydschichten an, die ihrerseits die Gummihülle der Leitungen angreifen.

§ 26. 1) Rohre dienen als Schutz gegen Berührung, gegen mechanische und gegen chemische Beschädigung der Leitungen. Gebräuchlich sind Gummirohre, Papierrohre mit Metallüberzug, Eisenrohre mit und ohne Isoliereinlage, geschlitzte federnde Eisenrohre; auch Rohre, die am Ort der Verlegung mit einem besonderen Werkzeug aus Metallband hergestellt werden.

Metallrohre spielen außerdem eine besondere Rolle in bestimmten Verlegungsarten, indem sie selbst als geerdete metal-

1. Dosen sollen entweder feste Stutzen oder hinreichende Wandstärke zur Aufnahme der Rohre haben.

2. Rohrähnliche Winkel-, T-, Kreuzstücke und dergleichen sollen als Teile des Rohrsystems in gleicher Weise ausgekleidet sein wie die Rohre selbst. Scharfe Kanten im Innern sind auf alle Fälle zu vermeiden.

b) Rohre aus Metall oder mit Metallüberzug müssen bei Hochspannung in solcher Stärke verwendet werden, daß sie auch den zu erwartenden mechanischen und chemischen Angriffen widerstehen.[2])

---

lische Leitung dienen und gleichzeitig den oder die zugehörigen anderen Leiter umschließen.

Wenn Leitungen dem Auge entzogen, also in die Wand verlegt werden sollen, werden sie in der Regel in Rohren verlegt, da Kabel meistens zu teuer sind und andere Verlegungsarten, soweit über sie Erfahrungen vorliegen, entweder nicht den nötigen Schutz gewähren, oder eine Nachprüfung nicht gestatten: Vgl. § 21$^{\underline{2}}$ unter [17]) S. 101, auch ETZ 1904, S. 1115 N. 124. Die Verlegung unter Putz, d. h. in der Wand, ist nur bei Spannungen bis 500 Volt üblich, weil bei den höheren Spannungen eine größere Übersichtlichkeit und leichtere Beaufsichtigung erstrebt werden soll. Jedoch sind Durchführungs- und Einführungsrohre auch bei höheren Spannungen nicht ausgeschlossen.

Die Mauerfeuchtigkeit ist den aus Papier bestehenden Rohren und Verbindungsdosen gefährlich, ETZ 1903, S. 1049 N. 72, daher ist Imprägnierung und der Metallüberzug vorgeschrieben worden, nachdem in der Praxis überwiegend nur solche Rohre verwendet werden. Der Überzug kann durch einen Anstrich noch haltbarer gemacht werden. Dies ist bei den Messingmänteln üblicher Dicke im Freien stets nötig. Dosen und Verbindungsstücke aus Stoffen, die der Feuchtigkeit besser widerstehen als Papier, bedürfen eines Metallmantels nicht. Die Verlegung der Rohre geschieht in der Regel während des Baues, jedoch zweckmäßigerweise nicht früher, als bis der größte Teil der Baufeuchtigkeit bereits aus den Mauern verschwunden ist. Die Drähte sollen erst nach vollständiger Austrocknung eingezogen werden. Werden die Rohre in ungenügend ausgetrocknete Mauern verlegt oder bleiben die Mauern dauernd feucht, so sind dünne Metallmäntel aus Messingblech der chemischen Zerstörung durch den Kalk ausgesetzt, man muß alsdann kräftigere Eisenrohre verwenden.

Gummirohre bedürfen keines besonderen Schutzes gegen Feuchtigkeit; sie können daher ohne weiteres in Putz verlegt werden, soweit nicht mechanische Beschädigungen, etwa durch n die Wand geschlagene Nägel, zu befürchten sind.

Gegen derartige Angriffe ist auch der übliche Messingmantel der Papierrohre unzureichend. Gegebenenfalls, z. B. in Fehlböden, über die ein Parkettboden genagelt wird, benützt man Panzerrohre oder besondere Eisenschilder, etwa aus Winkeleisen.

Gegen chemische Angriffe schützt die Rohre ein Anstrich, z. B. mit Ölfarbe oder Aspaltlack.

2) Wird der im § 3 b) gegen Berührung und in § 21 a) gegen Beschädigungen geforderte Schutz durch Metallrohre oder metallüberzogene Rohre bewirkt, so erfordert bei Hochspannung schon die nach § 3 c) und § 21 b) nötige Erdung und die sichere Verbindung der Stoßstellen eine gewisse Stärke des

Bei Hochspannung sind die Stoßstellen metallener Rohre metallisch zu verbinden und die Rohre zu erden.[3])

✠ | In B. u. T. gelten beide Absätze auch für | Niederspannung.

c) In ein und dasselbe Rohr dürfen nur Leitungen verlegt werden, die zu dem gleichen Stromkreise gehören (siehe §§ 21 h und 28 i) [4]).

Metalles. Auch abgesehen von diesem Grunde soll bei Hochspannung der Schutz der Leitungen besonders kräftig sein.

3) Die leitende Verbindung der Stoßstellen und die Erdung der Rohre ergeben sich aus den Forderungen, die in § 3 c) und § 21b) für andere metallische Schutzverkleidungen aufgestellt sind.

Die metallische Verbindung ist auch bei Niederspannung mit besonderer Sorgfalt auszuführen, wenn das Rohr selbst als geerdete Rückleitung benutzt wird. Dies ist nur bei Rohren von genügender Leitfähigkeit angängig. Peschelrohre z. B. vertragen in den Abmessungen 8, 14, 18 mm eine Strombelastung von 10, 15, 20 Ampere. Die Verbindung der Stoßstellen geschieht entweder durch aufgeschraubte Muffen, oder bei Peschelrohren durch unmittelbaren Kontakt der ineinandergesteckten Rohrenden, wobei der Längsschlitz bei sorgsamer Arbeit eine dauernd feste federnde Berührung der vorher blank gemachten Flächen verbürgt.

4) Mehr als eine zusammengehörige Hin- und Rückleitung sollen in der Regel nicht in dasselbe Rohr gelegt werden. Beim Anschluß kleiner Drehstrommotoren bedarf es hierzu dreier Drähte. Auch können bei Gleichstromanlagen drei Drähte zusammengehören, wenn sie z. B. zu einer Lampengruppe führen, die von mehreren Punkten aus ein- und ausschaltbar sein soll (sogenannte Wechselschalter oder Gruppenschalter) oder wenn es sich um unverzweigte Strecken eines Dreileitersystems handelt. Vgl. auch ETZ 1904, S. 424 No. 98.

Wenn mehrere Leitungen gleicher Polarität dicht nebeneinander in demselben Rohre liegen, so kann der Fall eintreten, daß bei Beschädigung der Gummihülle die Metalladern sich berühren, ohne daß die Sicherung schmilzt, weil nicht die volle Betriebsspannung an der schadhaften Stelle wirksam wird; auch kann es vorkommen, daß die Leitungen sich so berühren, daß der auf einer bestimmten Strecke von nur einem der Leiter geführte Strom doch durch alle Sicherungen hindurchgeht, indem diese durch die Berührungsstelle parallel geschaltet sind; wächst dann der Strom, so kann dieser Draht gefährliche Hitzegrade erreichen, ohne daß die Sicherung den Strom unterbricht.

Um diese Möglichkeit tunlichst einzuschränken, ist das Zusammenlegen solcher Leitungen auf zusammengehörige Leitungen desselben Stromkreises, z. B. die Hin- und Rückleitung zu einer Lampe (verschiedene Polaritäten) oder zu einem Schalter (gleiche Polaritäten) beschränkt worden. ETZ 1904, S. 424 N. 101; 1905, S. 278 N. 162. Vgl. auch § 11^2 S. 53 unter [3]).

Aus dem gleichen Grunde sollte von der nach § 21^{11} in Ausnahmefällen zulässigen Zusammenlegung von mehr als drei Leitungen, die auch verschiedenen Stromkreisen angehören können, nur äußerst vorsichtig Gebrauch gemacht werden, und sind dabei die dort vorgeschriebenen Bedingungen streng einzuhalten. Zu diesen Ausnahmen gehören auch größere Beleuchtungskörper, deren Hauptrohr häufig mehrere Leitungen enthält, die verschiedenen Sicherungsgruppen angehören.

d) **Drahtverbindungen und Abzweigungen innerhalb der Rohrsysteme** sind nur in Dosen, Abzweigkästen, **T**- und Kreuzstücken und nur durch Verschraubung auf isolierender Unterlage zulässig.[5]

3. **Rohre sollen so verlegt werden, daß sich in ihnen kein Wasser ansammeln kann.**[6]

4. **Bei Rohrverlegung sollen im allgemeinen die lichte Weite, sowie die Anzahl und der Radius der Krümmungen so gewählt sein, daß man die Drähte einziehen und entfernen kann.**[7] Von der Auswechselbarkeit der

---

Daß bei Wechselstrom stets alle zusammengehörigen Leitungen in einem Rohr vereinigt sein müssen, sofern dies aus Eisen besteht, ist im § 21 h) festgesetzt und S. 103 unter [22] erläutert.

5) Die Bestimmung ist auf Rohrsysteme beschränkt, gilt also nicht für Drahtverbindungen innerhalb von Beleuchtungskörpern, doch ist sie auch dort im Sinne des § 18[2] zu empfehlen.

6) Der Bildung von Wasser in den Rohren, die meistens auf Temperaturwechsel zurückzuführen ist (Kondensationswasser), wird auch durch den Verschluß der oberen oder beider Mündungen entgegengewirkt. Würden nämlich beide Enden einer vertikalen Rohrleitung offen sein, so kann leicht ein fortdauernder feuchtwarmer Luftstrom durch die zwischen der oberen und unteren Öffnung vorhandenen Temperatur- und Druckunterschiede entstehen; ist dabei die das Rohr umgebende Wand kälter als die hindurchströmende Luft, so kommt es zu dauernder Wasserabscheidung. Stagniert dagegen die Luft innerhalb des Rohres, so wird sie nur selten erhebliche Mengen von Wasser abgeben, das, wenn die unteren Enden des Rohrnetzes offen sind, von selbst abfließt. Um erhebliche und schroffe Temperaturwechsel der Rohre zu vermeiden, empfiehlt es sich, letztere tunlichst nicht in die Außenwände der Gebäude zu legen. Vgl. § 24, Anm. 7).

Bei Rohren mit Längsschlitz (Peschelrohr) wird der Schlitz nach unten gelegt, um dem Wasser den Austritt zu erleichtern.

Kann ein Gefälle der Rohre nicht eingehalten werden, z. B. wenn eine u-förmige Führung, etwa um einen Balken herum, nötig ist, so kann man das Rohr an der tiefsten Stelle anbohren, um einen Abfluß zu schaffen.

7) Werden die Rohre nicht zu eng gewählt und wird für passende Führung des Rohrstranges und richtige Anzahl der Dosen gesorgt, so vollzieht sich das Einziehen der Drähte in die fertig verlegten Rohre ohne Schwierigkeit. Ganz fehlerhaft und durchaus unzulässig ist das Verfahren, die Drähte vor der Verlegung in Rohre einzuziehen und diese dann in den Verputz einzulegen. Dieses Verfahren, bei dem jede Nachprüfung der verlegten Drähte unmöglich ist, verleitet die Arbeiter zu Nachlässigkeiten. Vgl. § 21[2] unter [17]), auch ETZ 1904, S. 1114 N. 112.

Im allgemeinen vermeidet man es, die Rohre in scharfen Ecken aneinander stoßen zu lassen, da auf diese Weise das Einziehen und Entfernen der Drähte unmöglich ohne Beschädigung durchführbar ist. Auch verführt diese Anordnung dazu, daß die vielen kurzen Rohrstückchen nicht genügend an der Wand befestigt werden, so daß dann nicht das Rohr den Draht, sondern der Draht das Rohr trägt und stützt. Vgl. auch ETZ 1905, S. 888 N. 176.

Leitungen kann abgesehen werden, wenn die Rohre offen verlegt und jederzeit zugänglich sind.[8]) Die Rohre sollen an den freien Enden mit entsprechenden Armaturen, z. B. Tüllen, versehen sein, so daß die Isolierung der Leitungen durch vorstehende Teile und scharfe Kanten nicht verletzt werden kann.[9])

5. Unter Putz verlegte Rohre, die für mehr als einen Draht bestimmt sind, sollen mindestens 11 mm lichte Weite haben.[10])

§ 27.

Kabel.

a) Blanke und asphaltierte Bleikabel dürfen nur so verlegt werden, daß sie gegen mechanische und chemische Beschädigungen geschützt sind (siehe auch § 21 h.)[1])

Bei richtiger Verlegung vollzieht sich dagegen auch das Entfernen der Drähte aus den Rohren behufs Auswechselung zu schwacher oder fehlerhafter Strecken ohne Schwierigkeit. Sollte eine Leitung infolge von Überhitzung im Rohre festgeklebt sein, so kann sie durch mehrmaliges Drillen um ihre Längsachse (etwa mit Hilfe einer Bohrwinde) leicht gelockert werden.

8) Leitungen großen Querschnitts können in bereits verlegte Rohre nur mit Schwierigkeiten eingezogen werden. Aus den Seite 101 unter [17]) angegebenen Gründen ist es aber auch hier bedenklich, die über die Leitungen geschobenen Rohre in den Putz einzulegen oder einzumauern. Diese meist als Speise- oder Steigleitungen vorkommenden größtenteils geradlinigen Leitungsstrecken sollen daher auf der Oberfläche der Wände in unverdeckten Rohren geführt werden, sofern es nicht vorgezogen wird, sie ganz offen oder in weiten, etwa mit Schutzblech oder Schutzbrett bedeckten Kanälen zu verlegen.

9) Scharfe Kanten sind auch beim Eintritt der Rohre in die Verbindungsdosen zu vermeiden. ETZ 1911, S. 743, N. 239. Neben Tüllen aus Porzellan und andern harten Isolierstoffen sind auch Holztüllen zulässig.

10) Dies gilt auch, wenn mehrere Leitungen zu einer Mehrfachleitung in Gestalt von verdrillten Drähten oder Schnüren vereinigt sind. Dagegen bleibt das kleinere Rohrkaliber zulässig bei offen verlegten Rohren. Es kommen hier namentlich Rohrstücke zum Schutz der im Handbereich liegenden Enden von Schaltungsleitungen, ferner Durchführungen dünner Zwischenwände, Rohrzwischenlagen bei Kreuzung von Leitungen in Betracht. Wird den isolierten Leitungen im Rohr ein dünner blanker Draht zur Verbesserung der durch die Rohrwandung gebildeten Rückleitung beigefügt, so kann ebenfalls von einer besonderen Verwendung weiterer Rohre abgesehen werden. Gemäß § 20 $\frac{4}{}$ sollen dabei dünnere Drähte als 1,5 mm² nicht benützt werden, weil sie leicht die Isolierhülle der andern Drähte beim Einziehen verletzen; zweckmäßig wird der blanke mit dem isolierten Draht gleichzeitig eingezogen.

§ 27. 1) Chemischen Angriffen ist blankes Blei in weit höherem Maße ausgesetzt, als gemeinhin angenommen wird. Kalk und andere Alkalien greifen Blei stark an. Die blanken Bleikabel dürfen daher nicht unmittelbar auf den Verputz des Mauerwerkes, noch weniger in den Verputz verlegt werden. Besteht

1. Bleikabel jeder Art, mit Ausnahme von Gummikabeln bis 750 V, dürfen nur mit Endverschlüssen, Muffen oder gleichwertigen Vorkehrungen, welche das Eindringen von Feuchtigkeit verhindern und gleichzeitig einen guten elektrischen Anschluß gestatten, verwendet werden.[2]

⚒ 2. Die Entfernung der Befestigungsstellen der Kabel soll in B. u. T. 3 m nicht übersteigen, außer in Bohrlöchern und Schächten. Für Schächte siehe § 40.

⚒ 3. In B. u. T. ist die Armatur von Kabeln nach Möglichkeit zu erden. An Muffen und ähnlichen Stellen sind die Armaturen leitend zu verbinden.

b) Es ist darauf zu achten, daß an den Befestigungsstellen der Bleimantel nicht eingedrückt oder verletzt wird; Rohrhaken sind unzulässig.[3]

Bei freiliegenden Kabeln ist eine brennbare Umhüllung verboten.

---

die Oberfläche des Mauerwerkes oder eines zur Verlegung von Kabeln bestimmten Kanals aus reinem Gips, so ist die oben erwähnte Gefahr nicht vorhanden, weil die Schwefelsäure des Gipses mit der Oberflächenschicht des Bleies unlösliche Verbindungen bildet, die die tieferen Schichten vor weiteren Angriffen schützen.

Auch vor manchen organischen Stoffen ist Blei sorgfältig zu schützen. Besonders gefährlich sind Essigsäure, organische Fettsäuren, Ammoniak, faulende organische Stoffe, die mit dem Blei lösliche Verbindungen bilden, so daß es zerfressen wird. Wo daher im Erdboden oder an Wänden derartige Stoffe vorkommen können, (Ställe), darf blankes Bleikabel nicht verwendet werden.

Der Asphaltüberzug soll das Blei gegen die erwähnten chemischen Angriffe schützen. Es wird sich jedoch empfehlen, auch bei der Verlegung dieser Kabelsorte vorsichtig zu sein und solche Stellen des Erdbodens oder der Wände, wo die genannten Stoffe vorkommen können, zu vermeiden oder armierte Kabel zu verwenden.

2) Die Regel 1 wendet sich gegen das fehlerhafte Verfahren, wonach die vom Bleimantel entblößte litzenartige Kupferseele ohne weitere Vorkehrungen in Klemmschrauben eingeführt wird. Hierbei werden leicht einzelne Drähte der Litze außer Kontakt bleiben; außerdem bietet dies Verfahren der Feuchtigkeit die Möglichkeit, sich zwischen Seele und Isolierhülle festzusetzen. Wo vollständige Endverschlüsse, Kabelschuhe und dgl. nicht benutzt werden, wie bei den Bleikabeln geringeren Querschnittes, ist das Ende der Isolierschicht durch Isolierband etc. sorgfältig zu schützen und das Ende der Drahtlitze zu verlöten.

Sogenannte Gummikabel, d. h. solche, bei denen keine Papier- oder Faserisolierung verwendet ist, sondern die Kupferseele unmittelbar von einer dicht anliegenden Gummihülle umgeben ist, können unter Umständen eines besonderen Endverschlusses entbehren.

3) Auch armierte Kabel sollen nicht mittels Rohrhaken, sondern mittels Schellen befestigt werden, weil sowohl schwache als starke Kabel beim Einschlagen der Haken häufig beschädigt werden. Dagegen ist das Aufhängen von Kabeln an Haken nicht verboten.

c) Prüfdrähte sind wie die zugehörigen Kabeladern zu behandeln.[4])

Bei Hochspannung sind sie so anzuschließen, daß sie nur zur Kontrolle der zugehörigen Kabeladern dienen.[5])

H. Behandlung verschiedener Räume.

Für die in den §§ 28 bis 36 behandelten Räume treten die allgemeinen Vorschriften insoweit außer Kraft, als die folgenden Sonderbestimmungen Abweichungen enthalten.[1])

§ 28.

Elektrische Betriebsräume.[2])

a) Entgegen § 3a kann in Niederspannungsanlagen von dem Schutz gegen zufällige Berührung blanker,

---

4) Stets ist darauf zu achten, daß die freien Enden der Prüfdrähte, auch wenn sie nicht an Meßgeräte angeschlossen sind, ebenso sorgfältig gegen Berührung und unbeabsichtigten Spannungsübergang geschützt werden, wie eine angeschlossene Betriebsleitung.

5) Die in die Hochspannungskabel eingebauten Prüfdrähte dürfen nicht zu fremdartigen Zwecken benützt werden, weil sie von den Arbeitsdrähten des Kabels beeinflußt sind. Es wäre z. B. sehr bedenklich, die Prüfdrähte zu Telephongesprächen zu benützen, denn die in den Prüfdrähten durch Wechselstrom induzierten Spannungen können dem Telephonapparat und seinen Benützern gefährlich werden. Aus dem gleichen Grunde ist es unzulässig, den Prüfdraht eines Hochspannungskabels zu Messungen im Niederspannungsnetz zu verwenden, da er Hochspannung in den Niederspannungskreis einführen könnte. Wenn auch jeder Prüfdraht für sich isoliert ist, so wird seine Isolierschicht doch in der Regel nicht so stark sein, wie die der Arbeitsdrähte. Zulässig ist der Anschluß der Prüfdrähte an Relais, die die zugehörigen Hauptadern aus- und einschalten

H. 1) Aus der besonderen Beschaffenheit und den mannigfaltigen Verwendungszwecken der verschiedenen Arten von Räumen ergeben sich bestimmte Forderungen für ihre elektrische Einrichtung, die zum Teil miteinander in Widerspruch stehen. Daher ist es nicht möglich, für alle Arten von Räumen eine einheitliche Installationsweise einzuhalten. Die Übersichtlichkeit und Zugänglichkeit der Anordnung, die dort geboten ist, wo unterwiesenes Personal die Erzeugung und Verteilung elektrischer Energie besorgt, ist unvereinbar mit dem unbedingten Schutz gegen Berührung durch Unbefugte, wie er in öffentlichen Versammlungsräumen, Wirtshäusern oder Kaufläden nötig erscheint. Die Maßnahmen, die z. B. in feuchten oder in explosionsgefährlichen Räumen eine dauernde Betriebsfähigkeit und Feuersicherheit gewährleisten, widersprechen den Anforderungen, die an elegante Wohnräume oder Repräsentationsräume gestellt werden. Man muß daher die im allgemeinen gültigen Vorschriften und Regeln in einigen Sonderfällen verschärfen, an anderen Stellen dagegen Ausnahmen in gewissem Umfange zulassen.

§ 28. 2) Der Begriff des „elektrischen Betriebsraumes" ist in § 2e erklärt und S. 14 unter [7]) erläutert. Vgl. auch

unter Spannung gegen Erde stehender Teile insoweit abgesehen werden, als dieser Schutz nach den örtlichen Verhältnissen entbehrlich oder der Bedienung und Beaufsichtigung hinderlich ist.[3])

---

§§ 2f und 2g. Wesentlich ist die auf unterwiesenes Personal beschränkte Zugänglichkeit. Sie rechtfertigt es, daß man hier einen Teil der Sicherheitsmaßnahmen nicht auf die Beschaffenheit der Einrichtungen, sondern auf das durch Unterweisung geregelte Verhalten des Personals gründet. Es sind aber nicht nur Vorteile für den Betrieb, die sich hieraus ergeben, sondern die Sicherheit vor Feuers- und Lebensgefahr ist unter vielen Umständen auf diese Weise besser gewährleistet, weil den verwickelten Anordnungen und dem vielgestaltigen Zusammenwirken der Dinge und Vorgänge überhaupt nicht durch rein körperliche Vorkehrungen Rechnung getragen werden kann.

Diejenigen Teile der elektrischen Einrichtung von Betriebsräumen, die nur der Beleuchtung des Betriebsraumes dienen, und keinen besonderen, aus der eigenartigen Bestimmung des Raumes folgenden Bedingungen unterliegen, können und müssen auch hier nach den allgemeinen Vorschriften ausgeführt werden.

Die Reihenfolge der Bestimmungen des § 28 entspricht der fortlaufenden Bezifferung derjenigen Paragraphen der allgemeinen Vorschriften, auf die sie sich beziehen. Dementsprechend sind die Absätze a) bis c), die vom Schutz des Personals gegen Berührung unter Spannung stehender Teile handeln, vom Absatz g), betreffend den Schutz der elektrischen Leitungen gegen Beschädigung, getrennt, obwohl vielfach dieselben Mittel den beiden verschiedenen Zwecken dienen.

3) Blanke Teile, wie Sammelschienen, Anschlußklemmen Bürsten, Kommutatoren, Sicherungsstreifen, Kontaktstücke von Schaltern usw. dürfen im Bereich der Niederspannung, also bis zu 250 Volt gegen Erde, insoweit ohne besonderen Schutz gegen Berührung angeordnet werden als entweder die Gefahr auf andre Weise beseitigt ist oder dringende Forderungen des Betriebs diesen Schutz ausschließen. Die sonst vorgeschriebenen und üblichen Schutzmittel dürfen also nicht nach Belieben wegbleiben. Vielmehr sind gemäß § 120a der Gewerbeordnung die Einrichtungen so zu treffen und zu unterhalten, daß die Arbeiter gegen Gefahren für Leben und Gesundheit soweit geschützt sind, wie es die Natur des Betriebes gestattet. Man wird sich also auch hier im allgemeinen der schon durch ihre Bauart geschützten Hilfsmittel (Schalter, Sicherungen, Maschinen, §§ 6c, 10c) bedienen, und die Anordnungen so treffen, daß freie Bewegung und sichere Handhabung der Einrichtung ohne zufällige Berührung gefährlicher Teile möglich ist. Nur ist in die Vorschrift keine bestimmte Formulierung dieser Bedingung aufgenommen, weil sich nicht allgemein festlegen läßt, wie weit die Anforderungen an die Übersichtlichkeit und Zugänglichkeit im Einzelfall gehen und wie groß die Aufmerksamkeit ist, die man dem jeweils vorhandenen Personal zutrauen kann. Es soll also dem für die Anlage Verantwortlichen im Gebiet der Niederspannung freigestellt werden, wie und durch welche Hilfsmittel er die gebotene Sicherheit erzielt. Außer dem unmittelbaren Schutz gegen zufällige Berührung stehen hier vielerlei Maßnahmen zur Verfügung, wie ausreichende Entfernung zwischen den beiden Polen, geeignete Länge der zu bedienenden Griffe, unverschlossene oder verschlossene Schranken, Stufen, die beim Betreten die Aufmerksamkeit erregen, Isoliertritte oder Gummi-

*b) Entgegen § 3b kann bei Hochspannung die Schutz-
vorrichtung insoweit auf einen Schutz gegen zufällige Berührung beschränkt werden, als ein erhöhter Schutz nach
den örtlichen Verhältnissen entbehrlich oder der Bedienung
und Beaufsichtigung hinderlich ist.*[4])

*c) Bei Hochspannung sind auch solche blanke Lei-
tungen gestattet, welche nicht Kontaktleitungen sind (siehe
§ 24b). Sie müssen jedoch nach § 3b der Berührung
entzogen sein.*[5])

In B. u. T. fällt diese Erleichterung fort.
Auch bei Niederspannung sind blanke Leitungen
nur in abgeschlossenen elektrischen Betriebsräumen (siehe § 21e) oder als Fahrleitungen
(siehe § 42) zulässig.[5])

d) Schalter mit Ausnahme von Ölschaltern brauchen der Bestimmung in § 11a Absatz 1 nur bei der
Stromstärke zu genügen, für deren Unterbrechung sie
bestimmt sind. Auf solchen Schaltern ist außer der
Betriebsspannung und Betriebsstromstärke auch die zulässige Ausschaltstromstärke zu vermerken.[6])

e) Entgegen § 11h können Nulleiter und betriebsmäßig geerdete Leitungen auch einzeln abtrennbar gemacht werden.[7])

---

matten, die die Wirkung etwaiger Berührung herabmindern und
viele andere Hilfsmittel; dazu kommen aber auch Betriebs-
bestimmungen und Anweisungen und endlich geeignete Auswahl,
sowie den Verhältnissen entsprechende Kontrolle des Personals.

4) Während nach § 28a bei Niederspannung unter
bestimmten Bedingungen von einem Schutz gegen zufällige
Berührung abgesehen werden kann, wird durch § 28b bei
Hochspannung dieser Schutz unter allen Umständen gefordert. Nur die Unzugänglichkeit, die § 3b sowohl für blanke
wie für isolierte Teile verlangt, kann durch eine Vorkehrung
ersetzt werden, die lediglich zufälliges Berühren hindert.
Es werden also z. B. Wickelköpfe von Maschinen, Ausführungs-
klemmen von Transformatoren usw. mit Schranken, Abweis-
leisten und ähnlichen Schutzmitteln so weit zu umgeben sein,
daß bei unwillkürlicher Annäherung eine Berührung verhütet
wird. Aber auch hier darf von der Erleichterung nur so weit
Gebrauch gemacht werden, als sie durch dringende Betriebsrücksichten gerechtfertigt ist. Unnötig sind besondere Maßnahmen dort, wo schon die Lage oder Anordnung der gefährlichen Teile (etwa in unzugänglicher Höhe) die zufällige Berührung ausschließt.

5) Blanke Leitungen für Hochspannung können z. B. behufs
raschen Kurzschließens an einzelnen Stellen erwünscht sein. Dagegen sind in B. u. T. wegen des beengten Raums und der oft
mangelhaften Sichtbarkeit der Leitungen blanke Leitungen so
weit irgend möglich auszuschließen.

6) Vgl. S. 52 unter [1]).

7) Bei manchen Dreileiteranlagen wird z. B. zeitweise der
Mittelleiter auf den einen Pol, die beiden Außenleiter auf den
anderen Pol der halben Gesamtspannung geschaltet. — Zur
Prüfung des Zustandes einer Anlage kann es erforderlich sein,
den geerdeten Leiter abzuschalten.

f) Entgegen § 12 b sind auch bei nicht allpolig abschaltenden Anlassern besondere Ausschalter nicht notwendig.

⚒ | In B. u. T. fällt diese Erleichterung fort. |

1. Entgegen § 12² sind Schutzverkleidungen für Anlasser und Widerstände nicht unbedingt erforderlich.

g) Die im § 21 a geforderte Schutzverkleidung ist bei Niederspannung und bei *isolierten Hochspannungsleitungen unter 1000 V* nur insoweit erforderlich, als die Leitungen mechanischer Beschädigung ausgesetzt sind.[8])

h) Aus besonderen Betriebsrücksichten kann entgegen § 14 b von der Unverwechselbarkeit der Schmelzeinsätze abgesehen werden.[9])

---

8) Die in § 21 a) zum Ausdruck gebrachte Voraussetzung, daß im Handbereich stets ein Schutz der Leitungen gegen Beschädigung erforderlich sei, ist für Betriebsräume nicht gültig, da von dem unterwiesenen Personal erwartet wird, daß es solche Beschädigungen im allgemeinen zu vermeiden versteht.

Wie bereits unter ²) erwähnt, ist der in 28 g bzw. 21 a geforderte Schutz gegen Beschädigung der Leitungen nach anderen Gesichtspunkten geregelt als der in den Absätzen a) und b) bzw. § 3 behandelte Schutz aller unter Spannung stehenden Teile gegen Berührung durch Personen. Sammelschienen werden selbstverständlich von Absatz g und § 21 a nicht betroffen, da sie nicht als schutzbedürftige Leitungen, sondern als Teile der Schaltanlage aufzufassen, daher nach § 9 zu behandeln sind. Dagegen werden die Zu- und Ableitungen zu Maschinen, Transformatoren und nicht in die Schaltanlage eingebauten Apparate von § 28 g erfaßt, müssen also z. B. wenn sie Hochspannung führen, im Handbereich, soweit sie blank sind stets, soweit sie isoliert sind bei Spannungen über 1000 Volt gegen Beschädigung geschützt sein, etwa durch isolierende oder metallene Schutzrohre, durch Metallarmierung oder durch sonstige Verkleidung.

9) Wie im § 14 g festgesetzt und S. 72 unter ²¹) erläutert ist, liegen bei Schaltanlagen sowie bei Verbindungen zwischen Maschinen, Transformatoren u. dgl. oft derartige Verhältnisse vor, daß die allgemeinen Vorschriften über das Anbringen der Sicherungen nicht eingehalten werden können. Rücksichten derselben Art bedingen es auch, daß in Betriebsräumen von der Unverwechselbarkeit der Sicherungen oft abgesehen werden muß. Die Bemessung der Sicherungen kann an einzelnen Leitungen des Betriebsraumes nicht nach einem starren Schema, sie muß vielmehr oft nach besonderen aus den Betriebsverhältnissen sich ergebenden Erwägungen erfolgen und dieselben Erwägungen führen unter Umständen dazu, die Bemessung der Sicherungen zu ändern. So wenn im Gebiet einer Speiseleitung andere Belastungsverhältnisse eintreten, oder wenn eine Leitung vorübergehend zum Ersatz oder zur Unterstützung einer anderen herangezogen wird. Die unverwechselbaren Sicherungen, die willkürliches Handeln unkundiger oder unzuverlässiger Personen einschränken sollen, würden an einzelnen Stellen die Ausführung sachgemäßer Erwägungen der fachmännischen Betriebsleiter und ihrer Organe erschweren. Soweit durchaus stabile Verhältnisse vorliegen, wird der Betriebsleiter auch im Betriebsraume un-

i) Bei Schalt- und Signalanlagen ist es entgegen § 26 c gestattet, Leitungen verschiedener Stromkreise in einem Rohr zu verlegen.

k) Entgegen § 18 i sind Handleuchter bei Gleichstrom bis 1000 V zulässig.[10])

⚒ | *In B. u. T. fällt diese Erleichterung fort.* |

l) Maschinen mit Führerbegleitung. Bei Hebezeugen und verwandten Transportmaschinen müssen die Fahrleitungen am Zugang zur Maschine gegen zufällige Berührung geschützt sein.

Die Fahrleitungen müssen durch Schalter abschaltbar sein.

Die fest verlegten isolierten Leitungen müssen im und am Führerstand gegen Beschädigung geschützt sein.[11])

Handleuchter sind bei Wechselstrom nur für Niederspannung zulässig.[12])

Im übrigen gelten die Führerstände als elektrische Betriebsräume.

§ 29.

Abgeschlossene elektrische Betriebsräume.[1])

a) In solchen Räumen gelten die Bestimmungen für elektrische Betriebsräume *mit der Maßgabe, daß bei Hochspannung ein Schutz der unter Spannung stehen-*

---

verwechselbare Sicherungen anwenden, wenn sie dort zur Vereinfachung und Erleichterung des Dienstes beitragen.

10) Die für Handlampen im § 18 i festgesetzte Beschränkung auf Niederspannung ist für Betriebsräume bei Gleichstrom im Bereich bis 1000 Volt aufgehoben, weil hier eine besonders gefährliche Beschaffenheit des Raumes wie z. B. in feuchten Räumen nicht gegeben ist, wogegen zur Untersuchung oder Reinigung der Maschinen z. B. in Anlagen für Bahnbetrieb, oder in den Reparaturwerkstätten solcher Bahnen der Gebrauch von Handlampen nicht wohl entbehrt werden kann. ETZ 1910, S. 196 N. 220³. Selbstverständlich wird man auch dort die Handlampen stets dann nur mit Niederspannung speisen, wenn solche zur Verfügung steht. In B. u. T. ist der Gebrauch der Handlampen unter allen Umständen auf Niederspannung beschränkt.

11) Für die Fahrleitungen müssen die für Betriebsräume im § 28b zugestandenen Erleichterungen in Anspruch genommen werden, da die unbedingt nötige Zugänglichkeit der Stromabnehmer ein Abdecken der Leitungen meistens nur an der Zugangsstelle zur Maschine gestattet.

12) Für Gleichstrom muß die im § 28k zugelassene Verwendung von Hochspannung bis 1000 V für Handlampen in Anspruch genommen werden.

§ 29. 1) Vgl. § 2f, S. 15, unter [8]). Transformatorsäulen, deren Inneres nicht betretbar ist, sind nicht als Betriebsräume, auch nicht als abgeschlossene, anzusehen. Sie fallen unter § 9. Führerstände von Hebezeugen gelten als elektrische Betriebsräume (§ 28 l) ETZ 1921, S. 1084.

***den Teile nur gegen zufällige Berührung durchgeführt werden muß.*[2])**

⚒ | Für B. u. T. siehe § 28 c. |

1. Als Hilfsmittel gegen zufälliges Berühren spannungführender Teile kommen in Betracht Trennwände zwischen den Feldern der Schaltanlage, Trennwände zwischen den einzelnen Phasen, Schutzgitter, feste und zuverlässig befestigte Geländer, selbsttätige Ausschalt- oder Verriegelungsvorrichtungen.[3])

2. Der Verschluß der Räume soll so eingerichtet sein, daß der Zutritt nur den berufenen Personen möglich ist.[4])

***b) Bei Hochspannung dürfen entgegen § 7 a Transformatoren ohne geerdetes Metallgehäuse und ohne besonderen Schutzverschlag aufgestellt werden, wenn ihr Körper geerdet ist.*[5])**

§ 30.

Betriebsstätten.[1])

a) Entgegen § 21 a dürfen bei Niederspannung die im Handbereich liegenden Zuführungsleitungen zu Maschinen ungeschützt verlegt werden, wenn sie einer Beschädigung nicht ausgesetzt sind.[2])

---

2) Wie S. 132 unter [4]) erläutert, ist in den stets betretenen Betriebsräumen bei Hochspannung der Abschluß spannungführender Teile nur insoweit auf einen Schutz gegen zufälliges Berühren beschränkt, als die örtlichen oder Betriebsverhältnisse diese Erleichterung rechtfertigen. In abgeschlossenen Betriebsräumen ist jedoch größere Freiheit in der Anordnung gestattet. Es ist hier nicht nötig, daß die Berührung gänzlich verhindert ist, vielmehr genügen Schranken, Schutzleisten und ähnliche Mittel, die bei unbeabsichtigter Näherung ein Hindernis bieten und so ein zufälliges Berühren vermeiden lassen

3) Schranken und Geländer sollen steif sein, also nicht aus Seilen oder Ketten bestehen. Die Höhe der Zwischenwände richtet sich nach der Aufstellung der zu bedienenden Apparate und der gefährlichen Teile in ihrer Nähe.

4) Die Räume sollen dauernd abgeschlossen und Schlüssel nur den berufenen Personen zur Verfügung oder erreichbar sein. Vgl. S. 15 unter [8]) und § 5 d der Betriebsvorschriften. Die Schlüssel sollen Bartschlüssel sein; nicht lediglich drei- oder vierkantige Drücker, die leicht nachzuahmen sind.

5) Transformatoren dürfen mit offen sichtbarem Eisengestell und offenen Wicklungen in den abgeschlossenen Betriebsräumen aufgestellt sein, nur ihr Gestell muß an Erde liegen und der Schutz gegen zufälliges Berühren spannungführender Teile muß durchgeführt sein. Ist der Körper nicht geerdet, so muß § 3 b erfüllt werden.

§ 30. 1) Vgl. § 2 g S. 15 und § 29 unter [1]).

2) Der durch § 21 a bis d geregelte Schutz der Leitungen gegen Beschädigungen kann zwar in elektrischen Betriebsräumen nach § 28 g zum Teil der sachverständigen Behandlung durch das unterwiesene Betriebspersonal anvertraut werden,

b) Bei Hochspannung müssen ausgedehnte Verteilungsleitungen während des Betriebes für Notfälle ganz oder streckenweise spannungslos gemacht werden können.[3])

§ 31.

Feuchte, durchtränkte und ähnliche Räume.[1])

a) Die nicht geerdeten nach diesen Räumen führenden Leitungen müssen allpolig abschaltbar sein.[2])

in Betriebsstätten dagegen, wo die elektrischen Einrichtungen nicht als Hauptsache, sondern nur als Hilfsmittel zu anderen Zwecken durch unkundige Personen benutzt werden, und wo vielfach kräftige oder sperrige Werkzeuge oder Werkstücke hantiert werden, ist dem Schutz der Leitungen gegen Beschädigung besondere Aufmerksamkeit zu widmen. Besondere Schutzwehren sind jedoch an einzelnen Stellen schwierig anzubringen und werden zweckmäßig durch eine solche Anordnung der Leitungen ersetzt, die in sich der Beschädigung vorbeugt. So werden oft die Zuleitungen zu Maschinen, die auf Spannschlitten stehen, zum Nachspannen der Maschinen mit sogenannten Locken versehen, und es würden Schutzverschläge über diesen Leitungsteil, wenn er z. B. vom Fußboden zu den Klemmschrauben läuft, den Verkehr behindern oder sogar Anlaß zum Straucheln der Vorbeigehenden oder Arbeitenden geben. Man tut hier gut, die Leitungen in einspringenden Ecken oder zwischen Wand und Maschine emporzuführen, oder sie von oben an die Klemmen heranzuleiten und durch passende Gruppierung, oder Umzäunung der Maschinen derartige Verhältnisse zu schaffen, daß Beschädigungen hintangehalten werden.

3) Wie im § 11 e) verlangt ist, daß Stromverbraucher, die mit Ausschalter versehen sind, beim Öffnen desselben völlig spannungslos werden und nach § 22 l) bei Freileitungen mit Hochspannung in Ortschaften oder ausgedehnten gewerblichen Anlagen usw. ein streckenweises Ausschalten möglich sein muß, so ist es auch für ausgedehnte Verteilungsleitungen, die nicht Freileitungen sind, also in Werkstätten, Hallen, an Außenwänden entlang, oder über Höfe usw. mit kleinem Abstand der Befestigungspunkte verlaufen, nötig, daß man sie in angemessener Zeit und ohne Schwierigkeit ganz oder in Abteilen ausschalten kann, um etwa Personen, die durch Berührung mit den Leitungen verunglückt sind, zu Hilfe zu kommen, oder auch um Reparaturen an Maschinen, Transmissionen oder Gebäudeteilen gefahrlos vornehmen, oder um bei Schadenfeuern mit den Löschgeräten ungefährdet arbeiten zu können. Über die Lage der Ausschalter und die von ihnen abhängigen Leitungsteile müssen geeignete Personen (Werkmeister, Betriebsleiter, Aufsichtsbeamte) unterrichtet sein.

§ 31. 1) Vgl. auch § 5 ᵉ S. 31. Welche Räume im einzelnen dem § 31 unterliegen, muß von Fall zu Fall entschieden werden. Gemäß § 2 h ist das Merkmal maßgebend, daß entweder die Isolation der elektrischen Einrichtungen oder der elektrische Widerstand des Körpers der beschäftigten Personen durch die in dem Raume wirksamen Einflüsse erfahrungsgemäß erheblich verschlechtert wird. Oft treten beide Wirkungen gemeinsam auf. Dabei kommt es nicht sowohl auf die Ursache (Feuchtigkeit, Durchtränkung mit chemisch wirksamen Stoffen) als auf die

(2) Siehe nächste Seite.)

b) Für Spannungen über 1000 V sind nur Kabel zulässig.[3])

erwähnten Wirkungen an; daher kommen auch „ähnliche" Räume in Betracht; z. B. sehr heiße Räume, wenn die in ihnen Beschäftigten regelmäßig starker Schweißbildung unterliegen, zumal wenn dabei etwa durch gut leitenden Fußboden die Gefahr noch weiter erhöht ist (Kesselräume u. dergl.). Es gibt Räume, die dem Wortlaut des § 2h nicht entsprechen, da sie, wie z. B. Hausküchen, private Badezimmer usw., nicht als gewerbliche Betriebs- und Lagerräume zu bezeichnen sind, in denen es aber trotzdem zweckmäßig oder geboten ist, einzelne oder alle Sonderbestimmungen des § 31 einzuhalten. Die Entscheidung kann dem Sachverständigen bei Kenntnis der Benützungsweise des Raumes nicht schwer fallen. Nach § 5⁵ werden von den in feuchten Räumen verlegten Teilen der Installation nicht dieselben Isolationsgrößen gegen Erde verlangt, wie sie sonst allgemein gefordert werden. Bei sorgfältiger Ausführung sind sie indessen auch hier erreichbar, wenn sie auch nicht jederzeit aufrecht erhalten werden können. Es empfiehlt sich, den häufig als Begleiter der Feuchtigkeit auftretenden Schmutz möglichst zu bekämpfen, indem z. B. in bestimmten Zeiträumen die Isolierglocken, die Sockel der Apparate, sowie Lampenfassungen und Beleuchtungskörper abgewischt oder abgewaschen werden. Noch besser ist es, die Gefahren dadurch zu vermindern, daß man ihre Ursache bekämpft, indem für Ableitung der ätzenden Stoffe, Ablauf des Wassers, Durchlüftung des Raumes, trockene Standorte der Beschäftigten gesorgt wird. Mit solchen Mitteln kann auch die Widerstandsfähigkeit der beschäftigten Personen erhöht werden, indem sich z. B. die Schweißbildung vermindert oder die Notwendigkeit, Hände, Füße oder andere Körperteile mit ätzenden Stoffen zu durchtränken, wegfällt. Daher können auch passende Werkzeuge, gute Fußbekleidung nützliche Dienste leisten; ihr Gebrauch kann durch Betriebsvorschriften erzwungen werden.

Die Bestimmungen über feuchte Räume können auch als Anhaltspunkte für das Anbringen von Lampen und Apparaten im Freien gelten, soweit hierfür nicht im § 23 besondere Bestimmungen getroffen sind. Vgl. S. 119 unter [8]) sowie ETZ 1904, S. 362 N. 80; 1905, S. 474 N. 159. Vgl. auch M.E.L. 5c, 6, 7, 10.

2) Leitungen, die den Raum lediglich durchqueren, brauchen nicht abschaltbar zu sein. Um die Isolationsgröße nach § 5 in den übrigen Teilen der Anlage richtig zu messen, ist das Abschalten nötig. Es ist ferner zu beachten, daß in den feuchten Räumen häufiger Schäden an der elektrischen Einrichtung eintreten werden, als in den übrigen Teilen der Anlage. Die Behebung solcher Schäden wird erleichtert, wenn die Leitungen leicht abtrennbar sind. Die bei Berührung spannungführender Teile gegebene Gefahr ist in feuchten Räumen erhöht. Die Abschaltbarkeit vermindert die Versuchung, Reparaturen während des Betriebes vorzunehmen und erleichtert die Hilfeleistung bei Unfällen. Die Bestimmung des § 11e ist in feuchten Räumen besonders wichtig. Vgl. S. 55 unter [7]) und ETZ 1909, S. 497, N. 206.

Die schlechtere Isolation in den feuchten Räumen kann einen merklichen Stromverlust zur Folge haben; dieser wird vermindert, wenn die Räume nur so lange angeschaltet sind, als wirklich Strom gebraucht wird. Es ist nicht ausgeschlossen, daß

(3) Siehe nächste Seite.)

⚒ | **In B. u. T. sind in Räumen, in denen Tropf-wasser auftritt, für Niederspannung nur Kabel und in Rohren nach § 26b verlegte Gummiader-Leitungen zulässig.**
      Für Hochspannung sind nur Kabel gestattet.

      c) Festverlegte Mehrfachleitungen sind nicht zu-lässig.[4])

      d) Ortsveränderliche Leitungen müssen durch eine schmiegsame Umhüllung gegen Beschädigung besonders geschützt sein.[5])

      1. Bei offen verlegten Leitungen ist der Schutz gegen Berührung (siehe § 3) besonders zu beachten.[6])

auf diese Weise auch die elektrolytische Zerstörung einzelner Installationsmittel merklich verzögert wird. **Die Abschaltbar-keit braucht nicht notwendig durch „Schalter", sie kann auch durch Sicherungen oder andere Trennstücke ermöglicht sein.**

      3) Ganz allgemein ist auf Verwendung sehr gut isolierter Leitungen und auf ihre Instandhaltung sorgfältig zu achten. Manche chemische Stoffe greifen die Gummihüllen der Drähte an; in diesem Falle ist richtig gewählter Anstrich oder ander-weiter Schutz nötig; oft sind blanke Leitungen im Sinne des § 24a Abs. 2 am Platze.

      Nach § 24 b sind bei Hochspannung blanke Leitungen nur soweit zulässig, als sie entweder betriebsmäßig geerdet sind, oder als Kontaktleitungen dienen, oder in Betriebs- und Akkumu-latorenräumen liegen. In feuchten Räumen sind diese Be-schränkungen ganz besonders zu beachten. Mit Spannungen von mehr als 1000 Volt wird man feuchte Räume in der Regel überhaupt nicht installieren. Sind Leitungen durch feuchte Räume durchzuführen, so empfiehlt es sich, stets Kabel zu ver-wenden, wie dies oberhalb 1000 Volt vorgeschrieben ist.

      4) Sowohl verdrillte Drähte als Mehrfachschnüre unterliegen der Gefahr, daß Feuchtigkeit zwischen den beiden Leitungen haftet und eine Schädigung oder Zerstörung der Isolierhülle herbeiführt. Wie nach § 21g u. § 23 b schon allgemein und im Freien ist die Benutzung dieser Leitungsart auch in feuch-ten Räumen untersagt. Bei ortsveränderlichen Leitungen ist sie nicht zu entbehren, muß aber nach § 31 d (siehe unter [5]) be-sonders sorgfältig geschützt werden. Mehrfachkabel sind zu-lässig, da sie ein höheres Maß von gegenseitiger Isolierung ihrer Adern, von Unveränderlichkeit und von Schutz gegen Feuch-tigkeit aufweisen.

      5) Die Normen für isolierte Leitungen beschreiben für diese Zwecke Gummischlauchleitungen verstärkter und starker Ausführung und Spezialschnüre. Gegen Eindringen der Feuchtig-keit sind namentlich die Enden der Leitungen möglichst dicht zu schließen. Biegsame Metallbewehrungen, die nicht als Drahtbeflechtung ausgeführt sein sollen, sind von den spannungführenden Teilen sorgfältig zu isolieren und mittels geeigneter Steckvorrichtung zu erden (§ 3 [2]**).**

      6) In feuchten Räumen ist die Gefahr, daß Menschen durch den Strom verletzt oder getötet werden, weit höher als in trockenen, da der Widerstand der Personen gegen Erde hier in der Regel durch die Feuchtigkeit der Haut, namentlich an den Händen, (Benetzung beim Arbeiten oder Schweißbildung) sowie durch den feuchten Fußboden merklich vermindert ist und außer-

2. Offen verlegte ungeerdete blanke Leitungen sollen in einem Abstand von mindestens 5 cm voneinander und 5 cm von der Wand auf zuverlässigen Isolierkörpern verlegt werden (siehe § 21[4]). [7]) Sie können mit einem der Natur des Raumes entsprechenden haltbaren Anstrich versehen sein.[8])

---

dem ein Pol der Leitungsanlage häufig weniger gut gegen Erde isoliert ist. Berührt also ein Mensch den andern Pol, so wird sein Körper von mehr oder weniger starken Strömen durchflossen.

Besonders ratsam ist es, an denjenigen Stellen, wo betriebsmäßig das Hantieren der elektrischen Einrichtung geschieht, also wo Ausschalter oder Motoren, Lampen etc. zu bedienen sind, für einen trockenen und isolierten Standpunkt der bedienenden Person zu sorgen. Sei es, daß man vollständige Bedienungsgänge oder Bedienungsstände herstellt, die auf Porzellanglocken oder Glasfüßen usw. ruhen, oder daß man sich mit Gummimatten oder einigen trocken gehaltenen Brettern begnügt, oder daß man die Schalter außerhalb des feuchten Raumes anbringt.

In feuchten Räumen ist peinlichst genau dafür zu sorgen, daß die Leitungen durch Schutzverkleidung gegen jede unmittelbare Berührung geschützt sind. Rohre sind hinreichend kräftig und von solcher Beschaffenheit zu wählen, die der Feuchtigkeit widersteht. Sind die Schutzverkleidungen von Metall oder mit Metall überzogen, so ist gemäß §§ 3 c, 3 d und 3[2] sorgfältig auf leitenden Zusammenhang dieser Metallteil und gute Verbindung mit Erde zu achten. Die Stoßstellen der Rohre sind leitend zu verbinden. Der gute Zustand dieser Verbindungen sowie der Erdungsleitungen ist sorgfältig zu prüfen, die Erdungsleitungen gegen Beschädigung zu schützen. Eine besondere Sicherheitsschaltung für feuchte Räume beschreibt Heinisch ETZ 1914 S. 32.

In Badezimmern, wo die Badenden durch das Wasser und die Wanne in außerordentlich gut leitende Verbindung mit der Erde gesetzt werden, darf von der Badewanne aus keinerlei Schalter, Fassung oder Leitung erreichbar sein. . Oft sind nichtmetallische Zugschnüre zur Bedienung der Schalter brauchbar. Über Stallungen siehe ETZ 1920, S. 753; 1921, S. 37.

[7]) Der kleinste Abstand der blanken Leitungen voneinander und von der Wand ist auch für normal beschaffene Räume in § 21[4] für blanke Leitungen auf 5 cm festgesetzt.

Für isolierte Leitungen ist auch in normalen Räumen kein Mindestabstand bestimmt. Es ist besonders wichtig, hinreichend große und sachgemäß gestaltete Glocken oder Rollen-Isolatoren anzuwenden.

[8]) Der Schutz gegen Berührung (§ 3 a) und gegen Beschädigung (§ 21 a) ist bei blanken Leitungen in feuchten Räumen besonders wichtig. In manchen Fällen sind Leitungen von Eisendraht oder verbleitem oder verzinntem Eisendraht zu empfehlen.

Als Anstrich ist Ölfarbe, Asphaltlack, Emaillack üblich. Unter Umständen ist Bleiüberzug der Kupferleitungen vorteilhaft. Die Art des Anstrichs oder der ihn ersetzenden Schutzschicht ist nach den chemisch wirksamen Stoffen zu wählen, die neben der Feuchtigkeit auftreten. Leinölhaltige Schichten und mehrere Ersatzstoffe für Gummi werden durch Ammoniak verseift und so wasserlöslich. Über sogen. Hackethaldraht siehe ETZ 1903, S. 172.

Schutzrohre sollen gegen mechanische und chemische Angriffe hinreichend widerstandsfähig sein.[9]

3. Motoren und Apparate sollen tunlichst nicht in solchen Räumen untergebracht werden; läßt sich dies nicht vermeiden, so soll für besonders gute Isolierung, guten Schutz gegen Berührung und gegen die obwaltenden schädlichen Einflüsse Sorge getragen werden; die nicht spannungführenden der Berührung zugänglichen Metallteile sollen gut geerdet werden.[10]

e) Stromverbraucher müssen so eingerichtet sein, daß sie zum Zweck der Bedienung spannungslos gemacht werden können.[11]

f) Für Beleuchtung ist nur Niederspannung zulässig.[12] Fassungen müssen aus Isolierstoff bestehen. Schaltfassungen sind verboten.[13]

§ 32.
Akkumulatprenräume (siehe auch § 8).

a) Akkumulatorenräume gelten als abgeschlossene elektrische Betriebsräume.[1]

b) Zur Beleuchtung dürfen nur elektrische Lampen verwendet werden, deren Leuchtkörper luftdicht abgeschlossen ist.[2]

c) Für geeignete Lüftung ist zu sorgen.[3]

---

9) Die dünnen Messingmäntel der üblichen Papierrohre sind im allgemeinen für feuchte Räume unzureichend. Dies gilt auch für Leitungen im Freien. Mindestens ist ein guter und in Stand gehaltener Anstrich nötig. Bei großer Feuchtigkeit sind Rohre überhaupt nicht zu empfehlen.

10) Vgl. § 10 S. 50 unter [5]. Es gibt jetzt für die meisten der gebräuchlichen Apparate Ausführungsformen, die den Verhältnissen feuchter Räume Rechnung tragen. So z. B. Schalter, deren Körper als Isolierglocken ausgebildet sind, Lampenfassungen ähnlicher Art. Für Glühlampen sind Überglocken nicht vorgeschrieben. Wo sie verwendet werden, müssen sie die Fassungen einschließen. Vielfach werden sogenannte Kellerfassungen den Überglocken vorgezogen.

11) Vgl. § 11 e. Glühlampen können, wo sie eine regelmäßige Bedienung im Betrieb nicht erfordern, durch die im § 31 a verlangte Abschaltung der Leitungen spannungslos gemacht werden. Besondere Schalter sind erforderlich für Lampen und Motoren, die regelmäßig bedient werden.

12) Wechselstrom kann durch Transformatoren auf eine unbedingt gefahrlose Spannung (unter 40 V) herabgesetzt werden; mit Selbstunterbrechern ist dies auch bei Gleichstrom möglich. Unter sehr schwierigen Verhältnissen sollte dieser Ausweg häufiger als bisher benützt werden; stets aber bei Handlampen gemäß § 18[5].

13) Schaltfassungen sind der Zerstörung an ihren wirksamen Teilen in höherem Maße unterworfen als Fassungen ohne Schalter.

§ 32. **1)** Vgl. §§ 2f u. 29.

2) Lampen, die wie die meisten Bogenlampen nicht gegen die Umgebung abgeschlossen sind, würden keine Sicherheit gegen die Entzündung brennbarer Gase bieten.

(3) Siehe nächste Seite.)

§ 33.

Betriebsstätten und Lagerräume mit ätzenden Dünsten.[1]

a) Alle Teile der elektrischen Einrichtungen müssen je nach Art der auftretenden Dünste gegen chemische Beschädigungen tunlichst geschützt sein.[2]

b) Fassungen müssen aus Isolierstoff bestehen. Schaltfassungen sind verboten.

Für Handlampen sind nur Leitungen mit besonderer gegen die chemischen Einflüsse schützender Hülle gestattet.[3]

Überglocken über den Glühlampen sind nicht vorgeschrieben. Die Hauptsache ist, daß die Metallteile der Fassungen gegen den zerstörenden Einfluß der Säure geschützt sind. Fassungen, die aus Isolierstoff hergestellt oder damit überzogen sind, haben auch den Vorteil, daß sie nicht Kurzschluß verursachen können, wenn sie zwischen Elektroden oder Zuleitungen geraten, zwischen denen Spannungen herrschen.

Während der Überladung, z. B. während der fortgesetzten Formierungsladungen dürfen offene Flammen und glühende Körper nicht geduldet werden. Dies ist durch § 10 c der Betriebsvorschriften festgelegt und dort näher ausgeführt.

3) Die Gefahr, daß das bei der Ladung entwickelte Gas zu einer Explosion Anlaß gebe, ist nicht so groß, wie sie häufig dargestellt wird. Indessen sind vereinzelte Fälle von Entzündung dieser Gase festgestellt. Größere Mengen entwickeln sich in der Regel nur bei den ersten Ladungen neu aufgestellter Batterien oder dann, wenn infolge eingetretener Störungen ein Nachformieren nötig wird. In diesen Fällen ist auf sehr gute Lüftung besonders zu achten. Für die gewöhnlichen, betriebsmäßigen Ladungen genügt es in der Regel, wenn während derselben eine Reihe von Fenstern geöffnet ist, oder wenn gegenüberliegende Fenster oder andere Abzugsöffnungen so bedient werden, daß Zug entsteht. Die Entwicklung von Schwefelsäurebläschen, welche die Atmungsorgane reizen, während der Ladung ist nicht zu vermeiden. Doch muß die Lüftung derart sein, daß in angemessener Zeit nach der Ladung ein längeres Verweilen im Batterieraum möglich ist.

§ 33. 1) Räume mit ätzenden Dünsten werden zunächst in chemischen Fabriken anzutreffen sein, Metallbeizereien, oft auch Stallungen fallen unter diese Klasse. Zementfabriken, Gerbereien und andere Betriebe werden zwar nicht gerade ätzende Dämpfe, aber ätzenden Staub oder ätzende Flüssigkeiten enthalten. Sie sind sinngemäß ebenso wie die genannten Räume zu behandeln.

Da die ätzenden Stoffe geeignet sind, manche Teile der elektrischen Einrichtung zu zerstören, so ist häufige Kontrolle derselben sehr wichtig.

2) Welche Schutzmittel anzuwenden sind, hängt von der Art der ätzenden Stoffe ab. In manchen Fällen sind gerade blanke Kupferdrähte am besten haltbar, in anderen Fällen empfiehlt sich blanker oder verzinnter Eisendraht oder verbleiter Kupferdraht oder Hackethaldraht. Kalk und kalkhaltige Laugen greifen das Gummi der Isolierung scharf an; ebenso das Blei der Kabel. Auch organische Fettsäuren, ferner Essigsäure und andere organische Stoffe sind dem Blei gefährlich.

3) Die im § 18 e bis i für Handlampen festgesetzten allgemeinen Vorschriften sind hier nochmals verschärft.

*c) Die Verwendung von Spannungen über 1000 V
ist für Licht- und Motorenbetrieb unzulässig.*[4])

1. Entgegen der Regel § 12^1 ist Holz auch bei Steuerschaltern nicht zulässig.[5])

§ 34.

Feuergefährliche Betriebsstätten und Lagerräume.[1])

a) Die Umgebung von elektrischen Maschinen,
Transformatoren, Widerständen usw. muß von entzündlichen Stoffen freigehalten werden können.[2])

b) Sicherungen, Schalter und ähnliche Apparate,
in denen betriebsmäßig Stromunterbrechung stattfindet,

---

4) Da die ätzenden Stoffe nicht nur die Leitungen, sondern
ebenso die Schalter, Fassungen und dgl. angreifen, so empfiehlt
es sich, höhere Spannungen, die bei Beschädigung der Isolation
den Menschen gefährlich werden können, in solchen Räumen
tunlichst zu vermeiden. Das Verbot der Spannungen über
1000 Volt ist auf Licht- und Motorenbetrieb beschränkt, weil
unter Umständen diejenigen chemischen Verfahren, die die
ätzenden Stoffe bedingen oder erzeugen, an die Anwendung
höherer Spannungen gebunden sind. Dies trifft z. B. bei Ozon-
erzeugung, bei einigen Verfahren zur Herstellung von Stickstoffverbindungen zu. Oft ist es möglich, das Auftreten der
ätzenden Dünste auf das Innere der Apparate so zuverlässig
zu beschränken, daß in den Räumen, die die Apparate umgeben,
die Durchführung der Sondervorschriften des § 33 unnötig ist.

5) Vgl. § 12^1. Sind die ätzenden Stoffe solcher Art, daß
sie das Holz nicht angreifen, so ist die Regel natürlich gegen-
standslos.

§ 34. 1) Unter feuergefährlichen Betriebsstätten und
Lagerräumen sind namentlich Werkstätten verstanden, in denen
leicht entzündliche Stoffe verarbeitet werden oder lagern. Hierher
gehören z. B. Tischlerwerkstätten, Baumwollspinnereien, Fabriken
und Lager für Zelluloidwaren, Scheunen, Heu- und Strohböden
und dgl., soweit sie nicht mit wirksamen Vorkehrungen ausgestattet sind, die die entzündlichen Stoffe absaugen oder
sonstwie unschädlich machen. Vgl. § 2i S. 16 unter [12]).

2) Stets wird man darnach trachten, die Maschinen, Motoren usw überhaupt nicht in denselben Räumen aufzustellen,
welche die leicht entzündlichen Stoffe enthalten. Ist dies unvermeidlich, so werden Motoren, Transformatoren, Widerstände am
besten, ebenso wie nach § 35, in feuersichere Hüllen eingeschlossen. Natürlich leidet darunter ihre Ventilation. Die Motoren, Transformatoren usw. mit besonderen Ventilationsröhren
auszurüsten, die von staubfreier Luft durchströmt werden, wird
meistens nicht möglich sein. Man muß daher dafür sorgen,
daß die Motoren usw. so groß gewählt werden, daß die im Betrieb vorkommenden Belastungen keine gefährliche Erwärmung
hervorbringen können. Sind Staub oder Fasern nicht zu befürchten, so kann auch eine offene Aufstellung der Motoren usw.
gewählt werden, doch sind Schranken und dgl. vorzusehen, die
verhindern, daß brennbare Stoffe mit den elektrischen Be-
triebsmitteln in Berührung kommen. Vgl. § 6 a S. **34** und über
Widerstände § 12^2 S. 59 u. M.E.L. 9.

sind in feuersicher abschließenden Schutzverkleidungen unterzubringen.[3])

c) Blanke Leitungen sind nicht zulässig.[4]) Isolierte Leitungen müssen in Rohren nach § 26 oder als Kabel verlegt werden.

1. Auf Schutz gegen mechanische Beschädigung ist besonders zu achten.

⚒ | d) *In B. u. T. ist nur Gleichstrom bis 500 V* und Niederspannungs-Wechselstrom zulässig. |

§ 35.

Explosionsgefährliche Betriebsstätten und Lagerräume.[1])

a) Elektrische Maschinen, Transformatoren und Widerstände, desgleichen Ausschalter, Sicherungen, Steckvorrichtungen und ähnliche Apparate, in denen betriebsmäßig Stromunterbrechung stattfindet, dürfen nur insoweit verwendet werden, als für die besonderen Verhältnisse explosionssichere Bauarten bestehen.[2])

---

3) In Betriebsstätten ist besonders darauf zu achten, daß die Gehäuse der Schalter nicht durch die im Betrieb nötigen Hantierungen schwerer Werkstücke und Werkzeuge zerbrochen werden. Hier werden daher vielfach Gehäuse aus Metall am Platze sein, die nach § 11c geerdet oder mit Isolierstoff ausgekleidet oder umkleidet sein müssen. Steckvorrichtungen werden in Scheunen usw. nur ausnahmsweise zugelassen und zweckmäßig derart mit Schaltern zusammengebaut, daß sie nur stromlos gezogen werden können. Wo mit groben Hantierungen durch ungeschulte Leute zu rechnen ist, wie in Scheunen usw., werden Schalter u. dgl. am besten überhaupt vermieden. M.E.L. 6, 8, 9.

Bogenlampen sind in feuergefährlichen Räumen nicht verboten, da es viele Bauarten gibt, die gegen Staub und Fasern vollkommen sicher abgeschlossen sind. Neuerdings sind sie meist durch Glühlampen verdrängt. Diese sind gegen Staub und Fasern durch Überglocken zu schützen (§ 16d).

4) Blanke Leitungen sind verboten, weil an ihnen beim Berühren mit metallischen Werkzeugen oder bei ihrer Beschädigung Funken auftreten können. Auch in geerdeten Leitungen treten Spannungsgefälle auf, die unter ungünstigen Umständen zu Funken Anlaß geben können. Über Leitungen in Scheunen usw. vgl. M.E.L. 5d.

§ 35. 1) Was als explosionsgefährlicher Raum zu betrachten ist, muß von Fall zu Fall je nach Art des Betriebes und der vorkommenden Stoffe entschieden werden. ETZ 1902, S. 940 N. 18; 1904, S. 425 N. 105. Derartige Räume kommen vor in Sprengstoffabriken, in chemischen Fabriken, die mit explosiblen Stoffen wie Pikrinsäure arbeiten oder sie herstellen, in Fabriken zur Herstellung von Munition und von Feuerwerkskörpern und in Lagerhäusern, die derartige Stoffe enthalten. Vgl. § 2k unter [13]), S. 17.

Die für Schlagwettergruben und schlagwettergefährliche Teile von Bergwerken gültigen Vorschriften sind aus den Sondervorschriften für Bergwerke unter Tage (§ 41) zu entnehmen.

2) Im allgemeinen wird man danach streben, die Maschinen und Apparate, an denen betriebsmäßig Funken auftreten, nicht

b) **Festverlegte Leitungen sind nur in geschlossenen Rohren oder als Kabel zulässig.**[3])

c) **Zur Beleuchtung sind nur Glühlampen zulässig, deren Leuchtkörper luftdicht abgeschlossen ist. Sie müssen mit starken Überglocken, die auch die Fassung dicht einschließen, versehen sein.**[4])

d) **Behördliche Vorschriften über explosionsgefähr-**

---

in solchen Räumen unterzubringen, die einer Explosionsgefahr unterliegen, insbesondere nicht in Räumen, in denen sich infolge der Betriebsverhältnisse explosible Gase oder Luftmischungen verbreiten. Wo es sich nur um feste Explosivstoffe handelt, wird ein dichter Abschluß der Apparate und Maschinen oder ein Abschluß derjenigen Vorrichtungen, in denen die explosiblen Stoffe verarbeitet werden, geeignet sein, die Gefahr zu beseitigen. Solche Abschlüsse der elektrischen Maschinen schützen jedoch im allgemeinen nicht gegen das Eindringen von Gasen. Explosionssichere Bauarten von Maschinen, die gegen Schlagwetter sicher sind, beruhen auf dem Prinzip, daß die durch das Funken der Maschinen ausgelösten Explosionen auf kleine Quantitäten des explosiblen Gases beschränkt bleiben, indem man die Maschinen usw. oder ihre funkenden Teile mit einer Hülle umgibt, die entweder dem Überdruck der Explosion Stand hält oder aber dem explodierenden Gas freie Expansion gestattet und dabei mittels geeignet angeordneter Metallflächen eine Abkühlung bewirkt, welche die Fortpflanzung der Explosion verhindert. Vgl. Goetze. ETZ 1906, S. 4, 65, 197. Es ist aber zu beachten, daß die Explosionserscheinungen bei den verschiedenen Arten explosibler Stoffe verschieden verlaufen, so daß Bauarten, die in Schlagwettern sicher sind, in Leuchtgasgemischen oder Gemischen von Luft und Benzindämpfen nicht ohne weiteres als sicher gelten können. Vielmehr ist für jede Bauart eine Erprobung gegenüber dem fraglichen Explosivgas nötig. Vgl. § 41. Ganz allgemein sind verschiedene Arten von explosionsgefährlichen Räumen hinsichtlich ihrer elektrischen Einrichtungen verschieden zu behandeln je nach den verarbeiteten Stoffen und der Betriebsweise.

3) Als geschlossene Rohre gelten auch gut gefalzte Rohrdrähte, soweit sie der zu erwartenden mechanischen Beanspruchung genügend Widerstand bieten. Der Metallmantel darf nicht als Rückleiter dienen. Offen verlegte Schlitzrohre sind unzulässig. Bewegliche Leitungen sind besonders auch an den Einführungsstellen in die Stecker und Stromverbraucher sorgfältig zu schützen und auf guten Zustand zu überwachen.

4) Nernstlampen, die ihrer Natur nach freien Luftzutritt erfordern, sind in explosiblen Räumen unzulässig. Auch Bogenlampen sind verboten, da bewährte explosionssichere Bauarten von solchen vorläufig nicht bekannt sind. Bogenlampen, die im Betrieb keine Gase von außen eindringen lassen, unterliegen gleichwohl der Gefahr, daß diese während des Erkaltens der Lampen eintreten und beim darauffolgenden Entzünden der Lampe explodieren. Derselbe Vorgang ist auch bei Überglocken möglich; zumal da Gummidichtungen für manche Gase durchlässig sind. Die Überglocken dienen in erster Linie als mechanischer Schutz. Gegen Explosion schützt am besten eine Bauart wie unter [2]) erläutert. Quecksilberdampflampen sind wegen ihrer Zerbrechlichkeit bedenklich, einem Schutz durch Doppelglocken steht die notwendige Luftkühlung entgegen.

liche Betriebe bleiben durch vorstehende Bestimmungen unberührt.[5]

§ 36.

Schaufenster, Warenhäuser und ähnliche Räume, wenn darin leicht entzündliche Stoffe aufgestapelt sind.[1]

a) Festverlegte Leitungen müssen bis in die Lampenträger oder in die Anschlußdosen vollständig durch Rohre geschützt oder als Rohrdraht ausgeführt sein.[2]

b) Auf den Schutz entzündlicher Gegenstände gegen die Berührung mit Lampen ist im Sinne des § 16 d besonderer Wert zu legen.

c) Beleuchtungskörper und andere Stromverbraucher, die ihren Standort wechseln, sind nur mittels biegsamer Leitungen anzuschließen, die zum Schutz gegen mechanische Beschädigung mit einem Überzug aus widerstandsfähigem Stoff (siehe § 19 III) versehen sind.[3]

---

5) Solche Vorschriften bestehen z. B. hinsichtlich der Gebäudeblitzableiter für Sprengstoffabriken, Pulvermagazine u. dgl. Vgl. ETZ 1904, S. 985; 1906, S. 575.

§ 36. 1) Alle Bestimmungen des § 36 beziehen sich nur auf s o l c h e Schaufenster, Warenhäuser usw., die leicht entzündliche Stoffe in größeren Mengen enthalten. Sie gelten also z. B. nicht für Kaufläden mit Porzellan- oder Eisenwaren oder für die nur als Bureauräume benutzbaren Teile von Warenhäusern. Anderseits umfaßt § 36 auch Kaufhäuser, die nicht als „Warenhaus" bezeichnet werden, wenn sie sich als „ähnliche Räume" kennzeichnen. Maßgebend ist, daß leicht entzündliche Gegenstände aufgehäuft sind und daß eine größere Menschenmenge in Räumen verkehrt, die nicht unmittelbar von der Straße aus zugänglich sind. Soweit beim Erbauen von Läden und Warenhäusern deren besondere Verwendungsart nicht vorhergesehen werden kann, wird man gut tun, die Installation so einzurichten, daß dem § 36 nachträglich genügt werden kann. ETZ 1902, S. 1133, N. 25.

2) Der besonders vollständige Schutz der Leitungen rechtfertigt sich durch die Erfahrung, daß die Leitungen durch das Aufstapeln der Waren, durch das Ansetzen von Leitern und dgl. der Verletzung besonders ausgesetzt sind. Die Erfahrung lehrt auch, daß die Leitungen an keiner Stelle der Berührung mit den Waren völlig entrückt sind, denn letztere häufen sich zeitweise bis an die Decke.

3) Die beweglichen Beleuchtungskörper und ihre Zuleitungen sind stärkerer Abnützung ausgesetzt und unterliegen auch schwereren Mißbräuchen als feste. Sie sind daher besonders strengen Vorschriften unterworfen. Außerdem sind die für sie gültigen allgemeinen Vorschriften genau zu beachten. Vgl. § 21 c), § 21 l) und namentlich § 21 m).

Unmetallische Schutzhüllen sind vorzuziehen. Die Normen für isolierte Leitungen beschreiben leichte Anschlußleitungen, Werkstattschnüre, Gummischlauchleitungen.

Ein besonders bei Schaufensterdekorationen häufig geübter Mißbrauch ist der, daß die beweglichen Leitungen mit Stecknadeln durchstochen werden, um sie in gewissen Lagen festzu-

d) Alle Schalter, Anschlußdosen und Sicherungen müssen mit widerstandsfähigen Schutzkästen umgeben und an Plätzen fest angebracht sein, wo eine Berührung mit leicht entzündlichen Stoffen ausgeschlossen ist.[4])[5])

e) Die Verwendung von Stromverbrauchern für Hochspannung ist in Räumen, in denen leicht entzündliche Stoffe aufgestapelt sind, nicht zulässig.[6])

J. Provisorische Einrichtungen. Prüffelder und Laboratorien.[1])

§ 37.

a) Für fest verlegte Leitungen sind Abweichungen von den Bestimmungen über Stützpunkte der Leitungen und dergleichen zulässig, doch ist dafür zu sorgen, daß die Vorschriften hinsichtlich mechanischer Festigkeit, zufälliger gefahrbringender Berührung, Feuersicherheit

---

halten, wodurch häufig Kurzschluß entsteht. Solche Sorten von Schutzhüllen, welche Stecknadeln eindringen lassen, sind daher nicht empfehlenswert.

4) Auch gegen diese Bestimmung wird häufig verstoßen, indem Schalter oder Sicherungen, oft sogar kleinere Schalttafeln beim Aufstapeln der Waren mit letzteren bedeckt werden. Am besten ist es, diese Apparate auf Verteilungsschalttafeln zu konzentrieren und diese etwa noch durch Schutzkästen vor der Berührung mit brennbaren Stoffen zu bewahren.

5) In einzelnen Städten sind durch die Ortsbehörden noch weitere als die hier gegebenen Vorschriften erlassen worden. So wurde z. B. verlangt, daß Bogenlampen zur Beleuchtung von Schaufenstern entweder außerhalb der Fenster auf der Straße angebracht oder von den Auslagen durch Glasplatten, Glaswände oder dgl. völlig getrennt werden. Die an anderen Orten gemachten Erfahrungen lassen diese Bestimmung als übertrieben streng erscheinen. Wenn auch Bogenlampen häufig durch herausfallende glühende Kohlen oder Kohlenteilchen infolge unachtsamer Bedienung oder fehlerhafter Bauart gefährlich geworden sind, so genügen doch die im § 17 a hiergegen vorgeschriebenen Maßnahmen, wenn diese sachgemäß und pünktlich durchgeführt werden.

6) Nur die Verwendung solcher Stromverbraucher ist verboten. Zulässig ist es, Leitungen für Hochspannung durch solche Räume durchzuführen, wenn zwingende Gründe dazu nötigen; natürlich unter Beachtung der zutreffenden allgemeinen Vorschriften.

§ 37. 1) Zwischen provisorischen Einrichtungen einerseits und Prüffeldern und Laboratorien anderseits bestehen wesentliche Unterschiede sowohl in der Art der elektrischen Einrichtungen als hinsichtlich des Personenkreises, der sie gebraucht. § 37a gilt für beide Arten von elektrischen Anlagen.

Provisorische Einrichtungen, d. h. solche, die nur für kurze Dauer bestimmt sind, kommen in erster Linie auf Bauplätzen und hier hauptsächlich im Freien vor, sie werden ferner zum Beleuchten bei Festen, Schaustellungen und Versammlungen verwendet. Innerhalb von Gebäuden sind sie unter

und Erdung für den ordnungsmäßigen Gebrauch erfüllt sind.[2])

b) **Provisorische Einrichtungen** sind durch Warnungstafeln zu kennzeichnen und durch Schutzgeländer, Schutzverschläge oder dergleichen gegen den Zutritt Unberufener abzugrenzen. *Bei Hochspannung sind sie nötigenfalls unter Verschluß zu halten.* Den örtlichen Verhältnissen ist dabei Rechnung zu tragen.[3])

Die beweglichen und ortsveränderlichen Einrichtungen sowie die Beleuchtungskörper, Apparate, Meß-

---

Umständen nötig, etwa um das Aufstellen von Maschinen durch besondere Beleuchtung des Arbeitsplatzes zu erleichtern. Einrichtungen in Schaubuden, Zirkuszelten, Bauhütten können ebenfalls unter Umständen als provisorische gelten. Durch rasche Herstellung einer Beleuchtung oder eines elektrischen Antriebs an solchen Orten können oft die mit dem Bau, mit einer Menschenansammlung, mit unvorhergesehenen Arbeiten an bedrohten Stellen, etwa bei Überschwemmungen, verbundenen Gefahren erheblich vermindert werden. Es wäre daher unbillig, von solchen Einrichtungen alle Anforderungen zu verlangen, die an dauernde Anlagen gestellt werden und nur mit größerem Zeitaufwand erfüllbar sind. Anderseits muß man sich davor hüten, die in vielen Fällen gerechtfertigten Erleichterungen in allzuweitem Umfange auszunutzen. Eine scharfe Grenze zwischen provisorischen und dauernden Einrichtungen gibt es nicht, und in vielen Fällen ist es möglich, auch solche Einrichtungen, die nur vorübergehend an einem Orte bleiben, so zu gestalten, daß sie allen Anforderungen an dauernde genügen. Dies wird z. B. bei manchen Schaubuden zutreffen, die der Reihe nach an verschiedenen Orten, aber stets in derselben Weise aufgebaut werden und die Teile ihrer elektrischen Ausrüstung mit sich führen. Wo die Sicherheit größerer Menschenmengen in Frage steht, wie bei Schaustellungen in geschlossenen Räumen, sind die Einrichtungen anders zu beurteilen als dort, wo es sich nur um wenige mit den auszuführenden Arbeiten vertraute oder etwa selbst sachkundige Personen handelt. Einrichtungen für wenige Stunden unterliegen anderen Anforderungen als solche für einige Wochen. In durchtränkten feuer- oder explosionsgefährlichen Betriebsstätten sollten provisorische Einrichtungen niemals angebracht werden. Prüffelder und Laboratorien kommen hauptsächlich in elektrischen Fabriken vor.

2) Neben der Entfernung der Befestigungspunkte sind es namentlich die Abstände der Leitungen voneinander und von Wänden, Laufgängen, Baugerüsten usw., die oft nicht den allgemeinen Vorschriften entsprechend eingehalten werden können.

3) Aus dem Gesagten ergibt sich, daß die Schutzmaßnahmen den Verhältnissen anzupassen sind. An Baugerüsten sind Leitungen und Apparate zunächst dem etwa vorüberkommenden Publikum unzugänglich anzuordnen, die Arbeitenden müssen an den von ihnen regelmäßig zu benutzenden Wegen vor zufälliger Berührung gefährlicher Teile bewahrt werden. Ein völliger Abschluß aller Teile gegenüber den Arbeitenden ist meist nicht möglich. Hier müssen Warnungszeichen oder Aufschriften unterstützend eingreifen.

instrumente usw. müssen den allgemeinen Vorschriften genügen.[4])

Bei Schalt- und Verteilungstafeln ist Holz als Baustoff, nicht aber als Isolierstoff zulässig.

c) **Ständige Prüffelder und Laboratorien** sind mit festen Abgrenzungen und entsprechenden Warnungstafeln zu versehen. Fliegende Prüfstände sind durch eine auffallende Absperrung (Schranken, Seile oder dergleichen) kenntlich zu machen. Unbefugten ist das Betreten der Prüffelder und Prüfstände streng zu verbieten.[5])

1. In ständigen Prüffeldern und Laboratorien für Hochspannung über 1000 V sollen die Stände, in denen unter Spannung gearbeitet wird, gegen die Nachbarschaft abgegrenzt werden, wenn dort gleichzeitig Aufstellungs-, Vorbereitungsarbeiten und dergleichen vorgenommen werden.[6])

2. Ständige Prüffelder und Laboratorien für sehr hohe Spannungen sollen in abgeschlossenen Räumen untergebracht werden, deren unbefugtes Betreten durch geeignete Einrichtungen verhindert oder ungefährlich gemacht wird.[7])

3. Wenn in Prüffeldern, Laboratorien und dergleichen an den provisorischen Leitungen, an den Apparaten usw. der Schutz gegen zufällige Berührung Hochspannung führender Teile sich nicht durchführen läßt, sollen die Gänge hinreichend breit und der Bedienungsraum genügend groß sein.

d) **Versuchsschaltungen** in Prüffeldern und Laboratorien, die während des Gebrauches unter sachkun-

---

4) Da die Zugänglichkeit der Leitungen, Stromverbraucher und Apparate für die Beschäftigten nicht immer in demselben Maße ausgeschlossen werden kann, wie bei festen Anlagen in und an fertigen Räumen, so ist um so mehr darauf zu sehen, daß die unter b) Abs. 2 genannten Dinge selbst von ordnungsmäßiger Beschaffenheit sind. Zwar werden sich die für provisorische Zwecke benutzten Hilfsmittel besonders rasch abnutzen, doch kann damit nicht der Gebrauch schadhafter Leitungen, Fassungen, Schalter oder anderer Geräte gerechtfertigt werden. Solche sind am allerbedenklichsten. Man benütze daher festgebautes, widerstandsfähiges Material. Was schadhaft geworden, ist sofort auszumustern.

5) In Prüffeldern und Laboratorien kann damit gerechnet werden, daß die Beschäftigten entweder allgemein fachmännisch ausgebildet oder besonders unterwiesen sind. Es muß daher dafür gesorgt werden, daß solche Personen, auf die dies nicht zutrifft, fern gehalten werden.

6) Auch Regel 1 soll dahin wirken, daß die mit den besonderen Einrichtungen und Arbeiten des Prüffeldes weniger vertrauten Leute von den Gefahrstellen abgehalten und alle Personen vor unbeabsichtigter oder fahrlässiger Annäherung an die gefährlichen Teile behütet werden.

7) Als sehr hohe Spannungen gelten solche von etwa 40 000 Volt und darüber. Ungefährlich machen kann man das Betreten der Räume z. B. dadurch, daß der Prüfraum beim Öffnen des Zugangs selbsttätig spannungsfrei wird.

diger Leitung stehen, unterliegen den allgemeinen Vorschriften nicht.[8])

K. Theater und diesen gleichzustellende Versammlungsräume.[1])

Für diese Räume gelten außer den allgemeinen Vorschriften noch die folgenden Sonderbestimmungen[2]):

§ 38.
Allgemeine Bestimmungen.

a) Für Theaterinstallationen darf Hochspannung nicht verwendet werden.[3])

b) Die elektrischen Leitungsanlagen sind von der Hauptschalttafel ab in Gruppen zu unterteilen.[4]) Mehr-

---

8) Die Bestimmung gilt nur für die Schaltungen, nicht für andere Einrichtungen.

§ 38. 1) Besondere Vorschriften für Theater sind zuerst in der ETZ 1900 S. 665 veröffentlicht worden. Ebenso wie Theater sind der Regel nach auch Zirkusgebäude, Konzertsäle, Ballsäle, Räume für Varietées, Lichtspiele u. dergl. zu behandeln. Eine Abgrenzung ist nur unter Würdigung der Betriebsart von Fall zu Fall möglich. ETZ 1910, S. 197 N. 222.

Für Theater wird von den meisten Behörden keine andere als elektrische Beleuchtung zugelassen. Sie ist zweifellos allen anderen Beleuchtungsarten in der Feuersicherheit weit überlegen, vorausgesetzt, daß sie sachgemäß ausgeführt ist und ebenso gehandhabt wird.*)

2) Sonderbestimmungen für Theater sind aus zwei Gründen notwendig. Zunächst, weil es sich um große Menschenmengen handelt, für die nicht nur die unmittelbare Brandgefahr, sondern auch die aus einer Panik entstehenden Folgen zu fürchten sind. Zum andern, weil in den Theatern, besonders im Bühnenraum, verhältnismäßig große Lichtmengen auf engem Raum zusammengedrängt gebraucht werden und dieser Gebrauch zum Erzielen der Bühnenwirkungen ein eigenartiger ist, der die elektrische Einrichtung in besonders hohem Maße beansprucht; namentlich sind mechanische Beschädigungen durch das Bewegen der Beleuchtungskörper selbst, sowie durch das Bewegen der Bühnenrequisiten und der Personen zu fürchten.

Lichtspielhäuser unterliegen dem § 38. Für den Operationsraum kommt auch § 34 in Betracht.

3) Es ist nicht verboten, die Umformung von Hochspannung auf Niederspannung im Theatergebäude selbst vorzunehmen; doch müssen die Transformatoren, Umformer oder dgl. in besonderen abgeschlossenen und nicht zum Theaterbetrieb mitbenutzten Räumen untergebracht sein, die nur unterwiesenem Personal zugänglich sind.

4) Die Unterteilung soll es unmöglich machen, daß durch eine im Verbrauchsgebiet vor sich gehende Störung, z. B. Kurzschluß und Abschmelzen einer größeren Sicherung, die ganze Anlage außer Betrieb gesetzt wird, so daß allgemeine Dunkelheit eintreten würde. Aus demselben Grunde werden häufig dort,

---

*) Eine Preuß. Polizeiverordnung über bauliche Anlagen usw. von Theatern u. dgl. vom 10. 12. 1909 siehe ETZ 1910, S. 269.

leiteranlagen sind bei der Hausbeleuchtung, soweit tunlich, bereits von den Hauptverteilungsstellen ab in Zweileiterzweige (bei Systemen mit Nulleiter bestehend aus Außen- und Nulleiter), zu unterteilen.[5])

Für die Bühnenbeleuchtung gilt das in § 39, Regel 5, Gesagte.

c) In Räumen, die mehr als drei Lampen enthalten, sowie in allen Fluren, Treppenhäusern und Ausgängen sind die Lampen an mindestens zwei getrennt gesicherte Zweigleitungen anzuschließen.[6]) Von dieser Bestimmung kann abgesehen werden, wenn die Notlampen eine genügende Allgemeinbeleuchtung gewähren.[7])

---

wo das Theater aus einem Elektrizitätswerke gespeist wird, zwei getrennte von verschiedenen Speiseleitungen versorgte Hausanschlüsse angeordnet.

5) Die Ausführung der Abzweige in Gestalt von Zweileiteranlagen bewirkt, daß die beiden Zweige weniger voneinander abhängig sind, als wenn sie sich eines gemeinsamen Mittelleiters bedienen. Eine Unterbrechung dieses Mittelleiters könnte im letzteren Falle sehr gefährliche Folgen haben. Vergl. S. 58 unter [13]) und S. 71 unter [20]). Der Mittelleiter wird in der Regel geerdet. ETZ 1904, S. 361 N. 74.

Außerdem macht es die Trennung möglich, daß man die beiden Hauptzweige auf verschiedenen Wegen den Verbrauchsgebieten zuführt. Man wird z. B. die eine Hauptleitung auf der rechten, die andere auf der linken Seite des Hauses führen, damit ein örtlich begrenzter Unfall (Brand, Wasser, Zerstörung durch Gewalt) nur e i n e n Hauptleiter treffen kann. Im Verbrauchsgebiet werden die letzten Ausläufer beider Zweige so geführt, daß beim Unterbrechen eines Hauptzweiges niemals irgend ein Raum völlig dunkel werden kann, jedoch sind unmittelbare Kreuzungen der beiden Hälften, sowie die Berührung von Beleuchtungskörpern, die an zwei verschiedenen Hälften liegen, mindestens im Bühnenhaus zu vermeiden; auch im Logenhaus ist es nicht empfehlenswert, beide Hälften des Dreileiternetzes in einen Beleuchtungskörper einzuführen, man soll vielmehr die leichtere Isolation und größere Sicherheit, die die Trennung der Hälften ergibt, voll ausnützen.

Die Teilung in Zweileiterzweige ist auch vor der Anschlußstelle des B ü h n e n r e g u l a t o r s vorzunehmen, dessen Regelungswiderstände nach § 39 a Abs. 3 in die Außenleiter zu legen sind. Das Einführen beider Zweige in ein und denselben Bühnenkörper ist bei den großen Horizont- und Spielflächenbeleuchtungen nicht zu umgehen (Vgl. § 39 $\underline{5}$, Anm. [26]).

6) In T r e p p e n h ä u s e r n legt man zweckmäßig eine Steigleitung an die Außenwand (Fensterseite), die andere, dem zweiten Zweig des Dreileiternetzes angehörige, an die Innenwand. Es werden dann die aufeinander folgenden Lampen abwechselnd an die eine und an die andere Leitung angeschlossen.

7) Als genügende Allgemeinbeleuchtung durch die Notlampen wird eine solche gelten, die nicht nur die Ausgänge selbst, sondern auch die Wege zu ihnen umfaßt. Sie wird nur dadurch zu erzielen sein, daß man die Notbeleuchtung durch ein zweites unabhängiges elektrisches Leitungsnetz mit unabhängiger Stromquelle speist, wie es unter 8) erwähnt ist.

d) Falls eine elektrische Notbeleuchtung eingerichtet wird, müssen ihre Lampen an eine oder mehrere räumlich und elektrisch von der Hauptanlage unabhängige Stromquellen angeschlossen werden.[8]

e) Die Schalter und Sicherungen sind tunlichst gruppenweise zu vereinigen und dürfen dem Publikum nicht zugänglich sein.[9] [10]

§ 39.

Bestimmungen für das Bühnenhaus.

Für Installationen des Bühnenhauses (Bühne, Untermaschinerien, Arbeitsgalerien und Schnürboden, auch Ankleide- und andere Nebenräume im Bühnen-

---

8) Als Stromquelle für die N o t b e l e u c h t u n g darf nicht eine zu der Hauptbeleuchtung gehörige Akkumulatorenbatterie dienen, d. h. es dürfen nicht Hauptbeleuchtung und Notbeleuchtung von derselben Batterie gespeist werden; auch darf nicht während der Notbeleuchtung die Batterie mit der Lademaschine verbunden sein, wenn die letztere für die Hauptbeleuchtung tätig ist. Doch ist es von einzelnen Behörden als genügend sicher anerkannt, wenn eine besondere für alle Notlampen gemeinsame Akkumulatorenbatterie außerhalb der Betriebszeit des Theaters von der Hauptstromquelle geladen und während der Vorstellungen ausschließlich auf die Notbeleuchtung entladen wird; vorausgesetzt ist dabei, daß die Batterie örtlich genügend getrennt von der Stromquelle für die Hauptbeleuchtung aufgestellt ist. Derartige zentralisierte Stromquellen für die Notbeleuchtung finden sich in Theatern zu Dresden, Hamburg, Karlsruhe. Andere Aufsichtsstellen verlangen größere Unabhängigkeit der einzelnen Lampen; z. B. in der Weise, daß jede Lampe eine besondere, mit ihr örtlich vereinigte kleine Akkumulatorenbatterie besitzt. Die einzelnen Batterien können etwa zur Ladung hintereinander geschaltet sein. Während des Betriebs der Notbeleuchtung sind sie jedoch einzeln von dieser Verbindungsleitung abzuschalten, damit sie nicht durch einen Kurzschluß in dieser Leitung entladen werden können. Diese Abschaltung kann zwangläufig mit dem Einschalten der Lampen verbunden werden. Vgl. ETZ 1904, S. 426, 563 u. 606. Für größere Theater hat sich jedoch das System der Einzelakkumulatoren weder in der Gestalt, daß diese völlig voneinander getrennt sind, noch in Hintereinanderschaltung bewährt, da es in beiden Gestalten zuviel Bedienung erfordert.

9) Die Zentralisierung ermöglicht rasches Auffinden und vereinfacht die Bedienung, sie erhöht so die Sicherheit. Es empfiehlt sich, nicht nur die Schalttafeln durch Türen (Glastüren) und dgl. vor dem Publikum abzuschließen, sondern sie womöglich an solchen Orten aufzustellen, zu denen das Publikum überhaupt nicht Zutritt hat, damit die Bedienung auch während eines Gedränges des Publikums ungehindert bleibt. Für das Aufsichtspersonal und die Feuerwehr sollen dagegen diese Orte leicht zugänglich sein.

10) Im übrigen wird das Logenhaus (Zuschauerraum) nach den Vorschriften für Niederspannungsanlagen installiert.

hause) gelten außer den vorerwähnten allgemeinen, noch die folgenden Zusatzbestimmungen[1]):

a) Schalttafeln und Bühnenregulatoren sind so anzuordnen, daß eine unbeabsichtigte Berührung durch Unbefugte ausgeschlossen ist.[2])

Auf die Endausschalter an Bühnenregulatoren findet die Vorschrift des § 11e keine Anwendung, wenn die vom Regulator bedienten Stromkreise an zentraler Stelle allpolig ausgeschaltet werden können.[3])

Die Widerstände von Bühnenregulatoren sind bei Dreileiteranlagen in die Außenleiter zu legen.

b) Bei Beleuchtungskörpern mit Farbenwechsel muß der Querschnitt der gemeinschaftlichen Rückleitung der höchstmöglichen Betriebsstromstärke angepaßt sein.[4])

---

§ 39. 1) Unter Ankleideräumen sind hier die für das Bühnenpersonal bestimmten zu verstehen, sofern sie mit der Bühne auf derselben Seite der Proszeniumswand liegen; sind sie brandsicher von der Bühne getrennt, so gelten sie nicht als zum Bühnenhaus gehörig. Die Garderoben für das Publikum gehören zum Logenhaus.

2) Dem Publikum ist das Bühnenhaus der Regel nach unzugänglich. Aber auch das Bühnenpersonal scheidet sich in Befugte und Unbefugte. Eine vollständige Abschließung der Schalter und Regler, wie sie unter §38e) gegenüber dem Publikum gefordert wird, ist auf der Bühne nicht durchführbar, weil die Schalter während des Betriebes bedient werden müssen. Dagegen müssen Vorkehrungen getroffen sein, um unbeabsichtigte Berührung zu vermeiden. Namentlich müssen die Schalter und Regler auch gegen Berührung und Beschädigung geschützt sein, die beim Hin- und Hertragen der Kulissen und Requisiten möglich sind. Größere Regler und Schalter werden gewöhnlich in besonderen, nur für sie bestimmten Örtlichkeiten aufgestellt, alsdann genügt es, wenn das Betreten dieses Raumes den Unbefugten verboten ist. In dieser Hinsicht müssen Betriebsvorschriften ergänzend eingreifen.

3) Vgl. § 38 unter [5]) Abs. 3. Wird die Dreileiteranlage vor dem Bühnenregulator in einzelne Zweileiterzweige aufgelöst, wie § 38 unter [5]) Abs. 3 angegeben, so fällt der Grund für die Vorschriften § 11e weg, da alsdann eine Verbindung zwischen den beiden Hälften des Dreileiternetzes nicht mehr vorhanden ist, wenn die Ausschalter des Bühnenregulators geöffnet sind, also das sonst zu fürchtende Auftreten der Gesamtspannung in dem einen Zweig bei ordnungsmäßigem Zustande der Anlage nicht eintreten kann. Gegen die weitere Gefahr, daß bei geöffneten Schaltern der Regulator, die Widerstände usw. fälschlich für spannungslos gehalten werden und so Anlaß zu Unfällen gegeben sein kann, sollen die hier geforderten allpoligen Ausschalter an zentraler Stelle schützen. Es ist nicht nötig, daß ein Schalter sämtliche Regulatorstromkreise bedient, es muß nur jeder dieser Stromkreise abschaltbar sein. Die Schalter sitzen gewöhnlich in der Nähe des Regulators und werden nach jeder Vorstellung geöffnet.

4) Je nach der Bauart des Reglers entspricht diese Stromstärke dem gleichzeitigen Einschalten aller Farben oder nur eines Teils.

c) Betriebsmäßig stromführende blanke Leitungen sind in den Untermaschinerien, auf der Bühne, den Arbeitsgalerien und dem Schnürboden nicht zulässig.[5] Flugdrähte und dergleichen dürfen weder zur Stromführung noch als Erdungsleitung benutzt werden.[6]

d) Feste Leitungen müssen in der Weise verlegt werden, daß sie in erster Linie gegen die zu erwartenden mechanischen Beschädigungen geschützt sind.[7]

e) Mehrfachleitungen zum Anschluß beweglicher Bühnenbeleuchtungskörper müssen biegsame Kupferseelen[8] haben und durch starke schmiegsame nicht-

---

5) Es dürfen also auch die an den geerdeten Mittelleiter angeschlossenen Rückleitungen im Bühnenhaus nicht blank verlegt werden, während dies im Logenhaus nicht verboten ist. Eine Ausnahme bildet in gewissem Sinne die Bestimmung unter k Abs. 3. Sinngemäß dürfen auch ungeschützte Metallrohre nicht als Rückleitungen verwendet werden. Dagegen dürfen Erdungsleitungen (Schutzerdungen) blank sein, weil sie betriebsmäßig nicht Strom führen, aber auch sie müssen nach d) gegen Beschädigung geschützt sein. Die Schutzhüllen biegsamer Leitungen dürfen jedoch nach e) nicht metallisch sein, d. h. sie dürfen keine metallische Oberfläche besitzen (siehe unter 9)).

6) Neben Flugdrähten kommen hier hauptsächlich auch gespannte oder hängende Aufhängedrähte für Requisiten in Betracht. Natürlich dürfen auch umgekehrt Leitungsdrähte nicht zum Aufhängen von Gegenständen benützt werden; einerlei ob die Leitungsdrähte blank oder isoliert sind. Selbstverständlich ist es nicht verboten, Flugdrähte usw. für sich zu erden und es kann das unter Umständen angezeigt sein; es können aber die Verhältnisse auch so liegen, daß es sich empfiehlt, derartige Drähte, obwohl sie mit der elektrischen Einrichtung nicht unmittelbar zu tun haben, zu isolieren.

7) Die fest verlegten Leitungen stehen hier nicht nur im Gegensatz zu den biegsamen Leitungen zum Anschluß beweglicher Apparate, sondern auch zu den unter f) erwähnten vorübergehend gebrauchten Szenerie-Installationen.

Der im § 21 a) allgemein geforderte Schutz der festverlegten Leitungen gegen Beschädigung wird im Bühnenhaus in verschärftem Maße verlangt. Prinzipiell darf dort also keine dauernd verlegte Leitung ungeschützt sein. Die Art des Schutzes richtet sich nach der Lage der Leitungen und nach den sonstigen Verhältnissen. Ungepanzerte Papierrohre werden nur in kräftiger Ausführung zulässig sein. Ungeschützte Gummirohre und nicht armierte Bleikabel werden im allgemeinen nicht genügen. Dagegen ist an einzelnen Stellen auch offene Verlegung nicht ausgeschlossen, sofern sie in abgedeckten Kanälen oder dgl. erfolgt. Panzeradern sind nur dort möglich, wo sie dauernd trocken bleiben. Es ist auf etwa vorhandene Regenvorrichtungen und ihren Wirkungsbereich Rücksicht zu nehmen.

8) Bewegliche Bühnenbeleuchtungskörper sind sowohl die mit begrenzter Ortsveränderung (Kulissen, Oberlichter) als die mit unbegrenzter (Versatz u. dergl.). Über die Beschaffenheit der Gummiaderlitze siehe Regel 1. Bei der starken Benützung dieser Mehrfachleitungen ist auf besondere Biegsamkeit der Seele zu sehen, damit nicht durch Bruch der Einzeldrähte Erhitzung oder Funkenbildung eintritt.

metallische Schutzhüllen gegen mechanische Beschädigung geschützt sein.[9])

1. Die Kupferseele der Gummiaderlitzen soll aus einzelnen Drähten von nicht über 0,2 mm Durchmesser bestehen.

2. Die Befestigung der biegsamen Leitungen soll so sein, daß auch bei rauher Behandlung an der Anschlußstelle ein Bruch nicht zu befürchten ist.[10])

3. Die Anschlußstücke sind mit der Schutzumhüllung so zu verbinden, daß die Kupferseelen an der Anschlußstelle von Zug entlastet sind.[11]) Steckkontakte müssen innerhalb widerstandsfähiger, nicht stromführender Hüllen liegen und so angeordnet sein, daß zufällige Berührung der stromführenden Teile, wenn sie nicht geerdet sind, verhindert wird.[12])

---

9) Fast alle Kulissen, Soffitten, Oberlichter, Versatzstücke und dgl. werden in Theatern beweglich sein, sind daher mittels biegsamer Mehrfachleitung anzuschließen. Die Benützung m e t a l l i s c h e r Schlauchumhüllungen als geerdete Rückleiter ist bei biegsamen Leitungen bedenklich, weil die Rückleiter, selbst wenn sie als Mittelleiter angeordnet sein sollten, bei den vielfachen Regulierungen der Lichtstärken oft erhebliche Ströme führen, so daß in ihnen beträchtliche Spannungsdifferenzen auftreten, die z. B. bei einer Schleifenbildung des Schlauches oder bei Berührung seiner Metallhülle mit eisernen Konstruktionsteilen (Träger, Fahrschienen für Kulissen) Funkenbildung und Erhitzung bewirken können. Aber auch gegen geerdete und ungeerdete Metallhüllen, die nicht betriebsmäßig zur Stromführung dienen, sofern ihre Oberfläche blank ist, bestehen Bedenken, weil derartige biegsame Stränge in und außer Betrieb viel umhergeworfen werden und so mit spannungführenden Teilen, die durch Zerstörung oder Unachtsamkeit blank an der Oberfläche liegen, in Berührung kommen können. Die in dieser Bestimmung zum Ausdruck gebrachte besondere Vorsicht ist durch die Erfahrung gerechtfertigt.

Die transportablen Mehrfachleitungen unterliegen außerdem der Vorschrift des § 21 m).

10) Die richtige Ausführung dieser Vorschrift erfordert besondere Erfahrung. Es ist nötig, daß die Biegsamkeit der Leitung gegen das Kontaktstück hin ganz allmählich geringer wird, so daß das letzte Stück der Leitung mit dem Kontaktstück selbst vollkommen steif zusammenhängt. Praktisch wird dies z. B. durch Umwickeln mit Bindfaden in geeigneter Weise erzielt.

11) Nach § 21 l) der allgemeinen Vorschriften dürfen biegsame Leitungen an festverlegte nur mittels lösbarer Kontakte angeschlossen werden. In Theatern werden für solche Körper, die stets dieselben Bewegungen ausführen (auf Schienen laufende Kulissen)` oft statt der Steckkontakte Verschraubungen benützt. Die Entlastung der Anschlußstellen ist für ortsveränderliche und für bewegliche Leitungen im § 13a Abs. 3 vorgeschrieben. Im Bühnenhaus ist die Forderung bei der Größe der bewegten Massen ganz besonders wichtig. Bei Kulissen u. dgl. ist häufig die Bewegung durch ein besonderes Seil begrenzt und dadurch bereits eine Entlastung des Anschlußleiters herbeigeführt.

12) Es genügt, wenn die Hülle etwa in Gestalt einer Manschette hinreichend weit über die stromführenden Teile vorsteht. Die Hülle kann aus Metall bestehen.

f) Für vorübergehend gebrauchte Szenerie-Installationen kann von der Erfüllung der allgemeinen Vorschriften für die Verlegung von Leitungen ausnahmsweise abgesehen[13]) werden, wenn isolierte Leitungen verwendet werden, die Verlegungsart jegliche Verletzung der Isolierung ausschließt und diese Installation während des Gebrauches unter besonderer Aufsicht steht. In diesem Falle sind Drahtschellen für Einzelleitungen zulässig und Durchführungstüllen entbehrlich.[14])

g) Die Sicherungen der Anschlußleitungen für Bühnenbeleuchtungskörper (Oberlichter, Kulissen, Rampen-, Horizont-, Spielflächen-, Versatz- und Scheinwerferbeleuchtung) sind im fest verlegten Teil der Leitung anzubringen[15]); in diesem Falle genügt für jeden Körper je eine Sicherung für alle Lampen einer Farbe.[16]) Der Querschnitt ortsveränderlicher Leitungen ist der Nennstromstärke der Sicherungen des größten Versatzstromkreises anzupassen. Soweit dieses nicht tunlich ist, sind besondere Zwischensicherungen anzuordnen; für ordnungsmäßige Verkleidung dieser Sicherungen ist zu sor-

---

13) Nur a u s n a h m s w e i s e kann abgesehen werden. Durch diese, dem Bühnenmeister zugestandene Erleichterung wird er indessen nicht von der Verantwortung für seine Anordnungen entbunden. Bei allen elektrischen Installationen, die auf der Bühne für Sonderzwecke gemacht werden, sollte sachverständiger Rat eingeholt und zuverlässige besondere Fachaufsicht geübt werden.

14) Drahtschellen sind den Krampen ähnlich, jedoch so geformt, daß eine Verletzung des Drahtes beim Befestigen der Schelle nicht möglich ist. Sie sollten indes auch bei der hier zugestandenen ausnahmsweisen Verwendung stets mit einer weichen isolierenden Einlage benützt werden.

15) Dieselbe Bestimmung gilt allgemein gemäß § 13 b) (S. 61). Sie wird in den Theatern auch auf jene beweglichen Beleuchtungskörper ausgedehnt, die nicht mit Steckkontakten angeschlossen sind.

16) Die Sicherungen müssen nach § 14 d[11]) allpolig sein; doch dürfen innerhalb der einzelnen Beleuchtungskörper Querschnittsänderungen vorkommen, ohne daß eine Sicherung angebracht ist. Die Beschränkung des § 14 ^{I} fällt hier weg. Allzugroße Einzelsicherungen haben jedoch den Nachteil unerwünschter Licht- und Knallwirkungen beim Durchschmelzen. Kulissen, Oberlichter und dergl., die oft eine sehr große Zahl von Lampen tragen, sind so unzugänglich, daß das Auswechseln einer Sicherung an dem Beleuchtungskörper sehr erschwert ist; außerdem würden Sicherungen innerhalb der Beleuchtungskörper der Gefahr ausgesetzt sein, durch die häufigen Bewegungen locker zu werden, sich zu erhitzen, herauszufallen, oder beschädigt zu werden, anderseits sollen die Sicherungen möglichst weit von dem Personal, das sich auf der Bühne bewegt, (oft in brennbarer Kleidung), entfernt sein, damit beim Funktionieren der Sicherung jede Gefahr ausgeschlossen ist.

17) Man sucht mit einer kleinen Zahl von Sicherungsstufen und entsprechenden Drahtquerschnitten auszukommen. Ist die Stromstärke der gerade benützten Versatzbeleuchtung ergen. In den Beleuchtungskörpern selbst sind Sicherungen nicht zulässig.[17])

h) Bei Regulierwiderständen, die an besonderen, nur dem Bedienungspersonal zugänglichen feuersicheren Stellen angebracht sind, ist eine Schutzverkleidung aus feuersicherem Stoff entbehrlich.[18])

4. Die Stufenschalter für den Bühnenregulator sollen unmittelbar bei den Regulierwiderständen selbst angebracht sein, können aber durch Übertragung betätigt werden.[19])

i) Die fest angebrachten Glühlampen auf der Bühne, sowie alle Glühlampen in Arbeitsräumen, Werkstätten, Garderoben, Treppen und Fluren müssen mit Schutzkörben oder Schutzgläsern versehen sein, die nicht an der Fassung, sondern an den Lampenträgern befestigt sind.[20])

---

heblich kleiner als die der fest eingebauten Sicherung, so daß dünnere Schnüre benützt werden, oder erscheint es nötig, im Beleuchtungskörper mehrere Stromkreise zu bilden und jeden besonders zu sichern, so kann dies mit Verteilungssicherungen geschehen, die in sachgemäßer Weise gebaut sind.

18) Hier ist also eine Ausnahme von der unter § 12² gegebenen Regel zugelassen. Es empfiehlt sich, von dieser Ausnahme nur in dringenden Fällen und mit Vorsicht Gebrauch zu machen; denn die Möglichkeiten, durch die ein Widerstand beträchtliche Erwärmung erfahren kann, sind ebenso vielgestaltig wie die, daß irgend ein brennbarer Dekorationsgegenstand oder dgl. durch Umfallen oder andere unbeabsichtigte Bewegungen mit einem solchen Widerstand in Berührung kommt. Meistens wird auch die nötige Ventilation trotz der feuersicheren Schutzhülle erreichbar sein.

19) Die Hauptteile des Bühnenregulators sind: die Handhebel, die Stufenschalterkontakte und die Widerstände. Bei kleinen Regulatoren sind alle diese Teile an einem gemeinsamen Gestell vereinigt; dabei ist die Regel 4 gewöhnlich erfüllt. Werden die Teile getrennt, so dürfen die Handhebel in größerer Entfernung von den anderen Teilen, nicht aber die Widerstände entfernt von den Stufenschaltern angeordnet werden, weil im letzteren Falle eine große Zahl von Leitungen nötig sein würde, die dem Durchhang unterliegen und infolgedessen zu falschen Berührungen, zu Störungen und unzulässigen Erwärmungen Anlaß geben. Die Einstellungen der Handhebel werden nach den Stufenschaltern durch Seile, Ketten oder auch auf elektrischem Wege übertragen.

20) Schutzgläser und Schutzkörbe können durch geschickte Bauart ohne Beeinträchtigung ihres Zweckes dekoriert oder dekorativ ausgestaltet sein. Hiervon kann mit Vorteil z. B. in Künstlergarderoben Gebrauch gemacht werden. Über Künstlergarderoben, die nicht im Bühnenhause selbst untergebracht sind, vgl. unter [1]). Die zum Arbeiten dienenden transportablen Handlampen unterliegen dem § 18 e). Sie sollen ebenfalls Schutzkörbe haben. Die zur Szenerieausstattung gehörigen Beleuchtungskörper sollen, soweit dies mit ihrem Zweck vereinbar ist, mit Schirmen, Tulpen u. dgl. versehen sein und vor Berührung mit entzündlichen Stoffen bewahrt werden.

k) Für Bühnenbeleuchtungskörper und deren Anschlüsse (Oberlichter, Kulissen, Rampen, Effekt- und Versatzbeleuchtungen) gelten folgende Bestimmungen:

Die Beleuchtungskörper sind mit einem Schutzgitter für die Glühlampen zu versehen.[21]

Innerhalb der Beleuchtungskörper sind blanke Leiter dann zulässig, wenn sie gegen zufällige Berührung geschützt sind.[22]

Hängende Beleuchtungskörper sind, auch wenn sie geerdet werden, gegen ihre Tragseile zu isolieren.[23]

Bühnenscheinwerfer, Projektionsapparate, Blitzlampen und dergleichen sind mit einer Vorrichtung zu versehen, die das Herausfallen glühender Kohlenteilchen oder dergleichen verhindert.[24]

5. Die Spannung zwischen irgend zwei Leitern eines Beleuchtungskörpers soll 250 V nicht überschreiten.[25]

---

21) Die Schutzgitter müssen gut und sicher befestigt sein, da sie sonst bei bewegten Beleuchtungskörpern leicht Kurzschluß hervorrufen können. Vgl. auch die folgende Bestimmung. Die Schutzgitter müssen Lampen und Drähte schützen und zwar wirksam. Sie müssen z. B. so stark sein, daß sie nicht durch Anstoßen anderer Körper, Requisiten und dgl., wie dies auch im ordnungsmäßigen Bühnenbetrieb unvermeidlich ist, eingedrückt und so nutzlos werden.

22) Da die Lampen meist sehr nahe aneinander sitzen, so läßt sich mit blanken Drähten oder Schienen in der Regel eine solidere Bauart durchführen, als mit isolierten. Diese Drähte müssen hinreichend kräftig gewählt und so befestigt sein, daß sie mit den Metallteilen des Beleuchtungskörpers (Blechschirm und Schutzgitter) nicht in Berührung kommen. Durch die Bauart des Körpers oder durch das Schutzgitter muß zufällige Berührung ausgeschlossen sein. Die blanken Drähte sind nur für das Innere der gemäß der vorhergehenden Vorschrift abgeschlossenen B ü h n e n beleuchtungskörper zugelassen; nicht für andere oder an anderen Orten angebrachte Beleuchtungskörper.

23) Da die Galerien und andere Gebäudeteile oft aus Eisen bestehen, so könnten die Drahtseile, die die Oberlichter tragen, zu Kurzschlüssen Anlaß geben, wenn sie nicht vom Beleuchtungskörper isoliert sind. Für die isolierte Aufhängung gibt es zahlreiche Hilfsmittel, wie sie als Abspannisolatoren u. dergl. im elektrischen Straßenbahnwesen gebräuchlich sind.

Die Vorschrift soll nicht verbieten, den Beleuchtungskörper zu erden, doch soll hierzu nicht das Tragseil benutzt werden. Vgl. die Bestimmung über Bogenlampen § 17 b).

24) Dieselbe Bestimmung gilt allgemein für Bogenlampen, an Örtlichkeiten, wo Zündung oder Verletzung von Personen zu befürchten ist (§ 17 a); auf der Bühne betrifft sie besonders auch sogenannte Blitzlampen. Obwohl durch die bessere Qualität der heutigen Kohlenstifte die Gefahr des Herabfallens glühender Teilchen vermindert ist, empfiehlt es sich doch, sehr vorsichtig zu sein. Wenn irgend möglich, sind die Scheinwerfer durch Glasfenster abzuschließen.

25) Für Bühnenbeleuchtungskörper ist eine engere Spannungsgrenze gesetzt, als für die übrige Beleuchtung (in Garderoben, Gängen, Zuschauerraum usw.). Bei einer Dreileiteranlage von mehr als 2×125 Volt sollen z. B. nicht beide Zweige in ein

Bei Horizont- und Spielflächenbeleuchtungen gelten die einzelnen Laternen als Beleuchtungskörper.[26])

Für Horizont- und Spielflächenbeleuchtungen sollen Abzweige in Mehrleitersystemen tunlichst nicht mehr als 6600 W bei 110 V oder 8800 W bei 220 V führen.

6. Holz soll nur bei vorübergehend gebrauchten Bühnenbeleuchtungskörpern und nur als Baustoff zulässig sein.[27])

L. Weitere Vorschriften für Bergwerke unter Tage.

Außer den in §§ 1, 2, 3, 5, 9, 11, 16, 17, 18, 19, 20, 21, 25, 26, 27, 28, 29, 31 und 34 gegebenen Zusätzen gilt für B. u. T. noch folgendes:

§ 40.

Verlegung in Schächten.

a) In Schächten und einfallenden Strecken von mehr als 45° Neigung dürfen nur bewehrte Kabel, bei denen die Bewehrung aus verzinkten

---

und denselben Beleuchtungskörper eingeführt werden. Die Beschränkung rechtfertigt sich durch die Rücksicht sowohl auf die mechanische Beanspruchung der Bühnenkörper, als auf die Eindrücke, denen das Publikum z. B. beim Durchschmelzen einer Sicherung auf der Bühne, bei entstehendem Kurzschluß usw. ausgesetzt werden kann. Auch bei einer Gesamtspannung von weniger als 250 Volt soll man es vermeiden, beide Hälften eines Dreileitersystems in einen Beleuchtungskörper einzuführen oder Beleuchtungskörper, die an zwei verschiedenen Außenleitern liegen, miteinander in Berührung zu bringen, weil dadurch Fassungen, Sicherungen u. dgl. unter ungünstigen Umständen der Gesamtspannung ausgesetzt werden, während sie nur für die halbe Spannung gebaut sind. Es empfiehlt sich, die Lampen in den Sofitten nicht stehend, sondern nach unten gerichtet einzubauen, damit ein etwa gebrochener Glühfaden nicht Kurzschluß innerhalb der Lampe erzeugt.

26) Bei den genannten besonders große Stromstärken führenden Bühnengeräten ist es im Gegensatz zu dem unter [25]) Gesagten erlaubt, beide Zweige eines Dreileitersystems in das ganze Gerät einzuführen, jedoch mit Beschränkung der Einzelzweige auf die einzelnen Laternen. Auch in diesen großen Geräten sind Sicherungen zu vermeiden (§ 39g).

27) Die auf kleinen Bühnen viel benutzten aus Holzlatten roh zusammengestellten Beleuchtungskörper sind nach jeder Richtung hin unzulässig. Holz widersteht dem Feuer ebenso schlecht wie in elektrischer Hinsicht dem Wasser. Seine leichte Bearbeitbarkeit begünstigt außerdem unsachgemäße Arbeit Unberufener. Wenn die Feuersicherheit erreicht werden soll, die der elektrischen Beleuchtung ihrer Natur nach zukommt, so muß verlangt werden. daß die elektrischen Einrichtungen auch mit demselben Maß von Arbeits- und Geldaufwand bedacht werden, das man jeder anderen Beleuchtungsart ohne Einwand zukommen lassen würde.

oder verbleiten Eisen- oder Stahldrähten besteht, oder die auf andere Weise von Zug entlastet sind, verwendet werden. In trockenen, feuersicheren Nebenschächten sind auch isolierte Leitungen bei Niederspannung zulässig.[1]

1. Der Abstand der Befestigungsstellen der Kabel soll in der Regel nicht mehr als 6 m betragen.
2. Die Befestigung der Kabel soll mit breiten Schellen erfolgen, die so beschaffen sind, daß sie die Kabel weder mechanisch noch chemisch gefährden. Werden eiserne Schellen benutzt, so sollen die Kabel an der Schellstelle mit Asphaltpappe oder dergleichen umwickelt werden.[2]

b) Ist die Leitung chemischen Einflüssen durch Tropfwasser, Grubenwetter oder dergleichen ausgesetzt, so muß sie mit einem Bleimantel oder einem anderen Schutzmittel, z. B. Anstrich, versehen sein.[3]

Elektrische Schachtsignalanlagen.[4]

c) Die Schachtsignalanlage jeder Förderung muß durch eine gesonderte Stromquelle gespeist werden, an die keine anderen Stromverbraucher angeschlossen werden dürfen.[5]

Der Anschluß von Schachtsignalanlagen an Starkstromnetze ist nur gestattet, wenn hierbei keine unmittelbare elektrische Verbindung zwischen Signalanlage und Netz, wie z. B. durch Ein-

---

§ 40. 1) Neben bewehrten Bleikabeln werden auch besondere Schachtkabel verwendet, bei denen der Bleimantel durch eine innere Schutzhülle aus Gummi oder einen zuverlässigen Gummiersatzstoff ersetzt ist (Leitungstrossen); sie haben geringeres Gewicht als Bleikabel. Andere Leitungssorten als Kabel sind wegen ihrer geringeren Widerstandsfähigkeit gegen mechanische Beschädigungen nur ausnahmsweise gestattet.

2) Neben eisernen Schellen, die das Erden der Kabel erleichtern, sind breite Schellen aus imprägniertem Holz üblich, die das Kabel weniger leicht beschädigen.

3) Chemische Beschädigung ist insbesondere in Gestalt elektrolytischer Zerstörungen dort zu befürchten, wo die Kabel mit fremden Metallen in Berührung kommen.

4) Durch besondere Verfügung des preuß. Ministers f. Handel u. G. ist für die preuß. Bergwerke angeordnet worden, daß bestehende Anlagen von den Vorschr. f. Schachtsignalanlagen nicht betroffen werden, soweit nicht im einzelnen Fall eine dringende Gefahr ihre Anwendung nötig macht.

5) Bei gleichzeitigem Betrieb mehrerer Signalanlagen aus gemeinsamer Stromquelle sind durch Isolationsfehler falsche Signale und dadurch Unfälle aufgetreten. Zwei Schachtsignalanlagen können dagegen mittels Umschalters an eine gemeinsame Stromquelle so angeschlossen werden, daß diese entweder für die eine oder für die andere benützt wird.

ankerumformer oder Spartransformatoren, hergestellt wird.[6])

Eine Ausnahme ist bei Stapelschächten zulässig.[7])

d) Eine Vorrichtung, die das Ausbleiben der
Betriebsspannung dem Fördermaschinisten selbsttätig anzeigt, ist anzubringen.[8])

e) Offen verlegte Leitungen dürfen in Schachtsignalanlagen nicht verwendet werden.[9])

§ 41.

Schlagwettergefährliche Grubenräume.[1])

a) Die nach schlagwettergefährlichen Grubenräumen führenden Leitungen müssen von schlag-
wetternichtgefährlichen Räumen oder von über
Tage aus allpolig abschaltbar sein.

b) In schlagwettergefährlichen Grubenräumen
dürfen nur schlagwettersichere Maschinen, Transformatoren, Akkumulatorenkästen und Apparate
verwendet werden.[2]) Sie gelten als schlagwettersicher, wenn sie den diesbezüglichen Leitsätzen des V.D.E. entsprechen.

c) Es sind nur Glühlampen zulässig, deren
Leuchtkörper luftdicht abgeschlossen ist.

1. Glühlampen sollen eine starke Überglocke
und einen Schutzkorb aus starkem Drahtgeflecht
besitzen.

---

6) Es muß verhütet werden, daß Störungen, wie Erdschluß
im Starkstromnetz, Fehlsignale hervorrufen. Diese Gefahr ist
gering bei rein mechanischer Verbindung mit dem Starkstromnetz
(Motorgenerator) oder bei rein magnetischer (Volltransformator).

7) Der in Westfalen übliche Ausdruck „Stapelschächte" bedeutet blinde Schächte von geringerer Teufe mit schwacher Förderung. Auch für blinde Schächte von andern Gruben, z. B. Kali-
gruben, soll die Ausnahme zugelassen werden.

8) Diese Vorrichtung kann aus einer Lampe oder ähnlichem
Anzeiger bestehen.

9) Diese Vorschrift gilt nur für die eigentliche Signalanlage,
gerechnet von ihrer Stromquelle an, sei diese selbständig oder
mittels Transformator usw. von einer Starkstromquelle abgeleitet.

§ 41. 1) Vgl. § 21. S. 17 unter [14]).

2) Vgl. „Leitsätze für die Ausführung von Schlagwetter-
Schutzvorrichtungen an elektrischen Maschinen, Transformatoren
und Apparaten" am Schlusse des Buches sowie ETZ 1906,
S. 4, 65, 197. Ob eine bestimmte Bauart einer Maschine oder
eines Transformators usw. als schlagwettersicher gelten kann, ist
von Fall zu Fall besonders zu beurteilen. Bei größeren Maschinen werden häufig nur die betriebsmäßig auftretenden
Funkenbildungen durch Kapselung, Plattenschutz u. dergl. unschädlich gemacht, während das Auftreten abnormer Feuererscheinungen, wie sie z. B. durch Drahtbruch oder dergl.
entstehen, durch besonderen mechanischen Schutz, verstärkte

d) Blanke Leitungen sind nur als Erdungsleitungen zulässig.[3]

e) Isolierte Leitungen dürfen nur als Kabel oder in widerstandsfähigen geerdeten Eisen- und Stahlröhren fest verlegt werden.

f) Biegsame Leitungen zum Anschluß ortsbeweglicher Stromverbraucher sind nur mit besonders starker Schutzhülle zulässig.[4]

§ 42.

Fahrdrähte und Zubehör elektrischer Grubenbahnen.

a) Bei Grubenbahnen mit Wechselstrom müssen die Fahrdrähte wenigstens 2,2 m über S. O. liegen. Bei Grubenbahnen mit Gleichstrom müssen die Fahrdrähte entweder in angemessener Höhe über Schienenoberkante liegen, oder es müssen Schutzvorkehrungen getroffen werden, die verhindern, daß eine Person zufällig den Fahrdraht berühren kann.[1]

1. Als angemessene Höhe gilt im allgemeinen bei Gleichstrom-Niederspannung 1,8 m, *bei Gleichstrom-Hochspannung 2,2 m.*

b) Bei Fahrdrahtanlagen sind auf den Lokomotiven Kurzschließer anzubringen, damit bei dem herzustellenden Kurzschluß entweder die Strecken durch Herausfallen der Überstrom-Selbstschalter spannungslos werden, oder der Spannungsabfall der Fahrleitung bis zur Kurzschlußstelle so groß wird, daß die dort vorhandene Spannung für Menschen keine Gefahr mehr bildet.

2. An Stelle der vorstehend angeführten Vorrichtung können jedoch auch Telephon- oder Signalanlagen zum Wärter der Einschaltestelle oder sonstige Vorrichtungen zum Abschalten zulässig sein, wenn deren jederzeitige Betriebsbereitschaft gegeben ist.[2]

Isolierfestigkeit und verminderte Strombelastung bekämpft wird. Kleine Maschinen, in denen nur begrenzte Energiemengen auftreten, können in höherem Maße gesichert werden. Neben der Bauart der Maschinen usw. ist auch eine zweckmäßige Wahl ihres Aufstellungsortes und ihre richtige Bedienung von Wichtigkeit. Vgl. S. 143 unter [2]).

3) Blanke unter Spannung stehende Leitungen können bei Berührung mit Werkzeugen oder andern Metallteilen zu Funkenbildung Anlaß geben; dieselbe Gefahr liegt bei isolierten Leitungen vor (§ 41 e), wenn sie zerrissen werden.

4) Für die zum Anschluß nötigen Steckvorrichtungen gilt § 41 b.

§ 42. 1) Auf ausreichende Schutzvorkehrungen ist besonders an den Einsteig- und Aussteigeplätzen zu achten. Vgl. § 43 4.

2) Als Vorrichtungen zum Abschalten können z. B. auch solche dienen, die einen Kurzschluß der Arbeitsleitung und

c) An Rangier-, Kreuzungs- und Zugangsstellen sind Warnungstafeln anzubringen, welche auf die mit Berührung des Fahrdrahtes verbundene Gefahr hinweisen.

3. Diese Warnungstafeln sollen beleuchtet sein.

d) Fahrleitungen, die nicht auf Porzellan-Doppelglockenisolatoren oder gleichwertigen Isolatoren verlegt sind, müssen gegen Erde doppelt isoliert sein.

e) Aufhänge- oder Abspanndrähte jeder Art müssen gegen spannungsführende Leitungen doppelt isoliert sein, z. B. durch Porzellan-Doppelglockenisolatoren. Als Querverbindungen, die zum Spannungsausgleich zwischen den Fahrdrähten dienen, dürfen blanke Leitungen nicht verwendet werden.

f) Speiseleitungen, die Betriebsspannung gegen Erde führen, müssen von der Stromquelle und an den Speisepunkten von den Fahrleitungen abschaltbar sein. Wenn durch Streckenunterbrecher dafür gesorgt ist, daß mit der Speiseleitung gleichzeitig der zugehörige Teil der Fahrleitung spannungsfrei wird, ist die Abschaltbarkeit am Speisepunkt nicht erforderlich.

g) Wenn die Gleise als Rückleitung dienen, müssen die Stöße aller Schienen gut leitend verbunden und in Abständen von höchstens 100 m gutleitende Querverbindungen zwischen den Schienen eingebaut werden. [3])

h) Bei Bahnanlagen müssen die in den Bahnstrecken liegenden Rohre, Kabelbewehrungen und Signalleitungen[5]) an allen Abzweigungen zu Seitenstrecken und an den Endpunkten der Bahnstrecken, mindestens aber alle 250 m, mit den Schienen gut leitend verbunden werden, wenn nicht in anderer Weise die schädigenden Wirkungen einer Stromüberleitung aus dem Fahrdraht in diese Teile verhindert werden. [4])

---

dadurch ihre selbsttätige Abschaltung mittels Schmelzsicherung oder mittels elektromagnetischen Schalters bewirken.

3) Die Stoßverbindungen sind stets an beiden Schienensträngen zu fordern, auch wenn diese in üblicher Weise unter sich leitend verbunden sind.

4) Bei druckhaftem Gebirge kann die Fahrleitung mit den Rohren usw. in Berührung geraten und ihnen gefährliche Spannung mitteilen. Diese können sich auf entfernte Strecken übertragen und dort vorzeitiges Zünden von Schüssen, lokale Schlagwetterzündungen, Stempelbrände usw. veranlassen. Der Gebirgsdruck hat des öfteren die eisernen Firstträger (Kappschienen) durchgebogen und so leitende Verbindung des Fahrdrahtes auch mit seitlich von ihm laufenden Rohrleitungen usw. bewirkt. Daher sind nicht nur die oberhalb des Fahrdrahtes

§ 43.

Fahrzeuge elektrischer Grubenbahnen.[1]

a) Bei Fahrschaltern und Stromabnehmern ist Holz als Isolierstoff zulässig.[2]

b) Zwischen den Stromabnehmern und den übrigen elektrischen Einrichtungen des Fahrzeuges ist entweder eine sichtbare Trennstelle derart anzuordnen, daß sie die Beleuchtung nicht unterbricht, oder es müssen die Stromabnehmer eine Vorrichtung haben, die sie im abgezogenen Zustand festhalten kann.[3]

c) Jedes Fahrzeug muß eine Hauptabschmelzsicherung oder einen selbsttätigen Ausschalter für die Elektromotoren haben (s. auch § 42 b).

d) Akkumulatorenzellen elektrischer Fahrzeuge können auf Holz aufgestellt werden, wobei einmalige Isolierung durch feuchtigkeitssichere Zwischenlagen ausreicht.[4]

e) Der Querschnitt aller Fahrstromleitungen ist nach der Nennstromstärke der vorgeschalteten Sicherung oder stärker zu bemessen.[5]

Drähte für Bremsstrom sind mindestens von gleicher Stärke wie die Fahrstromleitungen zu wählen.

---

liegenden und ihn kreuzenden, sondern alle in der Bahnstrecke liegenden Rohre, Kabelbewehrungen usw. an allen Abzweigungen zu Seitenstrecken, mindestens aber alle 250 m mit den Schienen gutleitend zu verbinden. — Auch böswillige Verbindungen des Fahrdrahtes mit Rohrleitungen usw. sollen vorkommen.

5) Selbstverständlich sind hier nur Signalleitungen mit metallischer Oberfläche gemeint, wie sie zur Bedienung von Zugsignalen dienen. Bei elektrischen Signalen ist die Bewehrung der Leitungen zu erden.

§ 43. 1) Die Fahrzeuge elektrischer Grubenbahnen sind als Maschinen anzusehen, deren innerer Aufbau im wesentlichen durch die Betriebssicherheit bedingt ist und im einzelnen nicht durch allgemeine Vorschriften geregelt werden kann. Die hier gegebenen Vorschriften betreffen nur jene Punkte, die hinsichtlich einer Feuers- oder Lebensgefahr von besonderer Wichtigkeit sind.

2) Vgl. § 12¹, S. 59 unter ³).

3) Die vorgeschriebene Anordnung soll es ermöglichen, die motorische Einrichtung der Fahrzeuge spannungsfrei zu machen, um ungehindert Störungen beseitigen zu können.

4) Der beschränkte Raum in den Fahrzeugen erschwert eine mehrfache Isolierung. Die Erleichterung gegenüber § 8 a) der allgemeinen Vorschriften rechtfertigt sich, weil aufgetretene Fehler durch Entfernen des Fahrzeugs aus dem Betrieb rasch behoben werden können. Regelmäßige sorgsame Überwachung der Fahrzeuge ist nötig.

5) Die Strombelastung der Fahrleitungen ist nicht gleichmäßig. Die Stärke der Sicherungen (Regel 1) richtet sich nach dem Fahrmotor und nach den Betriebsverhältnissen.

Der Querschnitt aller übrigen Leitungen ist nach § 20 zu bemessen.

1. Für Fahrstromleitungen aus Leitungskupfer gilt folgende Tabelle:

Querschnitt in qmm	Nennstromstärke der Sicherung in A
4	25
6	35
10	60
16	80
25	100
35	125
50	160
70	200
95	225
120	260

2. Isolierte Leitungen in Fahrzeugen sollen so geführt werden, daß ihre Isolierung nicht durch die Wärme benachbarter Widerstände gefährdet werden kann.

3. Nebeneinanderverlaufende isolierte Fahrstromleitungen sollen entweder zu Mehrfachleitungen mit einer gemeinsamen Schutzhülle zusammengefaßt werden, derart, daß ein Verschieben und Reiben der Einzelleitungen vermieden wird, oder sie sind getrennt zu verlegen und dort, wo sie Wände durchsetzen, durch Isoliermittel so zu schützen, daß sie sich an diesen Stellen nicht durchscheuern können.

f) Die Handhaben der Fahrschalter sind in der Weise abnehmbar anzubringen, daß das Abnehmen nur erfolgen kann, wenn der Fahrstrom ausgeschaltet ist.[6]

g) Erdleitungen und vom Fahrstrom unabhängige Bremsstromleitungen in Fahrzeugen dürfen keine Sicherungen enthalten und dürfen nur im Fahrschalter abschaltbar sein.[7]

h) Die unter Spannung stehenden Teile von Fassungen, Schaltern, Sicherungen und dergleichen müssen mit einer Schutzverkleidung aus Isolierstoff versehen sein. Pappe gilt nicht als Isolierstoff. (Siehe § 3.)

4. Die Beförderung der Belegschaft in offenen Förderwagen ist nur in Strecken zulässig, bei denen folgende besonderen Einrichtungen getroffen sind:

---

6) Durch das Abnehmen der Handhaben soll unbefugtes Ingangsetzen des Fahrzeuges verhindert werden. Bei abgenommener Handhabe soll die Bremschaltung hergestellt sein, damit auch auf geneigter Strecke eine unbeabsichtigte Bewegung nicht eintreten kann.

7) Vgl. § 14 f). Die Kurzschlußbremse dient oft als Notbremse, muß daher unter allen Umständen gangbar sein.

An den Ein- und Aussteigestellen für die Belegschaft soll der Fahrdraht während der Zeit des Ein- und Aussteigens durch einen Schalter spannungslos gemacht werden. Mit dem Schalter sind rote und grüne Signallampen derart zu verbinden, daß bei geschlossenem Schalter und spannungsführendem Fahrdraht die roten und bei geöffnetem Schalter und spannungslosem Fahrdraht die grünen Lampen aufleuchten. An den Ein- und Aussteigstellen sind soviel farbige Lampen zu verteilen, daß von jeder Stelle des Zuges aus mindestens eine Lampe gesehen werden kann.

§ 44.
Abteufbetrieb.[1])

a) Für den Abteufbetrieb sind nur Leitungen zulässig, die den „Normen für isolierte Leitungen in Starkstromanlagen" (Abteufleitungen) entsprechen. Die Metallbewehrung ist zu erden.[2])

b) Beim Abteufbetrieb müssen alle nicht unter Spannung stehenden Metallteile elektrischer Maschinen und Apparate geerdet sein.

c) Vor jeder Abteufleitung und vor jedem Haspel müssen allpolig entweder Schalter und Sicherungen oder einstellbare selbsttätige Schalter eingebaut werden.

d) Steckvorrichtungen sind nur mit von Hand lösbarer Sperrung zu verwenden.

§ 45.
Schießbetrieb (im Anschluß an Starkstromanlagen).[1])

a) Es darf nur Niederspannung für die Schießleitung verwendet werden.

---

§ 44. 1) Im Abteufbetriebe ist die Gefahr, daß Personen mit spannungführenden Teilen in Berührung kommen, wegen der engen Zusammendrängung von Arbeitenden, Bauteilen, Maschinen und Leitungen noch größer als im sonstigen Bergwerksbetriebe. Oft ist auch mit starker Feuchtigkeit zu rechnen. Wegen des steten Fortschreitens der Arbeit können Maschinen und Leitungen meistens nicht dauernd befestigt werden; sie müssen zum Teil freihängend benützt werden, daher ist auch der Vermeidung der Bruchgefahr besondere Aufmerksamkeit zu widmen.

2) Abteufleitungen sind besonders biegsam gebaute Leitungen mit einer Bewehrung, die bei Spannungen über 250 Volt aus Metall bestehen und zur Erdung brauchbar sein muß; ihr Bleimantel kann zur Verminderung des Gewichts durch eine besondere Gummihülle ersetzt sein. Siehe Normen für isolierte Leitungen in Starkstromanlagen A II 3 g).

§ 45. 1) Der Schießbetrieb mittels Zündmaschinen als Stromquelle, also mittels Schwachstrom wird in den vorliegenden Vorschriften des V. D. E. nicht behandelt. Die Vorschriften des § 45 beziehen sich nur auf den Fall, daß das Zünden der

b) Der Anschluß der Schießleitung an eine Starkstromleitung darf nur mittels eines allpolig unter Verschluß befindlichen Schalters erfolgen.[2] Zur Erhöhung der Sicherheit ist stets noch eine zweite ebenfalls unter Verschluß befindliche Unterbrechungsstelle zwischen Schalter und Schießleitung anzuordnen; entweder der Schalter oder die Unterbrechungsstelle müssen so eingerichtet sein, daß ein Verharren im eingeschalteten Zustand ausgeschlossen ist.[3]

Für die erwähnten Apparate ist die Verwendung von nicht feuchtigkeitssicherem Baustoff, wie Marmor, Schiefer und dergleichen, als Isolierstoff unzulässig.

1. Es empfielt sich, eine Vorrichtung anzubringen, die das Vorhandensein von Spannung in der ortsfesten Hauptleitung erkennen läßt.[4]

2. Empfohlen wird die Verwendung einer Kurzschlußvorrichtung in der Nähe des Zünderanschlusses, welche eine Lösung des Kurzschlusses von gesicherter Stellung aus ermöglicht.[5]

c) Die Schießleitung muß den Vorschriften und Normen für Starkstromleitungen entsprechen.

Für die letzten 80 m kann Gummiaderleitung ohne besonderen Schutz oder in trockenen Grubenräumen isoliert verlegte blanke Leitung verwendet werden. Trockenes Holz ist für die Isolierung zulässig.[6]

d) Im Abteufbetrieb ist bis auf die letzten 80 m (vgl. c) als Schießleitung nur Leitungstrosse zulässig. Die Schießleitung oder alle neben ihr

---

Schüsse mittels des der Starkstromleitung entnommenen Stromes erfolgt. Sie sollen verhindern, daß durch Zufall, z. B. durch Streuströme, Spannungen in die Schießleitung übertreten und zur unrechten Zeit Zündung bewirken.

2) Der Anschluß kann von der sog. Sicherheitsbühne aus geschehen. Was zwischen dem letzten Ausläufer der ortsfesten Starkstromleitung und den Zündpatronen liegt, heißt Schießleitung.

3) Zur weiteren Erhöhung der Sicherheit dient es, wenn nur Patronen von hoher Zündspannung (etwa 100 V) verwendet werden.

4) Als derartige Vorrichtung kann eine Glühlampe, ein Galvanoskop oder dgl. dienen.

5) Vgl. ETZ 1920, S. 556.

6) Um das Eindringen von Streuströmen zu verhindern, muß die Schießleitung gut isoliert, daher unverletzt sein. Die letzten Enden der Schießleitung werden durch das stürzende Gestein oft verschüttet. Vor neuer Verwendung ist sie daher stets sorgfältig zu prüfen; schadhafte Stellen sind auszumerzen: Verbindungsstellen sorgsam zu isolieren. Zur Beschleunigung des Anlegens kann das Aufhängen auf Nägel, die in trockenem Holz sitzen, zugelassen werden.

verlegten Starkstromleitungen müssen bewehrt sein. Die Bewehrung muß geerdet sein.[7]

e) Anderen Zwecken dienende Leitungen dürfen nicht als Schießleitung benutzt werden. Abweichungen können bei besonderen örtlichen Verhältnissen zugestanden werden, doch müssen die Forderungen unter b) erfüllt sein. Die Schießleitung darf nicht mit anderen Leitungen zu einer Mehrfachleitung vereinigt sein.[8]

§ 46.

Ortsveränderliche Betriebseinrichtungen.

a) Auf ausreichenden Schutz ortsveränderlicher Leitungen gegen Beschädigung ist ganz besonders zu achten.[1]

1. Tragbare Elektromotoren (z. B. solche für Bohrmaschinen) sollen bei Wechselstrom mit höchstens 70 V. Spannung gegen Erde (125 V verkettet) und bei Gleichstrom nur bei Niederspannung angeschlossen werden. In trockenen Grubenräumen ist auch Wechselstrom bis 220 V verkettet zulässig.[2]

Für den Bohrbetrieb sind besondere Transformatoren kleinerer Leistung zu empfehlen, die gruppen-

---

7) Leitungstrosse ist in den Normen für isol. Leitungen in Starkstromanlagen unter A II 3 g) beschrieben.

8) Unter besonderen Verhältnissen kann z. B. eine zum Motorbetrieb bestimmte ortsveränderliche Leitung als Schießleitung benutzt werden; dann muß sie aber zum Zweck des Schießens an der Anschlußstelle an die ortsfeste Leitung nach Absatz b) eingerichtet werden.

§ 46. 1) Vgl. § 21 c S. 96. Über die Eigenart elektrischer Antriebe vor Ort vgl. ETZ. 1923, S. 49. Schadhaft gewordene ortsveränderliche Leitungen geben oft zu Unfällen Anlaß. Diese Leitungen sollten nie in zu großen Längen gebraucht werden, weil mit der Länge die Gelegenheit zu Beschädigungen wächst. Es ist vielmehr die ortsfeste Leitung möglichst weit bis in die Nähe der Arbeitsstellen auszubauen. Mit etwa 25 m langen ortsveränderlichen Leitungen wird man meistens auskommen. Schadhafte Leitungen sind nicht an Ort und Stelle zu flicken, sondern abzulegen und gründlicher Instandsetzung zuzuführen.

2) Tragbare Elektromotoren sind hier nicht nur im Gegensatz zu ortsfesten, sondern auch im Unterschiede gegenüber sonstigen „ortsveränderlichen" Elektromotoren genannt, um diejenigen Motoren zu bezeichnen, die ihren kleineren Abmessungen und geringerem Gewicht entsprechend häufiger bewegt, manchmal unmittelbar mit der Hand gesteuert oder geschwenkt werden und so zu häufiger enger Berührung mit dem Körper der Arbeitenden Anlaß geben, auch der Gefahr, beschädigt zu werden und einen Stromübergang auf ihre äußeren Teile zu erleiden, in höherem Maße ausgesetzt sind als größere, z. B. fahrbare Elektromotoren.

weise den Betrieb vor Ort von dem gesamten übrigen Betrieb elektrisch trennen.[3])

2. In ortsveränderlichen Betriebseinrichtungen sollen alle nicht unter Spannung gegen Erde stehenden Metallteile elektrischer Maschinen und Apparate nach Möglichkeit geerdet sein.

In Salzbergwerken kann an Bohrmaschinen und anderen vor Ort verwendeten Maschinen und Apparaten die Verbindung der Gehäuse und der sonstigen der zufälligen Berührung ausgesetzten Metallteile mit der Erdleitung unterbleiben, sobald die betreffenden Grubenräume vollkommen trocken und die in ihnen liegenden Gleise von denjenigen der übrigen Grubenräume durch mehrfache hintereinander liegende Unterbrechungsstellen getrennt sind, sowie die Schienen nicht geschmiert werden.[4])

L a. Leitsätze für Bagger mit zugehörigen Bahnanlagen in Bergwerksbetrieben über Tage.[1])

§ 47.

1. Die Mindesthöhe der Fahrleitungen soll bei Baggerstrecken 2,8 m, auf freier Fahrstrecke 3,0 m betragen. Im übrigen bestimmt sich die Höhe nach den Bahnvorschriften des VDE[2]) (siehe Ziffer 6).

2. Gleise und eiserne Fahrleitungsträger sind zu erden.[3])

---

3) Bei ungünstigen örtlichen Verhältnissen empfiehlt es sich, mittels besonderer Transformatoren die Gebrauchsspannung herabzusetzen und Bohrmaschinen für entsprechend niedrige Spannung zu verwenden.

4) Salzbergwerke sind keineswegs an sich als trocken anzusehen. Oft ist die Erdung erschwert, ohne daß die Bedingung vollkommner Trockenheit erfüllt ist. Alsdann sind örtliche Erdungen anzuwenden.

§ 47. **1)** Die Leitsätze 1 bis 4 für Bagger usw. sind i. J. 1922 vom Bergwerksausschuß im Anschluß an die Neufassung der Bergwerksvorschriften aufgestellt und vom VDE angenommen worden. Da die Bagger und zugehörigen Feldbahnen nicht zu den Straßen- und Kleinbahnen rechnen, bestehen für sie keine Vorschriften (vgl. Errichtungsvorschriften § 1, S. 9 unter 4) und S. 10 unter 6) Abs. 2. Es hat sich aber das Bedürfnis ergeben, wenigstens die wichtigsten Grundsätze für ihren Aufbau vorläufig zu regeln.

2) Die Bahnvorschriften vom Jahre 1906 fordern im § 26 c) und d) über öffentlichen Straßen 5 m Höhe; und lassen bei Unterführungen geringere Höhe zu, wenn geeignete Vorsichtsmaßregeln getroffen werden, z. B. Warnungstafeln. Auf besonderem Bahnkörper, soweit dieser dem öffentlichen Verkehr nicht freigegeben ist, ist beliebige Höhe zugelassen, wenn bei der gewählten Verlegungsart die Strecke von unterwiesenem Personal ohne Gefahr begangen werden kann. An Haltestellen und Übergängen sind die Leitungen gegen zufällige Berührung durch das Publikum zu schützen und Warnungstafeln anzubringen.

3) Vgl. die Leitsätze über Schutzerdung.

3. Die Fahrleitung ist vor jeder Bagger- und Kippstrecke abschaltbar einzurichten.[4]

4. Es gelten sinngemäß die Bestimmungen des § 42 b, c, d, e mit Ausnahme der Bestimmungen über die Querverbindungen,[5] ferner f und g sowie die Bestimmungen des § 43 a bis h.

5. In Betrieben, in denen Dampflokomotiven zusammen mit elektrisch betriebenen Baggern verwendet werden, sind die Baggerschleifleitungen so weit außerhalb des Lokomotivprofiles zu legen, daß bei neben diesem liegenden Leitungen der wagerechte Abstand zwischen dem Lokomotivprofil und der zunächst liegenden Schleifleitung wenigstens 1 m und bei oberhalb liegenden Leitungen der senkrechte Abstand wenigstens 0,5 m beträgt[6] (siehe Ziffer 6).

6. Für weitere Verwendung vorhandener Bagger an anderen Betriebsorten sind hinsichtlich der Fahrdrahthöhe und Fahrdrahtanordnung Ausnahmen zulässig.[7]

M. Inkrafttreten der Errichtungsvorschriften.

§ 48.

Diese Vorschriften gelten für Anlagen und Erweiterungen, soweit ihre Ausführung nach dem 1. Juli 1924 beginnt.[1]

---

4) Beim Verlegen der Gleise, auch beim Verschieben der Bagger und bei Arbeiten zu ihrer Instandhaltung ist es häufig geboten, die Fahrleitung spanungslos zu machen, um Unfällen vorzubeugen.

5) Die Querverbindungen zum Spannungsausgleich zwischen den Fahrdrähten dürfen blanke Leitungen sein.

6) Leitsatz 5 wurde 1923 aufgestellt. Beim Zusammenarbeiten von Dampflokomotiven größerer Bauart mit elektrisch betriebenen Baggern besteht für das Lokomotivpersonal die Gefahr, beim Herausbeugen oder Besteigen und Verlassen der Lokomotive die Fahrdrähte des Baggers zu berühren, wenn nicht genügend große Abstände vorgesehen sind. Der Leitsatz soll für neu erbaute Bagger einen Anhaltspunkt geben. Unter Umständen kann als Notbehelf auf der Lokomotive an der Seite der Schleifleitungen ein Brett beweglich so aufgehängt werden, daß man es beim Verlassen des Fahrzeugs ausschwenkt und so eine unmittelbare Berührung der Schleifleitung vermeidet.

7) Ausnahmen sind gemäß § 48 Abs. 1 auch für ältere Anlagen zulässig. Ziffer 6 erlaubt darüber hinaus, daß auch dort, wo vorhandene ältere Bagger an anderen Betriebsorten Verwendung finden, die ihnen angepaßten Fahrdrahthöhen und seitlichen Abstände der Fahrdrähte benützt werden, wenn es technisch besonders schwierig oder wirtschaftlich nicht möglich ist, die Bagger auf die durch die Leitsätze 1 und 3 geforderten Höhen und Abstände der Fahrdrähte umzubauen. Im Einzelfall ist jedoch den Betriebsverhältnissen Rechnung zu tragen, so daß die Gefahr tunlichst eingeschränkt wird.

§ 48. 1) Die im Vorhergehenden behandelte Fassung der Vorschriften ist durch Beschluß des Ausschusses des Verbandes

Für die Apparate nach §§ 10, 11, 13 bis 16 und 18 wird mit Rücksicht auf die Verarbeitung vorhandener Werkstoffvorräte und die Räumung von Lagervorräten eine Übergangsfrist bis zum 1. Januar 1926 eingeräumt.[2])

Der Verband deutscher Elektrotechniker behält sich vor, die Vorschriften den Fortschritten und Bedürfnissen der Technik entsprechend abzuändern.[2])

---

deutscher Elektrotechniker am 30. August 1923 mit dem 1. Juli 1924 als Einführungstermin in dem ausgedrückten Sinne für gültig erklärt worden. ETZ 1924, S. 16,

Daß die Vorschriften keine rückwirkende Kraft haben sollen, ist früher ausdrücklich ausgesprochen worden. Soweit sie vertragsmäßigen Ausführungen elektrischer Anlagen zugrunde gelegt werden, ist daher die neue Fassung nur für solche Anlagen maßgebend, deren Ausführung nach dem 1. Juli 1924 beginnt; es sei denn, daß etwas anderes ausdrücklich vereinbart ist. Soweit es sich um behördliche Überwachung handelt, werden Abweichungen von den Vorschriften bei älteren Anlagen im Sinne des § 120 d) der Gewerbeordnung zu beurteilen sein, wie zu § 1 unter [8]), S. 11 auseinandergesetzt ist. Vgl. auch Betriebsvorschriften § 2a. Anlagen, die vor dem 1. Juli 1924 begonnen werden, dürfen nach den neuen Vorschriften gebaut werden, wenn sie diese vollständig erfüllen. Siehe S. 7, Fußnote.

Besondere Veranlassung zur Verbesserung älterer Anlagen liegt namentlich dann vor, wenn sie mit höherer Spannung oder mit anderer Stromart als bisher betrieben werden sollen, ETZ 1904, S. 475 N. 161; S. 364 N. 96; S. 1114 N. 115. 1903, S. 295 N. 35.

2) Die Übergangsfrist ist durch wirtschaftliche Rücksichten begründet. Auch soweit es sich um die behördliche Überwachung der Anlagen handelt, ist von seiten des Vertreters der preußischen Regierung die Zusicherung gegeben worden, daß die Weiterbildung der Vorschriften dem Verband deutscher Elektrotechniker überlassen bleiben und daß hierzu auch den übrigen Bundesregierungen Anregung gegeben werden soll.

II. Betriebsvorschriften.*) [1]

§ 1.

Erklärungen.

a) Niederspannungsanlagen.[2] Anlagen mit
effektiven Gebrauchsspannungen bis 250 V zwischen beliebigen Leitern sind ohne weiteres als Niederspannungsanlagen zu behandeln; Mehrleiteranlagen mit Spannungen
bis 250 V zwischen Nulleiter und einem beliebigen Außenleiter nur dann, wenn der Nulleiter geerdet ist. Bei
Akkumulatoren ist die Entladespannung maßgebend.

*Alle übrigen Starkstromanlagen gelten als Hoch-
spannungsanlagen.*

1. Im Gegensatz zu den mit Buchstaben bezeichneten Absätzen, die grundsätzliche Vorschriften darstellen, enthalten die mit Ziffern

[1] Betriebsvorschriften sind zum ersten Male im Jahre
1903 vom V. D. E. gemeinsam mit der Vereinigung der Elektrizitätswerke aufgestellt worden. Ihr im Jahre 1907 mit der
damaligen Neuordnung der Errichtungsvorschriften in Einklang
gebrachter Wortlaut wurde 1909 einer Umarbeitung unterzogen,
um neben den Bedürfnissen der Elektrizitätswerke namentlich
auch den Verhältnissen Rechnung zu tragen, wie sie in industri-
ellen Betrieben bestehen, sei es, daß diese den Strom selbst
erzeugen oder von außen beziehen. Die jetzige Fassung wurde
im Jahre 1923 zugleich mit den Errichtungsvorschriften neu
festgesetzt. Eine Ergänzung der Betriebsvorschriften in be-
schränktem Sinne bildet das „Merkblatt für die Behandlung
elektrischer Anlagen in der Landwirtschaft" und die „Betriebsanweisung für die Bedienung elektr. Starkstromanlagen
für Hochspannung in der Landwirtschaft". Siehe S. 191, 199.

Die „Betriebsvorschriften" des V. D. E. beschränken sich
auf die zum Instandhalten der Anlagen sowie zum Schutze
der Beschäftigten und des Publikums nötigen Anordnungen;
dem Schutze der Beschäftigten dienen auch die Unfallverhütungs-
Vorschriften der Berufsgenossenschaften. Beide haben wesentlich anderen Zweck und Inhalt als die Betriebsordnungen oder
Betriebsanweisungen, die den Beschäftigten ihre Obliegenheiten
zuweisen, das Zusammenwirken aller Teile der Anlage und eine
möglichst gute Ausbeute bei tunlichst kleinem Aufwande sichern
sollen. Vorschriften oder Anweisungen der letzteren Art bestehen neben den hier gegebenen, doch können sie nicht in
allgemeiner Form aufgestellt werden, sie berühren auch nicht
allgemeine oder öffentliche Interessen.

[2] Vgl. § 2 der Err. V. Anm. 1 u. 2. S. 11 bis 13.

*) Diese Betriebsvorschriften sind auch bei der Errichtung und Ver-
änderung von elektrischen Starkstromanlagen zu beachten, soweit dabei die
Anlagen oder einzelne Teile unter Spannung stehen.

versehenen Absätze **Ausführungsregeln.** Letztere geben an, wie die Vorschriften mit den üblichen Mitteln im allgemeinen zur Ausführung gebracht werden sollen, wenn nicht im Einzelfall besondere Gründe eine Abweichung rechtfertigen.

2. Weitere Erklärungen siehe unter § 2 der Errichtungsvorschriften.

§ 2.
Zustand der Anlagen.

a) Die elektrischen Anlagen sind den „Errichtungsvorschriften" entsprechend in ordnungsmäßigem Zustande zu erhalten. Hervortretende Mängel sind in angemessener Frist zu beseitigen. In Anlagen, die vor dem 1. Juli 1924 errichtet sind, müssen erhebliche Mißstände, die das Leben oder die Gesundheit von Personen gefährden, beseitigt werden. Jede Änderung einer solchen Anlage ist, soweit es die technischen und Betriebsverhältnisse gestatten, den geltenden Vorschriften gemäß auszuführen.[1]

b) Leicht entzündliche Gegenstände dürfen nicht in gefährlicher Nähe ungekapselter elektrischer Maschinen und Apparate sowie offen verlegter spannungführender Leitungen gelagert werden.[2]

c) Schutzvorrichtungen und Schutzmittel jeder Art müssen in brauchbarem Zustand erhalten werden.[3]

1. Für gewerbliche, industrielle und landwirtschaftliche Betriebstätten ist eine laufende Überwachung durch einen Sachverständigen zu empfehlen.[4]

---

§ 2. **1)** Der dritte Satz des Abs. a) ist dem § 120 d Abs. 3 der Gewerbeordnung nachgebildet, um unnötige Härten bei der Anwendung der Vorschriften zu verhüten. Da die Vorschriften für die Errichtung elektrischer Starkstromanlagen keine rückwirkende Kraft haben, so wäre es unbillig, in den Betriebsvorschriften einen anderen Standpunkt einzunehmen. Aus diesem Grunde ist der ordnungsmäßige Zustand einer elektrischen Anlage im allgemeinen nicht zu verneinen, sofern er den bei Errichtung der betreffenden Anlage gültig gewesenen Vorschriften entspricht, es sei denn, daß sich inzwischen früher zulässige Installationsmethoden oder Apparate als direkt unbrauchbar oder als sehr gefährlich erwiesen hätten (z. B. Holzleisten in feuchten Räumen usw.), oder der Betrieb größere Gefahren bedingt. Vgl. Err. V. § 1, Anm. 8. S. 11 Alle Erneuerungen bestehender elektrischer Anlagen oder ihrer Teile sowie Erweiterungen sollen jedoch tunlichst gemäß den neuesten Errichtungsvorschriften zur Ausführung gebracht werden.

2) Vgl. § 6a der Err. V. S. 34 und M.B.L. 2.

3) Im Merkblatt für die Behandlung elektr. Anlagen in der Landwirtschaft (M.B.L.) wird unter 1, 5 und 6 der Zustand von Schutzkappen für Schalter, von Sicherungen und Steckern sowie ihr richtiger Ersatz besonders betont.

4) Zur Erhaltung des guten Zustandes der Anlage sind regelmäßige, sowie nach Erfordern besondere Revisionen vorzunehmen. Namentlich sind solche beim Inbetriebsetzen der

2. Als Schutzmittel gelten gegen die herrschende Spannung isolierende, einen sicheren Stand bietende Unterlagen, Erdungen, Abdeckungen, Gummischuhe, Werkzeuge mit Schutzisolierung, Schutzbrillen und ähnliche Hilfsmittel.[5]

Gummihandschuhe sind als Schutz gegen Hochspannung unzuverlässig, daher in Hochspannungsanlagen verboten.

3. Der Zugang zu Maschinen, Schalt- und Verteilungsanlagen soll soweit freigehalten werden, als es ihre Bedienung erfordert.[6]

4. Maschinen und Apparate sollen in gutem Zustand erhalten und in angemessenen Zwischenräumen gereinigt werden.[7]

§ 3.

Warnungstafeln, Vorschriften und schematische Darstellungen.

a) In Hochspannungsbetrieben müssen Tafeln, die vor unnötiger Berührung von Teilen der elektrischen Anlage warnen, an geeigneten Stellen, insbesondere bei elek-

---

Anlage und nach erheblichen Erweiterungen geboten. Die Zeiträume, in denen die Revisionen zu wiederholen sind, ihre Ausführung und ihr Umfang richten sich nach der Beschaffenheit der Anlage und nach den Verhältnissen, unter denen sie betrieben wird. Im allgemeinen wird eine fachmännische Nachprüfung als ausreichend erachtet, wenn sie bei landwirtschaftlichen Anlagen und bei Theatern, Versammlungsräumen und feuergefährlichen Betrieben alle 1—2 Jahre, bei Industrieanlagen alle 2—3 Jahre, bei Wohnungen und Ladenräumen alle 3—5 Jahre erfolgt. Vgl. M.B.L. 10 u. 11. Wen die Verantwortung für den Zustand der Anlage trifft, ist in den Vorschriften nicht ausgesprochen, da sie nur technische, nicht aber rechtliche Bestimmungen festsetzen können. Im Regelfall ist der Besitzer verantwortlich. In einzelnen Ländern wird von den Behörden eine regelmäßige Überwachung, besonders für landwirtschaftliche Anlagen vorgeschrieben. Auch die Berufsgenossenschaften, die staatliche Gewerbeaufsicht, die Feuerversicherungen können sie im Einzelfall fordern. Zu ihrer Durchführung sind die Elektrizitätswerke, Überwachungungsvereine oder anerkannte Sachverständige berufen.

5) Auch durch sachgemäße Gestaltung der Werkzeuge sind die bei ihrem Gebrauch möglichen Gefahren zu bekämpfen; so gibt es z. B. Schraubenzieher und Schraubschlüssel, die beim Gebrauche nicht abrutschen (Wilke & Co., Dortmund, Böhme, Düsseldorf, Betz, Fraulautern). Gummihandschuhe sind wenig haltbar; ihre fehlerhaften Stellen können nur bei häufiger und sehr sorgfältiger Nachprüfung rechtzeitig erkannt werden. Sie gelten nicht mehr als brauchbarer Schutz. Gefährlich sind auch Metallringe an den Fingern oder an Holzgriffen (Staubpinseln).

6) Insbesondere dürfen nicht Werkzeuge, Baustoffe, Waren, Kleidungsstücke und drgl. derart gelagert oder vorhanden sein, daß sie die ordnungsmäßige Bedienung erschweren oder die Wirkung von Schutzvorrichtungen wie Schranken, Geländer usw. beeinträchtigen. Vgl. M.B.L. 2, 4 u. 6.

7) Daß die Maschinen usw. „rein erhalten" werden, wird nicht gefordert, weil dies in staubigen oder rußigen Betrieben

trischen Betriebsräumen und abgeschlossenen elektrischen Betriebsräumen an den Zugängen angebracht sein.[1]) *Warnungstafeln für Hochspannung sind mit Blitzpfeil zu versehen.*[2]) Bei Niederspannung sind Warnungstafeln nur an gefährlichen Stellen erforderlich.[3])

b) In jedem elektrischen Betriebe[4]) sind diese Betriebsvorschriften und eine „Anleitung zur ersten Hilfeleistung bei Unfällen im elektrischen Betriebe"[5]) anzubringen. Für einzelne Teilbetriebe genügen gegebenenfalls zweckentsprechende Auszüge aus den Betriebsvorschriften.

c) In jedem elektrischen Betriebe[4]) muß eine schematische Darstellung der elektrischen Anlage, entsprechend dem Anhang zu den Errichtungs- und Betriebsvorschriften, vorhanden sein.

1. Es empfiehlt sich, an wichtigen Schaltstellen und in Transformatorenstationen, *insbesondere bei Hochspan-*

---

meistens undurchführbar ist. Das Reinigen in angemessenen Zeiträumen muß der Art der Maschinen und den herrschenden Verhältnissen angepaßt werden. Diesen und den Betriebsbedingungen muß auch der Bau der Maschinen und Apparate entsprechen. Vgl. M.B.L. 1, 6, 7.

§ 3. 1) Es genügt, wenn die Warnungstafel für diejenigen Personen sichtbar ist, welche im Begriffe sind, sich den Zugang zu den gefährlichen Teilen zu verschaffen. So wird bei Transformatorsäulen, wie sie auf öffentlichen Straßen derart aufgestellt sind, daß die gefährlichen Teile dauernd und sicher gegen das Publikum abgeschlossen sind, die Warnungstafel nur innen so anzubringen sein, daß sie beim Öffnen der Türe sofort in die Augen fällt. Wird Hochspannung in einem Betriebe an mehreren Stellen verwendet, sind z. B. mehrere Hochspannungsmotore vorhanden, so ist es nicht nötig, jede dieser Stellen mit einer Warnungstafel zu versehen.*)

2) Im allgemeinen soll der Blitzpfeil nicht unnötig verwendet werden um nicht seine Wirkung abzuschwächen. Bei Niederspannung soll der Blitzpfeil nicht angebracht werden.

3) Bei Niederspannung sind Warnungstafeln in den Errichtungsvorschriften im § 22b für Freileitungen an schwer zugänglichen Stätten, § 37b, c für provisorische Einrichtungen und für Prüffelder, § 42c für Fahrdrähte von Grubenbahnen vorgeschrieben. Sie können aber auch an anderen Orten, z. B. gemäß § 31, angezeigt sein.

4) Als elektrischer Betrieb im Sinne der §§ 3b und c sind einfache Hausinstallationen nicht anzusehen, auch nicht, wenn sie mit einigen kleineren Motoren ausgerüstet sind. Dagegen gelten die Forderungen zweifellos für alle selbständigen Stromerzeugungsanlagen und für Verbrauchsanlagen, die als selbständige Arbeitsstätten anzusprechen sind. Eine scharfe Grenze kann allgemein nicht angegeben werden.

5) Die Anleitung kann die im Anhang 10. abgedruckte sein oder z. B. die von der zuständigen Berufsgenossenschaft aufgestellte.

---

*) Normen für häufig gebrauchte Warnungstafeln s. ETZ 1910, S. 414 u. 491.

nung, ein Teilschema, aus dem die Abschaltbarkeit hervorgeht, anzubringen.

2. Das kleinste Format für Warnungstafeln soll 15×10 cm sein.

3. Warnungstafeln, Betriebsvorschriften und schematische Darstellungen sollen in leserlichem Zustand erhalten werden.

4. Wesentliche Änderungen und Erweiterungen der Anlage sollen in der schematischen Darstellung nachgetragen werden unter Berücksichtigung der Regel 2 des Anhanges.

§ 4.

Allgemeine Pflichten der im Betriebe Beschäftigten.

Jeder im Betriebe Beschäftigte hat:

a) von den durch Anschlag bekannt gegebenen, sowie von den zur Einsichtnahme bereitliegenden, ihn betreffenden Betriebsvorschriften Kenntnis zu nehmen und ihnen nachzukommen;[1]

b) bei Vorkommnissen, die eine Gefahr für Personen oder für die Anlagen zur Folge haben können, geeignete Maßnahmen zu treffen, um die Gefahr einzuschränken oder zu beseitigen. Dem Vorgesetzten ist baldmöglichst Anzeige zu erstatten.[2]

1. Arbeiten im Hochspannungsbetriebe sollen nur mit besonderer Vorsicht unter sorgfältiger Beachtung der Betriebsvorschriften und unter Benutzung der gebotenen Schutzmittel ausgeführt werden. Die mit den Arbeiten Betrauten sollen sorgfältig unterwiesen werden, insbesondere dahin, daß sie nichts unternehmen oder berühren dürfen, ohne sich

---

§ 4. 1) Eine sorgfältige Auswahl der Personen, die in elektrischen Betrieben beschäftigt werden, ist äußerst wichtig. Die den einzelnen zugeteilten Obliegenheiten sollen ihren Eigenschaften und Fähigkeiten angepaßt sein. Auf eine sachgemäße Unterweisung der Beschäftigten in den Sonderheiten ihres Dienstes ist die größte Sorgfalt zu verwenden. Vgl. M.B.L. 8.

2) Auf die etwa möglichen gefahrbringenden Vorkommnisse ist bei den unter [1] erwähnten Maßnahmen besonders zu achten. Das Personal soll je nach der Dienstleistung, zu der es bestimmt ist, und unter Berücksichtigung der Auffassungsgabe des einzelnen über die „geeigneten Maßnahmen" unterrichtet werden. Bestimmte Maßnahmen werden einzelnen unmittelbar vorzuschreiben, andre anderen unbedingt zu verbieten sein. Vorschriften und Verbote müssen möglichst einfach sein.

Im allgemeinen wird jeder Beschäftigte von allen Wahrnehmungen, die den Betrieb betreffen, insbesondere von beobachteten Mängeln wie schadhaften Leitungen, zerstörten Isolatoren, gelockerten Verbindungen, zerstörten Blitzsicherungen, unregelmäßigen Funkenbildungen, Anzeige zu machen haben und nur dann selbst eingreifen, wenn dies zu seinen Obliegenheiten gehört oder wenn Gefahr im Verzug ist und er sich darüber klar ist, was geschehen kann. Unbefugtes oder gegen die erhaltenen Weisungen verstoßendes Eingreifen hat oft einen Unfall herbeigeführt oder seine Folgen verschlimmert.

*über die dabei vorhandene Gefahr Rechenschaft zu geben
und die gebotenen Gegenmaßregeln anzuwenden.*[3])

2. Bei Unfällen von Personen ist nach der „Anleitung
zur ersten Hilfeleistung bei Unfällen im elektrischen Betriebe" zu verfahren.[4])

3. Bei Brandgefahr sind nach Möglichkeit die Leitsätze: „Empfehlenswerte Maßnahmen bei Bränden" zu
befolgen.[5])

§ 5.
Bedienung elektrischer Anlagen.

a) Jede unnötige Berührung von Leitungen, sowie
ungeschützter Teile von Maschinen, Apparaten und
Lampen ist verboten.[1])

b) Die Bedienung von Schaltern, das Auswechseln
von Sicherungen und die betriebsmäßige Bedienung
von Maschinen, Akkumulatoren, Apparaten, Lampen
ist nur den damit beauftragten Personen gestattet, wo
erforderlich, unter Benutzung von Schutzmitteln.[2])[3])

1. *Sicherungen und Unterbrechungsstücke bei Hochspannung sollen, wenn die Apparate nicht so gebaut oder angeordnet sind, daß man sie ohne weiteres gefahrlos handhaben kann, nur unter Benutzung isolierender oder anderer
geeigneter Schutzmittel, betätigt werden.*

c) Reinigungs-, Wartungs- und Instandsetzungsarbeiten dürfen nur durch damit beauftragte und mit
den Arbeiten vertraute Personen oder unter deren Aufsicht durch Hilfsarbeiter ausgeführt werden. Die Arbeiten sind, wenn möglich, in spannungsfreiem Zustande, das heißt nach allpoliger Abschaltung der
Stromzuführungen, unter Berücksichtigung der in §§ 6

---

3) Auf die Gefahren der Hochspannung sind die Beschäftigten wiederholt hinzuweisen. Es empfiehlt sich, in regelmäßigen Zwischenräumen unterweisende Besprechungen abzuhalten, in denen die einzelnen Teile des Betriebs oder die
vorkommenden Arbeiten der Reihe nach unter dem Gesichtspunkt der Vermeidung von Gefahren erörtert werden. Dazu gehören auch Unterweisungen in der ersten Hilfeleistung bei Unfällen, besonders praktische Übungen über künstliche Atmung.

4) Siehe Anhang 10 am Schlusse dieses Buches.

5) Siehe Anhang 9 am Schlusse dieses Buches.

§ 5. 1) Diese Vorschrift trifft neben dem Betriebspersonal
ganz besonders auch die Benutzer elektrischer Anlagen und
ihr Personal. In Werkstätten, Läden usw. ist es unter Umständen geboten, hierauf in passender Form hinzuweisen. Vgl.
10 Gebote über elektr. Leitungen. ETZ 1921, S. 1173 sowie
M.B.L. 3.

2) Schutzmittel siehe § 2² der Betriebs-Vorschriften. S. 173.

3) Es ist zu unterscheiden zwischen der betriebsmäßigen
Bedienung der Schalter, Maschinen usw., die ordnungsmäßig
unter Spannung erfolgt (§ 5b), und den Arbeiten, die nach
§ 5c, wenn irgend möglich, nur in spannungsfreiem Zustand,
vorgenommen werden.

und 7, wenn unter Spannung gearbeitet werden muß, unter Berücksichtigung der in §§ 8 und 9 gegebenen Sonderbestimmungen vorzunehmen.

d) Die Schlüssel zu den abgeschlossenen elektrischen Betriebsräumen sind von den dazu Berufenen unter sicherer Verwahrung zu halten.[4])

e) Abgeschlossene elektrische Betriebsräume, die den Anforderungen des § 29 der Errichtungsvorschriften nicht entsprechen, dürfen nur betreten werden, nachdem alle Teile spannungslos gemacht sind.[5])

2. Es ist besonders darauf zu achten, daß der spannungsfreie Zustand nicht immer durch Herausnahme von Schaltern und dergleichen allein gewährleistet ist, da noch Verbindungen durch Meßschaltungen, Ring- und Doppelleitungen usw. bestehen können, oder eine Rücktransformierung, Induktion, Kapazität usw. vorhanden sein kann.[6])

§ 6.

Maßnahmen zur Herstellung und Sicherung des spannungsfreien Zustandes.

a) Ist die Abschaltung desjenigen Teiles der Anlage, an dem gearbeitet werden soll, und der in unmittelbarer Nähe der Arbeitstelle befindlichen Teile nicht unbedingt sichergestellt, so muß zwischen Schalt- und Arbeitstelle eine Kurzschließung und Erdung, an der Arbeitstelle außerdem eine Kurzschließung und behelfsmäßige Verbindung mit der Erde zur Ableitung von Induktionsströmen vorgenommen werden.[1])

---

4) Unzulässig ist es, den Schlüssel dauernd im Schloß stecken zu lassen oder etwa neben der Türe frei aufzuhängen. Dagegen kann es sich empfehlen, außer dem vom Wärter verwahrten Schlüssel einen zweiten plombiert oder hinter einer Glasscheibe so sichtbar anzubringen, daß er im Notfall auch ohne Mithilfe des Wärters erreichbar ist.

5) In einzelnen älteren Anlagen, die wiederholt vergrößert wurden, besteht in den abgeschlossenen Betriebsräumen ein solcher Raummangel, daß die Vorschriften des § 29 der Err.-Vorschr. nicht durchführbar sind. Solange ein Umbau nicht erfolgen kann, bleibt nur übrig, die Bedienung unter Spannung von außen her auszuführen.

6) Ölschalter gewährleisten in geöffnetem Zustand nicht immer den spannungsfreien Zustand; daher sind die vor ihnen liegenden Trennschalter in allen Phasen zu öffnen.

§ 6. 1) Die Kurzschließungen und Erdungen bezwecken, dem Personal ein Berühren der betreffenden Leiterteile ohne Gefährdung zu ermöglichen. Die Kurzschließung soll unter anderem bewirken, daß bei irrtümlichem Einschalten derjenigen Leiterteile, an welchen gearbeitet wird, die zugehörigen Sicherungen die Leitung automatisch abschalten. Da hierbei jedoch eine Leitung (ein Pol) angeschlossen bleiben und letztere somit die Hochspannung gegen Erde behalten kann, so ist die zu behandelnde Leitung außerdem noch zu erden. Damit das Hantieren an der Arbeitsstelle gefahrlos geschehen kann, ist die Erdungsverbindung so herzustellen, daß sie genügende Leitfähigkeit besitzt. Vgl. Regel 2.

Bei Hochspannung muß zwischen Arbeits- und Trennstelle Erdung und Kurzschließung vorgenommen werden, nachdem sich der Arbeitende überzeugt hat, daß dies ohne Gefahr geschehen kann.[2])

Für die Dauer der Arbeit ist an der Schaltstelle ein Schild oder dergleichen anzubringen mit dem Hinweise, daß an dem zugehörigen Teil der elektrischen Anlage gearbeitet wird.

1. Auch bei Niederspannung empfiehlt es sich, bei Schaltern, Trennstücken und dergleichen, die einen Arbeitspunkt spannungsfrei machen sollen, für die Dauer der Arbeit ein Schild oder dergleichen anzubringen mit dem Hinweise, daß an dem zugehörigen Teil der elektrischen Anlage gearbeitet wird.

2. Zur Erdung und Kurzschließung sollen Leitungen unter 10 qmm nicht verwendet werden.

3. Erdungen und Kurzschließungen sollen auch bei Niederspannung erst vorgenommen werden, wenn es ohne Gefahr geschehen kann.[3])

4. Zum Nachweise, daß die Arbeitsstelle spannungsfrei ist, können dienen: Spannungsprüfungen, Kennzeichnung der beiderseitigen Leitungsenden, Einsicht in schematische Übersichts- oder Leitungsnetzpläne mit oder ohne Angabe der erforderlichen Reihenfolge der Schaltungen, die entweder an den Schaltstellen vorhanden sein oder dem Schaltenden mitgegeben werden können, wenn er nicht durch mündliche Anweisung oder in anderer Weise über die Anlage genau unterrichtet ist.

b) Die Vereinbarung eines Zeitpunktes, zu dem eine Anlage spannungsfrei gemacht werden soll, genügt nicht, es sei denn, daß es sich um regelmäßige Betriebspausen handelt.

§ 7.

Maßnahmen bei Unterspannungsetzung der Anlage.

a) Waren zur Vornahme von Arbeiten Betriebsmittel spannungsfrei, so darf die Einschaltung erst dann

---

2) Bei Hochspannung muß das Erden und Kurzschließen stets erfolgen, bei Niederspannung ist es nur für den Fall vorgeschrieben, daß über die Abschaltung der Teile Unsicherheit besteht. Läßt sich nicht mit Bestimmtheit entscheiden, ob das Erden und Kurzschließen gefahrlos möglich ist, so ist nach § 8c zu verfahren.

3) Im allgemeinen muß das zum Erden und Kurzschließen benutzte Hilfsmittel (Draht, Bügel, Klemme oder dergl.) zuerst mit der Erde verbunden werden, dann erst darf die Verbindung mit den zu erdenden oder kurzzuschließenden Teilen der Anlage erfolgen. Beim Aufheben des Kurzschlußes ist in umgekehrter Reihenfolge zu verfahren, also die Verbindung mit der Erde zuletzt zu beseitigen (§ 7³); umgekehrt wird ein zum Verbinden von Fahrleitungen mit dem Gleis gebauter Apparat bedient, der mit Isolierstange gehandhabt wird. Bei blanken Leitungen kann das Kurzschließen durch Auflegen eines passend geformten Drahtbügels oder biegsamen Drahtseils oder einer Kette erfolgen, die vorher mit einem Erdungsdraht zu versehen und zu erden sind.

erfolgen, wenn das Personal von der beabsichtigten Einschaltung verständigt worden ist.

b) Vor der Einschaltung sind alle Schaltungen und Verbindungen ordnungsgemäß herzustellen und keine Verbindungen zu belassen, durch die ein Übertreten der Spannung in außer Betrieb befindliche Teile herbeigeführt werden kann.

c) Die Vereinbarung von Zeitpunkten, zwischen denen die Anlage spannungsfrei sein oder bleiben soll, genügt nicht, es sei denn, daß es sich um regelmäßige Betriebspausen handelt.

1. Die Verständigung mit der Arbeitsstelle durch Fernsprecher ist zulässig, jedoch nur mit Rückmeldung durch den mit der Leitung der Arbeiten Beauftragten.

2. Bei Aufhebung von Kurzschließungen soll die Erdverbindung zuletzt beseitigt werden.[1])

§ 8.
Arbeiten unter Spannung.[1])

a) Arbeiten unter Spannung sind nur durch besonders damit beauftragte und mit der Gefahr vertraute Personen auszuführen. Zweckentsprechende Schutzmittel sind bereitzustellen und zu benutzen; sie sind vor Gebrauch nachzusehen (siehe §§ 2c und 2^1).

b) Arbeiten unter Spannung sind nur gestattet, wenn es aus Betriebsrücksichten nicht zulässig ist, die Teile der Anlage, an denen selbst oder in deren unmittelbarer Nähe gearbeitet werden soll, spannungsfrei zu machen oder wenn die geforderte Erdung und Kurzschließung an der Arbeitsstelle nicht vorgenommen werden kann.

d) Arbeiten müssen unter den für Arbeiten unter Spannung vorgeschriebenen Vorsichtsmaßregeln auch dann ausgeführt werden, wenn zwar ein Abschalten, Erden und Kurzschließen erfolgt ist, aber noch Unsicherheit darüber besteht, ob die Teile, an denen gearbeitet werden soll, wirklich mit den abgeschalteten oder geerdeten und kurzgeschlossenen Teilen übereinstimmen.

d) Bei Hochspannung dürfen Arbeiten unter Spannung nur in Notfällen und nur in Gegenwart einer geeigneten und unterwiesenen Person, sowie unter Beachtung geeigneter Vorsichtsmaßnahmen ausgeführt werden (Ausnahmen siehe §§ 10 a, 11 a und 14 c).[2])

---

§ 7. **1)** Vgl. jedoch das im § 6 unter [3]) erwähnte Sondergerät.

§ 8. 1) Hierunter sind die an den Spannung führenden Teilen selbst oder in ihren Gefahrbereich (Reichnähe) auszuführenden Arbeiten zu verstehen. Vergl. § 9.

2) Die Aufsichtsperson kann auch dem Arbeiterstand angehören, nur muß sie den Bedingungen unter a) entsprechen und in der Lage sein, die richtigen Maßnahmen je nach der Art der Arbeit treffen zu können.

§ 9.

Arbeiten in der Nähe von Hochspannung führenden Teilen.

a) Bei allen Arbeiten in der Nähe von Hochspannung führenden Teilen hat der Arbeitende darauf zu achten, daß er keinen Körperteil oder Gegenstand mit der Hochspannung in Berührung bringt. Da bei Arbeiten in Reichnähe von Hochspannung führenden Teilen die Aufmerksamkeit des Arbeitenden von der gefährlichen Stelle abgelenkt wird, so ist die Gefahrzone durch Schranken abzusperren oder es sind die gefährlichen Teile durch Isolierstoffe der zufälligen Berührung zu entziehen.

Bei allen Arbeiten in der Nähe von Hochspannung ist für einen festen Standpunkt Sorge zu tragen.

§ 10.

Zusatzbestimmungen für Akkumulatorenräume.[1])

a) Bei Akkumulatoren sind entgegen § 8 d Arbeiten unter Spannung bei Beobachtung der geeigneten Vorsichtsmaßnahmen gestattet. Eine Aufsichtsperson ist nur bei Spannungen über 750 V erforderlich.

b) Akkumulatorenräume müssen während der Ladung gelüftet werden.[2])

Für solche Bedienungs-, Wartungs- und Reinigungsarbeiten, die wie das Einsetzen von gefahrlos hantierbaren Sicherungen, das Ölen der Maschine usw. zum regelmäßigen Betriebe gehören und die durch den Bau der Maschinen und Apparate bei vorschriftsmäßiger Ausführung gefahrlos gemacht sind, gilt § 5; sie fallen nicht unter die Vorschrift des § 8 d. Vielmehr bezieht sich diese Vorschrift auf solche Arbeiten, bei denen ein Eingriff in die vorhandene Anlage erfolgt, wo z. B. Schraubverbindungen gelöst, vorhandene Schutzvorkehrungen entfernt werden müssen.

§ 10. 1) In Akkumulatorenräumen, in denen sich Bleisalze und Schwefelsäure befinden und woselbst zu Ende der Ladung Knallgasentwicklung auftritt, sollen die Vorsichtsmaßregeln sich richten: einmal auf die Verhütung von Explosionen infolge Entzündung des Knallgases (Lüftung und Vermeidung offener Flammen), ferner auf dauernden Schutz der Gebäudeteile vor der zerstörenden Einwirkung der Säure und schließlich auf Bewahrung des Personals vor gesundheitsschädlichen Einflüssen der Säure und Bleisalze.

2) Die Explosionsgefahr ist erfahrungsgemäß gering, da das erzeugte Gas, das nur während des letzten Teiles der Ladeperiode sich bildet, sehr leicht ist und daher aus offenen Fenstern und Abzugskanälen, wie Schornsteinen, schnell abzieht. Eine intensive künstliche Lüftung hat den Nachteil daß die mit Säure geschwängerte Luft in die weitere Nachbarschaft getrieben wird und hier durch Ablagerung der Säure zerstörende Wirkungen und Belästigungen ausübt. Beim Ausführen von Lötarbeiten in Akkumulatorenräumen während der Ladung haben die Akkumulatorenfabriken bisher lediglich für mäßigen Durchzug durch Öffnen von Türen und Fenstern Sorge getragen, was vollkommen genügt hat, um Explosionen auszuschließen.

c) Offene Flammen und glühende Körper dürfen während der Überladung nicht benutzt werden.

1. Die Gebäudeteile und Betriebsmittel einschließlich der Leitungen sowie die isolierenden Bedienungsgänge sollen vor schädlicher Einwirkung der Säure nach Möglichkeit geschützt werden.[3)4)]

2. Die Akkumulatorenwärter sollen zur Reinlichkeit angehalten und auf die Gefahren, die Säure und Bleisalze mit sich bringen können, aufmerksam gemacht werden. Für ausreichende Wascheinrichtungen und Waschmittel soll Sorge getragen werden.[5)]

3. Essen, Trinken und Rauchen ist in Akkumulatorenräumen zu vermeiden.[6)]

<h2 style="text-align:center">§ 11.</h2>

<h3 style="text-align:center">Zusatzbestimmungen für Arbeiten in explosionsgefährlichen, durchtränkten und ähnlichen Räumen.</h3>

a) In explosionsgefährlichen, durchtränkten und ähnlichen Räumen sind Arbeiten unter Spannung (siehe § 8) verboten.

---

3) Von den Gebäudeteilen sind namentlich die Fußböden der schädlichen Einwirkung der Säure ausgesetzt, da die beim Laden mitgerissenen Säureteilchen sich an den Elementen, Leitungen und Gehängen niederschlagen und herabtropfen. Die Säure zerstört alsdann bei längerer Einwirkung sowohl gewöhnlichen Asphalt als auch Zement, Stein und Eisen.

Solche Stellen sind tunlichst bald gründlichst auszubessern, weil sonst Eisenträger durchfressen, Mauerwerk zerstört werden kann.

Als bester Schutz des Fußbodens haben sich säurefeste Fließen bewährt. Zum Schutze der Wände, Decken, Gehänge und Leitungen wählt man vorwiegend säurebeständige Anstriche, die jedoch nur beschränkte Haltbarkeit besitzen und daher rechtzeitig zu erneuern sind. Kupferleitungen werden auch durch Einfetten mit dickflüssigem säurefreiem Öl oder Vaseline geschützt.

4) Beim Nachfüllen der Elemente oder beim Transport verschüttete Säuren sollen baldmöglichst unschädlich gemacht werden, z. B. durch Aufsaugen mit Sägespänen, Sand, oder durch Fortspülen, oder durch Neutralisieren.

5) Obgleich im allgemeinen die Akkumulatorenwärter beim Ausüben ihres Dienstes mit Blei nicht in unmittelbare Berührung kommen sollen und daher auch diese Räume in gesundheitlicher Beziehung nicht gefährlicher erscheinen als die anderen Betriebsräume, so ist es doch angezeigt, die Wärter auf die Gefahr, die das Hantieren mit Blei mit sich bringt, aufmerksam zu machen und Vorbeugungsmittel zur Verhütung der Bleikrankheiten bereit zu halten. Die Hauptsorge erstreckt sich darauf, zu verhindern, daß Blei oder Bleisalze in den Körper eindringen, sei es nun durch die Poren der Haut oder durch Mund und Nase. Gründliches Reinhalten der Haut durch Waschen (allenfalls unter Zusatz von etwas Schwefelleber zum Waschwasser, die das an der Haut haftende Blei in eine unlösliche Form überführt,) ist oberstes Gesetz für Akkumulatorenwärter. Gegen die Einwirkung der Säure sind als Schutzmittel zu nennen: Wollkleider und Respiratoren.

6) Hierdurch soll ausgeschlossen werden, daß Blei in den Magen gelangt und Kolik verursacht.

§ 12.

Zusatzbestimmungen für Arbeiten an Kabeln.

a) Arbeiten an Hochspannungskabeln, bei denen spannungführende Teile freigelegt oder berührt werden können, dürfen im allgemeinen nur im spannungsfreien Zustande vorgenommen werden. Solange der spannungsfreie Zustand nicht einwandfrei festgestellt und gesichert ist, sind diejenigen Schutzmaßregeln zu treffen, unter welchen diese Arbeiten gefahrlos ausgeführt werden können.

1. Bei Arbeiten an Kabeln und Garniturteilen, insbesondere beim Schneiden von Kabeln und Öffnen von Kabelmuffen sollen sich die Arbeitenden über die Lage der einzelnen Kabel zunächst vergewissern und alsdann geeignete Schutzvorrichtungen anwenden.[1]

Hochspannungskabel sollen vor Beginn der Arbeiten entladen werden.[2]

§ 13.

Zusatzbestimmungen für Arbeiten an Freileitungen.[1]

a) Arbeiten an Freileitungen einschließlich Bedienung von Sicherungen und Trennstücken sollen möglichst, *besonders bei Hochspannung*, nur in spannungsfreiem

---

§ 12. 1) Sollen Kabel geschnitten oder Muffen geöffnet werden, so müssen sie der Vorschrift entsprechend stromlos, kurzgeschlossen und geerdet sein. Da die zu schneidenden Kabel in demselben Graben mit Hochspannungskabeln liegen können und eine Verwechslung möglich ist, so gibt in solchen Fällen folgendes Verfahren eine sichere Ausführungsmöglichkeit:

Ist nicht jeder Zweifel ausgeschlossen, daß das freigelegte Kabel das zu schneidende und stromlos gemachte ist, so hat der Kabellöter mit Gummihandschuhen und Schutzbrille zu arbeiten. Zu seiner ferneren Sicherheit hat er beispielsweise einen Dorn, wie er zum Gasbohren verwendet wird, in das zu schneidende Kabel zu treiben, der mittels Klemme und Kupferseil sicher geerdet ist, oder er hat das Kabel mit einer Säge oder starken Schere, die ebenfalls mittels Klemme und Seil sicher geerdet ist und isolierten Griff trägt, zu durchschneiden. Es zeigt sich bei diesem Verfahren sofort, ob man es mit einem stromführenden Kabel zu tun hatte, in welchem Falle aber der Irrtum ohne Folgen für den Arbeiter sein wird. Das Schneiden von Kabeln kann auch mit breitem, mit langem Holzstiel versehenem, möglichst geerdetem Schrottmeißel und Vorschlaghammer erfolgen und zwar derart, daß mindestens zwei der Adern getroffen werden.

Über das Erden und Kurzschließen vgl. auch § 6 unter [3]).

2) Das Entladen ist auch bei Kondensatoren nötig, die an Kabel oder Freileitungen angeschlossen sind.

§ 13. 1) Es ist zu unterscheiden zwischen der Freileitungsstrecke, d. h. dem Gestänge, der Verankerung, den Trägern, Isolatoren und Leitungen nebst den innerhalb der Strecke angeordneten Apparaten, und den Leitungen selbst, d. h. den stromführenden Drähten usw. Arbeiten an ersterem sind unter a), die an letzteren unter b) und c) behandelt. Vgl. auch M.B.L. 9.

Zustande geschehen unter Berücksichtigung der in §§ 6 und 7, und, wenn unter Spannung gearbeitet werden muß, unter Berücksichtigung der in §§ 8 und 9 gegebenen Bestimmungen.

b) Arbeiten an den Hochspannung führenden Leitungen selbst sind verboten.[2] Bei Arbeiten an spannungsfreien Hochspannungsleitungen sind die Leitungen an der Arbeitsstelle kurzzuschließen und nach Möglichkeit zu erden.[3]

c) Arbeiten an Niederspannungs- und Schwachstromleitungen in gefährlicher Nähe von Hochspannungsleitungen sind nur gestattet, wenn die Hochspannungsleitungen geerdet und kurzgeschlossen oder sonstige ausreichende Schutzmaßregeln getroffen sind.[4]

Hierbei ist nicht nur auf die Gefahr einer Berührung der Leitungen, sondern auch auf die durch Induktion in der Niederspannungs- oder Fernmeldeleitung möglichen Spannungen Rücksicht zu nehmen (siehe auch § 22 i der Errichtungs-Vorschriften).[5]

1. Die Bedienung von Sicherungen und Trennstücken in nicht spannungsfreien Freileitungen soll, wenn erforderlich, durch isolierende Werkzeuge oder Schaltstangen erfolgen.[6]

2. Arbeiten auf Masten, Dächern usw. sollen nur durch schwindelfreie Personen, die mit festsitzendem Schuhwerk und mit Sicherheitsgürtel ausgerüstet sind, vorgenommen werden.

---

2) Zu den Leitungen selbst gehören auch die in sie eingeschalteten Trennschalter und Sicherungen, soweit sie auf Masten in die Fernleitung eingebaut sind. Es ist auch nicht erlaubt, Isolatoren der Hochspannung führenden Freileitung unter Spannung auszuwechseln.

3) Vgl. § 6a unter [1] sowie § 5 Regel 2. Das Kurzschließen und Erden ist unerläßlich, weil auch in den abgetrennten Leitungen durch Induktion, durch fehlerhafte Isolatoren oder anderweiten Stromübergang Hochspannung auftreten kann.

4) Bei solchen Arbeiten ist größte Vorsicht geboten, weil durch lose, oft unerwartet zerrissene und abgesprungene Drähte eine Berührung mit den benachbarten Hochspannungsleitungen eintreten kann.

Da sehr verschiedenartige Arbeiten in Frage kommen, auch die gefährliche Nähe groß oder klein sein kann, ferner die örtlichen und Witterungsverhältnisse verschiedenartig sind, hängt es vom Einzelfalle ab, welche Schutzmaßregeln als „ausreichend" gelten können.

5) Vgl. Anm. 18 zu § 22i d. Err. V. S. 114.

6) Kann diese Bedienung nicht vom Erdboden aus erfolgen, so ist ein sicherer und hinreichend großer Arbeitsstand mit Schutzgeländer erforderlich.

§ 14.

Zusatzbestimmungen für Arbeiten in Prüffeldern und Laboratorien.

a) Ständige Prüffelder und fliegende Prüfstände sind abzugrenzen, ihr Betreten durch Unbefugte ist zu verbieten.

b) Mit Hochspannungsarbeiten in solchen Räumen dürfen nur Personen betraut werden, die ausreichendes Verständnis für die bei den vorzunehmenden Arbeiten auftretenden Gefahren besitzen und sich ihrer Verantwortung bewußt sind.

c) Die Bestimmungen des § 8d finden auf Arbeiten in Prüffeldern und Laboratorien keine Anwendung.

§ 15.

Inkrafttreten der Betriebsvorschriften.

Diese Vorschriften gelten vom 1. Juli 1924 ab.

Der Verband Deutscher Elektrotechniker behält sich vor, sie den Fortschritten und Bedürfnissen der Technik entsprechend abzuändern.

Anhang

zu den Vorschriften für die Errichtung und den Betrieb elektrischer Starkstromanlagen nebst Ausführungsregeln.[1]

Schematische Darstellungen.

a) Für jede Starkstromanlage muß bei Fertigstellung eine schematische Darstellung angefertigt werden; sie kann aus mehreren Teilen bestehen.

b) Die Darstellungen müssen enthalten:

I. Stromarten und Spannungen,
II. Anzahl, Art und Stromstärke der Stromerzeuger, Transformatoren und Akkumulatoren,
III. Art der Abschaltung und Sicherung der einzelnen Teile der Anlage,
IV. Angabe der Leitungsquerschnitte.
V. Die notwendigen Angaben über Stromverbraucher.

1. Für die schematischen Darstellungen und etwa anzufertigenden Pläne[2]) sollen die im folgenden festgelegten Grundzeichen verwendet werden. Es ist zulässig, entsprechend nachstehenden Beispielen, die Grundzeichen zum Zwecke größerer Übersichtlichkeit im Einzelfalle weiter auszubilden.

2. In den schematischen Darstellungen sollen die Angaben über Stromverbraucher insoweit eingetragen werden, als sie zur sicherheitstechnischen Beurteilung der einzelnen Teile der Anlage erforderlich sind. Es wird im allgemeinen genügen, wenn die schematischen

---

1) Die Bestimmungen über zeichnerische Darstellungen der Anlagen sind in den Anhang verwiesen worden, weil offenbar die Güte und Sicherheit einer Anlage nur von ihrer wirklichen Ausführung, nicht aber davon abhängt, daß ein Plan oder Schema von ihr vorhanden und vollständig ist.

Für die Durchführung der Vorschriften und für die Überwachung der Anlagen dagegen ist allerdings das Vorhandensein einer zeichnerischen Darstellung von Bedeutung. Diese Darstellungen erleichtern auch die Instandhaltung und geben Anlaß zur sorgfältigen Prüfung und Durchsicht der Anlage durch den Besitzer oder die mit dem Betrieb Betrauten. So wird durch die Forderung der Zeichnungen mittelbar auch auf den ordnungsmäßigen Zustand der Anlagen eingewirkt.

2) Im Unterschied zu den unter a) und b) geforderten Darstellungen werden Pläne der Anlagen nicht mehr verlangt. Es ist also nicht nötig, daß der Verlauf der Leitungen geometrisch mit der Wirklichkeit übereinstimmt und daß von den Räumen, auf die sich die Anlage erstreckt, eine maßstäblich richtige Wiedergabe gemacht wird. In einzelnen Fällen mögen solche Pläne zweckmäßig erscheinen, doch liegt der Entscheid darüber außerhalb des Rahmens dieser Vorschriften.

Empfehlenswert ist es oft, ein Verzeichnis der installierten Räume mit Angabe der in jedem enthaltenen Zahl und Art von Stromverbrauchern dem Schema beizugeben.

Darstellungen bis zu den letzten Verteilungssicherungen durchgeführt und die Querschnitte der einzelnen Abzweigleitungen, sowie Zahl und Art der an diese angeschlossenen Stromverbraucher angegeben werden; bei Glühlichtstromkreisen genügt im allgemeinen die angenäherte Angabe der Lampenzahl.

3. Mehrpolige Leitungen und Apparate können einpolig gezeichnet werden, in diesem Falle ist die Pol- oder Phasenzahl kenntlich zu machen, beispielsweise durch eine entsprechende Zahl von Querstrichen, die an geeigneten Stellen angebracht werden.

4. Im übrigen werden folgende Zeichen empfohlen:

Grundzeichen.	**Beispiele abgeleiteter Bezeichnungen.**

Zu § 3.[1]
Schutz gegen Berührung.

⚡ Blitzpfeil.

⏚ Erdung.

(e) Schutz durch Erdung

(m) Schutz durch metallisch leitende Verkleidung.

(i) Schutz durch isolierende Verkleidung.

Zu § 4.
Übertritt von Hochspannung.

Spannungssicherung jeder Art, auch Blitzschutzvorrichtung.

Durchschlagssicherung.

Zu § 6.
Elektrische Maschinen.

Elektrische Maschine (Dynamo oder Motor)

Gleichstrommaschine

Wechselstrommaschine

Drehstrommaschine

mit Erregerwicklung.

Zu § 7.
Transformatoren.

Transformator.

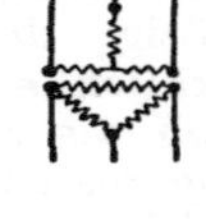

Drehstrom-Transformator. (Eine Wicklung Stern-, die andere Dreieck-Schaltung.)

Einphasen-Transformator.

1) Die Ziffern bedeuten die §§ der Errichtungsvorschriften.

Zu § 8.

Akkumulatoren.

Akkumulatoren.

Akkumulatoren mit Doppel-Zellenschalter.

Zu § 10.

Apparate. Allgemeines.

Kondensator.

Drosselspule, Relais, Auslösemagnet.

Zu § 11.

Ausschalter, Umschalter.

Dosenschalter mit Angabe der darauf bezeichneten Stromstärke.

Zweipoliger Dosenausschalter für 6 A.

Einpoliger Dosenumschalter für 10 A.

Hebelausschalter mit Angabe der darauf bezeichneten Stromstärke.

Dreipoliger Hebelschalter mit isolierendem Schutzkasten.

Zweipoliger offener Hebelumschalter mit Unterbrechung.

Zweipoliger Hebelumschalter ohne Unterbrechung.

Einpoliger Maximalschalter.

Grundzeichen für Maximalauslösung.

Zweipoliger Minimalschalter.

Grundzeichen für Minimalauslösung.

Dreipoliger Ölschalter mit zweipoliger Maximalauslösung.

Trennschalter.

Dreipoliger Ölschalter mit zweipoliger Maximalauslösung und mit durch Spannungswandler gespeister Minimal-Auslösespule.

Zu § 12.
Anlasser und Widerstände.

Nicht regulierbarer Widerstand, z. B. Bogenlampen-Widerstand.

Regulierbarer Widerstand.

Regulierbarer Widerstand mit Kurzschlußkontakt.

Sonderbezeichnung für Flüssigkeits-widerstände.

Zu § 13.
Steckvorrichtungen.

Steckdose.

Zu § 14.
Schmelzsicherungen und Selbstschalter.

Sicherung.

Dreipolige Sicherung.

Zu § 15.
Andere Apparate.

Meßinstrument.

(A) Strommesser.

(V) Spannungsmesser.

(W) Leistungsmesser.

(Z) Zähler.

(P) Phasenmesser.

(J) Isolationsprüfer.

Stromrichtungsanzeiger.

Zu §§ 16, 17 und 18.
Fassungen, Glühlampen und Bogenlampen.

Bewegliche Lampe.

Lampenträger mit Lampenzahl.

Feste Lampe.

Bogenlampe oder ähnliche stärkere Lichtquelle mit Angabe d. Stromstärke.

Zu § 19 und folgende.
Leitungen.

Drei Leitungen.

Leitung.

Sammelschienen, zweipolig mit zwei Abzweigen.

BC Blanker Kupferdraht.

B E	Blanker Eisendraht.	–·–·–·–	Mehrfachleitung.
N G A	Gummiaderleitung.	∿	Bewegliche Leitung.
			Leitungsanschluß.
$\dfrac{\text{N S G A}}{3000}$	Spezialgummiaderleitung mit Angabe der Spannung.		Leitungskreuzung.
N R A	Rohrdrähte.		Schleifleitung.
N P A	Panzerader.		Von oben kommende Leitung.
N F A	Fassungsader.		Von unten kommende Leitung.
N P L	Pendelschnur.		Nach oben führende Leitung.
N S A	Gummiaderschnur.		
N W K	Werkstattschnur.		
	Gummischlauchleitungen:		
L H Z	leichte,		
V H Z	verstärkte,		
S H Z	starke.		
N S G K	Spezialschnur.		Nach unten führende Leitung.
N H S G K	Hochspannungsschnur.		
N L T	Leitungstrosse.		

Zu § 22.

Freileitungen.

o	Mast.	⊖	Holzmast.
(n)	Schutznetz.	●	Eisenmast.
		■	Eisenbetonmast.

Zu § 25.

Isolier- und Befestigungskörper.

(g)	Verlegung auf Isolierglocken.
(r)	Verlegung auf Rollen.
(k)	Verlegung auf Klemmen.

Zu § 26.

Rohre.

(o)	Verlegung in Rohren.

Zu § 27.

Kabel.

	Kabelendverschluß.
K B	Blanke Kabel.
K A	Asphaltierte Kabel.
K E	Bewehrte asphaltierte Kabel.

Zu § 42.
Fahrdrähte.

⟨ Luftweiche.

Abspannisolator.

Streckenisolator.

5. Wenn in den schematischen Darstellungen oder Plänen auf die Eigenart einzelner Räume hingewiesen werden soll, genügt die Eintragung der Nummer des für die Räume maßgebenden Paragraphen der Errichtungsvorschriften, z. B.: „§ 35" bedeutet: „Explosionsgefährlicher Raum".

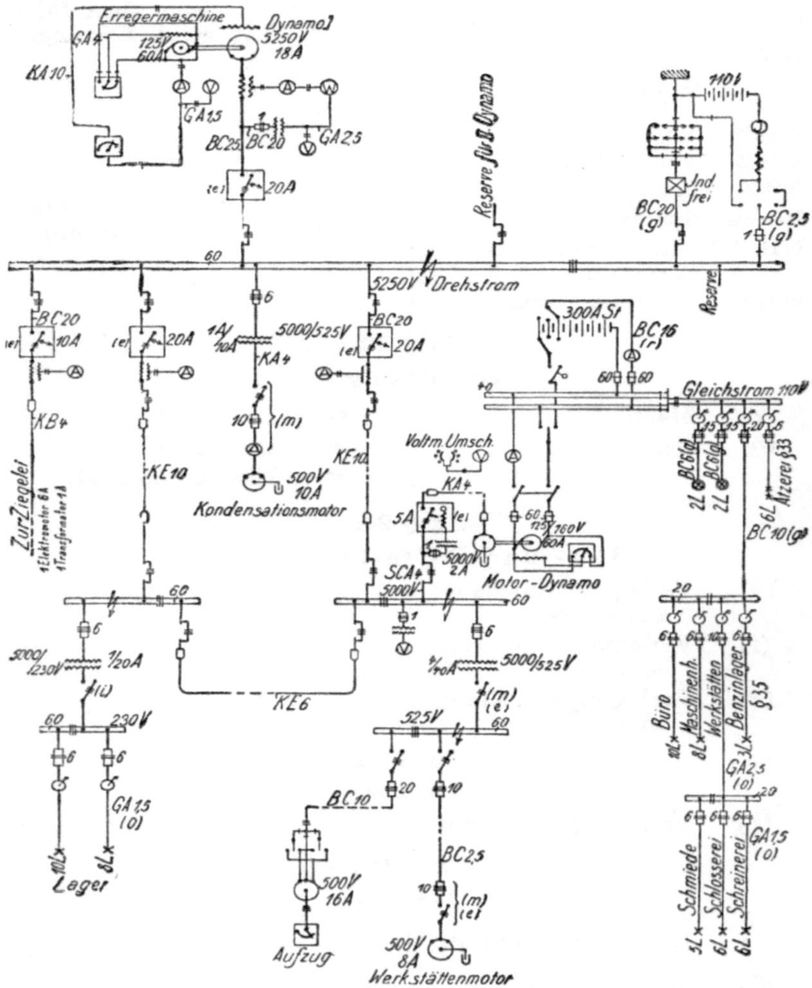

Beispiel eines nach Ausführungsregel 3 teilweise einpolig durchgeführten Schaltungsschemas.

III. Merkblätter für Starkstromanlagen in der Landwirtschaft.

1. Merkblatt für die Errichtung elektrischer Starkstromanlagen in der Landwirtschaft.*)

Allgemeines.[1]

Die Ausführung elektrischer Anlagen ist nur zuverlässigen Unternehmern zu übertragen. Nur gewissenhafte Arbeit unter Verwendung besten Materials ergibt störungsfreien Betrieb und Sicherheit gegen Brandgefahr und Unfälle.

Gut gebaute Anlagen ersparen häufige Reparaturen, sie sind daher auch die billigsten im Betriebe, auch wenn sie bei der ersten Einrichtung höhere Kosten erfordern.

Die Anlagen müssen den Vorschriften und Normen**) des VDE entsprechen.

---

1) Die Merkblätter für die Errichtung und für die Behandlung elektrischer Anlagen in der Landwirtschaft sowie die Betriebsanweisung für die Bedienung elektrischer Starkstromanlagen für Hochspannung in der Landwirtschaft sind im Jahre 1922 vom VDE unter Mitwirkung von Vertretern zuständiger Behörden und Körperschaften aufgestellt worden. In der Landwirtschaft besteht erhöhte Feuersgefahr infolge der zahlreichen Holz- und Fachwerkbauten, Stroh- und Pappdächer usw. sowie wegen der Brennbarkeit der aufgespeicherten Mengen von Getreide, Stroh, Heu und ähnlichen Stoffen. Keller, Molkereien u. dgl. sind feucht, Ställe enthalten außerdem ätzende Dünste. Die Temperaturunterschiede verursachen Schwitzwasser. Zudem sind die Einrichtungen im allgemeinen rauher Behandlung, zum Teil durch unständige Hilfskräfte, ausgesetzt und sachverständige Hilfe oft schwer erreichbar. Über mangelhafte Anlagen vgl. ETZ 1923 S. 353. Die Merkblätter und die Betriebsanweisung für Hochspannungsanlagen sollen in leicht verständlicher Sprache auf die wichtigsten Punkte hinweisen, die beim Einrichten und Behandeln elektrischer Anlagen zu beachten sind.

Das Merkblatt für die Errichtung elektrischer Starkstromanlagen wendet sich in erster Linie an die Hersteller (Installateure), soll aber auch dem Besitzer das Verständnis für die notwendigen Forderungen erleichtern. Es wiederholt zum Teil Bestimmungen, die bereits in den allgemeinen Vorschriften enthalten sind, teilweise enthält es aber auch Verschärfungen, die sich aus den Erfahrungen der letzten Jahre rechtfertigen und die bereits in die Anschlußbedingungen vieler Überlandzentralen und in die Bedingungen der Feuerversicherungsgesellschaften aufgenommen sind.

---

*) Freileitungsnetze fallen nicht unter diese Bestimmungen.
**) Es empfiehlt sich, darauf zu dringen, daß nur Installationsmaterial verwendet wird, das mit dem Prüfzeichen des VDE versehen ist.

Vor Inbetriebnahme ist ihre ordnungsmäßige Beschaffenheit durch den Stromlieferer festzustellen.[2])

Im einzelnen sind folgende Punkte besonders zu beachten:

1. **Hauptleitungen** sind tunlichst im Freien zu verlegen. Ihre Führung ist so einfach wie möglich zu gestalten.[3])

Über Fahrwege und Wirtschaftshöfe sind die Leitungen in solcher Höhe zu verlegen, daß beim Verkehr beladener Wagen die darauf befindlichen Personen nicht gefährdet werden.

2. **Die Einführungsstellen** der Leitungen in die Gebäude mittels Dachständer oder Mauerdurchführungen sind so zu wählen, daß die Leitung zwischen der Einführung und der Hausanschlußsicherung möglichst kurz wird.[4])

Die **Dachständer**[5]) müssen kräftig ausgeführt, zuverlässig mittels Rohrschellen und Mutter- oder Schlüsselschrauben befestigt und nötigenfalls durch Ankerseile gesichert sein. Die Dachdurchführung muß sorgfältig abgedichtet, die Einführungsrohre müssen so gebaut und

---

2) Der Hinweis auf die Prüfung durch den Stromlieferer entbindet nicht den Hersteller von der Verantwortung für sachgemäße Arbeit. Vgl. Betriebs-V. § 2$\frac{3}{}$ u. Anm. 5).

3) Verlegung im Freien erhöht die Übersichtlichkeit und erleichtert das Nachprüfen des Zustandes der Leitungen. Demselben Zweck dient die einfache Leitungsführung. Oft empfiehlt es sich, von der Freileitungsstrecke aus mehrere Hauptleitungen dem landwirtschaftlichen Anwesen zuzuführen. Allerdings erfordert dies mehrere Zähler, wenn nicht Pauschaltarif besteht. Vgl. auch Errichtungsvorschriften § 23.

4) Die Hausanschlußsicherung soll gemäß Ziffer 4 an leicht zugänglicher Stelle liegen. Die Einführung muß also auch dieser Forderung angepaßt sein. Häufig ist in der Nähe der Hausanschlußsicherung auch der Zähler anzubringen, der ebenfalls leicht zugänglich sein muß.

5) Die Einführung mittels Dachständer ist dort sehr beliebt, wo die Ortsleitungen über den Dächern geführt sind. Sie hat aber den Nachteil, daß sie mit einer leicht zugänglichen Lage der Hauptsicherung schwer vereinbar ist; denn die unmittelbar unter dem Dachfirst liegenden Räume sind oft schwer erreichbar, oft mit Getreide, Heu usw. angefüllt oder durch diese Stoffe versperrt. Es ist daher richtiger, die Einführung an der Giebelwand zu machen, und zwar derart, daß man die Leitung außen an der Giebelwand herab und erst in dem Stockwerk in das Gebäude einführt, in welchem die Stromverbraucher (Lampen usw.) benötigt sind. So ergeben sich übersichtliche Leitungen, leicht zugängliche Hauptsicherungen und Zähler. Das Einführen von Leitungen in Scheunen, Heu- und Strohböden mittels Dachständer ist durch Ziffer 5d Abs. 2 verboten.

Die vom Ortsnetz nach der Einführung laufende Leitung ist nötigenfalls von der Ortsleitung mit Freileitungssicherung abzuzweigen. Diese und die Abzweigleitung sind so stark zu bemessen, daß die im Gebäude liegende Hauptsicherung zuerst anspricht (vgl. Errichtungsvorschriften § 22$\frac{4}{}$).

verlegt sein, daß kein Wasser eindringen und das Schwitzwasser ablaufen kann.[6])

Mauerdurchführungen sind so herzustellen, daß
Wasser von außen nicht eindringen und das Schwitzwasser ablaufen kann. Wo die Leitungen nicht frei
durch Luken eingeführt werden, sind vollständig ab-
gedichtete Durchführungen zu verwenden.[7])

3. Jede elektrische Anlage muß durch **Hauptschalter**
im ganzen oder in ihren Teilen **allpolig abschaltbar**
sein.[8])

4. **Hauptschalter, Zähler und Sicherungen**
müssen leicht **zugänglich** angebracht und vor Beschädigungen geschützt sein. Räume mit häufig wechselnder Temperatur sind ungeeignet.[9])

5. Als **Leitungsmaterial** ist ausschließlich Kupfer
oder Aluminium zu verwenden. Für Hausanschlüsse ist
auch verzinktes Eisenseil zulässig.[10])

Die **Verlegung** kann offen auf Porzellanglocken oder
-rollen oder in Rohr oder als Rohrdraht erfolgen.[11])

---

6) Die Bemessung der Dachständer richtet sich nach den
Normen für Freileitungen. Meistens werden 2 bis 3 zöllige Rohre
verwendet. Alle Durchbrechungen der Dachfläche sind sorgfältig
abzudecken (Schutzhaube, Schutzbleche). Die Leitung ist durch
Einführungstrichter aus Isolierstoff zu führen und im Innern
durch Rohre zu schützen. Luftströmungen und durch sie
veranlaßte Schwitzwasserbildung sind durch sorgfältiges Abdichten aller Öffnungen zu bekämpfen. Dies wird an den
oberen Rohrenden ausgeführt, während die unteren Enden
offen bleiben, um das dennoch gebildete Schwitzwasser abzuleiten.

7) Auch hier sind Einführungstrichter oder Pfeifen und
die unter 6) erwähnten Abdichtungen notwendig. Am besten
werden die Durchführungsrohre auf ihrer ganzen Länge aus-
gegossen und außerdem mit Gefälle verlegt. Vgl. Errichtungsvorschriften § 24 d).

8) Die allgemeinen Vorschriften fordern die Abschaltbarkeit nur für feuchte Räume (§ 31 a). Sie dient in erster
Linie der sicheren Hilfeleistung bei elektrischen Unfällen;
ferner erleichtert sie das Nachprüfen des Zustands der elektrischen Einrichtung. Wenn bei Nacht ein Brand ausbricht,
sollen die Schalter geschlossen bleiben, damit nicht durch das
Erlöschen der Lampen die Verwirrung erhöht und die Hilfeleistung erschwert wird.

9) Es sind Stellen zu wählen, die nicht durch Vorräte
oder Geräte verstellt werden und zu denen man ohne besondere Hilfsmittel gelangen kann. Stellen im Hausflur in der
Nähe von gewöhnlich offenen Eingangstüren sind oft durch
Schwitzwasser feucht. Am besten werden Hauptschalter, Zähler
und Sicherungen für jede Gebäudegruppe an einem Schalt-
brett vereinigt, das von einem Schutzkasten umschlossen oder
durch erhöhte Lage der Beschädigung entzogen, aber mittels
eines Schemels oder dgl. leicht zugänglich ist.

10) Eisen ist nur mit zuverlässigem Rostschutz zu verwenden. Der Zinküberzug wird durch Anstrich mit Ölfarbe
oder Asphalt nochmals geschützt, der in passenden Zeiträumen
zu erneuern ist.

11) Es ist genau zu überlegen, welche Verlegungsart der
Beschaffenheit und Benützungsweise jedes Raumes am besten

a) **In ständig trockenen Räumen** ist die Verlegung in Rohr oder Rohrdraht die Regel.

b) **Sind die Räume zeitweilig feucht**, so müssen die Rohre einen **Schutzanstrich** erhalten und in einem Abstand von mindestens 5 mm von der Wand verlegt werden (Abstandsschellen).[12])

c) **In Ställen, Molkereien, Futterküchen und sonstigen feuchten Räumen** empfiehlt es sich, die Leitungen an der Außenseite der Gebäude zu verlegen und nur kurze Ableitungen zu den einzelnen Verbrauchsstellen einzuführen.

In feuchten Räumen ist entweder außerhalb des Handbereichs **offene Verlegung** auf Porzellanglocken oder Mantelrollen von mindestens $6^{1}/_{2}$ cm Höhe oder Verlegung in gut abgedichteten Stahlpanzerrohren anzuwenden. Leitungen und Rohre müssen einen dauerhaften **Schutzanstrich** erhalten, der in angemessenen Zeiträumen zu erneuern ist.

Deckendurchführungen aus diesen Räumen sollen nicht nach Heu- oder Strohböden geführt werden.[13])

d) **Innerhalb von Scheunen, Heu- und Strohböden** sollen Leitungen nur in denjenigen Räumen verlegt werden, in denen sie unmittelbar gebraucht werden. **Das Durchführen nach anderen Räumen ist verboten.** Die Leitungen sind so anzuordnen, daß sie möglichst kurz sind und überwacht werden können. Wo Beschädigungen zu befürchten sind, sind die Leitungen in Stahlpanzerrohr zu verlegen.[14])

---

entspricht. Einerseits ist Widerstandsfähigkeit gegen Feuchtigkeit, anderseits Schutz gegen Beschädigung und Berührung notwendig.

12) Das zeitweilige Auftreten von Feuchtigkeit wird häufig nicht genügend beachtet. Viele anscheinend trockene Wände werden bei ungünstiger Witterung feucht.

13) In feuchten Räumen sind die Bestimmungen des § 31 der Errichtungsvorschriften genau zu befolgen. Offen verlegte Leitungen bewähren sich in feuchten Räumen, wenn genügend hohe Porzellanisolatoren verwendet und diese zeitweise gereinigt werden. Sie sind aber der Beschädigung ausgesetzt. Ihre Berührung durch Mensch oder Tier kann zu Unfällen führen. Es empfiehlt sich daher, isolierte Drähte zu verwenden und diese noch durch geeigneten Anstrich zu schützen. Die dünnen Metallmäntel der Papierrohre werden durch Feuchtigkeit oder ätzende Dünste zerfressen. Auch Bleiüberzug wird zerstört, blanke Bleikabel werden angegriffen. Als Schutz für gummiisolierte Leitungen und Rohr- oder Kabelmäntel eignet sich Asphaltgoudron. Die von feuchten Räumen nach darüber oder daneben liegenden kälteren geführten Rohre leiden unter der Bildung von Schwitzwasser, das sich trotz versuchter Abdichtung einstellt und die Leitung im Laufe der Zeit zerstört.

14) Scheunen, Heu- und Strohböden sind als feuergefährlich nach § 34 der Errichtungs-Vorschriften einzurichten. Um die Gefahr zu vermindern, sollen auch hier die Leitungsstrecken nicht größer sein, als unbedingt notwendig ist. Leitungen, die nach anderen Räumen führen, sind in Scheunen usw. meist durch die dort gelagerten Vorräte unzugänglich, daher der

Die Einführung von Leitungen nach obigen Räumen durch Dachständer ist verboten.[15])

e) Biegsame Leitungen für bewegliche Stromverbraucher müssen, soweit sie nicht in Wohnräumen Verwendung finden, besonders kräftige und dauerhafte Schutzhülle besitzen, die nicht aus Metall bestehen darf (z. B. Gummischlauchleitungen).[16])

6. Das Anbringen von Sicherungen in Stallungen, Scheunen, Heu- und Strohböden und ähnlichen Räumen ist verboten.[17])

7. Schalter sollen tunlichst außerhalb der Stallungen und feuchten Räume angebracht werden. Andernfals sind Stangenschalter oder ähnliche Konstruktionen aus Isoliermaterial zu verwenden. In unmittelbarer Verbindung mit Stahlpanzerrohr sind auch eisengekapselte Schalter zulässig.

8. Abzweigdosen oder Steckdosen - Anschlüsse innerhalb der Scheunen, Heu- und Strohböden sind nur ausnahmsweise und nur in feuersicher gekapselter, nötigenfalls verriegelbarer Ausführung in Verbindung mit Stahlpanzerrohr zulässig [18])

Überwachung entzogen. Werden sie durch rauhe Behandlung beim Einbringen der Vorräte, durch eingedrungene Feuchtigkeit (z. B. wegen schadhafter Bedachung) schadhaft, so kann der Scheuneninhalt in Brand geraten. Vgl. Errichtungsvorschriften § 34 c, d und § 34 l.

15) Die durch Dachständer eingeführten Leitungen sind in Scheunen usw. auf große Strecken und an wichtigen Stellen ihres Verlaufes durch die eingelagerten Vorräte der Überwachung entzogen. Sie können schadhaft werden und alsdann den wertvollen Scheuneninhalt in Gefahr bringen. Vgl. unter 5) S. 192.

16) Diese Leitungen unterliegen den Bestimmungen der §§ 21 c, 211 und 21 m der Errichtungs-Vorschriften. Da sie zu den verschiedensten Zwecken Verwendung finden, müssen sie alle für rauhe Behandlung gebaut sein. Geeignete Sorten sind in den Normen für isolierte Leitungen als Werkstattschnüre, Gummischlauchleitungen verstärkter und starker Ausführung, Spezialschnüre, Hochspannungsschnüre beschrieben. Metallbewehrung müßte geerdet werden, um der Gefahr vorzubeugen, die bei beschädigter Leitung entstehen kann. Da aber das Erden meist schwierig auszuführen ist, sind unmetallische Schutzhüllen vorgeschrieben.

17) Diese Bestimmung geht über § 34 b der Errichtungsvorschriften hinaus. Die nach den Vorschriften und Normen des VDE gebauten Sicherungen sind zwar bei richtiger Verwendung und Handhabung feuersicher. Erfahrungsgemäß ist aber mit häufigen groben Verstößen im Gebrauch und Behandeln der Sicherungen zu rechnen. Sie werden zerbrochen oder die Abdeckungen entfernt. Man setzt sie daher in die Vorräume der Ställe usw., wo sie den leicht brennbaren Stoffen entrückt sind. Unter Umständen müssen sie an der Außenseite der Gebäude, etwa in Mauernischen untergebracht werden.

18) Auch diese Bestimmung ist nicht in der Beschaffenheit vorschriftsmäßig gebauter Abzweigdosen und Stecker begründet, sondern in ihrer unsachgemäßen Verlegung und Behandlung, die wiederholt zu Brandfällen geführt hat. Vgl. Errichtungsvorschriften § 34 b.

9. Ortsfeste Motoren sollen in der Regel außerhalb der Scheunen, Heu- und Strohböden aufgestellt werden. Ist dieses nicht möglich, so müssen sie einschließlich Zubehör, wie Anlasser, Schalter usw., gekapselte Ausführung besitzen oder in feuersicheren Kammern untergebracht sein.[19]

10. Lampenfassungen sollen so gebaut oder mit so hohen Fassungsringen versehen sein, daß ein Berühren spannungführender Teile ausgeschlossen ist.

In feuchten Räumen, wie Molkereien, Futterküchen u. dgl., sowie in Ställen, Scheunen, Heu- und Strohböden dürfen sie nur aus Isolierstoff bestehen.[20] Sie müssen mit Schutzgläsern, nötigenfalls auch mit Schutzkörben ausgerüstet sein.

In Ställen und feuchten Räumen müssen die Schutzgläser unten Öffnungen zum Ablauf des Schwitzwassers haben.

Handlampen müssen aus Isoliermaterial bestehen. Bezüglich der Leitungen siehe 5e.

11. Bezüglich der Erdung von metallenen Bestandteilen der Gebäude und metallischen Schützhüllen der elektrischen Einrichtungen sind die Vorschriften des stromliefernden Elektrizitätswerkes zu beachten.[21]

Berlin, Juli 1922.

2. Merkblatt für die Behandlung elektrischer Anlagen in der Landwirtschaft.

Landwirte! Beachtet den Zustand eurer elektrischen Anlagen und sorgt für ihre Instandhaltung. Ordnungsmäßig unterhaltene elektrische Anlagen sind unbedingt betriebs- und feuersicher. Vernachlässigte Anlagen führen zu Störungen und Unfällen.[1] Insbesondere ist zu beachten:

---

19) Vgl. Errichtungsvorschriften § 34a sowie die vorstehenden Anmerkungen 17 und 18. Am besten ist es, die Motoren in besonders dazu bestimmten, außerhalb der Scheunen oder etwa unterhalb oder neben den Heu- und Strohböden errichteten Kammern unterzubringen und von da aus die Dreschmaschinen, Häckselschneider usw. durch Riemen anzutreiben. Nötigenfalls kann auch eine feuersichere Kammer eingebaut werden. Bedenklich ist es, das Verschmutzen der Motoren und ihre Berührung mit brennbaren Stoffen durch enge Schutzkästen aus Holz verhüten zu wollen. Diese bilden Staubnester und erzeugen Überhitzung der Motoren.

20) Metallene Lampenfassungen werden durch Feuchtigkeit und ätzende Dünste rasch zerstört. Vgl. Errichtungsvorschriften § 16a, Abs. 2 und 3, § 31f und § 33b.

21) Zuverlässige und dauernde Erdungen sind in vielen Örtlichkeiten nur schwer einzurichten und noch schwieriger instand zu halten. Ihr Wert wird daher sehr verschieden eingeschätzt. Vgl. § 3 der Errichtungs-Vorschriften und die „Leitsätze über Schutzerdung".

1) Das Merkblatt für die Behandlung elektr. A. i. d. L. wendet sich in erster Linie an den Landwirt, der als Eigentümer der Anlage unmittelbar von Störungen, Brand-

1. Haltet die Anlage in allen ihren Teilen rein und in gutem Zustande.[2])

2. Haltet die Schalter, Sicherungen und Motoren zugänglich. Verstellt den Zugang nicht durch Maschinen, Geräte oder sonstige Gegenstände.[2])

3. Vermeidet jede Berührung ungeschützter Teile von Leitungen, Maschinen, Schaltern, Sicherungen und Lampen.[3])

4. Benutzt nicht die Schutzschränke und Schutzkästen zum Aufbewahren von Gegenständen.[4])

Benutzt nicht die Schaltgriffe, Isolatorenträger und Leitungen zum Anhängen von Kleidungsstücken oder Geräten, wie Peitschen, Ketten, Stricken oder dgl.[4])

5. Verwendet nur die vorgeschriebenen Sicherungen, haltet stets für alle Sicherungen einige Ersatzstücke von der richtigen Sorte vorrätig.

Laßt euch durch einen Fachmann angeben, welche Sicherungen ihr braucht.[5])

Niemals darf eine Sicherung durch Draht oder Metallteile überbrückt werden. Dies bedeutet eine hohe Gefahr für die Anlage und ist strafbar.[6])

Geflickte Sicherungen sind unwirksam und schützen nicht vor Feuersgefahr.[6])

---

fällen und Unfällen betroffen wird, der aber auch zunächst dazu berufen ist, für die Wartung und richtige Behandlung der elektrischen Einrichtungen zu sorgen.

2) Vgl. auch Betriebsvorschr. § 2. Vor allem dürfen ungeschützte Leitungen, Hilfsapparate, Lampen, Motoren usw. nicht mit fremden Stoffen bedeckt oder in unmittelbare Berührung mit ihnen gebracht werden. Staub und Teile von Heu, Stroh oder dgl. sind von den elektr. Einrichtungen in passenden Zeiträumen mittels leichter Besen oder durch Abblasen zu entfernen. Leitungen, die auf Porzellanisolatoren verlegt sind, die Isolatoren selbst sowie blanke Leitungsteile, z. B. Anschlußklemmen, dürfen nur nach Abschalten des Teiles der Anlagen gereinigt werden, das Reinigen ist auf die äußere Oberfläche zu beschränken. Das Innere von Motoren soll nur durch Sachverständige gereinigt werden.

3) Vgl. Betriebs-Vorschriften § 5. Kein Teil der elektr. Einrichtung darf unnötigerweise berührt werden. Diese Dinge sind kein Spielzeug. Durch rauhe Behandlung werden sie beschädigt, falsche Handgriffe sind gefährlich. Dem Personal ist Achtung vor ihnen einzuschärfen. Nur die zur Bedienung notwendigen Handgriffe sind von den darin Unterwiesenen vorzunehmen.

4) Siehe unter 3). Die aufgezählten und ähnlichen Mißbräuche sind streng zu verbieten und nach Möglichkeit zu bestrafen.

5) Die Ersatzsicherungen sind an bestimmter Stelle, vor Staub und Schmutz gesichert aufzubewahren. Rechtzeitig ist für Nachlieferung zu sorgen.

6) Diese gefährlichen Eingriffe in die elektr. Einrichtung erfolgen oft von Hilfskräften, die sich unberechtigteweise für sachverständig ausgeben. Ersatzsicherungen sind nur durch einen vom Elektr.-Werk zugelassenen Installateur oder vom Elektr.-Werk selbst zu beziehen. Vgl. § 142 Abs. 2 der Errichtungs-Vorschriften u. ETZ 1923, S. 356.

Beim mehrmaligen Durchbrennen der Sicherungen desselben Stromkreises muß dieser durch Fachleute nachgeprüft werden.

6. Sorgt dafür, daß alle Schutzkappen für Schalter, Sicherungen, Steckkontakte usw. stets in Ordnung und richtig befestigt sind.

Ersetzt beschädigte oder fehlende Teile sofort.

Laßt den Motor öfters reinigen, entfernt von ihm vor der Inbetriebsetzung Stroh, Heu, Häcksel usw.[7]

7. Prüft die Anschlußkabel für bewegliche Anlagen vor jeder Benutzung daraufhin, ob Schutzhülle und Stecker noch in Ordnung sind. Bedeckt die Anschlußkabel nicht mit Stroh oder dgl. Schützt sie vor dem Überfahren und Betreten.

Laßt beschädigte Kabel unverzüglich ausbessern oder ersetzen.

8. Übertragt die Bedienung eurer gesamten elektrischen Anlagen einer bestimmten Person. Laßt diesen Bedienungsmann durch Vermittelung des stromliefernden Elektrizitätswerkes genau unterweisen; haltet ihn an, die gegebenen Bedienungsvorschriften genau zu befolgen; dies gilt vor allem für diejenigen Leute, die bewegliche Anlagen zum Anschluß an Hochspannungsleitungen bedienen, und besonders für das Anbringen der Erdungsleitungen und ähnlicher Schutzvorkehrungen.[8]

9. Laßt Arbeiten an und auf Gebäuden nur nach Abschaltung der Leitungen in der Nähe der Arbeitsstelle ausführen. Entfernt die Sicherungen des betreffenden Stromkreises und haltet sie unter Verschluß, damit kein Unberufener sie während der Arbeiten einsetzen kann. Für etwaige Unfälle, die durch Nichtabschaltung von Leitungen entstehen, seid ihr haftbar.[9]

10. Laßt neue Anlagen, Erweiterungen und Reparaturen nur von Installateuren ausführen, die vom Elektrizitätswerk zugelassen sind.[10]

11. Laßt eure Anlagen in regelmäßigen Zeiträumen durch Sachverständige prüfen, die vom Elektrizitätswerk anerkannt sind.[11]

---

7) Ein- oder zweimal im Jahre muß die ganze Anlage durchgesehen, fehlende und schadhafte Teile ersetzt werden. Vgl. § 2c) und § 22 u. 3 der Betriebs-Vorschriften.

8) Vgl. Betriebsvorschriften § 5b u. c.

9) Vgl. Betriebs-Vorschriften § 5c u. § 6 sowie §§ 7, 8 u. 9. Die Bestimmung des Merkblatts gilt nicht nur für Arbeiten an den elektr. Einrichtungen, sondern namentlich auch für Maurer-, Zimmermanns- und Dacharbeiten.

10) Die weite Entfernung vieler landwirtschaftlicher Betriebe von den Wohnsitzen elektrotechnischer Berufe begünstigt das Pfuschertum. Bequemlichkeit und falsche Sparsamkeit führen aber oft zu schweren Verlusten an Eigentum und Menschenleben.

11) Das stromliefernde Elektr.-Werk ist der natürliche Berater des Besitzers angeschlossener Anlagen. Wer den Strom selbst erzeugt, kann einen vom Elektr.-Werk anerkannten Installateur oder Sachverständigen zu Rate ziehen. Die elektrotechnische Überwachungsvereine sind geeignete und empfehlenswerte Prüfstellen.

12. Bei Nichtbeachtung der vorstehenden Vorschriften und dadurch hervorgerufenen Unglücksfällen oder Brandschäden kann der Besitzer durch die Berufsgenossenschaft bestraft oder von der Feuerversicherung seiner Entschädigung verlustig erklärt, auch kann er nach den Gesetzen bestraft und für weitere Schäden haftbar gemacht werden.

Berlin, Juli 1912.

3. Betriebsanweisung für die Bedienung elektr. Starkstromanlagen für Hochspannung in der Landwirtschaft.

I. Allgemeines.

Die Bedienung betriebsmäßig hochspannungführender Teile, wie Masttransformatoren, Anschluß von beweglichen Transformatoren oder Anschluß von Hochspannungsmotoren, darf nur von besonders ausgebildeten Personen vorgenommen werden, die sich im Besitze eines schriftlichen, vom Elektrizitätswerk anerkannten Ausweises befinden.

An Transformator- und Motorwagen müssen die Vorschriften des Verbandes Deutscher Elektrotechniker über „Erste Hilfeleistung bei Unglücksfällen" angeschlagen sein.

II. Inbetriebsetzung eines fahrbaren Transformators.

1. Stelle den Transformatorwagen nach dem Anfahren so auf, daß die einzuhängenden Anschlußleitungen zum Mastschalter möglichst straff sind und keinesfalls auf dem Wagendach aufliegen.

2. Bringe die Erdungen sehr gut an. Lege Wert auf guten Zustand der Klemmverbindungen.

3. Hänge bei offenem Mastschalter die Anschlußleitungen mittels Schaltstange ein.

4. Schließe das Kabel zum Motorwagen im Transformatorwagen an.

5. Führe das Kabel über kleine Holzgabeln. Lasse es nicht auf der Erde liegen.

6. Friedige den Transformatorwagen ein und hänge die Warnungsschilder an.

7. Stelle den Isolierschemel neben den Schaltermast und schließe vom Schemel aus den Mastschalter mittels Schaltstange oder Winde. Einschalten ohne Benutzung des Schemels ist unter allen Umständen verboten.

8. Lasse nach der Schließung durch eine Winde die Kurbel in der Winde stecken.

III. Außerbetriebsetzung eines fahrbaren Transformators.

1. Setze den Motor außer Betrieb.

2. Öffne den Mastschalter unter Benutzung des Isolierschemels mittels der Winde oder der Schaltstange.

3. Hänge die Schaltstange aus dem Mastschalterhebel aus.

4. Hänge die Hochspannungsanschlußleitung vom Mastschalter nur mittels Schaltstange ab. Dann erst nimm den weiteren Abbau vor.

5. Rolle das Kabel auf und überzeuge dich, daß Türen und Steckdosen am Transformator- oder Motorwagen gut verschlossen sind.

Berlin, Juli 1922.

Anhänge.

I. Leitsätze für Schutzerdungen in Hochspannungsanlagen.*)

Gültig ab 1. Januar 1924[1]).

I. Allgemeines.

Die Fassung der Leitsätze vom 1. VII. 1914 („ETZ" 1913, S. 691 und 897, 1914, S. 604) entsprechen nicht mehr dem heutigen Stand der Hochspannungstechnik; sie sind nicht ausführlich genug und können verschieden gedeutet werden. Die wesentlich erweiterte Neufassung versucht diese Unklarheiten, die vielfach noch auf dem Gebiete der Schutzerdungen angetroffen werden, durch ausführlichere Behandlung zu beseitigen.

Bei der Vielseitigkeit der Gefahren und der Verschiedenartigkeit der Erdschlüsse lassen sich die Gefahrenmöglichkeiten und ihre Verhinderung nur schwer eng umschreiben. Für alle Möglichkeiten und jeden Einzelfall können keine genaue Regeln, die mit Sicherheit Gefahren vorbeugen, aufgestellt werden. Die Ansichten über die zu ergreifenden Maßnahmen werden in einzelnen Punkten so lange verschieden bleiben, bis weitere Erfahrungen vorliegen, die die Leitsätze, die vorläufig auf einer mittleren Linie gehalten werden mußten, schärfer zu begrenzen gestatten.

Verschiedene Fälle, in denen eine zuverlässige Erdung unerläßlich ist, sind besonders hervorgehoben; andererseits wurde versucht, die Fälle zu erläutern, in denen unter besonderen Umständen eine weniger gute Erdung noch zugelassen oder durch besondere Vorkehrungen eine solche entbehrt werden kann.

Die Wahl der Schutzvorrichtungen ist vom Gefährdungsgrad der Personen und dem Grad der Sicherheit, den die Schutzvorrichtung in dem gegebenen Fall bieten muß, abhängig.

Der Gefährdungsgrad ist abhängig von:

1. Häufigkeit der Störungen;
2. Dauer der Störungen;
3. Größe des Erdschlußstromes;
4. Erdwiderstand;

---

1) Angenommen durch den Technischen Hauptausschuß im November 1923.

*) Aus ETZ 1923, Heft 49, S. 1063 und Heft 50, S. 1081.

5. Spannungsverteilung in der Umgebung der Störungsstelle;

6. Wahrscheinlichkeit, ob sich Menschen z. Z. der Störung an der Störungsstelle befinden.

Die Art der anzuwendenden Schutzvorrichtung wird von der Bewertung und dem Einfluß der einzelnen für den Gefährdungsgrad entscheidenden Punkte abhängig sein.

Der Sicherheitsgrad einer Erdung ist abhängig von:

1. Größe ihres Erdwiderstandes;
2. Art der Spannungsverteilung;
3. Sicherheit gegen Austrocknen;
4. Zustand und Zuverlässigkeit der Zuleitungen;
5. Zustand der Verbindungstellen.

Den höchsten Grad von Sicherheit muß die Erdung in den Fällen besitzen, in denen der Bedienende Metallteile, die gefährliche Spannung annehmen könnten, umfaßt. Ist dagegen die Wahrscheinlichkeit eines Durchschlages gleichzeitig mit der Berührung von Metallgriffen, Eisenkonstruktionen, oder dgl., z. B. wie bei Hängeisolatoren mit zwei oder mehreren Gliedern, außerordentlich gering, so glaubte man, von Erdungen teilweise ganz absehen und sie durch besondere Isolation ersetzen zu können.

Im allgemeinen könnte man als Regel aufstellen, daß Schutzerdungen unbedingt dann zu verlangen sind, wenn Dauererdschlüsse auftreten können, also z. B. in allen Fällen, in denen Stützenisolatoren, Stützer und Durchführungen verwendet werden. Schutzerdungen sind aber auch selbst bei Verwendung von Hängeisolatoren an Stellen zu fordern, an denen Menschen häufig verkehren (an verkehrsreichen Wegen), sofern nicht durch besondere Mittel ein Stehenbleiben eines Lichtbogens, wenn auch nur für kurze Zeit, verhindert wird.

In gedeckten Räumen ist das Auftreten gefährlicher Spannungen unwahrscheinlich, wenn der Fußboden aus Isolierstoff besteht. Ist der Boden dagegen feucht oder leitend, so können in besonderen Fällen Spannungen auftreten, die vor allem beim Übergang vom Boden zu Metallteilen bei unrichtig bemessener Erdung gefährlich werden können.

Im Freien ist die Möglichkeit größer, daß bei unrichtiger Bemessung der Erdung Gefahren auftreten, weil hier der Boden mehr oder weniger leitend ist. Dabei ist die Gefahr am größten, wenn nur die oberen Schichten feucht sind.

Um Mastbrände zu vermeiden, hatte man früher die Erdung der Stützen gefordert. Mit der Verbesserung der Isolatoren treten aber bei ungeerdeten Stützen Mastbrände wesentlich seltener auf, so daß man neuerdings davon absieht, mit Ausnahme von besonderen Fällen eine Erdung der Stützen zu verlangen. Von der Erdung hat man auch abgesehen, weil allgemein das Bestreben besteht, die an sich gute Isolation der Holzmaste möglichst voll auszunutzen.

Um das Abbrennen eines Mastes zu vermeiden, werden an Stellen, an denen das Abbrennen gefährlich werden könnte, die Isolatorstützen geerdet.

Statt Stützenisolatoren mit Erdungen zu verwenden, könnte man Hängeisolatoren benutzen, deren Gliederzahl so bemessen ist, daß nach Ausfall eines Gliedes die Überschlagspannung nicht niedriger wird als die Überschlagspannung der unbeschädigten Stützenisolatoren der anschließenden Strecken. Werden also Hängeisolatoren verwendet, die mindestens ein Glied mehr besitzen, als für die Betriebspannung erforderlich ist, so kann die Erdung im allgemeinen unterbleiben.

Über die Behandlung der Eisenbetonmaste bestehen noch Unstimmigkeiten, da ihre Konstruktion verschiedenartig ist und noch keine genügende Erfahrungen vorliegen. Da unter Umständen die Eiseneinlagen die Querträger berühren können, so sollen Eisenbetonmaste zunächst wie Eisenmaste behandelt werden.

Gegen die bei Einzelerdschlüssen an der Fehlerstelle auftretenden Gefahren bieten lichtbogenlöschende Vorrichtungen insofern einen Schutz, als sie Höhe und Dauer eines Erdschlußstromes stark verringern, ihn dagegen in den Fällen stärker auftreten lassen, in denen die Löschvorrichtung geerdet ist. An dieser für den Stromübergang bestimmten Stelle ist die Erdung leicht zu überwachen.

Bleibt ein Einzelerdschluß bestehen, so kann durch Auftreten eines Erdschlusses an einer zweiten Phase Phasenschluß entstehen, der bereits vor Auslösung der Selbstschalter unabwendbare Folgen haben kann. Die Leitsätze für Schutzerdungen verlangen nur Maßnahmen gegen die Folgen von Einzelerdschlüssen. Nach Feststellung der Fehlerstelle sind die fehlerhaften Leitungen, sobald dieses der Betrieb irgend gestattet, abzuschalten. Hierbei ist besondere Rücksicht auf die Gefährdung der Fernmeldeanlagen durch Induktionswirkung zu nehmen.

Die Erdungen wurden früher oft nicht sorgsam genug hergestellt, obwohl gute Erdungen meistens durch Oberflächenleitungen, gegebenenfalls in Verbindung mit Rohrerdern, wenn auch oft nur unter Überwindung örtlicher Schwierigkeiten hergestellt werden können. Wie man aus den Werten in Anhang B erkennt, die aus der alten Fassung der Leitsätze übernommen wurden, sind hierfür gegebenenfalls recht beträchtliche Kosten aufzuwenden. Nach den angegebenen Zahlen über die Größe des Widerstandes verschiedener Erder kann ungefähr bestimmt werden, welche Zusammenstellung von Erdern in den einzelnen Fällen zu verwenden ist. Von Fall zu Fall ist zu prüfen, ob die gewählte Anordnung ausreicht. Durch häufige Nachprüfungen sind Erfahrungen über die Brauchbarkeit der einzelnen Erdungsarten bei verschiedenen Bodenarten zu sammeln. Unter scheinbar gleichen Verhältnissen können recht verschiedene Werte des Erdwiderstandes auftreten.

Bei der Wahl und Bemessung der Erdung muß die Größe des Erdschlußstromes beachtet werden, damit nicht etwa auftretende Dauererdschlußströme das Erdreich an den Erdern austrocknen.

Der Zustand der Erdung soll zur Aufrechterhaltung der Sicherheit sorgfältiger, als bisher üblich, überwacht werden.

Wenn auch die Schutzerdung in den weitaus meisten Fällen Gefahren und Unfälle verhüten wird, sofern sie den Leitsätzen gemäß ausgeführt ist, so können doch andere Maßnahmen sie gelegentlich wirksam unterstützen z. T. auch ersetzen. Als Beispiel seien erhöhte Isolation des Betriebstromkreises, isolierender Fußbodenbelag (Linoleum) in Reichweite der Schalt- und Regelapparate usw. genannt.

Immer sollte berücksichtigt werden, daß die Erdung nur zum Schutz bei auftretenden Störungen dient und daß erhöhte Sicherheit im Betriebstromkreis und gute Anordnung aller Teile der Anlage die Gefahren und die Häufigkeit der Störungen ganz wesentlich herabmindern können.

Die Fortentwicklung brauchbarer Schutzvorkehrungen soll durch die Leitsätze nicht gehemmt werden.

II. Zweck der Schutzerdung.

Die Schutzerdung soll, soweit es möglich ist, verhüten, daß Menschen oder andere Lebewesen bei einer Berührung leitender Gegenstände, die nicht zum Betriebstromkreis gehören, aber in seinem Bereich liegen, dadurch beschädigt werden, daß diese Gegenstände infolge einer Störung oder Induktion gegeneinander oder gegen Erde eine gefährliche Spannung führen.

Während sich Spannungen zwischen Metallteilen, also guten Leitern, am sichersten durch Kurzschlußverbindung verhindern lassen, soll die Schutzerdung auch zwischen Leitern und Halbleitern, feuchtem Erdreich, feuchten Mauern u. dgl. bei Stromübergang unvermeidliche Spannungen auf eine erträgliche Grenze herabsetzen.

Die Leitsätze gelten nicht für Anlagen, deren Nullpunkt unmittelbar geerdet ist[1]).

---

1) Bei Anlagen mit geerdetem Nullpunkt kann jeder Erdschluß zum Kurzschluß werden. Die auftretende Stromstärke ist abhängig von der Leistung und Spannung der Zentrale. Für diese meistens weit über dem Kapazitätstrom liegende Stromstärke kann die Schutzerdung aus wirtschaftlichen Gründen nicht hergestellt werden. Die dann auftretenden Spannungen können also gegebenenfalls über die für die Schutzerdung zugelassenen Spannungswerte steigen.

Diese Leitsätze sollen die in den §§ 3 und 4 der Errichtungsvorschriften niedergelegten allgemeinen Schutzmaßnahmen in Anlagen mit mehr als 250 V Spannung gegen Erde für die wichtigsten Fälle ergänzen[2]).

III. Begriffserklärungen.

Erde im Sinne dieser Leitsätze ist ein Ort der Erdoberfläche, der mindestens 20 m von einem stromdurchflossenen Erder bzw. einer anderen Stromübergangstelle oder einem an diesem Orte befindlichen stromlosen Erder (Sonde) entfernt ist. Für Messungen wird diesem Orte, der von Starkströmen aus Betriebstromkreisen unbeeinflußt ist, das Potential Null zukommen. Daher wird von ihm aus gemessen.

Erder sind metallische Leiter, die mit dem Erdreich in unmittelbarer Berührung stehen und den Stromübergang an vorgeschriebener Stelle vermitteln.

Erdzuleitung ist die zum Erder führende Leitung, soweit sie über der Erdoberfläche liegt. Dazu zählen auch die in größeren Betriebsräumen häufig verlegten Sammelleitungen. Zuleitungen, die unisoliert in dem Erdreich liegen, sind Teile des Erders.

Erden oder an Erde legen heißt mit einem Erder oder seiner Zuleitung metallisch leitend verbinden.

Erdung im gegenständlichen Sinne bezeichnet die Gesamtheit von Zuleitung und Erder. Die Erdung tritt erst dann in Wirkung, wenn ein Strom den oder die Erder durchfließt.

Erdschluß entsteht, wenn ein betriebsmäßig gegen Erde isolierter Leiter mit Erde in leitende Verbindung tritt, wobei in der Regel die Spannung anderer Netzteile gegen Erde erhöht wird.

a) Einzelerdschluß liegt vor, wenn eine Phase des Netzes Erdschluß hat.

b) Doppel- oder Mehrfachschluß liegt vor bei gleichzeitigem Erdschluß verschiedener Phasen, der an verschiedenen Stellen auftreten kann.

c) Erdschlußstrom ist der an der Erdschlußstelle aus dem Betriebstromkreis austretende Strom.

Bei Einzelerdschluß in Wechselstromanlagen fließt ein Erdschlußstrom, der im wesentlichen aus dem Ladestrom besteht. Er ist von der Kapazität der gesunden Netzteile gegen Erde abhängig. Gegenüber diesem Ladestrom ist der unvermeidliche schwache Ableitungstrom,

---

In besonderen Fällen (Bahnanlagen) beschränkt man die Gefahren durch doppelte Isolation und Verbindung der metallischen Teile mit dem geerdeten Pol.

2) Es wird empfohlen, diese Leitsätze sinngemäß auch auf solche Niederspannungsanlagen anzuwenden, in denen besondere Gefahrenquellen vorliegen, z. B. in chemischen Betrieben, Stallungen u. dgl.

Besondere „Leitsätze für Nullung und Schutzerdungen in Niederspannungsanlagen" sind in Vorbereitung.

der in Gleichstromanlagen allein als Erdschlußstrom in Betracht kommen könnte, sehr gering; er ist durch den Isolationszustand der gesunden Netzteile bestimmt.

Erdungswiderstand ist der Gesamtwiderstand des Erdreiches zwischen 2 Erdern[3]), wobei als zweiter Erder die Erdoberfläche unterhalb der gesunden Phasen zu denken ist, deren Widerstand für die Berechnung vernachlässigt werden kann, da er sich dem Wert Null stark nähert.

Berührungspannung im Sinne dieser Leitsätze ist die Spannung zwischen zwei geerdeten Punkten, die gleichzeitig durch einen Menschen berührt werden können. Gefährliche Berührungspannungen treten in der Regel nicht auf, wenn die Erdung so bemessen ist, daß das Produkt aus ihrem Widerstand und der durch sie abzuleitenden Stromstärke 125 V nicht überschreitet[3]).

IV. Schutzerdung in gedeckten Räumen.

In gedeckten Räumen sind alle betriebsmäßig keine Spannung führenden Metallteile, die in der Nähe von spannungführenden Teilen liegen oder mit diesen in Verbindung (durch Lichtbogenbildung) kommen können, metallisch leitend untereinander und mit der Erdzuleitung zu verbinden.

Dazu gehören:

a) **Die nicht betriebsmäßig unter Spannung stehenden Metallteile von Maschinen, Transformatoren, Meßwandlern, Apparaten**[4]);

b) **Sekundärstromkreise von Meßwandlern** unmittelbar an den Klemmen der einzelnen Wandler, sofern es die Schaltung erlaubt[5]);

---

3) Der Widerstand eines Einzelerders kann direkt gemessen werden, wenn von einem Erder, der mit dem Erdreich in widerstandsloser Verbindung (großflächig) steht, gegen den zu untersuchenden Erder gemessen wird.

Die an sich nicht ungefährliche Spannung von 125 V wurde zugelassen, da in der Regel nicht die volle an der Erdung auftretende Spannung durch den Berührenden überbrückt wird. In Fällen, in denen der Berührende in der Regel auf gut leitendem Boden steht und das Schuhwerk durchtränkt ist, empfiehlt es sich, nur geringere Werte für die Berührungspannung zuzulassen. Unter besonders ungünstigen Umständen, z. B. in Stallungen, chemischen Betrieben usw., sollte man deshalb als Berührungspannung höchstens 40 V annehmen.

4) Die Erdung von ortsveränderlichen Apparaten bietet oft besondere Schwierigkeiten, so daß dafür allgemeine Vorschriften nicht erlassen werden können; die erforderliche Sicherheit muß in solchen Fällen durch andere, dem Einzelfalle angepaßte Mittel (Isolierung, Schutzgitter u. dgl.) erstrebt werden. Apparate, die auf zuverlässig geerdeten Gestellen befestigt sind, brauchen nicht besonders geerdet zu werden, wenn sie mit den Gestellen gut leitend verbunden sind.

5) Die sekundären Stromkreise von Meßwandlern sollen geerdet sein, um zu verhüten, daß sie durch Kriechströme oder

c) **Gerüste von Schaltanlagen, Durchführungsflansche, Isolatorenträger, Kabelarmaturen**[6]);

d) **betriebsmäßig mit den Händen anzufassende Metallteile**, wie Handräder, Hebel, Kurbeln von Schaltern, Apparate, Schutzgitter, Schaltanlagen usw.[7]).

Aufladung aus der Hochspannungswicklung auf eine hohe Spannung gegen Erde gebracht werden. Die Erdung soll in der Regel an einer Sekundärklemme eines jeden Meßwandlers vorgenommen werden; wenn jedoch durch Verbindung der Sekundärkreise mehrerer Meßwandler schaltungstechnische Schwierigkeiten entstehen, genügt eine gemeinsame Erdung der verbundenen Kreise.

Um die Gefahr eines Durchschlages zwischen Primär- und Sekundärwicklung von Stromwandlern, die sofort zu einem Erdschluß des Betriebstromkreises und meistens zum Verbrennen des Meßwandlers führt, möglichst einzuschränken, ist die Prüfspannung nach den Richtlinien für Hochspannungsapparate vorgeschrieben (Regeln für die Bewertung und Prüfung von Meßwandlern § 26).

Von der grundsätzlichen Forderung der Erdung der Niederspannungswicklungen von Starkstrom-Transformatoren, die nicht zu Beleuchtungszwecken dienen, kann in Erzeugeranlagen aus betriebstechnischen Gründen, z. B. bei Einankerformern während der Anlaufzeit, abgesehen werden. In Verteilungstromkreisen von Niederspannungsanlagen müssen dagegen die Neutralpunkte von Drehstrom-Transformatoren entweder unmittelbar oder durch Zwischenschaltung von Durchschlagsicherungen geerdet werden (vgl. § 4 der Errichtungsvorschriften).

6) Die Wagen und Stecker ausfahrbarer Schaltanlagen sind mit besonderen Erdungskontakten zu versehen, die die Wagen bereits sicher erden, bevor sich die Kontakte berühren, wenn nicht auf eine andere Weise, z. B. durch biegsame Leitungen, für eine dauernde Verbindung mit der Erdzuleitung gesorgt ist.

Durchführungen ohne geerdete Flansche und Einführungsfenster sollen entweder einzeln oder gemeinsam von einem an die allgemeine Erdungsammelleitung angeschlossenen Metallrahmen umgeben sein.

7) Metallische Handgriffe der Schalter und Apparate brauchen nicht geerdet zu werden, wenn sich zwischen Betriebstromkreis und Handgriff bereits eine zuverlässige Erdung befindet.

Schaltstangen und Schaltzangen, die ganz aus Isolierstoff bestehen, brauchen nach den Errichtungsvorschriften § 10 d nicht geerdet zu werden, wenn sie ausreichende und dauerhafte Isolation besitzen. Wird aber eine Erdung angebracht, z. B. in Anlagen mit höheren Spannungen, so ist dafür Sorge zu tragen, daß die Erdungslitze nicht mit spannungführenden Teilen in Berührung kommt. Sie ist deshalb möglichst kurz zu halten.

In gemauerten und Holzstationen sollen Gebäudekonstruktionsteile, wie Türgriffe, Türrahmen, eiserne Treppen, Leitern u. dgl., möglichst nicht mit geerdeten Teilen der Station leitend verbunden werden. Schaltgriffe, die von außen bedient werden, sollen entweder mit isolierenden Zwischenstücken (für Niederspannung) versehen sein oder die Stationserdung ist wie bei eisernen Transformatorenstationen (VII Abs. 4) auszuführen.

V. Schutzerdung im Freien.

Es wird empfohlen, Hochspannungs-Freileitungen mit einer Vorrichtung zur Unterdrückung oder Einschränkung des Erdschlußstromes auszurüsten, sofern dieser etwa 5 A übersteigt.

Leitungen auf Holzmasten.

Alle Maßnahmen, die den Widerstand der Holzmaste herabsetzen, sollen vermieden werden. Stützen, Gestänge, Lyren oder sonstige Metallteile, die die Isolatoren tragen, sollen nicht geerdet werden[8]).

Stehen jedoch die Holzmaste an verkehrsreichen Wegen, so müssen die Isolatorenträger bei Verwendung von Stützenisolatoren geerdet werden.

Eisenmaste im Zuge von Holzmastleitungen brauchen nicht geerdet zu werden, wenn sie mit Ketten aus mindestens zwei Hängeisolatoren ausgerüstet sind und die Überschlagspannung der Kette doppelt so hoch ist wie die der Stützenisolatoren der gleichen Leitungsstrecke.

Stehen jedoch diese Eisenmaste an verkehrsreichen Wegen, dann müssen sie geerdet werden, es sei denn, daß besondere Schutzmaßnahmen gegen einen Überschlag der Isolatoren und gegen das Herabfallen der Leitungen getroffen sind.

Die Eisenkonstruktionsteile der Streckenschalter auf Holzmasten sind im allgemeinen nur dann zu erden, wenn die Leitungsanlage mit einem Erdungseil versehen ist. Die Erdung soll erfolgen durch Anschluß an das Erdungseil, aber nicht durch eine am Mast herabgeführte Erdzuleitung. In das Betätigungsgestänge sind in diesem Falle mechanisch zuverlässige Isolatoren, z. B. Porzellaneier, einzuschalten. Wenn eine Erdung durch Anschluß an ein Erdungseil nicht möglich ist, soll sie für den vollen Ladestrom bemessen und besonders sorgfältig ausgeführt werden.

Schutzgitter u. dgl. sind dann besonders zu erden, wenn sie an sich nicht mit geerdeten Metallteilen in leitender Verbindung stehen.

Ähnlich wie bei Meßwandlern besteht auch bei Erregerwicklungen die Gefahr, daß sie hohe Spannungen annehmen, so daß z. B. die Kontaktbahn von Magnetreglern entweder geerdet oder aber auf irgendeine Weise der Berührung entzogen werden muß. (Bei Erdung wird bei einem Körperschluß des anderen Poles das Aggregat durch Kurzschluß außer Betrieb gesetzt.)

[8]) Ankerdrähte sind, wenn irgend angängig, zu vermeiden. Kann von ihrer Verwendung nicht abgesehen werden, so sollen sie nicht direkt am Eisen der Traversen oder Stützen angreifen, sondern am Holz in möglichster Entfernung von den Eisenteilen; sie sind außerdem mit Abspannisolatoren für die volle Betriebspannung zu versehen und selbst für die Betriebströme zu erden.

Auffangspitzen mit am Mast heruntergeführter Erdzuleitung sind nicht zulässig.

Werden die Konstruktionsteile des Streckenschalters nicht geerdet, dann müssen in das Betätigungsgestänge, wenn dieses aus Eisen hergestellt ist, Isolatoren für die volle Betriebspannung eingebaut werden oder das Gestänge muß aus Isolierstoff bestehen. Bei Verwendung eines eisernen Betätigungsgestänges ist dieses unterhalb der Isolatoren durch Anschluß an einen Erder gegen Kriechströme über die Isolatoren zu schützen[9]).

Die Isolatorstützen für Leitungen an Wänden (Mauerwerk) müssen geerdet werden. Bei Verwendung von Hängeisolatoren gilt sinngemäß das über Eisenmaste Gesagte.

Leitungen auf Eisenmasten.

Eisenmaste mit Stützenisolatoren in Neuanlagen sind am besten unter Verwendung eines durchgehenden Erdungseiles zu erden, das entsprechend dem geforderten Erdungswiderstand an eine genügende Anzahl Erder anzuschließen ist[10]).

---

9) Die vielen an Mastschaltern vorgekommenen Unfälle zwingen dazu, diese Schalter möglichst sorgfältig zu isolieren. Deshalb sollen sie in der Regel auf Holzmasten angebracht werden. Die Isolation dieser Holtmaste darf dann möglichst nicht durch an den Masten heruntergeführten Erdzuleitungen überbrückt werden. Will man die Konstruktionsteile erden, so muß die Erdung unbedingt für den vollen Ladestrom vorgesehen werden, während die Erdung des Betriebsgestänges unterhalb der Isolatoren nur gegen Kriechströme zu erfolgen braucht. Zweckmäßig würde es sein, Teile des Betriebsgestänges aus wetterbeständigem Isolierstoff (gegebenenfalls imprägniertes Holz) herzustellen, und zwar mit Rücksicht darauf, daß es auch vorkommen kann, daß zwei hintereinander geschaltete Isolatoren versagen und dieser Betriebzustand nicht beobachtet werden konnte. Die Durchschlagskanäle der Isolatoren sind oft, wenn nicht starke mechanische Zerstörungen (Absprengen) auftreten, so klein, daß sie vom Boden aus nicht bemerkbar werden. Das Personal muß sich wegen der bei Streckenschaltern besonders hohen Gefahr vor der Bedienung stets davon überzeugen, ob noch die volle Isolation vorhanden ist, d. h. die Isolatoren äußerlich unbeschädigt sind. Bestehen Bedenken hiergegen, so muß dafür gesorgt werden, daß Vorkehrungen zum Schutze des Bedienungspersonales getroffen werden. Als solche können Isolierschemel u. dgl. benutzt werden, oder es ist dafür zu sorgen, daß sich der Bedienende auf eine metallische Unterlage, z. B. Metallgewebe, stellt, die mit dem Gestänge leitend verbunden ist. Wird Metallgewebe verwendet, so muß der Bedienende unbedingt, ehe er das Gestänge oder die Anschlußteile berührt, mit beiden Füßen auf dem Metallgewebe stehen und die Verbindung zwischen Metallgewebe und Erdung hergestellt haben. Während die Verbindung hergestellt wird, darf der Bedienende den Mast bzw. das Gestänge nicht berühren, d. b. sich nicht zwischen das Gestänge und die Zuleitung zum Metallgewebe schalten.

10) An Stelle der Einzelerdungen empfiehlt sich meistens die Verwendung eines Erdungs- oder Blitzseiles, das die einzelnen Maste ober- oder unterhalb der Leitungen metallisch miteinander verbindet. Gegebenenfalls ist dann nicht nötig, daß jeder Mast

Bei Eisenmasten mit Hängeisolatoren wird eine Erdung der Maste nicht gefordert[11]), wenn Isolatorenketten mit einem oder mehreren Gliedern mehr, als für die Betriebspannung notwendig ist (siehe Richtlinien für die Prüfung von Hängeisolatoren vom 17. Oktober 1922[12]), verwendet werden und Vorkehrungen getroffen sind, die das Auftreten von Dauererdschlüssen an den Masten unmöglich oder unwahrscheinlich machen (z. B. selbsttätige Erdschlußabschaltung, oberste Traverse der Maste am weitesten ausladend).

An verkehrsreichen Wegen (gesicherte Aufhängung)[13]) sind Eisenmaste entweder zu erden oder es ist eine über den Sicherheitsgrad der Strecke hinausgehende elektrische Sicherheit zu schaffen.

---

einen Erder erhält. Man wird die Erder an die Maste anschließen, die günstige Bodenverhältnisse darbieten.

11) Bisher war allgemein vorgeschrieben, daß Eisenmaste in Hochspannungsanlagen geerdet werden mußten. Bei diesen Erdungen ist jedoch nicht immer die nötige Sorgfalt verwendet worden, so daß in den seltenen Fällen, in denen die Erdung schützen sollte, diese gegebenenfalls nicht den erforderlichen Schutz gewährte. Dieses zeigte sich besonders bei Verwendung von Einzelerdungen. Da die Erdung bei nicht sachgemäßer, den Verhältnissen angepaßter Ausführung versagen kann, so hat man jetzt auch bei Eisenmasten eine Erhöhung des Sicherheitsgrades der Anlage als ausreichende Schutzmaßnahme zugelassen. Wird die Zahl der Isolatoren der Ketten so vergrößert, daß selbst nach Verletzung oder Zerstörung eines bzw. mehrerer Isolatoren ein Überschlagen nicht auftritt, und wird außerdem eine Anordnung der Leitungen getroffen, die die Möglichkeit der Entstehung von Erdschlüssen wesentlich herabsetzt (wenn z. B. die Leitungen beim Bruch der Ketten nicht auf unterhalb von diesen angebrachte Traversen fallen oder sonst beim Herabfallen mit den Masten in Berührung kommen können), oder wird das Stehenbleiben eines Erdschlusses auch nur für kurze Zeit unmöglich gemacht (selbsttätige Abschaltung bei Erdschluß), so kann auf die Erdung verzichtet werden. Die Erfahrung muß zeigen, ob die Maßnahmen, die als Ersatz für das Fortlassen der Erdung gefordert sind, in allen Fällen einen ausreichenden Schutz gewährleisten.

12) Wie weit bei einem bestimmten Sicherheitsgrad die Zahl der Isolatoren einer Kette vergrößert werden muß, um die verlangte erhöhte Isolation (Sicherheit gegen Überschläge bei Schadhaftwerden eines Isolators) zu erreichen, hängt außer von der Art der Isolatoren auch von den klimatischen Verhältnissen ab (Luft, Verunreinigung). Wird bei sonst normalen Verhältnissen die notwendige Zahl der Isolatoren um je einen vergrößert, so kann die Isolation als erhöht gelten.

13) Bei verkehrsreichen Wegen (erhöhte Sicherheit) können Gefahren für Vorübergehende entstehen, wenn zufällig an den Isolatorenketten ein Überschlag auftritt, während die Kreuzungstelle begangen wird. Daher muß entweder durch erhöhte elektrische Überschlagsfestigkeit der Ketten die Möglichkeit der Entstehung eines Überschlages an dieser Stelle wesentlich gemindert oder durch Erdung unschädlich gemacht werden.

Einen vollkommenen Schutz gegen höhere Gewalt, direkten Blitzschlag u. dgl. bietet diese Anordnung nicht.

Streckenschalter sind möglichst nicht auf Eisenmasten anzubringen. Ist dieses nicht zu vermeiden, so muß für die Isolatoren die nächst größere Type als bei Holzmasten gewählt werden. Die Erdung soll für den vollen Ladestrom ausgeführt und sorgfältig überwacht werden.

Eisenbetonmaste sind wie Eisenmaste zu behandeln.

VI. Zuleitungen zu Erdern.

Dis Zuleitungen zu dem oder den Erdern sind für die volle bei Erdschluß zu erwartende Stromstärke zu bemessen mit der Maßgabe, daß hierfür Querschnitte über 100 mm^2 bei verzinktem und verbleitem Eisen oder über 50 mm^2 bei Kupfer nicht verwendet zu werden brauchen. Kupferquerschnitte unter 16 mm^2 und Eisenquerschnitte unter 35 mm^2 dürfen in Betriebsräumen nicht verwendet werden. In anderen Räumen darf der Kupferquerschnitt 4 mm^2 nicht unterschreiten [14]).

Die Zuleitungen sind gegen mechanische und chemische Zerstörung geschützt und möglichst sichtbar zu verlegen [15]).

Hintereinanderschaltung der zu erdenden Teile ist unzulässig. Die Zuleitungen sind parallel an eine oder mehrere Sammelleitungen anzuschließen, die ihrerseits zu dem oder den Erdern führen [16]).

---

14) Als Zuleitung zu den Erdern sollten Leitungen unter 16 mm^2 Kupfer und 35 mm^2 Eisen nicht verwendet werden. Dann ist es nicht erforderlich, die früher vielfach vorgesehene doppelte Verlegung von Zuleitungen zu Erdern auszuführen.

Mit welcher Sicherheit dabei gerechnet ist, zeigen folgende Zahlen für wagerecht freigespannte Leitungen:

Querschnitt für Kupfer		Schmelzstrom nach 15 Min.
Draht	4 mm²	220 A
„	6 „	330 „
„	10 „	430 „
„	16 „	610 „
Seil	25 „	890 „
„	35 „	1075 „
„	50 „	1330 „

Die Zuleitungen sollen so angebracht werden, daß sie möglichst vor mechanischen Zerstörungen und Durchrosten geschützt sind.

15) Um die Zuleitungen dem Auge nicht zu entziehen, empfiehlt es sich, diese nicht einzumauern. Gegen das Einmauern bestehen auch noch Bedenken wegen der beim Vorhandensein von Kalk im Mauerwerk hervorgerufenen chemischen Zersetzung.

Besonders ist auch darauf zu achten, daß nicht durch Übertritt von Gleichströmen elektrolytische Zerfressungen stattfinden können.

16) Hintereinander geschaltete Konstruktionsteile dürfen nicht Teile von Erdzuleitungen bilden, weil diese bei deren zeitweisem oder gänzlichem Abbau unterbrochen sein würden.

Unterbrechungstellen[17]) in den Zuleitungen, z. B. Schalter, Sicherungen u. dgl., sind unzulässig.

VII. Bemessung der Erdung.

Die Bemessung der Erdung richtet sich nach der durch sie abzuleitenden Stromstärke[18]).

Die Erdung in der Erzeugerstelle muß ohne Rücksicht auf die Ausschaltungstromstärke für Selbstschalter die volle zu erwartende Erdschlußstromstärke des gesamten Verteilungsnetzes während zweier Stunden aufnehmen können[19]).

In Anlagen ohne lichtbogenlöschende Vorrichtungen genügt es, die Erdung an den Verbrauchstellen für die nach der Erzeugerstelle in den unverzweigten Leitungstrecken liegende niedrigste Auslösestrom-

---

17) Zuleitungsanschlüsse sollen mit der Sammelleitung und mit den Erdern selbst dauernd gut metallisch verbunden sein; die Verbindungstellen sollen zweckmäßig verlötet, verschweißt oder vernietet werden. Auch Schraubverbindungen sind zulässig; wenn ein Lockern der Muttern nicht zu befürchten ist.

Die Verbindungstellen mit den Erdern sowie den zu erdenden Teilen sind um so sorgfältiger herzustellen, je größer der abzuleitende Erdstrom werden kann. Bei größeren Stromstärken wird selbst ein verhältnismäßig geringer Übergangswiderstand (Oxydbildung o. dgl.) den Wert einer guten Erdung stark beeinträchtigen. Eine bedeutende Steigerung der Berührungsspannung kann durch Erhitzung und dadurch bedingte weitere Verschlechterung der Verbindungstellen eintreten. Aus diesem Grunde wird empfohlen, bei Erdungen für mehr als etwa 10 A die Anschlußstellen gut zu verzinnen und die fertige Verbindung durch Anstrich oder andere Schutzmittel gegen Oxydation zu schützen.

Die Anschlußstellen sollen auch der Nachprüfung zugänglich sein. Sind sie nicht derartig zugänglich, daß sich nach Lösung der Verbindung mit Sicherheit feststellen läßt, ob die Berührungstellen einwandfrei sind, so kann die Prüfung durch Widerstandsmessungen erfolgen, jedoch möglichst mit Meßströmen, die dem zu erwartenden Erdstrom etwa gleich sind.

Bei Verbindungstellen innerhalb des Handbereiches, die nicht verschweißt, verlötet oder vernietet sind, ist eine zeitweise Besichtigung zu empfehlen.

Werden bei provisorischen Erdungen Erdungsketten verwendet, so sind sie nur mit größter Vorsicht zu benutzen. Als Zuleitungen zu Erdern selbst innerhalb des Handbereiches sind sie nicht zulässig.

18) Ein Erder selbst ist als zuverlässig anzusehen, wenn er während zweier Stunden die nach Anhang, Abschnitt A ermittelte Stromstärke zum Erdreich überleitet, ohne den Anfangswiderstand zu überschreiten und damit die beginnende Austrocknung des Erdreiches durch Erwärmung anzuzeigen.

19) In Stationen, in denen Kabel mit Bleimantel angeschlossen sind, empfiehlt es sich, sämtliche Kabelarmaturen untereinander und ihre Erdung mit der Stationserdung zu verbinden. Dann braucht die Stationserdung nicht für die volle Erdschlußstromstärke bemessen zu sein, sondern nur für den Teil, der nicht auf das Kabelnetz entfällt.

stärke der Selbstschalter zu bemessen, wenn in jeder Phase ein Selbstschalter vorhanden ist[20]).

Die Erdung eiserner Transformatorenstationen, von Mastschaltern und Hochspannungschaltern in Schalthäusern, die von außen bedient werden, ist für die volle Erdschlußstromstärke des Netzes auszuführen.

Werden bei nicht eisernen Stationen die Schalter von innen bedient, so genügt eine Erdung für die durch die Selbstschalter in der Zuleitung begrenzte Stromstärke.

In Anlagen mit lichtbogenlöschenden Vorrichtungen brauchen die Erdungen an den Verbrauchstellen nur für den höchst auftretenden Reststrom bemessen zu werden. In Stationen, in denen die Löschvorrichtungen selbst angebracht sind, müssen jedoch die Erdungen für den vollen Strom der Löschvorrichtung bemessen werden[21]).

Erdungseile werden zweckmäßig mit der Hochspannungserdung der Station verbunden.

Anhang.

A. Feststellung der maßgebenden Erdschlußstromstärke

Die Erdschlußstromstärke von Einzelerdschlüssen eines nicht geerdeten oder über hohe nicht induktive Widerstände geerdeten Drehstrom-Freileitungsnetzes ist abhängig von der Kapazität der nicht geerdeten Phasen gegen Erde und von der Spannung. Sie kann mit genügender Annäherung berechnet werden nach der Faustformel:

$$\text{Erdschlußstrom} = \frac{\text{kV} \times \text{km Leitungslänge}}{300}$$

Unter Leitungslänge ist die Länge der mehrphasigen Einzelleitung zu verstehen. Parallel geschaltete Leitungen, z. B. zwei Leitungen aus je 3 Drähten oder Seilen beliebiger Querschnitte, zählen doppelt.

Bei der Berechnung ist Rücksicht auf Erweiterung und gegebenenfalls auch auf Zusammenschluß mit Nachbarleitungen zu nehmen.

---

20) Bei Auswechslung der Selbstschalter gegen solche höherer Stromstärke ist die Erdung dieser Stromstärke anzupassen.

21) Bei Erdung des Nullpunktes in Niederspannungsnetzen ist zu beachten, daß ein Überschlag zwischen Ober- und Unterspannung im Transformator den Ladestrom des Hochspannungsnetzes durch die Erdung des Niederspannungsnetzes treibt. Sie muß daher mit mindestens der gleichen Sorgfalt hergestellt werden, wie bei der Schutzerdung des betreffenden Transformators. Schutzerdungen für Hochspannungsapparate sollen von den Niederspannungserdungen getrennt verlegt werden. Zweckmäßig wird dann der Nulleiter nicht in der Station geerdet, sondern an einem der ersten Maste des Niederspannungsnetzes. Gebäudeblitzableiter sollen mit der Schutzerdung des Hochspannungsnetzes nicht verbunden werden.

B. Ausführung der Erder.

Bei Ausführung der Erdungen ist darauf zu achten, daß die Erder, wenn sie nicht in Wasser eingelegt werden, einzuschlammen bzw. fest in den Boden zu treiben sind, so daß die Berührung zwischen Material und Erde möglichst innig wird. Dazu gehört, daß das Erdreich in der nächsten Umgebung des Erders möglichst feinkörnig ist und dem Erder mit merklichem Druck anliegt. Grober Kies und Steine sind ebenso schlechte Vermittler des Stromüberganges wie fettige oder ölige Schichten, z. B. Farbanstriche; dagegen hindert Rost an Eisenteilen den Stromübergang ebensowenig wie das Erdreich selbst. Innige Berührung kann durch fehlerhafte Einbettung bei Erdungsplatten und anderen Erdern größerer Abmessungen verhindert werden, wenn sie z. B. bei nicht gewachsenem Boden in wagerechter Lage in den Boden gelegt werden. Bei wagerecht liegenden Platten kann das Erdreich absinken, die Platte selbst aber durch Steine usw. in ihrer Lage festgehalten werden, so daß Lufträume unter ihr entstehen; deshalb sollen Platten, besonders in aufgeschüttetem Boden, stets senkrecht in das Erdreich gestellt und von beiden Seiten fest eingestampft und eingeschlämmt sein.

Als Erder werden empfohlen:

a) Erdplatten, wenn der Grundwasserstand nicht zu tief ist (nicht tiefer als 2 bis 3 m) und keine zu großen Schwankungen aufweist. Die mindestens $^1/_2$ m² großen und mindestens 3 mm starken verzinkten eisernen Platten sollen 1 m unter Grundwasserspiegel liegen und mit Rücksicht auf die Zerstörungen mindestens 3 mm starke Zuleitungen erhalten. An Stelle der Erdplatten kann man auch Altmaterial mit starkem Querschnitt und genügender Oberfläche unverzinkt verwenden, da infolge der Stärke das Material nicht so leicht durchrostet und die Gewähr für einen lange dauernden guten Zustand bietet, z. B. also Kesselbleche, Eisenbahnschienen u. dgl.

Platten von 1 m² einseitiger Oberfläche haben unter normalen Verhältnissen (Ackerboden) einen Widerstand von ungefähr 20 bis 30 Ω, in Sand und Kies ein Vielfaches davon.

b) Bänder und Drähte sind mindestens 30 cm unter der Erdoberfläche zu verlegen. Dabei ist ein Mindestquerschnitt von 50 mm², entsprechend 8 mm Durchmesser bei Drähten, zulässig. Bei Bändern darf die Stärke nicht unter 3 mm betragen. Eisen ist gut feuerverzinkt oder verbleit zu verwenden. Die Länge, die mindestens 109 m betragen soll, richtet sich nach der Bodenart und Bodenfeuchtigkeit.

Als Anhaltspunkt für den Widerstand derartiger

Oberflächenerder können die folgenden Werte bei Lehmboden (Ackerboden) dienen:

Länge in m	10	20	30	50	100
Widerstand in Ω	25	10	7	5	3

Bei feuchtem Sandboden ist mit Werten zu rechnen, die mindestens doppelt so hoch sind.

Sollten bei ungünstigsten Platzverhältnissen die Leitungen im Zickzack verlegt werden, so ist bei einem Mindestabstand der Windungen von ungefähr 1,5 m der Widerstand der Zickzackleitung einer ausgestreckten Leitung gleicher Länge fast gleichwertig.

c) Als Rohrerder werden zweckmäßig ein- bis zweizöllige verzinkte Rohrstücke von 2 bis 3 m Länge verwendet. Ihr Widerstand beträgt bei feuchtem Lehmboden (Ackerboden) etwa 30 bis 50 Ω. Bei schlechtem Boden (Sand und Kies) kann der Widerstand auf 200 Ω und mehr steigen.

Es empfiehlt sich, wenigstens zwei Rohre in einem Mindestabstand von 3 m zu verwenden. Können die Rohre in das Grundwasser eingetrieben werden, so sind weitere Maßnahmen nicht nötig. Anderenfalls empfiehlt es sich, das die Rohre umgebende Erdreich durch Salzlösung leitend zu machen und um die Rohre direkt unter der Erdoberfläche eine angemessene Menge Salz einzubetten.

d) Bei ungünstigsten Bodenverhältnissen empfiehlt sich, mehrere Erder, z. B. Ringleitungen aus Bandeisen, um den zu schützenden Raum mit angeschlossenen Rohrerdern in Abständen von je 3 bis 10 m, ferner auch mit Ausläufern nach feuchten Stellen und dort angebrachten Rohrerdern zu vereinigen. Bei Wasserläufen ist die Verlegung langgestreckter Leitungen im feuchten Ufer der Verwendung von Erdern im Wasser vorzuziehen.

Gleise und Wasserleitungen dürfen nur dann als Erder benutzt werden, wenn durch Messung nachgewiesen ist, daß ihr Widerstand gegen Erde sehr gering ist. Vermieden werden soll, daß durch Gleise Spannungen von der Zentrale nach außen übertragen werden und hierdurch Personen oder Tiere, die mit dem Gleise in Berührung kommen, die Berührungspannung überbrücken.

Provisorische Erdungen können nicht als ausreichende Schutzvorrichtungen betrachtet werden. Daher ist die Erdung der ausgeschalteten Strecke und die Kurzschlußverbindung möglichst in der Nähe der Schaltstelle selbst vorzunehmen. Provisorische Erdungen können nur zur Abführung von Induktionsladungen dienen.

C. Allgemeines über Messung von Erdungswiderständen.

Der Zustand der Erdungsanlage ist sowohl vor der Inbetriebsetzung als auch zeitweise, d. h. einmal im Jahre, zu prüfen. Die Ergebnisse der Prüfung sind laufend aufzuzeichnen. Dieses gilt besonders bei Erdungen an Stellen erhöhter Gefahr für das Bedienungspersonal, wie an Mastschaltern auf Eisenmasten, eisernen Transformatorenstationen und von außen bedienten Stationsschaltern, wenn das Antriebsgestänge bzw. Handrad nicht isoliert ist.

Der Widerstand des Erdreiches zwischen zwei Erdern läßt sich wie ein Elektrolytwiderstand in bekannter Weise bestimmen. Das Spannungsgefälle an der Erdoberfläche, verursacht durch den Erdschlußstrom, ist in der Nähe der Erder am größten. Es nimmt mit wachsender Entfernung von den Erdern schnell ab und nähert sich bei genügendem Abstand der Erder in zunehmendem Grade dem Wert Null. Hier kann man den Wirkungsbereich beider Erder durch Einsetzen einer Sonde (stromloser oder bei der Messung stromlos gemachter Hilfserder) abgrenzen und durch Vergleich den Anteil jedes einzelnen Erders an dem Gesamtwiderstand bestimmen (Wichertsche Methode). Dieser so abgegrenzte Anteil des einzelnen Erders an dem Gesamtwiderstand des Erdstromkreises wird als Widerstand eines Einzelerders bezeichnet.

Der gemessene Widerstand einer Erdung ist bei bestimmter Oberfläche des Erders ausschließlich durch die Leitfähigkeit des Erdreiches bedingt. Der Erdungswiderstand ist praktisch rein Ohmscher Art. Das Telephon als Nullinstrument bei Brückenmessungen läßt sich nicht vollständig zum Schweigen bringen und das Tonminimum ist um so schärfer, je größer der Meßstrom ist, mit dem die Widerstände bestimmt werden. Daher empfiehlt es sich, die Stromquellen kräftig genug zu wählen, um die Messung auch im freien Felde bei Störungen durch Wind und andere Geräusche bequem durchführen zu können, oder gegebenenfalls andere Nullinstrumente (Zeigerinstrumente) zu verwenden.

Die Bestimmung des Widerstandes zwischen zwei Erdern macht im allgemeinen keine Schwierigkeiten. Jede für Elektrolytwiderstände bekannte Meßart kann Verwendung finden; bei der Bestimmung von Erdungswiderständen einzelner Erder sind indessen besondere Umstände zu beachten.

Einfach gestalten sich die Meßarten, bei denen Sonden — also stromlose Hilfserder — verwendet werden. Man mißt dann den Widerstand des Erdreiches vom Erder bis zu einer Fläche, die durch die Sonde und alle die Punkte geht, die gleiche Spannung mit ihr haben. Dieser so gemessene Anteil in dem Gesamtwiderstand (der theoretische Grenzwert) hängt von dem Orte der Sonde ab und wird bei zweckmäßiger Wahl etwa 80 bis 90% des Grenzwertes je nach Form und Ausdehnung des Erders ergeben. Gedrängte Anordnung des Erders (einzelne Platten, Rohre u. dgl.) bedingt geringsten Sondenabstand.

Für zusammengesetzte verzweigte Erderformen wird man die Lage der Sonde mehrfach wechseln, um festzustellen, von welcher Stelle ab der Widerstand nicht merklich zunimmt.

Im allgemeinen wird ein Sondenabstand von 10 m bei gedrängten Erdern, deren größte Horizontalerstreckung etwa 2 m nicht überschreitet, genügen.

Bei gestreckten Erdern, z. B. Bändern, Eisenbahnschienen u. dgl., soll der Sondenabstand senkrecht zur größten Ausdehnung in mindestens 10 m Abstand gemessen werden.

Stromführende Hilfserder müssen das Doppelte des oben angegebenen Abstandes haben; ihr Widerstand soll von dem des Haupterders nicht allzu verschieden sein.

Bei stark verzweigter Erderform gibt die Aufnahme der Linien gleicher Spannung an der Erdoberfläche ein gutes Bild der Widerstandsverteilung; sie dürfte aber nur in den seltensten Fällen in Betracht kommen und erfordert entsprechende Gewandtheit in der Ausführung.

D. Meßweisen.

Die bekannteste Meßart, nach der die Widerstände zwischen je drei stromführenden Erdern, dem Haupterder und zwei Hilfserdern, gemessen werden, ist umständlich auszuführen. Sie ergibt nur dann brauchbare Werte, wenn die Hilfserder nicht allzu verschieden sind. Die sogenannte Wichertsche Meßart verwendet nur einen Hilfserder (stromführend) und eine Sonde (bei der Messung stromlos), die nur geringe Abmessungen zu haben braucht.

Die Bestimmung des Widerstandes aus Spannung und Strom kann nur in Betracht kommen, wenn ausreichende Energiequellen zur Verfügung stehen. Für die Spannungmessung müssen Instrumente mit hohem Widerstand benutzt werden. Der Hilfserder, der vom Spannungstrom durchflossen wird (am besten ein Rohr), ist so weit in den Boden einzutreiben, daß die angezeigte Spannung nicht mehr merklich ansteigt.

E. Bewertung der Meßergebnisse

Das Ergebnis einer Widerstandsmessung an Einzelerdern ist von der Leitfähigkeit des Erdreiches in sehr hohem Maße abhängig, also zeitlich und örtlich außerordentlich verschieden. Die Leitfähigkeit wiederum unterliegt den Einflüssen der Witterung um so mehr, je näher die Erdschichten der Oberfläche liegen. Auf tiefer liegenden Schichten, von etwa 1 m an, hat die Witterung kaum noch Einfluß. Infolgedessen ist die Stromverteilung an der Erdoberfläche stark von der Witterung abhängig; aus einem gemessenen Widerstand läßt sich nicht ohne weiteres auf die Spannungsverteilungen der Erdoberfläche schließen, die gerade für die Gefahren von ausschlaggebender Bedeutung sind. Außerdem verhält sich die Spannungsverteilung an der Erdoberfläche verschieden, je nachdem ein Einzelerdschluß oder ein Phasenschluß durch das Erdreich vorliegt. Während bei dem letztgenannten die Spannungsverteilung zwischen den beiden Erdschlußstellen (Erdern) ungeändert bleibt, wenn auch die Leitfähigkeit des Erdbodens in weiten Grenzen schwankt, so ist beim Einzelerdschluß der kapazitive Spannungsabfall gegenüber dem Ohmschen im Erdreich im allgemeinen so groß, daß der Erdschlußstrom als praktisch unverändert angesehen werden kann. Ist also der Erder so verlegt, daß auch lange andauernde trockene Witterung den Widerstand und damit das Produkt aus Erdschlußstromstärke und gemessenem Widerstand nicht über 125 V ansteigen läßt, so wird die Spannung in der Umgebung des Erders diese 125 V (höchstzulässige Berührungspannung) nicht übersteigen können, wie auch der Zustand der Erdoberfläche sei.

C. Belastungstabellen für isolierte Leitungen.

I. Kupferleitungen.

1. Belastungstabelle für gummiisolierte Leitungen.
2. Belastungstabelle für Bleikabel.

II. Aluminiumleitungen.

1. Belastungstabelle für Einleiterkabel mit Aluminiumleiter.

A. Gummiisolierte Leitungen.

I. Allgemeines.

1. Beschaffenheit der Kupferleiter.

Die für isolierte Leitungen verwendeten Kupferdrähte müssen den Kupfernormalien des Verbandes Deutscher Elektrotechniker entsprechen und feuerverzinnt sein.

2. Zusammensetzung der Gummihülle.

Die Gummihülle der fertigen Leitungen muß folgender Zusammensetzung entsprechen:

Mindestens 33,3 % Kautschuk, der nicht mehr als 6% Harz enthalten darf,

höchstens 66,7% Zusatzstoffe einschließlich Schwefel.

Von organischen Füllstoffen ist nur der Zusatz von festem Paraffin bis zu einer Höchstmenge von 5% gestattet. Das spezifische Gewicht des Adergummis soll mindestens 1,5 betragen.

3. Verwendungsbereich.

Der Verwendungsbereich ist für jede Leitungsart besonders festgelegt.

Ist hierfür eine Spannung angegeben, so bedeutet diese den höchsten Wert, den die Spannung zwischen zwei Leitern oder einem Leiter und Erde annehmen darf.

4. Kennfäden [1].

Leitungen, welche den „Normen für isolierte Leitungen in Starkstromanlagen" entsprechen, müssen einen weißen Kennfaden besitzen. Außerdem muß durch einen zweiten Kennfaden ersichtlich gemacht werden, von welchem Werk die Leitungen hergestellt sind. Beide Kennfäden sind unmittelbar unter der (inneren) Beflechtung anzubringen, bei Gummischlauchleitungen unter dem gemeinsamen Gummimantel.

---

[1] Die Zuteilung der Firmenkennfäden erfolgt durch die Prüfstelle des Verbandes Deutscher Elektrotechniker. Vgl. „ETZ" 1921, S. 984.

II. Bauart und Prüfung der Leitungen.

1. Leitungen für feste Verlegung.

a) Gummiaderleitungen
für Spannungen bis 750 V.
Bezeichnung: NGA.

Die Gummiaderleitungen sind mit massiven Leitern in Querschnitten von 1 bis 16 qmm, mit mehrdrähtigen Leitern in Querschnitten von 1 bis 1000 qmm zulässig.

Die Kupferseele ist mit einer vulkanisierten Gummihülle umgeben.

Für die Leiter und Gummihülle gilt folgende Tafel:

Kupferquerschnitt in qmm	Mindestzahl der Drähte bei mehrdrähtigen Leitern	Stärke der Gummischicht mindestens mm
1	7	0,8
1,5	7	0,8
2,5	7	1
4	7	1
6	7	1
10	7	1,2
16	7	1,2
25	7	1,4
35	19	1,4
50	19	1,6
70	19	1,6
95	19	1,8
120	37	1,8
150	37	2
185	37	2,2
240	61	2,4
300	61	2,6
400	61	2,8
500	91	3,2
625	91	3,2
800	127	3,5
1000	127	3,5

Die Gummihülle ist mit gummiertem Baumwollband bewickelt. Hierüber befindet sich eine Beflechtung aus Baumwolle, Hanf oder gleichwertigem Stoff, die in geeigneter Weise getränkt ist. Bei Mehrfachleitungen kann die Beflechtung gemeinsam sein.

Die Leitungen müssen nach 24stündigem Liegen unter Wasser von nicht mehr als 25° C während einer halben Stunde einer Prüfspannung von 2000 V Wechselstrom oder 2800 V Gleichstrom widerstehen können. Für die Gleichstromprüfung muß eine Stromquelle von mindestens 2 kW benutzt werden.

b) Spezial-Gummiaderleitungen,

für Spannungen von 2000, 3000, 6000, 10000, 15000 und
25000 V.

Bezeichnung: NSGA,
der die Spannung beizufügen ist, z. B.

$$\frac{\text{NSGA}}{3000} \ 10^2).$$

Die Spezial-Gummiaderleitungen sind mit massiven
Leitern in Querschnitten von 1 bis 16 qmm, mit mehrdrähtigen Leitern in Querschnitten von 1 bis 300 qmm
zulässig.

Die Gummihülle muß bei diesen Leitungen aus
mehreren Lagen Gummi hergestellt sein, die Mindestwandstärke muß nachstehender Tafel entsprechen.

Kupferquerschnitt qmm	2000 V mm	3000 V mm	6000 V mm	10 000 V mm	15 000 V mm	25 000 V mm
1	1,5	1,7				
1,5	1,5	1,7				
2,5	1,5	1,8	3			
4	1,5	1,8	3			
6	1,5	1,8	3	4,7		
10	1,7	2	3,2	4,5	7	
16	1,7	2	3,2	4,3	6,5	8,5
25	2	2,2	3,2	4,3	6	8
35	2	2,2	3,2	4,3	6	7,5
50	2,3	2,4	3,4	4,3	6	7,5
70	2,3	2,4	3,4	4,3	6	7,5
95	2,6	2,6	3,4	4,3	6	7,5
120	2,6	2,6	3,4	4,3	6	7,5
150	2,8	2,8	3,6	4,3	6	7,5
185	3	3	3,6	4,3	6	7,5
240	3,2	3,2	3,8	4,3	6	7,5
300	3,4	3,4	3,8	4,3	6	7,5

Die Mindestzahl der Drähte bei mehrdrähtigen
Leitern ist dieselbe wie die in der Tafel für NGA-
Leitungen angegebene.

Die Gummihülle ist mit gummiertem Baumwollband bewickelt. Hierüber befindet sich eine Beflechtung
aus Baumwolle, Hanf oder gleichwertigem Stoff, die in
geeigneter Weise getränkt ist. Bei Mehrfachleitungen
kann die Beflechtung gemeinsam sein.

Die Leitungen müssen nach 24stündigem Liegen
unter Wasser von nicht mehr als 25° C während einer
halben Stunde einer Prüfung gemäß nachstehender Tafel
widerstehen können.

---

2) Die Bezeichnung bedeutet: Spannung 3000 V, Querschnitt 10 qmm.

Betriebsspannung	Prüfspannung
2000 V	4000 V
3000 „	6000 „
6000 „	10000 „
10000 „	15000 „
15000 „	23000 „
25000 „	35000 „

c) Rohrdrähte

für Niederspannungsanlagen, zur erkennbaren Verlegung, die es ermöglicht, den Leitungsverlauf ohne Aufreißen der Wände zu verfolgen.

Bezeichnung: NRA.

Rohrdrähte sind Gummiaderleitungen mit gefalztem, eng anliegendem Metallmantel (nicht Bleimantel), die an Stelle der getränkten Beflechtung eine mechanisch gleichwertige, isolierende Hülle von mindestens 0,4 mm Wandstärke haben.

Rohrdrähte sind als Einfachleitungen in Querschnitten von 1 bis 16 qmm, als Mehrfachleitungen in Querschnitten von 1 bis 6 qmm zulässig. Die Wandstärke des Mantels soll mindestens 0,25 mm betragen. Für den äußeren Durchmesser der Rohrdrähte gilt folgende Tafel:

Anzahl der Adern und Kupferquerschnitt qmm	Außendurchmesser (über Falz gemessen) in mm	
	nicht unter	nicht über
1	5,3	6
1,5	5,4	6,2
2,5	6,4	7,2
4	6,8	7,6
6	7,2	8
10	8,2	9,2
16	9,2	10,2
2×1	8,3	9,3
$2 \times 1,5$	8,7	9,7
$2 \times 2,5$	10	11
2×4	10,5	11,5
2×6	11,5	12,5
3×1	8,7	9,7
$3 \times 1,5$	9,2	10,2
$3 \times 2,5$	10,5	11,5
3×4	11,5	12,5
3×6	12,5	13,5
4×1	9,5	10,5
$4 \times 1,5$	10	11
$4 \times 2,5$	11,5	12,5

Die Rohrdrähte müssen einer halbstündigen Prüfung mit Wechselstrom von 2000 V Spannung zwischen den Leitern und zwischen Leitung und Metallmantel in trockenem Zustand widerstehen können.

d) Panzeradern
für Spannungen bis 1000 V.
Bezeichnung: NPA.

Panzeradern sind Spezialgummiaderleitungen für 2000 V mit einer Hülle von Metalldrähten (Beflechtung, Bewicklung), die gegen Rosten geschützt sind. Bei Mehrfachleitungen darf die Metallhülle gemeinsam sein.

Die getränkte Beflechtung der NSGA-Leitung darf durch eine andere gleichwertige Schutzhülle, die als Zwischenlage gegen das Durchstechen abgerissener Drähte Schutz bietet, ersetzt sein.

Die Prüfung der fertigen NPA-Leitungen hat mit 4000 V Wechselstrom zwischen Leiter und Schutzpanzer bei trockenem Zustand zu erfolgen.

2. Leitungen für Beleuchtungskörper.

a) Fassungsadern
zur Installation nur in und an Beleuchtungskörpern[3]
in Niederspannungsanlagen.
Bezeichnung: NFA.

Die Fassungsader hat einen massiven oder mehrdrähtigen Leiter von 0,5 qmm oder 0,75 qmm Kupferquerschnitt. Bei mehrdrähtigen Leitern darf der Durchmesser der einzelnen Drähte nicht mehr als 0,2 mm betragen.

Die Kupferseele ist mit einer vulkanisierten Gummihülle von 0,6 mm Wandstärke umgeben. Über dem Gummi befindet sich eine Beflechtung aus Baumwolle, Hanf, Seide oder ähnlichem Stoff, der auch in geeigneter Weise getränkt sein kann. Diese Adern können auch mehrfach verseilt werden.

Eine Fassungs-Doppelader (Bezeichnung NFA 2) kann auch aus zwei nebeneinander liegenden nackten Fassungsadern, die gemeinsam wie oben angegeben beflochten sind, bestehen.

Die Fassungsadern müssen in trockenem Zustande einer halbstündigen Prüfung mit 1000 V Wechselstrom widerstehen können. Bei Prüfung einfacher Fassungsadern sind zwei 5 m lange Stücke zusammenzudrehen.

b) Pendelschnüre
zur Installation von Schnurzugpendeln in Niederspannungsanlagen.
Bezeichnung: NPL.

Die Pendelschnur hat einen Kupferquerschnitt von 0,75 qmm.

Die Kupferseele besteht aus Drähten von höchstens 0,2 mm Durchmesser, die zusammengedreht werden. Die Kupferseele ist mit Baumwolle besponnen und darüber mit einer vulkanisierten Gummihülle von 0,6 mm Wandstärke umgeben. Zwei Adern sind mit

---

[3] Als Zuleitungen nicht zulässig. Siehe § 18 der Errichtungsvorschriften.

einer Tragschnur oder einem Tragseilchen aus geeignetem Stoff zu verseilen und erhalten eine gemeinsame Beflechtung aus Baumwolle, Hanf, Seide oder ähnlichem Stoff. Die Tragschnur oder das Tragseilchen können auch doppelt zu beiden Seiten der Adern angeordnet werden. Wenn das Tragseilchen aus Metall hergestellt ist, muß es umsponnen oder beflochten sein. Die gemeinsame Beflechtung der Schnur kann wegfallen, doch müssen die Gummiadern dann einzeln beflochten werden.

Die Pendelschnüre müssen so biegsam sein, daß einfache Schnüre um Rollen von 25 mm Durchmesser und doppelte um Rollen von 35 mm Durchmesser ohne Nachteil geführt werden können.

Die Pendelschnüre müssen in trockenem Zustande einer halbstündigen Prüfung mit 1000 V Wechselstrom widerstehen können.

8. Leitungen zum Anschluß ortsveränderlicher Stromverbraucher.

a) Gummiaderschnüre (Zimmerschnüre)
für geringe mechanische Beanspruchung in trockenen Wohnräumen in Niederspannungsanlagen.

Bezeichnung: NSA.

Die Gummiaderschnüre sind in Querschnitten von 0,75[4]) bis 6 qmm zulässig. Für die Querschnitte von 0,75 qmm besteht die Kupferseele aus Drähten von höchstens 0,2 mm Durchmesser, für die Querschnitte 1 bis 2,5 qmm aus Drähten von höchstens 0,25 mm Durchmesser, die zusammengedreht werden. Sie ist mit Baumwolle besponnen. Für die Querschnitte 4 bis 6 qmm wird die Kupferseele aus Drähten von höchstens 0,3 mm Durchmesser zusammengesetzt, die zweckentsprechend verseilt sind. Die Baumwollumspinnung kommt in Fortfall. Über der Kupferseele befindet sich eine vulkanisierte Gummihülle in der Wandstärke der NGA-Leitungen; auch für den Querschnitt 0,55 qmm muß die Wandstärke 0,8 mm betragen.

Einleiterschnüre oder verseilte Mehrfachschnüre erhalten über der Gummihülle eine Beflechtung aus Garn, Seide, Baumwolle oder dergl. Runde oder ovale Mehrfachschnüre müssen eine gemeinsame Beflechtung erhalten. Gummiaderschnüre mit einem Querschnitt von 0,75 qmm sind nur in runder Ausführung zulässig.

Für die Spannungsprüfung gelten die Bestimmungen über Gummiaderleitungen.

b) Leichte Anschlußleitungen
für geringe mechanische ·Beanspruchung in Werkstätten in Niederspannungsanlagen. (Handlampen, kleinere Geräte u. dergl.)

---

4) Der Querschnitt 0,75 qmm weicht z. Z. von den Bestimmungen des § 20 der Errichtungsvorschriften ab.

Bezeichnung: NHH (mit Baumwollbeflechtung).
„ NHK (mit Kordelbeflechtung).

Die leichten Anschlußleitungen sind in Querschnitten von 1 bis 6 qmm zulässig. Die Bauart des Leiters, die Vorschriften über die Baumwollbespinnung und die Beschaffenheit der Gummihülle sind die gleichen wie bei den Gummiaderschnüren.

Die Gummihülle jeder einzelnen Ader ist mit gummiertem Baumwollband bewickelt. Zwei oder mehr solcher Adern sind rund zu verseilen, mit getränktem Baumwollband zu bewickeln und mit einer dichten Beflechtung aus getränkter Baumwolle (NHH) oder mit einer Beflechtung aus geteerter Kordel (NHK) zu versehen.

Für die Spannungsprüfung gelten die Bestimmungen über Gummiaderleitungen.

c) Werkstattschnüre

für mittlere mechanische Beanspruchung in Werkstätten und Wirtschaftsräumen in Niederspannungsanlagen.

Bezeichnung: NWK.

Die Werkstattschnüre sind in Querschnitten von 1 bis 35 qmm zulässig.

Die Bauart des Kupferleiters und die Vorschriften für die Baumwollbespinnung sind die gleichen wie bei den Gummiaderschnüren, jedoch ist bei Querschnitten über 6 qmm die Verwendung von Drähten bis zu 0,4 mm zulässig.

Die Gummihülle jeder einzelnen Ader ist mit gummiertem Baumwollband bewickelt; zwei oder mehr solcher Adern sind rund zu verseilen und mit einer dichten Beflechtung aus Faserstoff zu versehen. Darüber ist eine zweite Beflechtung aus besonders widerstandsfähigem Stoff (Hanfkordel oder dergl.) anzubringen.

Erdungsleiter müssen aus verzinnten Kupferdrähten bestehen und sind innerhalb der inneren Beflechtung anzuordnen.

Für Querschnitte bis 2,5 qmm darf der Durchmesser des Einzeldrahtes höchstens 0,25 mm, für 4 bis 6 qmm 0,3 mm und für 10 qmm 0,4 mm betragen.

Für die Abmessungen gilt folgende Tafel:

Kupferquerschnitt in qmm	Stärke der Gummischicht mindestens mm	Querschnitt der Erdungsleiter in qmm
1	0,8	1
1,5	0,8	1
2,5	1	1
4	1	2,5
6	1	2,5
10	1,2	4
16	1,2	4
25	1,4	6
35	1,4	10

Für die Spannungsprüfung gelten die Bestimmungen über die Gummiaderleitungen.

d) Gummischlauchleitungen.

1. Leichte Ausführung
zum Anschluß von Zimmergeräten bis 1000 Watt in Niederspannungsanlagen
(Wasserkocher, Kaffeemaschinen, Bügeleisen, Heizkissen, Heißluftapparate usw.)
Bezeichnung: LHZ.

Die Gummischlauchleitungen LHZ sind in Querschnitten von 0,75 qmm [5]) und 1 qmm als Zweifach-, Dreifach- und Vierfachleitungen zulässig. Die Bauart und die Abmessungen der Gummiadern sind die gleichen wie bei Gummiaderschnüren. Zwei oder mehr solcher Adern sind zu verseilen und mit Gummi so zu umpressen, daß alle Hohlräume ausgefüllt sind und der gemeinsame Gummimantel an der schwächsten Stelle bei dem Querschnitt 0,75 qmm mindestens 0,8 mm und bei 1 qmm mindestens 1 mm stark ist. Das Ausfüllen der Hohlräume kann auch durch mit Gummi umhüllte Hanf- oder Baumwollfäden geschehen. Die zum Ausfüllen der Hohlräume und für den gemeinsamen Gummimantel verwendete Gummimischung soll mechanisch fest und widerstandsfähig sein und einen Kautschukgehalt von mindestens $25^0/_0$ besitzen. Damit auch äußerlich eine Unterscheidung gegenüber dem Isoliergummi vorhanden ist, soll die Farbe der Ausfüllung und des äußeren Gummimantels rötlichbraun sein.

2. Verstärkte Ausführung
zum Anschluß von Küchengeräten usw. bis 2000 Watt in Niederspannungsanlagen.
Bezeichnung: VHZ.

Die Gummischlauchleitungen VHZ sind in Querschnitten von 1,5 qmm und 2,5 qmm als Zweifach-, Dreifach- und Vierfachleitungen zulässig.

Die Bauart der Leitungen und die Beschaffenheit der für den Schutzmantel verwendeten Gummimischung sind die gleichen wie die der LHZ-Leitungen, jedoch soll der Gummimantel an der schwächsten Stelle bei 1,5 qmm mindestens 1,2 mm und bei 2,5 qmm mindestens 1,5 mm stark sein.

3. Starke Ausführung
für Zwecke, in denen besonders hohe mechanische Anforderungen gestellt werden für Spannungen bis 750 V.
(Elektrisch betriebene Werkzeuge, fahrbare Motoren, landwirtschaftliche Geräte u. dgl.)
Bezeichnung: SHZ.

---

[5]) Der Querschnitt von 0,75 qmm weicht z. Z. von den Bestimmungen des § 20 der Errichtungsvorschriften ab.

Die Gummischlauchleitungen SHZ sind in Querschnitten von 1,5 qmm bis 16 qmm als Zweifach-, Dreifach- und Vierfachleitungen zulässig.

Die Bauart und die Abmessungen der Gummiadern sind die gleichen wie bei den Gummiaderschnüren, jedoch erhalten die Einzeladern über der Gummihülle eine Bewicklung mit gummiertem Baumwollverband. Zwei oder mehr solcher Adern sind zu verseilen und mit Gummi so zu umpressen, daß alle Hohlräume ausgefüllt sind.

Über dem Gummimantel wird ein starkes Baumwollband aufgewickelt und hierüber noch ein zweiter Gummimantel in gleicher Beschaffenheit wie der innere aufgebracht. Im übrigen gelten für den gemeinsamen Gummimantel die gleichen Bestimmungen wie bei den LHZ-Leitungen. Die Mindestwandstärken der Gummimäntel müssen bei den SHZ-Leitungen folgender Tafel entsprechen:

Kupferquerschnitt qmm	Innerer Gummimantel mm	Äußerer Gummimantel mm
1,5	1	1,6
2,5—6	1,2	2
10	1.4	2,2
16	1,5	2,5

Für die äußeren Durchmesser der Gummischlauchleitungen gilt folgende Tafel:

Kupferquerschnitt qmm	LHZ etwa mm	Kupferquerschnitt qmm	LHZ etwa mm	SHZ etwa mm	Kupferquerschnitt qmm	SHZ etwa mm
2 × 0,75	8	2 × 1,5	9,5	14	2 × 6	18,5
3 × 0,75	8,5	3 × 1,5	10	14,5	3 × 6	19,5
4 × 0,75	9	4 × 1,5	11	15,5	4 × 6	21
2 × 1	8,5	2 × 2,5	12	17	2 × 10	23
3 × 1	9	3 × 2,5	12,5	17,5	3 × 10	24
4 × 1	9,5	4 × 2,5	12,5	19	4 × 10	26
		2 × 4	—	17,5	2 × 16	27
		3 × 4	—	18	3 × 16	28
		4 × 4	—	19,5	4 × 16	31

Gummischlauchleitungen sind auch mit Erdungsleiter zulässig. Für Bauart und Abmessungen derselben gelten die entsprechenden Bestimmungen über Werkstattschnüre. Die äußeren Durchmesser der Zweifach- bzw. Dreifachleitungen mit Erdungsleiter sind die gleichen wie die der Dreifach- bzw. Vierfachleitungen ohne Erdungsleiter.

Für die Spannungsprüfungen der Gummischlauchleitungen gelten die Bestimmungen über Gummiaderleitungen, indessen beträgt die Prüfspannung für die SHZ-Leitung 3000 V Wechselstrom.

e) Spezialschnüre
für rauhe Betriebe in Gewerbe, Industrie und Landwirtschaft in Niederspannungsanlagen.
Bezeichnung: NSGK.

Die Spezialschnüre sind in Querschnitten von 1
bis 16 qmm zulässig. Die Bauart des Kupferleiters und
die Vorschriften über die Baumwollbespinnung sind
die gleichen wie bei den Werkstattschnüren.

Für die Wandstärke der Gummihülle gilt die entsprechende Tabelle über die Werkstattschnüre.

Die Gummihülle der einzelnen Adern ist mit gummiertem Baumwollband bewickelt; zwei oder mehr
solcher Adern sind zu verseilen und mit Gummi so
zu umpressen, daß alle Hohlräume ausgefüllt sind und
die Gummiumpressung an der schwächsten Stelle mindestens dieselbe Wandstärke hat, wie die Gummihülle
der einzelnen Adern. Die Zusammensetzung des Gummis
dieser Umpressung muß den unter A I 2 gegebenen Bestimmungen entsprechen.

Über die gemeinsame Gummiumpressung ist ein
gummiertes Baumwollband, alsdann eine Beflechtung
aus Faserstoff und hierüber eine zweite Beflechtung
aus besonders widerstandsfähigem Stoff (Hanfkordel
oder dgl.) anzubringen. Die zweite Beflechtung kann
auch durch gut biegsame Metallbewehrung (nicht Draht-
beflechtung) ersetzt sein.

Für Bauart und Abmessungen der Erdungsleiter
gelten die entsprechenden Bestimmungen über Werkstattschnüre. Die Erdungsleiter können auch in Form
einer die Leitung umgebenden Beflechtung oder einer
Bewicklung unmittelbar unter der inneren Faserstoff-
beflechtung angebracht werden, jedoch muß hierbei die
Biegsamkeit der Leitung gewahrt bleiben. Der Gesamt-
querschnitt muß auch in diesem Falle mindestens die
angegebenen Werte besitzen.

Für die Spannungsprüfung gelten die Bestimmungen
über Gummiaderleitungen.

f) Hochspannungsschnüre
für Spannungen bis 1000 V.
Bezeichnung: NHSGK.

Die Hochspannungsschnüre sind in Querschnitten
von 1 bis 16 qmm zulässig. Die Bauart der Kupferleiter
und die Vorschriften über die Baumwollbespinnung
sind die gleichen wie bei den Werkstattschnüren.

Die Gummihülle der einzelnen Adern entspricht
in Bauart und Wandstärke mindestens der Gummihülle
der Spezialgummiaderleitungen für 2000 V.

Die Gummihülle der einzelnen Adern ist mit gummiertem Baumwollband bewickelt. Zwei oder mehr
solcher Adern sind su verseilen und mit Gummi so zu
umpressen, daß alle Hohlräume ausgefüllt sind und

die Gummiumpressung an der schwächsten Stelle mindestens dieselbe Wandstärke hat, wie die Gummihülle
der einzelnen Adern. Die Zusammensetzung des Gummis
dieser Umpressung muß den unter A I 2 gegebenen Bestimmungen entsprechen.

Für die Bauart oberhalb der gemeinsamen Gummi
umpressung gelten die entsprechenden Bestimmungen
über Spezialschnüre.

Die Hochspannungsschnüre müssen nach 24-stün-
digem Liegen unter Wasser von nicht mehr als 25^0 C
während einer halben Stunde einer Prüfspannung von
4000 V Wechselstrom widerstehen können.

g) Leitungstrossen
zur Führung über Leitrollen und Trommeln.
Bezeichnung: NLT.
**(Kranleitungen, Abteufleitungen, Schießleitungen u. dgl.,
ausgenommen Pflugleitungen.)**

Leitungstrossen sind bewegliche Leitungen für
solche Anwendungsgebiete, in denen ein häufiges Auf-
und Abwickeln der Leitungen betriebsmäßig stattfindet.
Sie sind nur mit mehrdrähtigen Kupferleitern in den
normalen Querschnitten von 2,5 qmm bis 150 qmm
zulässig. Die Einzeldrähte dürfen bis zum Querschnitt
von 50 qmm nicht über 0,8 mm Durchmesser, bei größeren Querschnitten nicht über 1,2 mm Durchmesser
haben. Verbindungen müssen in der Weise hergestellt
sein, daß die Drähte einzeln verlötet und die Lötstellen
versetzt werden. Bei Querschnitten über 10 qmm
muß der Leiter mehrlitzig sein. Der Drall darf bei einzelnen Litzen nicht mehr als das 12- bis 15-fache des Litzen-
durchmessers betragen, bei mehrlitzigen Leitern nicht
mehr als das 11-fache des Gesamtdurchmessers.

Die Isolierung der Adern soll in Leitungstrossen
für Spannungen bis 250 V mit der der NGA-Leitungen,
in solchen für mehr als 250 V mit der der NSGA-Leitungen für die entsprechende Spannung übereinstimmen.

Leitungstrossen dürfen keinen Bleimantel haben[6]);
sie sind mit einer bei Mehrfachleitungen gemeinsamen
Umhüllung oder Bewehrung zu versehen, die hinreichend
biegsam und so widerstandsfähig ist, daß sie bei der
vorgesehenen Beanspruchung keine mechanische Verletzung erleidet. Für Spannungen über 250 V ist nur
zur Erdung geeignete Metallbewehrung zulässig. Eine
Beflechtung mit Drähten von weniger als 0,5 mm
Durchmesser gilt nicht als ausreichende Metallbewehrung.
Bei Leitungstrossen, die sich selbst tragen müssen,
sind entweder Drahtseile einzulegen, oder die Bewehrung kann als Träger verwendet werden. Die strom-

---

6) **Für Abteufkabel, die über Leitrollen und Trommeln
geführt und selten bewegt werden, sind bis auf weiteres Bleimäntel zulässig.**

führenden Leiter selbst sind nicht als tragende Teile in Rechnung zu setzen[7]). Die Festigkeit der tragenden Teile ist hierbei so zu bemessen, daß das Gesamtgewicht der freihängenden Leitung und der daran hängenden Teile mit fünffacher Sicherheit getragen werden kann; die tragenden Teile sind so zu gestalten oder anzuordnen, daß die freihängende Trosse sich nicht durch Aufdrehen verändern kann. Zwischen Leitungsadern und Bewehrung muß außer der Beflechtung ein Schutzpolster aus feuchtigkeitsbeständigem Stoff angebracht werden, dessen Stärke einschließlich der Beflechtung der Isolationsdicke gleichkommt. Mit einer gleichstarken Hülle aus entsprechendem Stoff sind Tragseile zu umgeben. Tragseile müssen aus Einzeldrähten von höchstens 0,8 mm Durchmesser verseilt sein.

Erdungsleiter in beweglichen Leitungstrossen sollen aus Kupfer bestehen und einen Querschnitt von mindestens 4 qmm haben[8]).

Bei Spannungen von mehr als 250 Volt sind Prüf- und Hilfsdrähte unzulässig.

Für die Prüfung der Leitungstrossen sind die gleichen Vorschriften wie für NGA- und NSGA-Leitungen maßgebend, wobei als Betriebsspannung stets die Spannung zwischen zwei Adern anzusehen ist.

B. Bleikabel.

I. Gummibleikabel.

Für Gummibleikabel sind je nach der Betriebsspannung NGA-Leitungen oder NSGA-Leitungen zu verwenden, jedoch muß die Mindestwandstärke der Gummihülle 1,5 mm betragen. Mehrleiter-Gummibleikabel sind als verseilte Kabel aus solchen Leitungen herzustellen. Die Beflechtung der Adern kann sowohl bei Einleiterkabeln wie bei Mehrleiterkabeln fortfallen, indessen müssen bei Mehrleiterkabeln die Adern nach der Verseilung mit einem imprägnierten Baumwollbande bewickelt werden. Bleimantel und Bewehrung müssen bei Einleiterkabeln der Tafel 1, bei Mehrleiterkabeln der Tafel 3 entsprechen. Bei mit Metalldrähten beflochtenen Gummikabeln werden Vorschriften, betreffend die Hülle über dem Bleimantel nicht erlassen.

Adern und fertige Kabel sind für Betriebsspannungen bis 2000 V mit der doppelten Betriebsspannung, mindestens aber mit 2000 V Wechselstrom von 50 Perioden pro Sekunde während 30 Minuten zu prüfen. Für Kabel von 2000 V Betriebsspannung ab kommen die Bestimmungen für NSGA-Leitungen in Betracht. Für

---

7) Bei Schießleitungen ist es zulässig, den Leiter als Tragorgan auszubilden.

8) Siehe auch die „Leitsätze für Schutzerdungen", Anhang 1 dieses Buches, S. 200, sowie „ETZ" 1913, S. 691 und 1914, S. 400 und 605.

Tafel 1. Aufbau für Einleiter-Gleichstrom-Bleikabel bis 750 V.

| Kupferseele | | | Mindeststärke der Isolierhülle | Mindeststärke des Bleimantels | Bedeckung des Bleimantels | | Bewehrung | | Bedeckung der Bewehrung | | Äußerer Durchmesser des fertigen Kabels etwa mm | |
| Kupfer-querschnitt | Mindestzahl der Drähte für Kabel | | | | Werk-stoff | Stärke etwa | Blechstärke etwa | Drahtstärke etwa | Werk-stoff | Stärke etwa | ohne | mit |
qmm	ohne	mit Prüfdraht	mm	mm		mm	mm	mm		mm	Prüfdraht	
1	2		3	4	5		6		7		8	
1	1		1,75	1,1	Gut getränktes Papier oder anderer säurefrei getränkter Faserstoff	1,5	—	Ver-zinkter Eisen-draht von 1,8 mm	Säurefreier gut getränkter Faserstoff (nicht Papierband)	1,5	16	—
1,5	1		1,75	1,1		1,5	—			1,5	16	—
2,5	1		1,75	1,1		1,5	—			1,5	17	—
4	1		1,75	1,2		1,5	—			1,5	18	—
6	1		1,75	1,2		1,5	2×0,5			1,5	19	—
10	1		1,75	1,2		1,5	2×0,5			1,5	20	—
16	1	3	2,0	1,2		1,5	2×0,5			1,5	22	23
25	7	6	2,0	1,2		1,5	2×0,8			2,0	23	24
35	7	6	2,0	1,3		1,5	2×0,8	—		2,0	25	26
50	7	6	2,0	1,3		1,5	2×0,8	—		2,0	27	28
70	19	13	2,0	1,4		1,5	2×0,8	—		2,0	29	30
95	19	13	2,0	1,4		1,5	2×0,8	—		2,0	31	32
120	19	13	2,0	1,5		2,0	2×1	—		2,0	33	34
150	19	18	2,25	1,6		2,0	2×1	—		2,0	36	37
185	37	26	2,25	1,7		2,0	2×1	—		2,0	38	39
240	37	29	2,50	1,8		2,0	2×1	—		2,0	41	42
300	37	36	2,50	1,9		2,5	2×1	—		2,0	44	45
400	37	36	2,50	2,0		2,5	2×1	—		2,0	47	48
500	37	36	2,75	2,1		2,5	2×1	—		2,0	52	53
625	37	36	2,75	2,3		2,5	2×1	—		2,0	56	57
800	37	36	3,0	2,4		2,5	2×1	—		2,0	61	62
1000	61	60	3,0	2,6		2,5	2×1	—		2,0	66	67

die Prüfung von Mehrleiterkabeln gelten Schaltungs- und Beanspruchungsdauer nach Tafel 4. Für die zulässige Belastung sind die Tafeln unter C maßgebend.

II. Papierbleikabel.

Die für Papierbleikabel verwendeten Kupferdrähte müssen den Kupfernormen des VDE entsprechen.

1. Einleiter-Gleichstrom-Bleikabel bis 750 V.

Die Isolation der Kabel soll aus gut imprägniertem Papier bestehen. Für den Aufbau der Kabel gilt die Tafel 1, und zwar für blanke Bleikabel die Spalten 1 bis 4, für asphaltierte Bleikabel die Spalten 1 bis 5 und für armierte, asphaltierte Bleikabel die Spalten 1 bis 8.

Besteht der Leiter aus Aluminium anstatt aus Kupfer, so sind nur die normalen Querschnitte von 4 qmm an aufwärts zulässig. Die Bauart der Kabel bleibt die gleiche.

Prüfdrähte in Einleiter-Gleichstrom-Bleikabeln müssen einen Querschnitt von mindestens 1 qmm haben.

Die Kabel müssen in der Fabrik 30 Minuten lang einer Prüfung mit 1200 V Wechselstrom von 50 Perioden pro Sekunde widerstehen können ohne durchzuschlagen.

2. Verseilte Mehrleiter-Bleikabel.

Für den Aufbau der Kupferleiter und die Stärke der Isolierhülle gelten für Kabel mit kreisförmigen Leiterquerschnitten die in Tafel 2 angeführten Werte.

Tafel 2. Aufbau der Kupferleiter und Stärken der Isolierhüllen für verseilte Mehrleiterkabel mit kreisförmigem Leiterquerschnitt.

Kupfer-querschnitt qmm	Mindest-zahl der Drähte	Mindeststärken der Isolierhüllen						
		750 V mm	3000 V mm	5000 V mm	6000 V mm	10 000 V mm	15 000 V mm	25 000 V [9]) mm
1	1	2,0	3,0	—	—	—	—	—
1,5	1	2,0	3,0	—	—	—	—	—
2,5	1	2,0	3,0	—	—	—	—	—
4	1	2,0	3,0	4,4	—	—	—	—
6	1	2,0	3,0	4,4	—	—	—	—
10	1	2,0	3,0	4,2	4,6	7,0	—	—
16	1	2,0	3,0	4,2	4,6	7,0	—	—
25	7	2,0	3.0	4,2	4,6	6,5	9,0	—
35	7	2,0	3,0	3,8	4,2	6,0	8,5	12,5
50	19	2,0	3,0	3,8	4,2	6,0	8,5	12,5
70	19	2,0	3,0	3,8	4,2	6,0	8,5	12,0
95	19	2,0	3,0	3,8	4,2	6,0	8,5	11,5
120	19	2,0	3,0	3,6	4,0	5,5	8,0	11,5
150	37	2,0	3,0	3,6	4,0	5,5	8,0	11,5
185	37	2,2	3,0	3,6	4,0	5,5	8,0	11,5
240	37	2,2	3,0	3,6	4,0	5,5	8,0	
300	61	2,5	3,0	3,6	4,0	5,5	8,0	
400	61	2,5	3,0	3,6				

9) Die Werte für 25 000 V gelten zunächst als Richtlinien. Endgültige Normung erfolgt später.

Für Kabel mit sektorförmigen Leiterquerschnitten sollen die Stärken der Isolierhülle mindestens die gleichen sein wie bei Kabeln mit kreisförmigen Leiterquerschnitten. Die Isolierhülle der Kabel soll aus gut imprägniertem Papier bestehen; die Stärke der Isolierschichten zwischen den Leitern und zwischen Leitern und Blei sind gleich. Für die Stärke der Bleimäntel und der Eisenbandbewehrung gilt Tafel 3.

Bestehen die Leiter aus Aluminium anstatt aus Kupfer, so sind nur die normalen Querschnitte von 4 qmm an aufwärts zulässig. Die Bauart der Kabel ist die gleiche.

Prüfdrähte sind nur in Kabeln bis zu 750 V Betriebsspannung zulässig. Der Querschnitt der Prüfdrähte soll mindestens 1 qmm betragen.

Tafel 3. Stärken der Bleimäntel und der Bewehrungen bei Mehrleiterkabel.

Durchmesser der Kabelseele unter dem Bleimantel mm	Mindeststärke des Bleimantels mm	Bedeckung des Bleimantels etwa mm	Blechstärke der Bewehrung etwa mm	Bedeckung der Bewehrung etwa mm
bis 10	1,2	1,5	$2 \times 0,5$	1,5
12	1,3	1,5	$2 \times 0,8$	2
14	1,4	1,5	$2 \times 0,8$	2
16	1,4	1,5	$2 \times 0,8$	2
18	1,5	1,5	$2 \times 0,8$	2
20	1,6	2,0	$2 \times 1,0$	2
23	1,7	2,0	$2 \times 1,0$	2
26	1,8	2,0	$2 \times 1,0$	2
29	1,9	2,5	$2 \times 1,0$	2
32	2,0	2,5	$2 \times 1,0$	2
35	2,1	2,5	$2 \times 1,0$	2
38	2,2	2,5	$2 \times 1,0$	2
41	2,3	2,5	$2 \times 1,0$	2
44	2,4	2,5	$2 \times 1,0$	2
47	2,6	2,5	$2 \times 1,0$	2
54	2,7	2,5	$2 \times 1,0$	2
62	2,9	2,5	$2 \times 1,0$	2
70	3,1	2,5	$2 \times 1,0$	2

Unter Betriebsspannung des Kabels ist die effektive Spannung zwischen zwei Adern zu verstehen, für die das Kabel gemäß der Typenbezeichnung gebaut ist.

Die Prüfspannungen der Kabel werden wie folgt festgelegt.

Die Spannungsprobe in der Fabrik soll mit Wechsel- bzw. Drehspannung von 50 Perioden pro Sekunde vorgenommen werden. Die Prüfspannung soll den Wert von $2 \times E + 1000$ V haben, wobei E die Betriebsspannung ist. Für die Schaltung und Beanspruchungsdauer der verschiedenenen Kabelarten gilt Tafel 4.

Zur Gewinnung eines Anhaltspunktes für den elektrischen Sicherheitsgrad der Kabel kann ein beliebiges, dem Kabel entnommenes Stück von höchstens 5 m Länge in einer der in der Tafel 4 angegebenen Schaltungen mit der 5-fachen Betriebsspannung geprüft werden. Bei schnellem Steigern und Erhalten der Spannung auf dem genannten Wert soll das Stück 5 Minuten lang dieser Probe standhalten können.

Tafel 4. Schaltung und Beanspruchungsdauer für die Prüfung von Mehrleiterkabeln.

Kabelart	Kabelbild	Schaltung	Prüfdauer (Minuten)
Zweileiter-kabel	Abb. fehlen	a) 1 gegen 2 b) 1 + 2 gegen Erde zus.	15 15 30
Dreileiter-kabel		a) 1 + 2 gegen 3 + Erde b) 1 + 3 gegen 2 + Erde c) 2 + 3 gegen 1 + Erde oder d) 1 + 2 + 3 gegen Erde e) 1 gegen 2 gegen 3 (Drehstrom)	10 10 10 zus. 30 15 15 zus. 30
Vierleiter-kabel		a) 1 + 3 gegen 2 + 4 b) 1 + 2 gegen 3 + 4 c) 1 + 2 + 3 + 4 gegen Erde	15 15 10 zus. 40

Zur Prüfung der mechanischen Widerstandsfähigkeit der Isolation kann folgender Versuch gefordert werden:

Ein beliebiges, von der Bewehrung befreites Stück von 5 m Länge ist bei etwa Raumtemperatur nicht unter 10° C um einen Kern vom 15-fachen Kabeldurchmesser, über Bleimantel gemessen, aufzuwickeln, wieder abzuwickeln und gerade zu richten, darauf in entgegengesetzter Richtung aufzuwickeln, wieder abzuwickeln und gerade zu richten. Nach dreimaliger Ausführung dieser Biegeprobe soll das Stück die normale Fabrikationsprüfung aushalten können, ohne durchzuschlagen.

Bei Kabeln für Betriebsspannungen von 15000 V an aufwärts kann verlangt werden, daß die dielektrischen Verluste bei dem Anderthalbfachen der Betriebsspannung und einer Temperatur von etwa 20° C in der Fabrik festgestellt werden[10]). Die hierbei ermittelten Verluste sollen nicht mehr betragen als 2 v. H. der von dem Kabel scheinbar aufgenommenen Leistung[10]).

---

10) Diese Bestimmungen treten vorläufig nicht in Kraft Gültigkeitstermin wird später festgelegt werden.

Zur Prüfung fertig verlegter Kabelstrecken kann entweder Wechsel- bzw. Drehspannung oder Gleichspannung[10]) verwendet werden. Die Wechsel- bzw. Drehspannung soll bei dieser Prüfung gleich dem Anderthalbfachen der Betriebsspannung, die Gleichspannung[10]) gleich dem Dreifachen der Betriebsspannung sein. Für die Schaltung gilt Tafel 4, jedoch sind die Zeiten zu verdoppeln.

Zur Prüfung der Widerstandsfähigkeit des verlegten Kabels kann verlangt werden, daß bei der Prüfung mit Gleichspannung kurzzeitig die Prüfspannung auf das 4,2-fache der Betriebsspannung erhöht wird. Zur feststellung dieses Grenzwertes dient eine Funkenstrecke, die so eingestellt ist, daß bei der 4,2-fachen Betriebsspannung der Überschlag erfolgt[10]).

Bleikabel, welche den Normen für isolierte Leitungen in Starkstromanlagen entsprechen, müssen zwischen Bleimantel und Bewehrung einen längslaufenden verzinkten Eisendraht von mindestens 0,5 mm Durchmesser besitzen. Außerdem muß durch besondere Kennzeichnung ersichtlich gemacht werden, von welchem Werk die Kabel hergestellt sind.

C. Belastungstafeln für isolierte Leitungen.

1. Kupferleitungen.

1. Belastungstafel für gummiisolierte Leitungen.

Querschnitt in qmm	Höchste dauernd zulässige Stromstärke[11]) für jeden Leiter in A.
0,5	7,5
0,75	9
1	11
1,5	14
2,5	20
4	25
6	31
10	43
16	75
25	100
35	125
50	160
70	200
95	240
120	280
150	325
185	380
240	450
300	525
400	640
500	760
625	880
800	1050
1000	1250

11) Bei Auswahl der Sicherung ist § 20[1] der „Errichtungsvorschriften" zu beachten.

Bei aussetzendem Betriebe ist die zeitweilige Erhöhung der Belastung über die obigen Werte zulässig, sofern dadurch keine größere Erwärmung als bei der der Tafel entsprechenden Dauerbelastung entsteht[12].

2. Belastungstafel für Bleikabel[13].

| Querschnitt | Einleiterkabel bis | Verseilte Zweileiterkabel bis | | Verseilte Dreileiterkabel bis | | | | Verseilte Vierleiterkabel bis | |
| | Höchste dauernd zulässige Stromstärke in A. bei Verlegung im Erdboden | | | | | | | | |
qmm	750 V	3000 V	10000 V	3000 V	10000 V	15000 V	25000 V	3000 V	10000 V
1	24	19	—	17	—	—	—	16	—
1,5	31	25	—	22	—	—	—	20	—
2,5	41	33	—	29	—	—	—	26	—
4	55	42	—	37	—	—	—	34	—
6	70	53	—	47	—	—	—	43	—
10	95	70	65	65	60	—	—	57	55
16	130	95	90	85	80	—	—	75	70
25	170	125	115	110	105	100	—	100	95
35	210	150	140	135	125	120	110	120	115
50	260	190	175	165	155	145	135	150	140
70	320	230	215	200	190	180	165	185	170
95	385	275	255	240	225	215	200	220	205
120	450	315	290	280	260	250	235	250	240
150	510	360	335	315	300	285	265	290	275
185	575	405	380	360	340	325	300	330	310
240	670	470	—	420	—	—	—	385	—
310	785	530	—	475	—	—	—	445	—
400	910	635	—	570	—	—	—	—	—
500	1035	—	—	—	—	—	—	—	—
625	1190	—	—	—	—	—	—	—	—
800	1380	—	—	—	—	—	—	—	—
1000	1585	—	—	—	—	—	—	—	—

Bei Verlegung von Kabeln in Luft oder bei Anordnung in Kanälen und dergleichen, Anhäufung von Kabeln im Erdboden oder ähnlichen ungünstigen Verhältnissen empfiehlt es sich, die Belastung auf ¾ der in der Tafel angegebenen Werte zu ermäßigen[14].

Der Tafel ist eine Übertemperatur von 25 ° C bei Dauerbelastung und die übliche Verlegungstiefe von etwa 70 cm zugrunde gelegt.

---

12) Vgl. „ETZ" 1921, S. 1081.

13) Die Belastungswerte für Spannungen über 10000 V stellen Richtlinien dar.

14) In Bergwerken unter Tage sind Kabel, die in der Sohle verlegt sind, zu behandeln wie im Erdboden verlegte Kabel.

Sie gilt, solange nicht mehr als zwei Kabel im gleichen Graben nebeneinander liegen. Gesondert verlegte Mittelleiter bleiben hierbei unberücksichtigt.

Bei aussetzenden Betrieben ist die zeitweilige Erhöhung der Belastung über die obigen Werte zulässig, sofern dadurch keine größere Erwärmung als bei der der Belastungstafel entsprechenden Dauerbelastung entsteht.

II. Aluminiumleitungen.

1. Belastungstafel für im Erdboden verlegte Einleiterkabel mit Aluminiumleiter für Gleichstrom bis 750 V [15]**.**

Querschnitt in qmm	Höchste dauernd zulässige Stromstärke in A.
4	42
6	55
10	75
16	100
25	130
35	160
50	200
70	245
95	295
120	345
150	390
185	440
240	515
300	580
400	695
500	795
625	910
800	1055
1000	1250

15) Für Mehrleiter-Aluminiumkabel beträgt die höchste dauernd zulässige Belastung 75% der entsprechenden Werte der Tafel C.I.2.

3. Normen für Starkstrom-Freileitungen*).

Gültig ab 1. X. 1923**).

Angenommen auf den Jahresversammlungen 1921 und 1922, sowie durch die außerordentliche Ausschußsitzung 1923.

I. Leitungen.

a) Geltungsbereich.

Von den folgenden Bestimmungen werden alle blanken und isolierten Freileitungen[1]) betroffen. Ausgenommen sind Fahr- und Schleifleitungen[2]) sowie Leitungen für Installationen im Freien, bei denen die Entfernung der Stützpunkte 20 m nicht überschreitet.

b) Normale Querschnitte.

Die Leitungen sollen nach folgenden Normen[3]) hergestellt werden:

a) Eindrähtige Leitungen.

Querschnitt[4]) mm²		Durchmesser d	Gewicht kg/1000 m
Nennwert	Istwert	mm	Kupfer
6	5,9	2,75	52,86
10	9,9	3,55	88,09
16	15,9	4,5	141,55

1) Auch Hausanschlußleitungen fallen unter die Normen für Starkstrom-Freileitungen.

2) Die grundsätzliche Verschiedenheit der Anwendungsart von Fahr- und Schleifleitungen gegenüber anderen Freileitungen (z. B. bezüglich der Drahtdurchmesser) macht es notwendig, die Baustoff- und Berechnungsvorschriften beider Gebiete völlig zu trennen.

3) S. a. DIN VDE 8201.

4) Leitungen, die stark angreifenden Dämpfen ausgesetzt sind, können bei Verwendung feindrähtiger Litzen unter Umständen gefährdet sein. Daher empfiehlt es sich, für solche Leitungen Querschnitte unter 35 mm² nicht zu verwenden.

---

*) Für die Errichtung von Freileitungen gelten außerdem die Vorschriften für die Errichtung und den Betrieb elektrischer Starkstromanlagen sowie die Leitsätze für Schutzerdungen in Hochspannungsanlagen und die Leitsätze zum Schutze von Fernmeldeleitungen gegen die Beeinflussung durch Drehstromleitungen.

**) Aus ETZ 1921, Heft 20, S. 529; Heft 30, S. 836; 1922, Heft 20, S. 700; 1923, Heft 29, S. 693 und Heft 42, S. 953.

b) Leitungseile.

Querschnitt[4]) mm²		Drähte nach DIN VDE 8200		Seildurchmesser d in mm	Gewicht kg/1000 m $\sim$	
Nenn-wert	Istwert	Anzahl	Durchm.	Nennwert	Kupfer	Alumi-nium
10	10	7	1,35	4,1	90	—
16	15,9	7	1,7	5,1	143	44
25	24,2	7	2,1	6,3	218	67
35	34	7	2,5	7,5	310	94
50	49	7	3	9	450	136
50	48	19	1,8	9	437	133
70	66	19	2,1	10,5	595	181
95	93	19	2,5	12,5	845	256
120	117	19	2,8	14	1060	321
150	147	37	2,25	15,8	1350	410
185	182	37	2,5	17,5	1650	500
240	228	37	2,8	19,6	2070	630
240	243	61	2,25	20,3	2205	670
300	299	61	2,5	22,5	2720	825

Eindrähtige Leitungen sind nur bis 80 m Spannweite zulässig, eindrähtige Eisen- oder Stahlleitungen nur für Niederspannung.

Für Fernmelde-Freileitungen an Hochspannungsgestängen wird Bronzedraht von 60 bis höchstens 70 70 kg/mm² Bruchfestigkeit und Doppelmetalldraht von mindestens 60 kg/mm² Bruchfestigkeit bei Spannweiten bis zu 120 m zugelassen. Bei größeren Spannweiten dürfen auch Fernmelde-Freileitungen nur als Seil verlegt werden.

Die Schlaglänge soll das 11- bis 14-fache des jeweiligen Seil-Nenndurchmessers betragen.

Als kleinster Querschnitt ist für Kupfer 10 mm², für Aluminium 25 mm², für andere Metalle ein Querschnitt von 380 kg Tragfähigkeit (Zuglast, die beim Prüfen mindestens 1 min lang wirken soll, ohne zum Bruch zu führen) erlaubt. In Ortsnetzen und für Hausanschlüsse werden bei Niederspannung und kleineren Mastentfernungen bis zu 35 m Kupferleitungen von 6 mm² Querschnitt, Leitungen aus Aluminiumseil von 16 mm² Querschnitt[5]) und für andere Metalle ein Querschnitt von 228 kg Tragfähigkeit[6]) (Zuglast, die beim Prüfen mindestens 1 min lang wirken soll, ohne zum Bruch zu führen) zugelassen.

---

5) Eindrähtige Leitungen sind durch Baustoffehler stärker gefährdet als mehrdrähtige. Nur Metalle mit mehr als 7,5 spezifischem Gewicht, wie Kupfer, Bronzen, Eisen usw., dürfen unter den Regeln der Abschnitte b) und c) in Einzeldrähten aufgehängt werden. Aluminium ist eindrähtig nicht gestattet. Die Zulassung von Querschnitten von 380 kg Tragfähigkeit ermöglicht beispielswiese auch die Verwendung von Bronze, Doppelmetall, Eisen und Stahl mit Querschnitten unter 10 mm² für Fernmeldeleitungen auf Hochspannungsgestänge.

6) Die Zulassung von Querschnitten von 228 kg Tragfähigkeit ermöglicht beispielsweise auch die Verwendung von Bronze, Doppelmetall, Eisen und Stahl mit Querschnitten unter 6 mm².

c) Baustoffe.

1. Als normale[7]) Baustoffe gelten Kupfer und Aluminium, deren Beschaffenheit folgenden Bedingungen entspricht:

Durchmesser mm		Zuglast in kg [8])		Widerstand in Ω/km bei 20° C Größtwert		Gewicht kg/1000 m ∼	
Nennwert	Abweichungen bei ± 10 Genauigkeit nach DIN 1750	Kupfer	Aluminium	Kupfer	Aluminium	Kupfer	Aluminium
1,35	± 0,05	60	—	12,7	—	12,74	—
1,7	± 0,05	90	41	8,0	14	20,20	6,13
1,8	± 0,05	100	46	7,15	12,5	22,65	6,87
2,1	± 0,05	140	63	5,25	9,0	30,83	9,35
2,25	± 0,05	160	72	4,6	7,9	35,39	10,74
2,5	± 0,05	200	88	3,7	6,4	43,69	13,25
2,75	± 0,05	240	—	3,1	—	52,86	—
2,8	± 0,05	250	111	3,0	5,0	54,81	16,62
3,0	± 0,05	270	127	2,6	4,4	62,91	19,08
3,55	± 0,08	380	—	1,85	—	88,09	26,72
4,5	± 0,08	600	—	1,15	—	141,55	42,94

Außerdem sollen die Drähte bei dem Festigkeitsversuch in Form eines ausgeprägten Fließkegels zerreißen[9]).

Die auftretenden Höchstpannungen sollen bei normalem Baustoff, u. zw. bei eindrähtigen Kupferleitern nicht mehr als 12 kg/mm², bei Kupferseilen nicht mehr als 19 kg/mm², bei Aluminiumseilen nicht mehr als 9 kg/mm² betragen.

Bei Verwendung von Aluminium, dessen Festigkeit die Werte der Tafel bis zu 10% unterschreitet, darf eine Höchstzugspannung von 8 kg/mm² nicht überschritten werden. Bei noch geringerer Festigkeit treten die Bestimmungen unter 2) in Kraft.

---

7) Als normale Baustoffe für Freileitungen sind diejenigen Metalle anzusehen, deren physikalische Beschaffenheit als völlig erforscht und nur in engen Grenzen als veränderlich gelten kann, wie Kupfer und Aluminium.

Bei gegebenem Drahtdurchmesser ist der Stoff durch den Leitungswiderstand, sein Bearbeitungszutand und sein im Betrieb nutzbares Tragvermögen durch die Bruchlast zur Genüge festgelegt. Um Zweifel über die Meßarbeit auszuschließen, wird bestimmt, daß die vorgeschriebene Mindestzuglast mindestens 1 min lang wirken muß, ehe sie zum Bruch führt. Die Sicherheit eindrähtiger Kupferleitungen ist absichtlich größer als die verseilter Drähte gewählt.

S. a. DIN VDE 8200.

8) Diese Werte sind unter Zugrundelegung eines mittleren Wertes von 40 kg/mm² für Kupfer und 18 kg/mm² für Aluminium errechnet.

9) Das Vorhandensein des Fließkegels ist ein einfacheres Bewertungsmittel für die Zähigkeit des Baustoffes als die früher geforderte Dehnungsmessung. Als ausgeprägt soll ein Fließkegel

2. Nichtnormale Baustoffe sind unter den Beschränkungen des Abschnittes b mit der Maßgabe zugelassen, daß im ungünstigsten Falle folgende Sicherheit vorhanden ist:

für eindrähtige Starkstromleitungen mindestens eine 4-fache,

für eindrähtige Fernmelde-Freileitungen, sofern sie aus Bronzedraht bestehen, der nachweislich eine Tragfähigkeit von wenigstens 380 kg aufweist, mindestens eine 2,5-fache,

für verseilte Leitungen mindestens eine 2,5-fache.

Außerdem sollen die Drähte bei dem Festigkeitsversuch in Form eines Fließkegels zerreißen[9]).

Leitungen aus Eisen oder Stahl müssen zuverlässig verzinkt sein[10]).

3. Bei zusammengesetzten Baustoffen, z. B. Stahl-Aluminium u. dgl., sind die vorstehenden Bestimmungen sinngemäß anzuwenden.

d) Durchhang.

Der Durchhangsberechnung[11]) sind zugrunde zu legen:

a) eine Temperatur von — 5° C und eine zusätzliche Belastung, hervorgerufen durch Wind bzw. Eis,

---

gelten, wenn er mindestens 30% Querschnittsverjüngung enthält. Eine solche Querschnittsverjüngung prägt sich dem Auge nach kurzer Übung ein; es wird sich also sogar die Messung in der Mehrzahl der Fälle erübrigen, zumal die tatsächliche Querschnittsverjüngung der zähen Metalle 30% merklich zu übersteigen pflegt und somit zuverlässige Schätzungen ermöglicht.

10) Nichtnormale Leitungsbaustoffe, z. B. Eisen, Stahl, Doppelmetalle sowie Legierungen, wie Bronzen usw., sind zwar zugelassen und grundsätzlich denselben Festigkeitsberechnungen unterworfen wie Kupfer; in bezug auf Zähigkeit und chemische Beständigkeit ist jedoch Vorsicht geboten.

Bei Eisen oder Stahl muß der Zinküberzug eine glatte Oberfläche haben, den Draht überall zusammenhängend bedecken und so fest daran haften, daß der Draht in eng aneinanderliegenden Spiralwindungen um einen Zylinder von dem 10-fachen Durchmesser des Drahtes fest umgewickelt werden kann, ohne daß der Zinküberzug Risse bekommt oder abblättert.

Der Zinküberzug muß eine solche Dicke haben, daß Drähte über 2,5 mm Durchmesser 7 Eintauchungen von je 1 min Dauer, Drähte von 2,5 mm Durchmesser und darunter 6 Eintauchungen von je 1 min Dauer in eine Lösung von 1 Gewichtsteil Kupfervitriol in 5 Gewichtsteilen Wasser vertragen, ohne sich mit einer zusammenhängenden Kupferhaut zu bedecken. Vor dem ersten sowie nach jedem weiteren Eintauchen muß hierbei der Draht mittels einer Bürste in klarem Wasser von anhaftendem Kupferschlamm befreit werden.

11) Wegen der Durchhangsberechnungen wird verwiesen auf:
1. für Stützungsisolatoren:
Nikolaus: „Über den Durchhang von Freileitungen" (ETZ 1907, S. 896ff.).

β) eine Temperatur von — 20^0 ohne zusätzliche Belastung.

Die zusätzliche Belastung ist in der Richtung der Schwerkraft wirkend anzunehmen. Diese Zusatzlast ist mit $180 \sqrt{d}$ in g für 1 m Leitungslänge einzusetzen[12]),

Weil: „Beanspruchung und Durchhang von Freileitungen" (Verlag von Julius Springer, Berlin. — ETZ 1910, S. 1155).
Besser: (ETZ 1910, S. 1214ff.).
2. Für Abspannisolatorenketten:
Kryzanowski: (E. u. M. 1917, S. 489, 505 u. 604).
Guerndt: (ETZ 1922, Heft 5, S. 137ff.).
Werte für den Durchhang der Freileitungen bei verschiedenen Spannweiten, Temperaturen und Höchstzugspannungen sind in Jaegers Hilfstabellen für Freileitungen, im Verlag M. Jaeger, Berlin, Ramlerstraße 38, enthalten. Diese Tabellen sind zwar nach den früheren Seiltabellen berechnet, sie dürfen aber, da die Abweichungen nur gering sind, doch noch benutzt werden.

12) Die nach den ersten Normen bis zum 1. I. 1914 gültige Berechnungsformel 0,015 g, die ein Vielfaches des Querschnittes als Zusatzlast bei — 5^0 C annahm, wurde verworfen, da sie zur Sicherung kleinerer Querschnitte nicht genügte, die großen Querschnitte jedoch zu ungünstig belastete. Darauf dwurde 1914 die empirische Formel 190 + 50 d eingeführt, welche die ungünstigsten Fälle für Eis und Wind einbegriff und bei 35 mm² Querschnitt (wobei Drahtbrüche infolge Überlastung durch Eislast oder Winddruck nicht bekannt geworden waren) etwa die gleiche Zusatzlast wie nach 0,015 g ergibt. Für die kleineren Querschnitte bietet sie eine größere Sicherheit, für stärkere Querschnitte ergibt sie eine geringere Zusatzlast. Nach dieser Formel wird für Kupferleitungen das Gewicht durch die Zusatzlast z. B. bei 95 mm² auf das Zweifache, bei 16 mm² auf das Vierfache, bei 10 mm² auf das Fünffache des Eigengewichtes vermehrt, während diese Gewichtsvermehrung nach den ersten Normen bei allen Querschnitten dem 2,65-fachen Eigengewicht entsprach.

Auch diese Formel hat sich aus technischen und wirtschaftlichen Gründen als unzweckmäßig herausgestellt. Aus technischen, weil sie bei kleineren Querschnitten zwar eine größere mechanische Sicherheit ergibt, die elektrische Sicherheit aber vermindert, weil infolge der großen Durchhänge die Gefahr des Zusammenschlagens bedenklich erhöht ist; aus wirtschaftlichen Gründen, weil sich bei den jetzt gebräuchlichen großen Spannweiten zu hohe Maste ergeben. Deshalb wurde eine neue Formel für die Zusatzlast eingeführt, bei deren Verwendung sich kleinere Durchhänge errechnen, wodurch das Zusammenschlagen der Leitungen erschwert, gleichzeitig aber die mechanische Sicherheit der Leitungen nicht zu starkherabgesetzt wird. Es wurde die Formel $180 \sqrt{d}$ gewählt, die bei Querschnitten über 35 mm² einen Mittelwert der in der „ETZ" 1918 Heft 48, S. 475 für Berücksichtigung der Eislast aufgestellten Formeln 325 + 30,3 d bzw. 416 + 16,2 d (je nach Annahme des spezifischen Gewichtes des Eises zu 0,9 bzw. 0,2) ergibt, bei Querschnitten unter 35 mm² eine nur wenig stärkere Beanspruchung gegenüber der bisherigen Formel 190 + 50 d zuläßt. Es wurde ferner untersucht, ob die Windbelastung nicht eine höhere Zusatzlast erfordert. Unter Zugrundelegung eines Winddruckes von 125 kg/m² und eines Abrundungswertes von 0,5 ergibt sich, wenn man nach den Angaben meteorologischer Institute (wonach in Deutschland im allgemeinen nur warme Stürme vorkommen)

wobei d den Leitungsdurchmesser, bei isolierten[13]) Leitungen den Außendurchmesser in mm bedeutet. In keinem Falle darf die Materialspannung der Leitung die unter c) festgesetzte Höchstspannung überschreiten.

Bei Ermittlung der größten Durchhänge sind sowohl — 5⁰ C und zusätzliche Belastung als auch + 40⁰ C ohne Zusatzlast zugrunde zu legen[11]).

In Gegenden, in denen nachweislich außergewöhnlich große Zusatzlasten zu erwarten sind, muß die Sicherheit der Anlage durch zweckdienliche Maßnahmen erhöht werden. Als solche werden empfohlen: Verringerung des Mastabstandes, Vergrößerung des Durchhanges bei gleichzeitiger Vergrößerung der Leiterabstände und Vermeidung massiver Leiter[28]).

Werden Leitungen verschiedenen Querschnittes auf einem Gestänge verlegt, so sind sie nach dem Durchhang des schwächsten Querschnittes zu spannen, sobald die gegenseitige Lage der Drähte ein Zusammenschlagen möglich erscheinen läßt.

Liegen die Stützpunkte nicht auf gleicher Höhe, so wird unter Spannweite die Entfernung der Stützpunkte, wagerecht gemessen, und unter Durchhang der Abstand zwischen der Verbindungslinie der Stützpunkte und der dazu parallelen Tangente an die Durchhangslinie, senkrecht gemessen, verstanden[14]).

---

diese Windlast bei + 5⁰ C wirken läßt, daß die Spannung der Seile bei 5 +⁰ C und dieser Windlast unter der Spannung bei — 5⁰ C und der gleichzeitigen Eislast 180 $\sqrt{d}$ bleibt.

13) Bei Berechnung von Freileitungen mit Schutzhülle ist das Mehrgewicht entsprechend zu berücksichtigen.

14) Spannweite x und Durchhang f bei Stützpunkten verschiedener Höhe ergeben sich aus der folgenden Abb. 1.

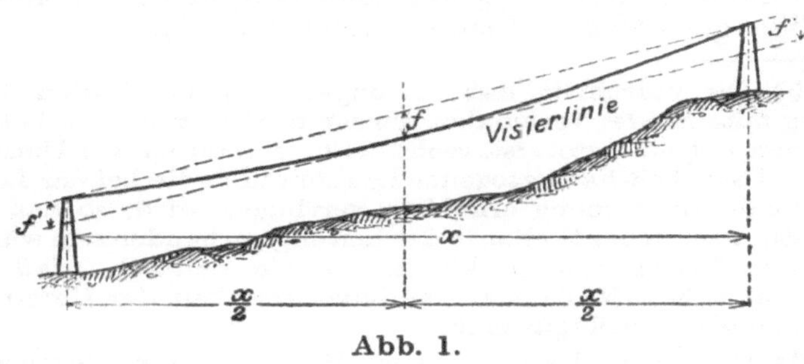

Abb. 1.

Die Leitungen sind so zu spannen, daß die Durchhänge nicht kleiner oder die Leitungzüge nicht größer werden als die in den Tafeln (s. Erl. 11) angegebenen Werte. Dies kann erreicht werden einmal dadurch, daß man die Durchhänge an den Stützpunkten von der Rille des Isolators aus abmißt und die Leitung entsprechend der durch diese Punkte festgelegten Visierlinie spannt, oder dadurch, daß man den erforderlichen Zug mit Hilfe eines Federdynamometers einstellt.

e) Leitungsverbindungen.

Mechanisch beanspruchte Leitungsverbindungen müssen mindestens 90% der Festigkeit (vgl. Erl. 8) der zu verbindenden Leitungen besitzen. Verbindungen mit kleinerer Festigkeit sowie Lötverbindungen müssen von Zug entlastet sein[15]). Abspannklemmen sind ebenso wie Leitungsverbindungen zu behandeln.

f) Fernmelde-Freileitungen.

Bezüglich Fernmelde-Freileitungen, die an einem Freileitungsgestänge für Hochspannung verlegt sind, siehe § 22 der Errichtungsvorschriften (insbesondere § 22i und Regel 4 dieses Paragraphen).

Bezüglich des geringsten zulässigen Querschnittes der Fernmelde-Freileitungen siehe unter b) sowie § 20 Regel 4 der Errichtungsvorschriften.

II. Gestänge.

A. Allgemeines.

1. Die Gestänge sind für die höchsten, nach ihrem Verwendungszwecke gleichzeitig zu erwartenden äußeren Kräfte zu bemessen. Als solche kommen in Frage:

a) **Eigengewicht** der Gestänge mit Querträgern, Leitungen, Isolatoren und dergleichen, einschließlich der Eisbelastung.

b) **Winddruck** auf die vorgenannten Teile.

Dieser ist mit 125 kg auf 1 m² senkrecht getroffener Fläche ohne Eisbehang anzusetzen[16]). Bei Körpern mit Kreisquerschnitt bis höchstens 0,5 m mittlerem Durchmesser ist die Fläche mit 50%, bei größeren mittleren Durchmessern mit 60% der senkrechten Projektion der wirklich getroffenen Fläche anzusetzen[17]).

---

15) Die Vorschrift, daß Leitungen nicht unmittelbar durch Lötung miteinander verbunden werden dürfen, wenn die Lötstelle nicht von Zug entlastet ist, rechtfertigt sich durch den Umstand, daß die Festigkeit hartgezogener Drähte durch die bei der Lötung eintretende Erwärmung erheblich verringert wird, so daß ohne Entlastung schwache Stellen in der Leitung vorhanden sein würden, die zum Bruch führen können, sowie dadurch, daß Lötstellen in hohem Maße von der Zuverlässigkeit der Herstellung der Lötstellen abhängig sind.

16) Für Windbelastung ist auch die für Bauwerke festgesetzte Belastung von 125 kg/m² senkrecht getroffener Fläche zugrunde zu legen.

17) Die Kommission war der Ansicht, daß der Abrundungswert von 0,5 mit Rücksicht auf die vorliegenden Versuchsergebnisse (s. Hütte 22. Aufl., Teil I, S. 363) auch auf Maste bis 0,5 m Durchmesser ausgedehnt werden kann. Dies gilt selbstverständlich nicht für gekuppelte Maste mit Kreisquerschnitt, wenn der Wind senkrecht zur Ebene, die durch die Längsachsen beider Stangen geht, wirkt.

Im übrigen ist der wirkliche Winddruck zu berücksichtigen. Bei Fachwerk sind die im Windschatten liegenden Teile mit 50% der Vorderfläche in Rechnung zu stellen. Dies gilt auch für fachwerkartige Querträger.

Wird ein Draht unter einem Winkel getroffen, so ist der Winddruck, der sich bei rechtwinkligem Auftreffen des Windes ergibt, mit dem Sinus des Winkels zu multiplizieren; für ebene Flächen ist mit dem Quadrate des Sinus zu rechnen.

c) Leitungszug, hervorgerufen durch das Eigengewicht der Leitungen und Isolatorenketten und die zusätzliche Last (Eis, Wind).

Dieser ist für jeden Leiter der für den betreffenden Fall zugrunde gelegten Höchstzugspannung multipliziert mit dem Leistungsquerschnitt gleichzusetzen[18]).

Für Isolatorenketten ist die Eislast mit 2,5 kg für 1 m Kette anzunehmen. Der Winddruck ist entsprechend Punkt b) zu berechnen.

d) Widerstand des Bodens oder der Fundamente (s. Abschnitt G).

2. Nach dem Verwendungszweck sind zu unterscheiden:

a) Tragmaste, die lediglich zur Stützung der Leitung dienen und nur in gerader Strecke verwendet werden dürfen;

b) Winkelmaste, die bestimmt sind, die Leitungszüge in Winkelpunkten aufzunehmen;

Maste in gerader Linie, die den Unterschied ungleicher Züge in entgegengesetzter Richtung aufnehmen sollen, werden wie Winkelmaste berechnet;

c) Abspannmaste, die Festpunkte in der Leitungsanlage schaffen sollen;

d) Endmaste, die zur vollständigen Aufnahme eines einseitigen Leitungzuges dienen;

e) Kreuzungsmaste, wie sie bei bruchsicherer Kreuzung von Reichstelegraphenanlagen, bei Reichseisenbahnen oder Reichswasserstraßen aufzustellen sind.

Für einen bestimmten Verwendungszweck berechnete Maste dürfen für andere Zwecke nur verwendet werden, wenn sie auch den hierfür geltenden Anforderungen genügen.

---

18) Diese Annahme ist zur Vereinfachung der Rechnung gemacht, weil sonst besondere Rechnungen für — 20° C ohne Zusatzlast und — 5° C mit Zusatzlast durchgeführt werden müßten. Bei den üblichen Querschnitten und Spannweiten tritt die Höchstzugspannung nur selten bei — 20° C ein. Für — 5° C und Zusatzlast ergeben sich annähernd die gleichen Spannungen, wenn man die Zusatzlast einmal als Eis oder das andere Mal nur als Wind rechnet. Hierbei ist berücksichtigt, daß die Eislast in gleicher Richtung wie das Eigengewicht, der Wind senkrecht zu dieser wirkt.

B. Ermittlung des Winddruckes und Leitungzuges für die Mastberechnung.

Soweit nicht besondere Verhältnisse eine genauere Ermittlung erfordern, sind für Winddruck und Leitungzug die nachstehend aufgeführten äußeren Kräfte als wirksam anzunehmen.

Die bei den einzelnen Mastarten unter a), b) und c) angeführten Fälle sind nicht gleichzeitig anzunehmen, sondern es sind für die Mastberechnungen diejenigen auszuwählen, die die für die einzelnen Bauteile ungünstigste Beanspruchung ergeben.

I. Tragmaste:

a) Winddruck senkrecht [zur Leitungsrichtung auf den Mast mit Kopfausrüstung und gleichzeitig auf die halbe Länge der Leitungen der beiden Spannfelder;

b) Winddruck in der Leitungsrichtung auf den Mast mit Kopfausrüstung (Leitungsträger, Isolatoren);

c) Wagerechte Kräfte, die in der Höhe und in der Richtung der Leitungen angenommen werden und gleich einem Viertel des senkrechten Winddruckes auf die halbe Länge der Leitungen der beiden Spannfelder zu setzen sind.

Die Kräfte unter c) brauchen nur bei Masten von mehr als 10 m Länge berücksichtigt zu werden[19]).

II. Winkelmaste:

a) Die Mittelkräfte der größten Leitungzüge und gleichzeitig der Winddruck auf Mast- und Kopfausrüstung für Wind in Richtung der Gesamtmittelkraft;

b) Die Mittelkräfte der Leitungzüge bei einer Windrichtung senkrecht zu dem größten Leitungzug und gleichzeitig der Winddruck auf Mast- und Kopfausrüstung für diese Windrichtung[20]).

Die Bestimmbng unter b) gilt nur für Maste, die senkrecht zur Mittelkraft ein geringeres Widerstandsmonument haben als in Richtung dieser Kräfte.

---

19) Würde diese Bestimmung entsprechend den früheren Normen auf alle Masthöhen angewendet werden, so würde es aus wirtschaftlichen Gründen nicht möglich sein, U-Eisenmaste zu verwenden. Die neuerdings getroffene Beschränkung auf Maste über 10 m Höhe ist angängig, da die vollen Windstärken nur in größerer Höhe erreicht werden.

20) Um die Leitungzüge, die sich aus Eigengewicht und Winddruck ergeben, nicht in jedem einzelnen Falle ermitteln zu müssen, ist der Zug einer Leitung, die nicht senkrecht vom Wind getroffen wird, näherungsweise zu berechnen aus Leitungsquerschnitt mal gewählte höchste Zugspannung mal dem Sinus des Winkels, unter dem die Leitung vom Wind getroffen wird. Für die senkrecht getroffenen Leitungen gilt als Leitungzug: Leitungsquerschnitt mal gewählte höchste Zugspannung.

III. 1. **Abspannmaste in gerader Linie:**
a) wie Ia;
b) $^2/_2$ der größten einseitigen Leitungzüge und gleichzeitig der Winddruck auf Mast mit Kopfausrüstung senkrecht zur Leitungsrichtung[21]).

III. 2. **Abspannmaste in Winkelpunkten:**
a) wie IIa);
b) wie IIb);
c) $^2/_3$ der größten einseitigen Leitungzüge und gleichzeitig der Winddruck auf Mast- und Kopfausrüstung für eine Windrichtung parallel den größten Leitungzügen.

Die Kopfausrüstung aller Abspannmaste muß den ganzen einseitigen Leitungzug aufnehmen können.

IV. Endmaste

Der gesamte größte einseitige Leistungzug und gleichzeitig der senkrecht zur Leitungsrichtung wirkende Winddruck auf Mast mit Kopfausrüstung.

V. Kreuzungsmaste:

Bezüglich der Kreuzungsmaste siehe besondere Vorschriften.

VI. **Als Stützpunkte benutzte Bauwerke** müssen die durch die Leitungsanlage eintretenden Beanspruchungen aufnehmen können.

C. Berechnung von Gittermasten.

Bei quadratischen Gittermasten ist zu beachten, daß das größte Widerstandsmoment in den zu den Querschnittseiten parallelen Achsen liegt. Ist die Mittelkraft aus Leitungzügen und Winddruck nicht parallel zu einer Mastseite, so muß sie in zwei zu den Mastseiten parallele Kräfte zerlegt werden. Die Eckeisen sind für die arithmetische Summe dieser beiden Teilkräfte zu berechnen. Die Streben sind für die Teilkräfte zu berechnen.

Bei Gittermasten mit rechteckigen Querschnitten ungleicher Seitenlänge ist die Berechnung für die Beanspruchung in Richtung der längeren und der kürzeren Seite je für sich auszuführen. Eine schräg zu den Mastseiten liegende Mittelkraft ist in zwei zu den Mastseiten parallele Teilkräfte zu zerlegen. Für jede der beiden Teilkräfte ist zu bestimmen, welche Beanspruchung sie in den Eckeisen hervorruft. Die arithmetische Summe dieser Beanspruchungen ergibt die Kraft, für die die Eckeisen zu berechnen sind. Die Streben sind für diejenige Teilkraft zu berechnen, die der betreffenden Mastseite parallel läuft.

D. Beanspruchung der Baustoffe.

1. **Flußeisen:** Die Spannung (Zug, Druck- und Biegung) der Eisenkonstruktionen darf im ungünstigsten

---

[21]) Dieser Zug entspricht ungefähr der beim Spannen der Leitungen auftretenden Beanspruchung.

Falle 1500 kg/cm², die Zugspannung der Schrauben 750 kg/cm², die Scherspannung der Niete 1200 kg/cm², die der Schrauben 900 kg/cm², der Lochleibungsdruck der Niete 3000 kg/cm², der der Schrauben 1800 kg/cm² nicht überschreiten. Die auf Druck beanspruchten Glieder müssen eine zweifache Sicherheit gegen Knicken nach der Tetmajerschen Formel haben, wenn:

$$\lambda = \frac{l}{i} = \frac{\text{Knicklänge in cm}}{\text{Trägheitshalbmesser}} < 105$$

ist. Der Sicherheitsgrad wird durch das Verhältnis $\dfrac{\text{Knickspannung}}{\text{Normalspannung}}$ bestimmt, worin nach Tetmajer die

Knickspannung $= 3100 - 11{,}41 \cdot \dfrac{l}{i}$ ist. Im Vorstehenden ist i der Trägheitshalbmesser, gegeben durch die Gleichung $i = \sqrt{\dfrac{J}{F}}$.

Ist $\lambda > 105$, so müssen die auf Druck beanspruchten Glieder nach der Eulerschen Formel

$$P = \frac{J \cdot \pi^2 \cdot E}{n \cdot l^2}$$

berechnet werden, worin der Sicherheitsgrad $n = 3$ zu setzen ist.

P bedeutet hierin die zulässige Belastung in kg,

F die ungeschwächte Querschnittsfläche des gedrückten Stabes in cm² und

E das Elastizitätsmaß $= 2150000$ kg/cm².

J ist in beiden Fällen das kleinste Trägheitsmoment (J min) des gedrückten Stabes in cm⁴.

Ist die Ausknickung eines Stabes durch Anschlüsse innerhalb der Knicklänge an eine bestimmte Richtung gebunden, so ist das Trägheitsmoment auf die zu dieser Richtung senkrecht stehende Achse zu beziehen[22].

---

22) Sind bei einem Gittermast aus Winkeleisen die in der Abwicklung der Mastseiten in gleicher Höhe liegenden Streben par-

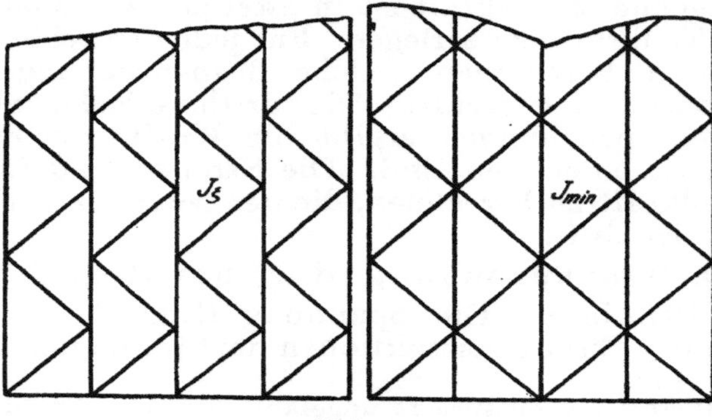

Abb. 2.

Die Abstände für die Anschlußniete der Streben an den Knotenpunkten sind so klein wie möglich zu bemessen.

Für sämtliche Konstruktionsteile sind Anschlußniete unter 13 mm Durchmesser und Eisenstärken unter 4 mm, außerdem Profilbreiten unter 35 mm, sofern sie durch einen Niet geschwächt sind, unzulässig.

Die größten zulässigen Durchmesser der geschlagenen Niete sind durch die Profilbreiten bestimmt und der folgenden Aufstellung zu entnehmen:

Mindestprofilbreite in mm . 35 45 55 60 70 80
Nietdurchmesser in mm . . 13 16 18 20 23 26

Bei Zuggliedern ist die Nietschwächung zu berücksichtigen.

Bei vorstehenden Bestimmungen ist vorausgesetzt, daß alle Eisenteile einen ausreichenden Schutz gegen Rosten erhalten.

2. Holzgestänge. Die zulässigen Biegungsspannungen für hölzerne Bauteile ergeben sich aus nachstehender Zahlentafel:

	bei fäulnisgefährdeten Bauteilen kg/cm²	bei nicht fäulnisgefährdeten Bauteilen kg/cm²
Mit Teeröl durchtränkte Harthölzer	280	330
Mit Teeröl durchtränkte Kiefern und Lärchen	190	220
Nach einem anderen als zuverlässig anerkannten Verfahren getränkte Harthölzer . . .	190	280
Nach einem anderen als zuverlässig anerkannten Verfahren getränkte Nadelhölzer . .	145	190
Ungetränkte Hölzer in Hochspannungsanlagen	unzulässig	80
Ungetränkte Hölzer in Niederspannungsanlagen	80	100

Als fäulnisgefährdet sind vor allem hölzerne Bauteile anzusehen, die ganz oder teilweise eingegraben sind oder mit der Erdoberfläche in Berührung kommen. Unter Umständen können aber auch solche hölzernen Bauteile fäulnisgefährdet sein, die mit Pflanzenwuchs in Berüh-

---

allel gerichtet, so kann bei der Berechnung der Eckständer das Trägheitsmoment auf die zu einem Winkelschenkel parallele Achse bezogen werden (J_ξ). Bei nicht parallel gerichteten Streben ist das kleinste Trägheitsmoment (J_{min}) einzusetzen. (S. Abb. 2.)

rung kommen oder von Spritzwasser (wegen der von diesem mitgeführten Keime) erreicht werden, besonders wenn bei diesen hölzernen Bauteilen das Austrocknen durch mangelnden Luftzutritt erschwert ist. Das Gleiche gilt für solche hölzernen Bauteile, die dieser Gefährdung selbst nicht ausgesetzt sind, aber gefährdete hölzerne Bauteile unmittelbar berühren. Bereits eingebaute Holzmaste, die nachträglich mit besonderen Füßen ausgerüstet werden, gelten als fäulnisgefährdet[23]).

Unter Durchtränkung mit Teeröl im Sinne dieser Normen ist zu verstehen:

das Einbringen von mindestens 180 kg Teeröl je m^3 bei Buche,
     ,,   ,,   ,,   :,   60 ,,   ,,   ,,   ,,   ,, Eiche,
     ,,   ,,   ,,   ,,   90 ,,   ,,   ,,   ,,   ,, Kiefer
     (auch Lärche),

wobei alle durchtränkbaren Teile von Teeröl durchzogen sein müssen.

Bei Verwendung von Mastfüßen muß die Beanspruchung des Fußes und der Verbindung des Mastes mit dem Fuß der zulässigen Beanspruchung des betreffenden Baustoffes entsprechen.

Bei Berechnung der Maste ist gerader Wuchs[24]) und eine Zunahme des Stangendurchmessers von 0,7 cm je Meter Stangenlänge anzunehmen.

Für einfache Tragmaste kann die Berechnung nach der Formel:

$$Z = 0{,}65 \cdot H + k \sqrt{\varDelta \, s}$$

erfolgen.

Hierin ist:

$H =$ Gesamtlänge des Mastes in m,

$k =$ eine Zahl, die aus der nachstehenden Tafel zu entnehmen ist,

$\varDelta =$ Summe der Durchmesser aller an dem Mast verlegten Leitungen in mm,

$s =$ Spannweite in m.

Zulässige Biegungspannung in kg/cm²	80	100	145	190	220	280	330
k	0,32	0,28	0,22	0,19	0,17	0,14	0,12

---

23) Bei der Instandsetzung ist darauf zu achten, daß die bereits angegriffenen Holzteile entfernt werden. Es empfiehlt sich, auch noch einen Teil des anscheinend gesunden Holzes wegzuschneiden, um alle möglicherweise eingedrungenen Fäulniskeime zu beseitigen.

24) Zur Beurteilung des geraden Wuchses von Holzmasten gilt als Anhalt, daß eine zwischen Erdaustritt und Zopfende an den Mast gelegte Schnur in keinem Punkte größeren Abstand vom Mast haben darf, als der Masthalbmesser an dieser Stelle beträgt.

A-Maste für Hochspannungsleitungen müssen am oberen Ende durch wenigstens einen Hartholzdübel oder eine nachweislich mindestens gleichwertig Ausführung miteinander verbunden werden. Die Scherspannung darf für Hartholz 20 kg/cm², sonst 18 kg/cm² nicht überschreiten. In der freien Länge ist wenigstens eine Querversteifung in einer Mindeststärke des Zopfdurchmessers der einzelnen Stangen vorzusehen mit dicht darunterliegenden Bolzen von nicht unter $^3/_4''$ Durchmesser. Am unteren Ende ist eine Zange anzuordnen, deren Hölzer in den Mast einzulassen und mit ihm durch Bolzen von mindestens $^3/_4''$ Durchmesser zu verbinden sind.

Das in halber Knicklänge vorhandene Trägheitsmoment J in cm⁴ muß mindestens sein:

$$J = n \cdot 5 \cdot P \cdot l^2$$

Hierin ist:

$P =$ die Druckkraft in t,
$\quad\; =$ die Knicklänge in m,
$n =$ die Knicksicherheit.

Für die Knicksicherheit n ist einzusetzen bei Hölzern mit einer zulässigen Biegungspannung von 80 und 100 kg/cm² die Zahl 5, von 145 kg/cm² die Zahl 4, von 190, 220, 280 und 330 kg/cm² die Zahl 3.

Als Knicklänge gilt die Entfernung von Mitte Dübel bzw. Schraubenbolzen bis zur halben Eingrabetiefe.

Bei Doppelmasten ist das doppelte Widerstandsmoment einer Stange einzusetzen, wenn die Maste nicht verdübelt oder sonst gleichwertig miteinander verbunden sind. Bei verdübelten Masten und solchen Doppelmasten, die durch eine nachweislich mindestens gleichwertige Ausführung miteinander verbunden sind, darf als größtes Widerstandsmoment das 3-fache Widerstandsmoment des einfachen Mastes eingesetzt werden, wenn die Kraftrichtung in der Ebene wirkt, die in der Längsachse der beiden Stangen liegt.

Solche Maste sind je nach ihrer Länge vier- bis sechsmal zu verdübeln und zu verschrauben oder gleichwertig miteinander zu verbinden, und zwar einmal an den beiden Enden und im übrigen auf die Mastlänge so verteilt, daß im gefährlichen Querschnitt oder in dessen Nähe keine Querschnittschwächung durch Schrauben- oder Dübellöchel verursacht wird.

Bei verdübelten Masten ist von den erforderlichen Verbindungsbolzen wenigstens je einer dicht neben den Dübeln anzuordnen. Die Verbindungsbolzen müssen bei Doppelmasten bis zu 13 cm Zopfstärke[25]) mindestens

---

[25]) Unter Zopfstärke ist der mittlere Durchmesser am Zopf zu verstehen, der sich aus $\dfrac{\text{Umfang}}{\pi}$ ergibt.

$\frac{1}{2}''$, von 14 bis 16 cm Zopfstärke $\frac{5}{8}''$ und für alle stärkeren Maste $\frac{3}{4}''$ stark gewählt werden.

Folgende Zopfstärken für Maste dürfen nicht unterschritten werden:

für Niederspannungsleitungen

bei einfachen oder verstrebten Masten . . . . . 12 cm
 „ Stichleitungen mit nur einem Stromkreise 10 „
 „ A-Masten oder verdübelten Doppelmasten . 10 „
 „ nicht verdübelten Doppelmasten . . . . . . 9 „

für Hochspannungsleitungen

bei einfachen oder verstrebten Masten . . . . 15 cm
 „ A-Masten oder verdübelten Doppelmasten . 10 „
 „ nicht verdübelten Doppelmasten . . . . . 9 „

In Strecken, die mit „erhöhter Sicherheit" ausgeführt werden, dürfen die im Abschnitt III A hierfür vorgeschriebenen Zopfstärken nicht unterschritten werden.

Streben sollen mindestens 9 cm Zopfstärke haben.

Alle Eisenteile sind gegen Rost zu schützen. Die in der Erde liegenden Eisenteile sowie alle Schnittflächen der Hölzer sind mit heißem Asphaltteer zu streichen oder gleichwertig gegen Zerstörung zu schützen.

3. Gestänge aus besonderen Baustoffen, insbesondere aus Eisenbeton.

Gestänge aus besonderen Baustoffen dürfen bis zu $\frac{1}{3}$ der vom Lieferer zu gewährleistenden Bruch- und Knickfestigkeit, gußeiserne Bauteile jedoch nur bis zu 300 kg/cm² beansprucht werden[26]).

E. Besondere Bestimmungen für die Stützpunkte der Leitungen.

1. Allgemeines. Etwa alle 3 km soll ein Abspannmast gesetzt werden. An diesem sind die Leitungen so zu befestigen, daß ein Durchrutschen ausgeschlossen ist. Winkel- oder Kreuzungsmaste können als Abspannmaste verwendet werden, wenn sie entsprechend berechnet sind. In Gegenden, in denen außergewöhnlich große Zusatzlasten zu erwarten sind, soll etwa jeder zehnte Mast ein Abspannmast sein.

2. Abstände der Leitungen voneinander. Starkstromleitungen sollen einen solchen Abstand voneinander und von anderen Leitungen, z. B. von Blitzschutzseilen, erhalten, daß das Zusammenschlagen oder eine Annäherung bis zur Überschlagspannung[27]) möglichst

---

[26]) Um die Einführung anderer Baustoffe für Gestänge nicht zu beschränken, ist für diese die zulässige Beanspruchung von der zu gewährleistenden Bruchfestigkeit abhängig gemacht worden.

[27]) Durch dieses Glied soll bei hohen Spannungen eine Vergrößerung des Abstandes erzielt werden. Gleichzeitig kann es als

vermieden ist. Diese Forderung kann bei Leitungen gleichen Baustoffes und gleichen Querschnittes als erfüllt gelten, wenn der Abstand der Leitungen voneinander wenigstens $0{,}75 \sqrt{f} + \dfrac{E^2}{20000}$ [27]), bei Leitungen aus Aluminium dagegen mindestens $\sqrt{f} + \dfrac{E^2}{20000}$ [27]), jedoch bei Hochspannung von 3000 V aufwärts nicht unter 0,8 m, für Aluminium 1,0 m beträgt. Hierbei ist $f =$ Durchhang der Leitungen bei $+ 40^0$ C in m und $E =$ Spannung in kV [28]). Bei Leitungen verschiedenen Querschnittes oder verschiedener Baustoffe sowie bei anormalen Gelände- oder Belastungsverhältnissen ist auf Grund näherer Untersuchungen, z. B. durch das Aufzeichnen der Ausschwingungskurven, festzustellen, ob und inwieweit die nach den vorstehenden Formeln berechneten Abstände zu vergrößern sind. Bei Niederspannungsleitungen, die dem Winde weniger ausgesetzt sind, können die Werte obiger Formel um $^1/_8$ ermäßigt werden.

3. Konstruktion der Gestänge mit Rücksicht auf Vogelschutz. Zur Vermeidung der Gefährdung von Vögeln sind bei Hochspannung führenden Starkstromleitungen die Befestigungsteile, Querträger, Stützen usw. möglichst derartig auszubilden, daß Vögeln eine Sitzgelegenheit dadurch nicht gegeben wird. Der wagerechte Abstand zwischen einer Hochspannung führenden Starkstromleitung und geerdeten Eisenteilen soll mindestens 300 mm betragen [29]).

F. Befestigung der Leitungen.

1. Isolatoren: Für Isolatoren gelten die „Normen und Prüfvorschriften für Porzellanisolatoren" des VDE.

2. Stützen und Verbindungsteile der Isolatoren: Hierfür gelten die gleichen Grundsätze wie für

---

Anhalt für die zulässgie Annäherung zur Vermeidung eines Überschlages gelten.

28) Bei besonders wichtigen Anlagen wird empfohlen, die Leitungen nicht senkrecht untereinander anzuordnen, da die Erfahrung gezeigt hat, daß bei plötzlicher Entlastung einer Leitung von Eislast die Gefahr des Zusammenschlagens durch Hochschnellen besonders groß ist.

29) Die Anbringung von Sitzgelegenheiten für Vögel in größeren Entfernungen von den Leitungsdrähten (z. B. durch Sitzstangen an den Mastspitzen in Richtung der Leitungen) ist ebenfalls zur Verhütung von Schäden für die Vogelwelt von einigen Seiten empfohlen worden, sollte jedoch nicht unterhalb der Leitungen stattfinden*).

---

*) Bezüglich empfehlenswerter Ausführungen mit Rücksicht auf den Vogelschutz sei auf die Veröffentlichung „Elektrizität und Vogelschutz" hingewiesen, welche kostenlos bei der Geschäftsstelle des Bundes für Vogelschutz in Stuttgart, Jägerstraße, sowis auch bei der Geschäftsstelle des Verbandes Deutscher Elektrotechniker in Berlin W 57, Potsdamer Straße 68, erhältlich ist. Vgl. auch ETZ 1918, S. 655.

die eisernen Gestänge und die „Normen und Prüfvorschriften für Porzellanisolatoren" des VDE.

3. Bunde: Der Bindedraht soll stets aus dem gleichen und bei Leichtmetallen aus möglichst gleich hartem Baustoff[30]) wie die Leitung selbst bestehen. Die Leitungen sind an den Bunden vor Bewegungen, durch die sie beschädigt werden können, und vor Einschneiden zu schützen[31]).

Bei Abweichung von der Geraden ist die Leitung so zu legen, daß der Isolator von der Leitung auf Druck beansprucht wird.

G. Aufstellung der Gestänge[32]).

Die Maste und Gestänge sind ihrer Art und Länge sowie der Bodengattung entsprechend tief einzugraben. Im allgemeinen wird für einfache Holzstangen eine Eingrabetiefe von mindestens $^1/_6$ der Mastlänge, jedoch nicht unter 1,6 m gefordert. Sie sind gut zu verrammen (in weichem Boden entsprechend der Beanspruchung zu sichern).

Fundamente sind nach Fröhlich „Beitrag zur Berechnung von Mastfundamenten" 2. Auflage (Verlag von Wilh. Ernst und Sohn, Berlin) zu berechnen.

Für Fundamente, die hart an oder in Böschungen oder in Überschwemmungsgebieten stehen (oder bei besonders ungünstigen Grundwasserverhältnissen), sind

---

30) Bei Aluminium und einigen anderen Metallen kann hartes Material positiv und weiches negativ sein, wodurch elektrolytische Zerstörungen eingeleitet werden können.

Bei Aluminiumabzweigungen von Aluminiumleitungen wird darauf hingewiesen, daß durch Verwendung von Abzweigklemmen aus anderem Metall als reinem Aluminium elektrolytische Zerstörungen eingeleitet werden können. Außerdem wird empfohlen, den Zutritt von Feuchtigkeit durch geeignete Mittel zu verhindern. Bei Kupferabzweigungen von Aluminiumleitungen wird aus dem nämlichen Grunde zur Vorsicht gemahnt. Am besten werden praktisch erprobte Spezialkonstruktionen unter Anwendung des vorstehend empfohlenen Feuchtigkeitsabschlusses benutzt.

31) Bei Verwendung von Kopfbunden ist Vorsicht nötig, weil die auf dem Isolator aufliegende Leitung infolge von Schwingung und gleitender Reibung leicht verletzt wird. Am besten werden für Aluminium praktisch erprobte Spezialbunde benutzt

32) Über die Befestigung der Gestänge im Boden lassen sich allgemeine Regeln nicht geben. Die Bodenbefestigung soll jedoch der Festigkeit des Mastes möglichst entsprechen. In gutem Boden und bei gerader Leitungsführung wird bei Holzmasten im allgemeinen ein hinreichend tiefes Eingraben und Feststampfen des Bodens genügen, bei winkliger Leitungsführung und in weichem Boden ist dagegen eine besondere Befestigung erforderlich (vorgelegte Schwellen oder Plattenfüße). Fachwerkmaste müssen in jedem Fall mit Beton- oder Plattenfüßen versehen sein.

Von Drahtankern ist bei Hochspannungsmasten abzuraten, weil sie zu Betriebsstörungen und Unfällen Anlaß geben können.

Eingegrabene Maste sind einige Zeit nach der Inbetriebnahme nachzustampfen.

von Fall zu Fall geeignete Maßnahmen zu treffen, die eine genügende Standsicherheit gewährleisten.

In humussäurehaltigem Moorboden sind Betonfundamente nur zulässig, wenn sie einen zuverlässigen Schutz gegen die Einwirkungen der Humussäure erhalten.

Bei Verwendung von Platten-, Schwellen- oder sonstigen Fundamenten, bei denen der Mastfuß nicht vollständig mit Beton umgeben ist, sind die in der Erde liegenden Eisenteile mit heißem Asphaltteer gut zu streichen oder gleichwertig gegen Zerstörung zu schützen. Holzschwellen sind mit fäulniswidrigen Stoffen zu tränken oder ebenfalls in gleicher Weise gegen Zerstörung zu schützen, wenn sie nicht dauernd in feuchtem Boden liegen oder von Natur aus der Zersetzung genügend Widerstand bieten.

Der Beton soll aus gutem Zement, reinem Sand und reinem Kies oder Schotter hergestellt werden. Auf einen Raumteil Zement sollen höchstens neun Raumteile sandiger Kies oder vier Raumteile Sand und acht Raumteile Kies oder Schotter kommen. Den Zement teilweise durch eine entsprechend größere Menge Traß zu ersetzen, ist zulässig, wenn dadurch die Güte des Betons nicht beeinträchtigt wird. Die Baustoffe dürfen keine erdigen Bestandteile enthalten.

Bei der Berechnung des Fundamentes darf das Gewicht des Betons höchstens mit 2000 kg/m³, das des auflastenden Erdreiches höchstens mit 1600 kg/m³ eingesetzt werden.

III. Besondere Bestimmungen.

A. Erhöhte Sicherheit.

Soll im Sinne des § 22 der Errichtungsvorschriften die Sicherheit der Anlagen unter Vermeidung von Schutznetzen erhöht werden, so sind besondere Vorkehrungen zu treffen.

1. a) Gestänge mit Stützenisolatoten sind so zu bemessen, daß beim Bruch eines Leiters der Umbruch des Gestänges auch bei Höchstbeanspruchung verhütet wird. Dieser Forderung ist Genüge geleistet, wenn unter Vernachlässigung des Winddruckes Eisen- oder Eisenbetonmaste in Richtung der Leitung gegen die Beanspruchung durch einen Zug an der Spitze gleich dem höchsten Zuge eines Leiters noch einfache, Holzmaste eine zweifache Sicherheit besitzen.

b) Die Mindestzopfstärke von einfachen Holzmasten muß 15 cm, von Doppel- oder A-Masten 12 cm betragen. Die Maste müssen in ihrer ganzen Länge getränkt sein.

2. Die Leitung darf nur als Seil ausgeführt werden. Kupfer- und Eisenseile sollen einen Mindestquerschnitt von 16 mm², Aluminiumseil bei Hochspannung von 35 mm², bei Niederspannung von 25 mm² aufweisen.

3. Für die Befestigung der Leitungen sind besondere Maßnahmen vorzusehen. Als solche kommen in Frage:

a) Bei Stützenisolatoren: Sicherheitsbügel[33]), doppelte Aufhängung oder Verwendung von Isolatoren mit höherer elektrischer Festigkeit als die sonst auf der Strecke verwendeten Isolatoren in Verbindung mit besonders starkem Bund und verstärkten Isolatorenträgern

b) Bei Hängeisolatoren: Doppelte Isolatorenketten (z. B. bei Durchquerung großer Städte, Gebirgszügen mit außergewöhnlichen atmosphärischen Verhältnissen) oder einfache Ketten mit erhöhter Gliederzahl oder Wahl eines größeren Isolatortyps oder Vergrößerung des Überschlagsweges. Ferner wird empfohlen, die Metallteile zwischen unterstem Isolator und Leitung (z. B. durch Anbringung weitausragender Schutzhörner oder durch Vergrößerung des Abstandes zwischen Leitung und Isolatorunterkante) so auszubilden, daß Überschlagslichtbogen die Leitung nicht beschädigen können.

Außerdem muß sowohl bei Stützen- wie Hängeisolatoren Vorsorge getroffen werden, daß bei Drahtbruch in den Nachbarfeldern kein unzulässig großer Durchhang in den zu schützenden Feldern eintritt, oder daß der erhöhte Durchhang in seinen Folgen unschädlich gemacht wird. (Schutzseil oder möglichstes Heranrücken eines Mastes an den Kreuzungspunkt.)

---

33) Als Sicherheitsbügel wird die sonst als Beidraht bezeichnete Einrichtung eines über den Isolatorkopf lose gelegten Tragdrahtes bezeichnet, der zweckmäßig aus dem gleichen Baustoff wie die Stromleitungen hergestellt und vor und hinter dem Iso-

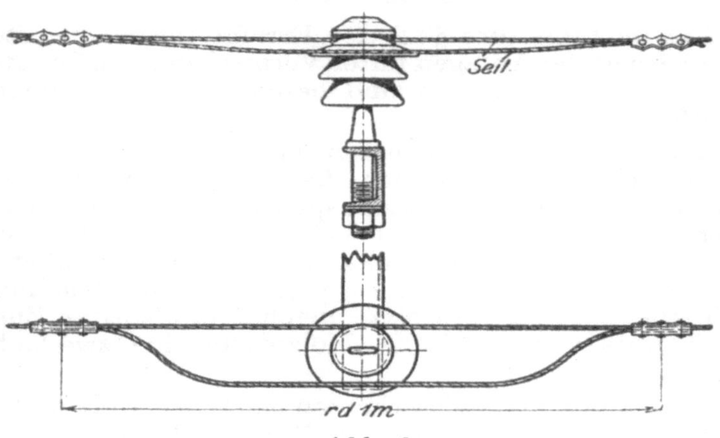

Abb. 3

lator so befestigt wird, daß bei Isolatorbruch die beiden Leitungsenden durch den Sicherheitsbügel gehalten und die Leitung von der Traverse aufgefangen wird oder, falls sie von dieser abgeleitet, noch mindestens 3 m vom Erdboden entfernt bleibt (Abb. 3).

Bei Kreuzungen von Hochspannungs- mit Starkstromleitungen bis 1000 V[34]) Betriebspannung oder mit Fernmeldeleitungen sind außerdem im Zuge der unteren Leitungen über diesen zwei oder mehrere geerdete, elektrisch und mechanisch ausreichend bemessene Schutzdrähte oder -seile anzuordnen, oder die oberen Leitungen sind nach den „Bestimmungen für die bruchsichere Führung von Hochspannungs-Freileitungen über Reichs-Telegraphen- und -Fernsprechleitungen" des Reichspostministeriums auszuführen. Letztgenannte Ausführungsart ist auch bei Führung von Hochspannungs- und Starkstromleitungen bis 1000 V Betriebspannung auf gemeinsamem Gestänge zulässig. In allen Fällen muß für ausreichenden Abstand zwischen beiden Leitungsarten gesorgt werden. Dieses ist besonders zu beachten, wenn die unteren Leitungen aus hart gezogenen Drähten bestehen, bei denen ein Hoch- oder Seitwärtsschnellen zu befürchten ist.

Bei Winkelpunkten von Hochspannungsleitungen auf Stützenisolatoren sollen die Leitungen an zwei Isolatoren so befestigt werden, daß die Leitung beim Bruch eines Isolators nicht herabfallen kann.

B. Kreuzungen mit Bahnanlagen, Wasserstraßen und Reichstelegraphenanlagen.

Bezüglich solcher Kreuzungen gelten besondere Vorschriften.

C. Führung von Starkstromleitungen durch Forstbestände

Als Maßnahme gegen die Gefährdung der Starkstromanlage durch Umbruch von Stämmen wird empfohlen, den Baumbestand zu beiden Seiten der Leitungen so weit aufzuhauen, daß der wagerechte Abstand der Stämme der Randbäume des Aufhiebes von den Starkstromgestängen wenigstens dem aus der Formel

$$2 \cdot (\sqrt{H^2 - h^2} + b)$$

errechneten Maß entspricht.

Hierbei bedeutet H die Höhe der Randbäume in m, wobei das Wachstum der Bäume gegebenenfalls zu berücksichtigen ist, h den senkrechten Abstand zwischen Erdoberfläche und der am meisten gefährdeten Leitung in m (bei Speiseleitungen oder Leitungen mit Spannungen über 35 000 V ist dieser Wert vom tiefsten Punkte des größten Durchhanges der Leitung, bei Verteilungsleitungen vom Aufhängepunkte am Mast aus zu messen), b den wagerechten Abstand von der Gestängemitte bis zu der Leitung. Falls die Art des Baumbestandes, die Bodengestaltung oder die Lage zur ungünstigsten Windrichtung die Sicherheit erhöhen, kann die Aufhiebbreite entsprechend eingeschränkt werden.

---

34) Diese Spannungsgrenze ist entsprechend § 4 der Errichtungsvorschriften gewählt worden.

4. Bahnkreuzungs-Vorschriften für fremde Starkstromanlagen (BKV)[1].

vom 18. November 1921.

Erlaß des Reichsverkehrsministers auf Grund gemeinsamer Beratungen des Reichsverkehrsministeriums und des Verbandes deutscher Elektrotechniker.

5a. Allgemeine Vorschriften für die Ausführung und den Betrieb neuer elektrischer Starkstromanlagen (ausschließlich der elektrischen Bahnen bei Kreuzungen und Näherungen von Telegraphen- und Fernsprechleitungen[1]).

Gültig ab 1. Juli 1908.

5b. Zusatzbestimmungen des Reichspostministers vom 26. Juli 1922 zu Ziffer 3 der Allgemeinen Vorschriften usw.[1]

5c. Allgemeine Vorschriften zum Schutz vorhandener Reichs-Telegraphen- und Fernsprechanlagen gegen neue elektrische Bahnen[1].

Gültig ab 1. Juli 1910.

---

6. Bestimmungen für die bruchsichere Führung von Hochspannungs-Freileitungen über Reichs-Telegraphen- und Fernsprechleitungen[1].

Gültig ab 1. November 1922.

---

[1] Die Vorschriften und Bestimmungen unter 4, 5a, b, c und 6 sind hier nur aufgeführt, um auf ihr Vorhandensein hinzuweisen. Ihr Wortlaut ist zu ersehen aus „Vorschriften und Normen des Verbandes deutscher Elektrotechniker 11. Auflage, 1923, S. 502 ff.

7. Vorschriften für den Anschluß von Fernmeldeanlagen an Niederspannungs-Starkstromnetze durch Transformatoren oder Kondensatoren (m. Ausschl. der öffentlichen Telegraphen- und Fernsprechanlagen)[1].

Gültig ab 1. Januar 1921.

Allgemeines.

1. Zwischen den Starkstrom- und den Schwachstromleitungen darf eine leitende Verbindung nicht bestehen[2].

2. An allen Geräten und Einrichtungen, die den Anschluß von Fernmeldeanlagen an Niederspannungs-Starkstromnetze vermitteln, müssen die Anschlüsse für die Starkstrom- wie für die Schwachstromseite elektrisch und räumlich zuverlässig voneinander getrennt und leicht zu unterscheiden sein.

3. Die Starkstromklemmen müssen der Berührung entzogen und plombierbar sein[3].

4. Die Bestimmungen des § 10 der „Errichtungs-Vorschriften" des Verbandes Deutscher Elektrotechniker finden Anwendung.

5. Die Starkstrom- und die Fernmeldeleitungen müssen in der ganzen Anlage elektrisch und räumlich zuverlässig voneinander getrennt und leicht zu unterscheiden sein[4].

---

1) Vgl. Erläuterungen von Passavant „ETZ" 1912, S. 94. Über den Begriff „Fernmeldeanlagen" (Schwachstromanlagen) siehe Webers Erläuterungen 1 und 2 zum § 1 der Errichtungsvorschriften. Regeln für die Errichtung elektrischer Fernmeldeanlagen (Schwachstromanlagen) sind 1913 aufgestellt und 1922 neu gefaßt worden. ETZ 1922, S. 561 und 744.

2) Transformatoren dürfen also nicht in Sparschaltung angewendet werden. Besteht eine leitende Verbindung, so gelten besondere, im Jahre 1922 aufgestellte Leitsätze. Siehe S. 246.

3) Vgl. § 10, Regel 1, der Errichtungsvorschriften.

4) Beide Arten von Leitungen dürfen z. B. nicht in ein und demselben Rohr liegen.

17*

6. Kleintransformatoren, die zum Betrieb von Fernmeldeanlagen dienen, müssen als solche gekennzeichnet werden[5]) und entweder derart gebaut oder mit solchen Schutzvorrichtungen versehen sein[6]), daß bei dauerndem Kurzschluß der Sekundärklemmen und bei Nenn-Primärspannung die Übertemperatur der Wicklungen folgende Werte nicht überschreitet:

Draht mit Isolierung durch Emaillelack   120 C
Draht mit Isolierung durch Seide   100 C
Draht mit Isolierung durch imprägnierte Baumwolle 90 C

Die Übertemperatur ist nach den „Maschinennormalien" des Verbandes Deutscher Elektrotechniker aus der Widerstandszunahme zu ermitteln[7]).

7. Die Primär- und Sekundärwicklungen müssen auf getrennten Spulenkörpern befestigt sein[8]).

Beide Wicklungen sind durch isolierende Zwischenlagen oder ähnliche Mittel so voneinander zu trennen, daß auch bei Drahtbruch eine elektrische Verbindung nicht entstehen kann.

8. Die Spannung an der offenen Sekundärwicklung darf das Doppelte der Nennspannung nicht überschreiten und höchstens 40 V betragen[9]).

9. Die Isolierfestigkeit ist nach den „Maschinennormalien" des Verbandes Deutscher Elektrotechniker zu prüfen; Prüfspannung 1000 V.

---

5) Die Kennzeichnung soll eine Verwechselung mit Kleintransformatoren für Starkstromzwecke, z. B. zur Speisung niedervoltiger Glühlampen, ausschließen; hierzu dient etwa die Aufschrift: „Klingeltransformator".

6) In der Praxis wird dieser Forderung durch Transformatoren mit hohem Spannungsabfall genügt. Die Sicherung des den Transformator enthaltenden Zweiges der Starkstromleitung ist keine derartige Schutzvorrichtung, sie ist aber nach § 14 d der Errichtungsvorschriften erforderlich.

7) Diese Vorschrift definiert die sogenannte „Kurzschlußsicherheit" des Transformators. Sie bezieht sich nicht nur auf die Feuersgefahr infolge Überhitzung der Außenteile, sondern soll auch ein Unbrauchbarwerden der Transformatoren durch Verschmoren infolge von Kurzschlüssen in der Fernmeldeanlage verhindern.

8) Obwohl der Übertritt des Starkstroms in die Fernmeldeleitung auch bei anderen als der hier vorgeschriebenen Bauart verhütet werden kann, so soll doch durch die Bestimmung eine besondere, von der Art der Ausführung tunlichst unabhängige Sicherheit geschaffen werden. Die getrennten Spulenkörper können z. B. auf zwei verschiedenen Schenkeln des Eisenkerns liegen. Liegen sie auf demselben Schenkel, so muß jede Spule mit ihrem Körper für sich abnehmbar sein.

9) Die Leitsätze fußen auf der Annahme, daß eine Spannung von 24 V für den Betrieb von Fernmeldeanlagen ausreicht. Dieser Spannung entspricht die Grenze von 40 V bei offenem Transformator, da meistens ein erheblicher Spannungsabfall entsteht.

10. Auf den Kleintransformatoren müssen Primärspannung, Frequenz, Sekundärstromstärke, Sekundärspannungen und Leerlaufsverbrauch in Watt, bezogen
auf die Primärspannung, verzeichnet sein [10]).

Die angegebene Stromstärke muß der höchsten
angegebenen Sekundärspannung entsprechen.

---

10) Wird der Klingeltransformator wie üblich als Einheitstype für einen größeren Bereich von Anschlußspannungen ausgeführt, z. B. 210 bis 240 V, so muß der Leerlaufsverbrauch bei
einer bestimmten Spannung angegeben werden, also z. B. „0,1 W
bei 220 V".

8. Leitsätze für den Anschluß von Geräten und Einrichtungen, die eine leitende Verbindung zwischen Niederspannungsstarkstrom- und Fernmeldeanlagen erfordern. (Mit Ausschluß der öffentlichen Telegraphen- und Fernsprechanlagen.) [1]

Gültig ab 1. Oktober 1923.

1. Die höchste, in irgendeinem Teil der Fernmeldeanlage zulässige Spannung (Nennspannung) beträgt im allgemeinen 40 V. Bei Fernmeldeanlagen, die nach den „Regeln für die Errichtung elektrischer Fernmeldeanlagen" ausgeführt sind, beträgt diese Höchstspannung 60 V [2]). In diesem Falle ist für die Leitungen der Fernmeldeanlage nur Gummiaderdraht nach Ziffer 3 der „Normen für isolierte Leitungen in Fernmeldeanlagen" oder Kabel mit Bleimantel nach Ziffer 5 dieser Normen zulässig.

---

1) Vgl. Erläuterung 1 zu den „Vorschriften für den Anschluß von Fernmeldeanlagen an Niederspannungs-Starkstromnetze durch Transformatoren". Während jedoch die Vorschriften sich auf den Anschluß an Wechselsstromnetze beziehen und alle Einrichtungen umfassen, bei denen ein Transformator den Anschluß bewirkt, sind die vorliegenden Leitsätze in erster Reihe für den Anschluß an Gleichstromnetze bestimmt. Es muß darauf hingewiesen werden, daß jede Einrichtung, die eine leitende Verbindung ausschließt, einen höheren Sicherheitsgrad gewährleistet. Der Anschluß mit leitender Verbindung wird daher durch die vorliegenden Leitsätze versuchsweise und nur insoweit geregelt, als technische Mittel, die eine leitende Verbindung vermeiden, nicht zur Verfügung stehen.

Wird die nach Leitsatz 1 zulässige Höchstspannung von 60 V überschritten, so muß die Fernmeldeanlage in allen ihren Teilen nach den „Vorschriften für die Errichtung und den Betrieb elektrischer Starkstromanlagen" ausgeführt und behandelt werden.

Die Leitsätze finden auch Anwendung beim Anschluß anderer Schwachstromanlagen an Starkstromnetze, z. B. Spielzeuge (elektrische Bahnen usw.), medizinische Apparate, Fadenwächter an Web- und Wirkstühlen u. dgl.

2) Um die Spannung eines Gleichstromnetzes auf 40 V oder 60 V herabzusetzen, gibt es zwei Möglichkeiten. Entweder Anwendung eines Abzweigwiderstandes (Spannungsteiler), so daß die Fernmeldeanlage im Nebenschluß zu einem Teil des Widerstandes liegt,

Das Auftreten einer höheren Spannung als 40 V bzw. 60 V soll verhindert werden[3]).

2. Der Anschluß ist nur bei solchen Starkstromanlagen zulässig, bei denen ein Pol oder der Mittelleiter betriebsmäßig geerdet ist. Diese Erdung der Fernmeldeanlage soll durch eine nicht ausschaltbare und ungesicherte Leitung hergestellt sein. Der zu erdende Pol der Fernmeldeleitung muß mit dem geerdeten Pol der Starkstromanlage verbunden werden.

3. Von den „Vorschriften für den Anschluß von Fernmeldeanlagen an Niederspannungsstarkstromnetze durch Transformatoren (mit Ausschluß der öffentlichen Telegraphen- und Fernsprechanlagen)" finden sinngemäß Anwendung die Punkte 2, 3, 5, 6, 9 und 10.

---

oder Vorschaltung eines Widerstandes, der die überschüssige Spannung verbraucht. Die Einhaltung der Grenzspannung wird für beide Fälle bei geschlossenem Stromkreis leicht zu erfüllen sein, sie wird aber durch obigen Leitsatz auch für den offenen Zustand gefordert.

3) Da durch einen Fehler (z. B. Versagen eines Relais, Kurzschluß oder Unterbrechung von Widerstandswindungen u. a. m.) die Spannungsbegrenzung illusorisch werden kann, wird gefordert, daß eine besondere Vorrichtung vorhanden ist, die bei Auftreten eines solchen Fehlers entweder die Spannung immer noch unter der zulässigen Grenze hält (z. B. ein zweiter parallel zum ersten angeordneter Abzweigwiderstand), oder die Fernmeldeanlage spannungslos macht (z. B. eine Spannungssicherung).

Über geeignete Spannungssicherungen siehe ETZ 1923, S. 1016.

9. Empfehlenswerte Maßnahmen bei Bränden[1]).

Gültig ab 1. Juli 1910.

Bei ausbrechenden Bränden sind an den elektrischen Installationen in den vom Brande betroffenen oder bedrohten Räumen folgende Maßregeln zu empfehlen:

A. Betriebsanlagen.

1. In vom Feuer betroffenen oder unmittelbar bedrohten elektrischen Betriebsanlagen ist der Betrieb nur im äußersten Notfall und womöglich nur durch das Betriebspersonal einzustellen. Das Eingreifen von Personen, die mit dem betreffenden Betriebe nicht vertraut sind, ist tunlichst zu vermeiden.

2. Die Maschinen und Apparate sind soweit als möglich vor Löschwasser zu schützen[2]). Empfehlenswerte Löschmittel für Maschinen und Apparate sind trockener Sand, Kohlensäure und ähnliche nicht leitende und nicht brennbare Stoffe.

B. Installationen.

1. Die Lampen in den vom Feuer betroffenen oder bedrohten Räumen sind — auch bei Tage — einzuschalten. Sie leuchten im Gegensatz zu allen anderen Beleuchtungsmitteln auch in raucherfüllten Räumen weiter und sind daher zur Erleichterung von Rettungsarbeiten unentbehrlich. Die Leitungen dürfen daher nicht abgeschaltet werden.

2. Vom Feuer bedrohte Elektromotorenbetriebe sind, falls erforderlich, durch die damit betrauten Personen auszuschalten. Das Eingreifen von Personen, die mit den betreffenden Betrieben nicht vertraut sind, ist tunlichst zu vermeiden.

3. Die Lösch- und Rettungsarbeiten der Feuerwehr sind im übrigen ohne Rücksicht auf die elektrischen Installationen vorzunehmen. Nur soll das Bespritzen von elektrischen Apparaten, Schalttafeln, Sicherungen

---

1) Diese Leitsätze sind 1905 vom V. d. E. herausgegeben und 1910 ergänzt worden. Ihre Berücksichtigung und Bekanntgabe wird dringend empfohlen. Vgl. Moltke ETZ 1906 S. 601.

2) Das Löschwasser erhöht auch die beim Berühren der Leitungen usw. entstehende Gefahr, weil die Feuchtigkeit den Übergangswiderstand zwischen den spannungführenden und den betriebsmäßig nicht spannungführenden Teilen sowie zwischen diesen Teilen und den Personen, endlich auch zwischen den Personen und der Erde vermindert.

nach Möglichkeit vermieden und kein Leitungsdraht ohne zwingenden Grund durchhauen werden.

4. Sämtliche Einrichtungen, die zum Anschlusse eines Elektrizitätswerkes gehören, wie Verteilungskästen, Elektrizitätszähler, Transformatoren, sind von der Feuerwehr tunlichst unberührt zu lassen, und deren Bespritzen mit Wasser ist zu vermeiden. Empfehlenswerte Löschmittel siehe A. 2.

5. Beamte der Elektrizitätswerke, die sich als solche legitimieren, erhalten Zutritt zur Brandstelle, um, wenn nötig, Transformatoren und deren Zubehör, sowie andere dem Elektrizitätswerk gehörige Teile stromlos zu machen. Den Anordnungen des Leiters der Feuerwehr auf der Brandstelle ist Folge zu leisten. Wenn an der Brandstelle Gefahr für die Beschädigung von Transformatoren oder deren Zuleitungen vorliegt, wird seitens der Feuerwehr der Betriebsdirektion des Elektrizitätswerks auf dem schnellsten Wege Nachricht gegeben.

C. Freileitungen.

1. Die in der Nähe des Brandobjektes befindlichen Starkstrom-Freileitungen dürfen wegen der damit verbundenen Lebensgefahr nicht berührt werden. Da auch Leitern, Stangen, Helme usw. den elektrischen Strom zu übertragen vermögen, so dürfen die Mannschaften auch solche Geräte nicht mit den Freileitungen in Berührung bringen. Beim Spritzen ist darauf zu achten, daß das Strahlrohr möglichst weit, mindestens aber 3 m von den Freileitungen entfernt bleibt.

2. Wenn es unbedingt erforderlich ist, Freileitungen spannungslos zu machen, so soll dieses mit Hilfe der Freileitungsschalter an den Abschaltungsstellen möglichst durch Personal des Werkes bewirkt werden. Nur bei vorliegender Lebensgefahr sind die Leitungen durch Kurzschließen und Erden spannungslos zu machen. Dieses Gewaltmittel darf nur von eingehend geschulten Mannschaften ausgeführt werden. Zerschneiden der Leitungen ist gefährlich und soll nicht stattfinden.

3. Es empfiehlt sich, von jedem in der Nähe der Starkstrom-Freileitungen ausgebrochenen Brande die für diese Leitungen zuständige Stelle in Kenntnis zu setzen.

4. Es empfiehlt sich ferner, eine Anzahl Feuerwehrleute im Abschalten, Erden und Kurzschließen der Leitungen ausgebildet zu halten.

Empfehlenswerte Maßnahmen nach einem Brande.

Nach Beendigung der Löscharbeiten sind die vom Brande betroffenen Teile der Anlage zunächst vollständig abzuschalten. Sie dürfen nicht eher wieder in endgültige Benutzung genommen werden, als bis sie den Sicherheitsvorschriften entsprechen.

10. Anleitung zur ersten Hilfeleistung bei Unfällen im elektrischen Betriebe[1]).

Aufgestellt unter Mitwirkung des Reichsgesundheitsrats.

Gültig ab 1. Juli 1907.

I. Ist der Verunglückte noch in Verbindung mit der elektrischen Leitung, so ist zunächst erforderlich, ihn der Einwirkung des elektrischen Stromes zu entziehen. Dabei ist folgendes zu beachten:

1. Die Leitung ist, wenn möglich sofort spannungslos zu machen durch Benutzung des nächsten Schalters, Lösung der Sicherung für den betreffenden Leitungsstrang oder Zerreißen der Leitungen mittels eines trockenen, nicht metallischen Gegenstandes, z. B. eines Stückes Holz, eines Stockes oder eines Seiles, das über den Leitungsdraht geworfen wird.

2. Man stelle sich dabei selbst zur Fernhaltung oder Abschwächung der Stromwirkung (Isolierung) auf ein trockenes Holzbrett, auf trockene Tücher, Kleidungsstücke, auf eine ähnliche, nicht metallische Unterlage, oder man ziehe Gummischuhe an.

3. Der Hilfeleistende soll seine Hände durch Gummihandschuhe, trockene Tücher, Kleidungsstücke oder ähnliche Umhüllungen isolieren; er vermeide bei den Rettungsarbeiten jede Berührung seines Körpers mit Metallteilen der Umgebung.

4. Man suche den Verunglückten von dem Boden aufzuheben und von der Leitung zu entfernen. Er ist dabei an den Kleidern zu fassen; das Berühren unbekleideter Körperteile ist möglichst zu vermeiden. Umfaßt der Verunglückte die Leitung vollständig, so hat der Hilfeleistende mit seiner durch Gummihandschuhe usw. isolierten Hand Finger für Finger des Betäubten zu lösen. Bisweilen genügt schon das Aufheben des Getroffenen von der Erde, da hierdurch der Stromweg unterbrochen wird.

Das Gebiet elektrischer Betriebe, in dem das Eingreifen eines Laien nach den vorbezeichneten Leitsätzen Erfolg verspricht, ohne ihn selbst zu gefährden, beschränkt sich auf solche Anlagen, welche mit Spannungen betrieben werden, die 500 V nicht wesentlich übersteigen. Der Betrieb der Straßenbahnen hält sich in

---

1) Über die physiologischen Wirkungen elektrischer Ströme vergl. ETZ 1911, S. 1278/1279. Über Erfahrungen bei Wiederbelebung siehe ETZ 1921, S. 43.

der Regel innerhalb dieser Grenzen. Bei Unfällen, welche an Leitungen mit höherer Spannung erfolgt sind, ist schleunigst für Benachrichtigung der nächsten Stelle der Betriebsleitung und für Herbeiholung eines Arztes zu sorgen. Leitungen und Apparate mit höherer Spannung pflegen mit einem roten Blitzpfeil $\left(\!\!\not{z}\!\!\right)$ gekennzeichnet zu sein.

II. Ist der Verunglückte bewußtlos, so ist sofort zum Arzt zu schicken und bis zu dessen Eintreffen folgendermaßen zu verfahren:

1. Für gute Lüftung des Raumes, in welchem der Verunglückte sich befindet, ist zu sorgen.

2. Alle den Körper beengenden Kleidungs- und Wäschestücke (Kragen, Hemden, Gürtel, Beinkleider, Unterzeug usw.) sind zu öffnen. Man lege den Getroffenen auf den Rücken und bringe ein Polster aus zusammengelegten Decken oder Kleidungsstücken unter die Schultern und den Kopf derart, daß der Kopf ein wenig niedriger liegt.

3. Ist die Atmung regelmäßig, so ist der Verunglückte genau zu überwachen und nicht allein zu lassen. Bevor das Bewußtsein zurückgekehrt ist, flöße man ihm Flüssigkeiten nicht ein.

4. Fehlt die Atmung, oder ist sie sehr schwach, so ist die künstliche Atmung einzuleiten. Bevor damit begonnen wird, hat man sich davon zu überzeugen, ob sich im Munde etwa Fremdkörper, z. B. Kautabak oder ein künstliches Gebiß befinden. Ist dies der Fall, so sind zunächst diese Gegenstände zu entfernen. Die künstliche Atmung ist alsdann in folgender Weise vorzunehmen:

Man kniee hinter dem Kopfe des Verunglückten nieder, das Gesicht ihm zugewandt, fasse beide Arme an den Ellbogen und ziehe sie seitlich über seinen Kopf hinweg, so daß sich dort die Hände berühren. In dieser Lage sind die Arme 2 bis 3 Sekunden lang festzuhalten. Dann bewege man sie abwärts, beuge sie und presse die Ellbogen mit dem eigenen Körpergewicht gegen die Brustseiten des Verunglückten. Nach 2 bis 3 Sekunden strecke man die Arme wieder über dem Kopfe des Verunglückten aus und wiederhole das Ausstrecken und Anpressen der Arme möglichst regelmäßig etwa 15 mal in der Minute. Um Übereilung zu vermeiden, führe man die Bewegungen langsam aus und zähle während der Zwischenpausen laut: 101! 102! 103! 104!

5. Ist noch ein Helfer zur Hand, so fasse er während dieser Hantierungen die Zunge des Verunglückten mit einem Taschentuche, ziehe sie kräftig heraus und halte sie fest. Wenn der Mund nicht leicht aufgeht, öffne man ihn gewaltsam mit einem Stück Holz, dem Griff eines Taschenmessers oder dergleichen.

6. Sind mehrere Helfer zur Hand, so sind die vorstehend unter II. 4. beschriebenen Hantierungen von zweien auszuführen, indem jeder einen Arm ergreift und beide in den Zwischenpausen 101! 102! 103! 104! zählend, gleichzeitig jene Bewegungen vornehmen.

7. Die künstliche Atmung ist so lange fortzusetzen, bis die regelmäßige, natürliche Atmung wieder eingetreten ist. Aber auch dann muß der Verunglückte noch längere Zeit überwacht und beobachtet werden. Bleibt die natürliche Atmung aus, so muß man die künstliche Atmung bis zum Eintreffen des Arztes, mindestens aber 2 Stunden lang fortsetzen, bevor man mit solchen Wiederbelebungsversuchen aufhört.

8. Beim Vorhandensein von Verletzungen z. B. Knochenbrüchen, ist diesem Zustande durch besondere Vorsicht bei der Behandlung des Verunglückten Rechnung zu tragen.

9. Die Unterschenkel und Füße können von Zeit zu Zeit mit einem rauhen warmen Tuche oder einer Bürste gerieben werden.

10. Auch nach der Rückkehr des Bewußtseins ist der Verunglückte in liegender oder halbliegender Stellung unter Aufsicht zu belassen und von stärkeren Bewegungen abzuhalten.

III. Liegt eine Verbrennung des Verunglückten vor, so ist, falls ärztliche Hilfe nicht zur Stelle ist, folgendes zu beachten:

1. Bevor der Hilfeleistende die Brandwunden berührt, wasche und bürste er sich auf das sorgfältigste beide Hände und Unterarme mit warmem Wasser und Seife ab: auch empfiehlt es sich, sie mit einem reinen Tuche, das mit Spiritus getränkt ist, abzureiben (das Abtrocknen hinterher ist zu unterlassen!).

2. Gerötete und geschwollene Stellen werden zweckmäßig mit Borsalbe auf Verbandwatte oder mit einer Wismutbrandbinde bedeckt und sodann mit einer weichen Binde lose umwickelt.

Blasen sind nicht abzureißen, sondern mit einer gut (über Spiritusflamme) ausgeglühten Nadel anzustechen und mit einer Wismutbrandbinde, darüber mit Verbandwatte und loser Binde zu bedecken.

Bei Verkohlungen und Schorfbildungen sind die Wunden mit Verbandmull in mehreren Lagen zu bedecken; darüber ist Watte anzubringen und das Ganze mittels Binde zu befestigen.

Für das Entfernen des Verunglückten von der Leitung empfehlen sich folgende Maßnahmen, die einer Anweisung der Firma Siemens & Halske entnommen sind:

1. Man stelle die Maschine ab oder schalte den betreffenden Stromkreis mit allen Polen von der Stromquelle (Maschine, Transformator) ab.

2. Erfordert dies zu viel Zeit, so suche man die Leitungen kurz zu schließen und zu erden, d. h. gut leitend mit der Erde, eisernen Masten, der Wasserleitung oder dergl. zu verbinden.

3. Berührt der Verunglückte nur einen Leitungsdraht, so genügt es vielfach, diesen zu erden oder den Verunglückten vom Boden aufzuheben.

4. Wenn die Leitungsdrähte nicht kurz geschlossen sind, darf nur die Leitung geerdet werden, an der sich der Verunglückte befindet.

5. Der Helfende beobachte zum eigenen Schutze folgende Regeln:

a) Jede Berührung der Leitung auch der kurzgeschlossenen, sowie des mit der Leitung in Verbindung stehenden Verunglückten ist gefährlich, solange die Leitung nicht geerdet ist.

b) Der Helfende stehe daher möglichst gut von der Erde (eisernen Masten usw.) isoliert, etwa auf Glas, trockenem Holze oder zusammengelegten Kleidungsstücken, und fasse den Verunglückten nur an seinen Kleidungsstücken an oder bediene sich eines trockenen Tuches oder eines trockenen Holzstückes, um ihn von der Leitung zu entfernen.

c) Das Kurzschließen der Leitungsdrähte ist vor dem Erden vorzunehmen, wenn es durch Überwerfen eines Drahtes, nasser Tücher oder dergl. geschehen kann, ohne daß sich der Helfende dadurch mit den Leitungsdrähten in leitende Verbindung bringt. Andernfalls ist zunächst diejenige Leitung zu erden, an der sich der Verunglückte befindet. (Vergl. 4.)

d) Beim Erden ist der dazu benutzte Draht (die Eisenstange und dergl.) zuerst mit der Erde (dem eisernen Maste usw.), dann mit der Leitung in Berührung zu bringen.

Sachverzeichnis.

B. u. T. bedeutet Bergwerke unter Tage; Betr. bedeutet Betriebsvorschriften. Erkl. bedeutet Erklärung; Norm. bedeutet Normen; die Ziffern bedeuten die Seitenzahlen.

Erläuterungen zu den Vorschriften für die Konstruktion und Prüfung von Installationsmaterial, den Vorschriften für die Konstruktion und Prüfung von Schaltapparaten für Spannungen bis einschl. 750 V und den Normalien über die Abstufung von Stromstärken und über Anschlußbolzen. Im Auftrage des Verbandes Deutscher Elektrotechniker herausgegeben von **Georg Dettmar,** Generalsekretär des Verbandes. Mit 46 Textabbildungen. Unveränderter Neudruck. (202 S.) 1922.
3.75 Goldmark / 0.90 Dollar

Vorschriften und Normen des Verbandes Deutscher Elektrotechniker. Herausgegeben von dem Generalsekretariat des VDE. Elfte Auflage. Nach dem Stande am 31. Dezember 1922. Mit zahlreichen Textabbildungen. (V u. 559 S.) 1923.
Gebunden 6.50 Goldmark / Gebunden 1.55 Dollar

Elektrische Starkstromanlagen. Maschinen, Apparate, Schaltungen, Betrieb. Kurzgefaßtes Hilfsbuch für Ingenieure und Techniker sowie zum Gebrauch an technischen Lehranstalten. Von Studienrat Dipl.-Ing. **Emil Kosack,** Magdeburg. Sechste, durchgesehene und ergänzte Auflage. Mit 296 Textfiguren. (XII u. 330 S.) 1923.
5.50 Goldmark; gebunden 6.50 Goldmark
1.35 Dollar; gebunden 1.60 Dollar

Schaltungen von Gleich- und Wechselstromanlagen. Dynamomaschinen, Motoren und Transformatoren, Lichtanlagen, Kraftwerke und Umformerstationen. Ein Lehr- und Hilfsbuch. Von Dipl.-Ing. **Emil Kosack,** Studienrat an den Staatl. Vereinigten Maschinenbauschulen zu Magdeburg. Mit 226 Textabbildungen. (VIII u. 156 S.) 1922. 5 Goldmark / 1.20 Dollar

Grundzüge der Starkstromtechnik. Für Unterricht und Praxis. Von Dr.-Ing. **K. Hoerner.** Mit 319 Textabbildungen und zahlreichen Beispielen. (V u. 257 S.) 1923.
4 Goldmark; geb. 5 Goldmark / 0.95 Dollar; geb. 1.20 Dollar

Elektrische Schaltvorgänge und verwandte Störungserscheinungen in Starkstromanlagen. Von Prof. Dr.-Ing. und Dr.-Ing. e. h. **Reinhold Rüdenberg,** Chef-Elektriker, Privatdozent, Berlin. Mit 477 Abbildungen im Text und 1 Tafel. (VIII u. 504 S.) 1923.
Gebunden 20 Goldmark / Gebunden 4.80 Dollar

Kurzes Lehrbuch der Elektrotechnik. Von Prof. Dr. **Adolf Thomälen,** Karlsruhe. Neunte, verbesserte Auflage. Mit 555 Textbildern. (VIII u. 396 S.) 1922.
Gebunden 9 Goldmark / Gebunden 2.15 Dollar